SOLARWÄRME OPTIMAL NUTZEN

Handbuch für Technik, Planung und Montage

Solarwärme optimal nutzen

Handbuch für Technik, Planung und Montage

Norbert Schreier, Andreas Wagner,
Ralf Orths und Thomas Rotarius

Wagner & Co Solartechnik GmbH
Cölbe/Marburg

2007

1. – 18. Auflage 1980 – 2006 / 80.000
19. Auflage 1-2007 / 1.000

© 2007 Wagner & Co Solartechnik GmbH
Zimmermannstraße 12, D-35091 Cölbe
Irrtum und Änderungen vorbehalten.

Alle Rechte vorbehalten.
Zur Veröffentlichung mit Quellenangabe und für Vorträge
stellen wir Ihnen gerne Fotos und Grafiken zur Verfügung.
Wenden Sie sich bitte an unsere Abteilung für Öffentlichkeitsarbeit.

Grafik: Wolfgang Grünhagen und Silke Würtz
Fotos: Tom Engel, Dieter Ochs und Thomas Rotarius
Redaktion und Layout: Thomas Rotarius und Stefan Knaab
Umschlagentwurf: Walter Boßhammer, Werbegraphik SIGNE DESIGN, Cölbe
Druck: Druckhaus Marburg (www.druckhaus-marburg.de)
Der Text wurde in der neuen deutschen Rechtschreibung verfasst.

Gedruckt wurde das Buch
auf einem mattgestrichenen, hochweißen Recyclingpapier (115 g/m²), ENVIROSTAR von Papier Union.

Papierart	Holz (kg/t)	Frischwasser (l/t)	Energie (kWh/t)	Abwasser (kg CBS/t*)
Recyclingpapier	0	5.000 - 16.000	3.600 - 4.700	1 - 5
Holzschliffpapier	1.042	5.000 - 10.000	10.300 - 10.600	3 - 35
Zellstoffpapier, chlorfrei	2.325	20.00 - 100.000	9.400 - 14.700	20 - 35

* kg CBS/t = chemischer Sauerstoffbedarf in kg pro Tonne Papier   Quelle: Universität Heidelberg, Fachbereich Psychologie, 1998

Recyclingpapier – die umweltschonende Alternative
Die ökologische Bilanz spricht eindeutig für Recyclingpapier aus 100% Altpapier.
Sein Einsatz entschärft das Abfallproblem, schont die Wälder,
verringert den Frischwasserbedarf, spart Energie und vermindert die Abwasserbelastung.
Gute Gründe genug für uns, Recyclingpapier seit über 20 Jahren erfolgreich in der Buchproduktion einzusetzen.

ISBN 978-3-923129-36-2

Inhalt

Vorwort 9

1. Auf dem Weg ins Solarzeitalter **11**
   1.1 Die Sonne – Quelle unseres Lebens 12
   1.2 Die Sonne – ein Stern in Zahlen und Fakten 14
   1.3 Die Kraft der Sonne – eine saubere, dauerhafte Energiequelle . . . 17

2. Die Technik einer Solaranlage **21**
   2.1 Aufbau und Funktion einer Solaranlage 23
   2.2 Der Sonnenkollektor 25
      2.2.1 Absorber 26
      2.2.2 Abdeckung 30
      2.2.3 Kollektor-Konstruktion 34
      2.2.4 Kollektor-Wirkungsgrad 37
   2.3 Solarkreis 41
      2.3.1 Solarkreisstation 42
      2.3.2 Solarregler 48
      2.3.3 Temperaturfühler 49
      2.3.4 Rohrnetz 51
   2.4 Der Solarspeicher 60
      2.4.1 Trinkwasserspeicher 60
      2.4.1.1 Qualitätsmerkmale 60
      2.4.1.2 Wärmetauscher 65
      2.4.1.3 Kalt- und Warmwasseranschluss 68
      2.4.1.4 Zirkulationsleitung 76
      2.4.1.5 Konventionelle Nachheizung 77
      2.4.2 Pufferspeicher 80
      2.4.3. Kombispeicher 81
      2.4.4 Hydraulische und regelungstechnische Einbindung
          vorhandener Warmwasserspeicher 86

2.5 Kollektor-Bausysteme 89
   2.5.1 SB-Kollektor. 89
   2.5.2 LB-Kollektor. 92
   2.5.3 EURO-Kollektor 96
   2.5.4 Vakuumkollektor VACO CP7 99
   2.5.5 Solar-Roof FDK 101

3. Die Planung einer Solaranlage 103

3.1 Auslegung für Warmwasserbereitung 104
   3.1.1 Auslegung nach Faustformeln 104
   3.1.2 Auslegung durch ausführliche Berechnung 107
      3.1.2.1 Kollektorfläche 108
      3.1.2.2 Speichervolumen 115
      3.1.2.3 Wärmetauscher. 117
      3.1.2.4 Druckverlust und Pumpenleistung. 118
      3.1.2.5 Ausdehnungsgefäß und Sicherheitsventil 131
   3.1.3 Spezialanlagen für Warmwasserbereitung 134

3.2 Auslegung für Warmwasserbereitung und Raumheizung. 142
   3.2.1 Solare Warmwasseranlage mit Nutzung
       der Überschusswärme für die Raumheizung.. 143
   3.2.2 Solare Raumheizung
       mit zusätzlichem Heizungspufferspeicher. 143
   3.2.3 Solaranlage mit Saisonspeicher 154
   3.2.4 Solaranlagen in der Energieeinsparverordnung 2002 160

3.3 Solare Großanlagen 164
   3.3.1 Anlagencharakteristika 164
   3.3.2 Fassadenkollektoren für die Gebäudesanierung 167
   3.3.3 Systemvarianten für die Unterstützung
       der Warmwasserbereitung 168
   3.3.4 Solarsysteme im Siedlungsbau
       für die Warmwasserbereitung und Raumheizung 171
   3.3.5 Kosten verschiedener Solarsysteme 175

    3.4 Schwimmbadbeheizung. 176
        3.4.1 Freibäder 177
        3.4.2 Hallenbäder. 184

4. Die Montage einer Solaranlage. 189
    4.1 Sonnenkollektoren montieren. 190
        4.1.1 Sicherheitshinweise zur Montage 190
            4.1.1.1 Regeln der Technik. 191
            4.1.1.2 Unfallverhütungsvorschriften. 191
        4.1.2 Dachkonstruktion. 193
        4.1.3 Montage des SB-Kollektorsystems. 195
        4.1.4 Bau des LB-Sonnenkollektors. 208
        4.1.5 EURO-Kollektor montieren
            (Aufdach, Indach oder Freiaufstellung) 212
    4.2 Solarkreislauf mit Solarkreisstation installieren 219
        4.2.1 Hinweise zur Rohrinstallation 219
        4.2.2 Lötverbindungen. 221
        4.2.3 Edelstahl-Wellschlauch verlegen. 223
        4.2.4 Rohrdämmung 224
        4.2.5 Hinweise für die Elektroinstallation 225
        4.2.6 Montage der Solarkreisstation 225
    4.3 Solarspeicher anschließen. 230
    4.4 Solaranlage in Betrieb nehmen 234
    4.5 Störung, Ursache, Behebung 237
    4.6 Solaranlage warten 241

Prüfsteine für Verbraucher **243**

Literaturverzeichnis **248**

Stichwortverzeichnis **250**

Vorwort

Am Anfang stand unsere Idee, gute aber preiswerte Solaranlagen für die Warmwasserbereitung anzubieten, um möglichst vielen Menschen den Einstieg in die Solartechnik zu ermöglichen.

Heute – nach mehr als einem viertel Jahrhundert – ist daraus ein europaweit tätiges Unternehmen mit über 250 Mitarbeitern geworden, das modernste Solartechnologie für nahezu jeden Anwendungsbereich anbietet.
Unsere Kollektoren sind in den Testergebnissen immer ganz vorne zu finden. Seit die Stiftung Warentest 1987 erstmals Kollektoren auf den Prüfstand stellte erreichen wir Spitzenplätze in Qualität und im Preis/Leistungsverhältnis.
Neben der Warmwasserbereitung hat inzwischen durch Fortschritte bei der Gebäudedämmung, aber auch bei der Leistungsfähigkeit der Solaranlagen, die Heizungsunterstützung erheblich an Bedeutung gewonnen – im Kleinen wie im Großen. Solarsiedlungen mit hunderten von Menschen, in denen die Sonne mehr als die Hälfte des Raumwärmebedarfs deckt, sind keine Seltenheit mehr, und auch die gewerbliche Nutzung solarer Wärme ist längst den Kinderschuhen entwachsen. Es ist also nicht verwunderlich, dass in Zeiten steigender Energiepreise, langfristiger Versorgungsunsicherheit und verstärktem Umweltbewusstsein das Interesse an dieser faszinierenden und umweltschonenden Technologie groß ist und stetig weiter wächst.

Engagierte Bürger und interessierte Planer wollen aber diese Technik auch im Sinne des Wortes „begreifen" und verstehen, wie diese Solartechnik funktioniert. Zu diesem Zweck wurde dieses Buch von Menschen geschrieben, die seit Jahrzehnten tagtäglich mit Solartechnik arbeiten. Kompetent, anschaulich und gut verständlich erklärt es dem Laien z.B. die Auslegung einer Solaranlage anhand von Faustformeln und dem Fachmann anhand von Tabellen, Diagrammen und Formeln.

Jetzt liegt die 19te Auflage des Buches „Solarwärme optimal nutzen" (früher „So baue ich eine Solaranlage") mit einer Gesamtauflage von über 80.000 vor Ihnen. Stiftung Warentest urteilte bereits 1995 lobend: „Sehr empfehlenswert als verständlicher Ratgeber mit hohem - teils sehr hohem Informationsgehalt sowohl für Selbstbauer als auch für Bauherren und Planer." (test Spezial, 3/95)
Einige der gezeigten Produkte sind mittlerweile durch Nachfolgeprodukte ersetzt worden. Prinzipielle Zusammenhänge oder grundsätzliche technische Erläuterungen bleiben aber davon unberührt.

Wir wünschen Ihnen interessante Lesestunden und freuen uns, wenn der eine oder andere Gedanke Sie zu Taten anregen sollte.

Sonnige Grüße

Ihr Wagner + Co Team

P.S. Ihre Meinungen und Anregungen sind uns wichtig. Tragen Sie dazu bei, dass Solartechnik noch mehr Menschen anspricht, und schreiben Sie uns!

1. Auf dem Weg ins Solarzeitalter

1.1 Die Sonne – Quelle unseres Lebens

Bild 1.1 Der Steinkreis von Stonehenge - Heiligtum und Himmelsobservatorium

Licht und Wärme der Sonne machen das Leben auf der Erde erst möglich. Seitdem es Menschen gibt, haben sie die Sonne beobachtet, als Zeitmesser benutzt, sie als Gottheit verehrt und gefürchtet. Die Figur des Sonnengotts steht im Mittelpunkt aller antiken Religionen und ihre Kultstätten waren stets auf die Sonne ausgerichtet.

Eines beeindruckendes Bauwerk aus dieser Zeit ist der gewaltige Steinkreis von Stonehenge in England (Bild 1.1). Vor mehr als 4000 Jahren wurde dieses Monument aus haushohen, tonnenschweren Felsblöcken erbaut und diente den Menschen als Heiligtum und Himmelsobservatorium zugleich. Wenn Sie sich am Morgen des 21. Juni, dem längsten Tag des Jahres, in die Mitte des Steinkreises stellen, sehen Sie über einer außenstehenden Felsnadel die Sonne aufgehen!

Und heute – nach Ölkrise, Tschernobyl und Treibhausklima – richten die Menschen in zunehmendem Maße ihre Häuser und ihr Leben wieder auf die Sonne aus. Hier in der ersten großen deutschen Solarsiedlung in Hamburg-Bramfeld versorgen 3000 m² Sonnenkollektoren und ein großer Saisonspeicher 600 Menschen mit Wärme für Dusche, Küche und Wohnräume (Bild 1.2).

Bild 1.2 Spielende Kinder in Deutschlands erster großer Solarsiedlung in Hamburg-Bramfeld

1.2 Die Sonne – ein Stern in Zahlen und Fakten

Die Sonne entstand zusammen mit ihren Planeten vor rund 5 Milliarden Jahren aus einer Gas- und Staubwolke. Tief in ihrem Innern entsteht durch Verschmelzung von Wasserstoffkernen zu Heliumkernen bei 14 Millionen °C die gewaltige Kraft der Sonne. Die bei dieser Kernfusion freigesetzte Energie steigt langsam an die brodelnde Oberfläche der Sonne und verteilt sich von dort in Lichtgeschwindigkeit über das ganze Sonnensystem.

Der Fusionsreaktor Sonne unterscheidet sich von irdischen Atomkraftwerken dadurch, dass er unfall- und strahlensicher 150 Millionen Kilometer von der Erde weg arbeitet. Er erfordert keine sichere Atommülllagerung auf Jahrhunderte und versorgt zudem alle Menschen kostenlos mit Energie.

Der winzige Bruchteil der Energie, der von der Sonne ausgesandt wird und auf die Erdoberfläche trifft (ein zweimillionstel Teil der Gesamtstrahlung), ist für irdische Maßstäbe eine gewaltige Menge. Die Sonnenstrahlen, die allein am heutigen Tag die Erde erreichen, könnten unseren Energiebedarf für 180 Jahre decken. Die Sonne ist unsere einzige unerschöpfliche Energiequelle.

Die Leistung der Solarstrahlung (Energie pro Zeiteinheit in Watt), die außerhalb der Erdatmosphäre auf eine senkrecht zur Strahlung stehenden Fläche fällt, wird „Solarkonstante" ($S \doteq 1.360$ W/m²) genannt. Die Strahlungsleistung, die auf eine ebenerdige Fläche fällt, heißt Globalstrahlung. Sie ist immer kleiner als die Solarkonstante und schwankt zwischen 0 W/m² (nachts) und ca. 1000 W/m² (mittags, klarer Himmel, Sommer).

Die Rotationsachse der Erde ist um 23,5° gegenüber der Achse ihrer Umlaufbahn um die Sonne geneigt. Beim Umlauf um die Sonne wird so im Laufe des Jahres einmal die nördliche (Sommer) und ein halbes Jahr später die südliche Erdhalbkugel (Winter) optimal besonnt (Bild 1.4).

Der Sonnenstand ändert sich infolge der Bewegungen der Erde sowohl im Tages- als auch im Jahresverlauf. Am 21. Juni steht die Sonne am höchsten und am 21. Dezember am niedrigsten (Bild 1.3). Dabei schlägt sich im Sommer nicht nur die steilere Sonneneinstrahlung, sondern auch die längere Bestrahlungsdauer (längere Tage) in höheren täglichen Globalstrahlungswerten nieder.

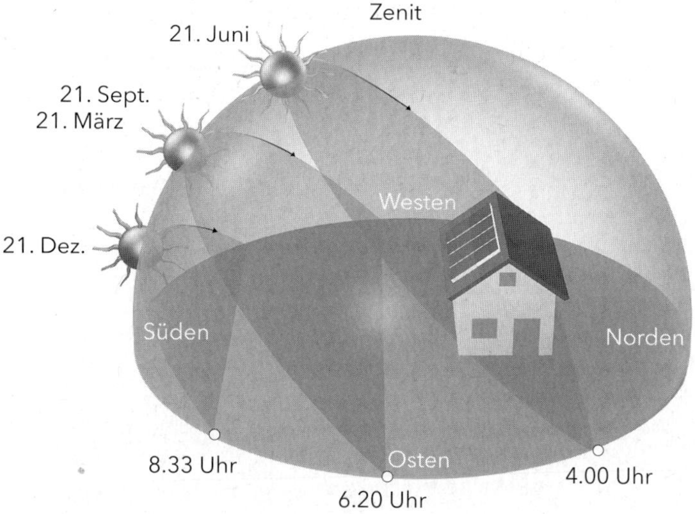

Bild 1.3 Die Sonnenbahnen in Frühling, Sommer, Herbst und Winter für den 50sten Breitengrad

Die Jahreszeiten

Im Sommer
fallen die Sonnenstrahlen
steiler und daher stärker auf die Nordhalbkugel.

Im Winter
fallen die Sonnenstrahlen
flacher und daher schwächer auf die Nordhalbkugel.

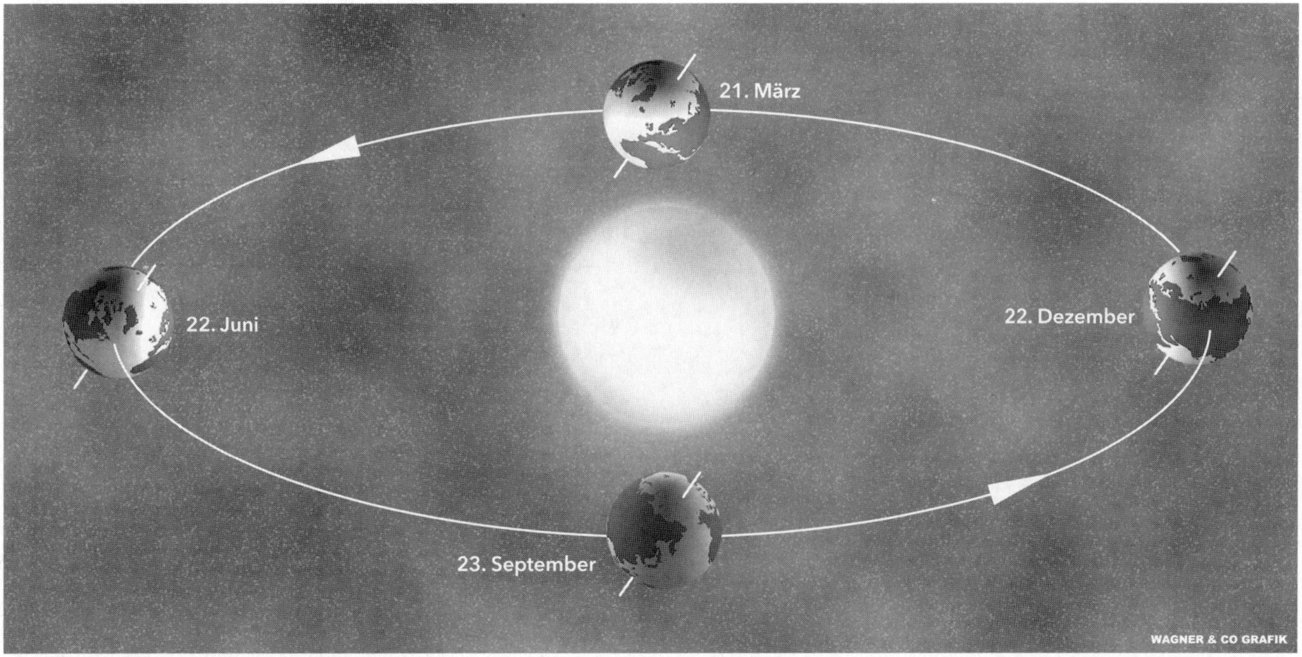

Bild 1.4 Wie die Jahreszeiten entstehen

Zu diesen rein geometrisch erklärbaren Schwankungen der Globalstrahlung kommt noch der Einfluss der Atmosphäre.

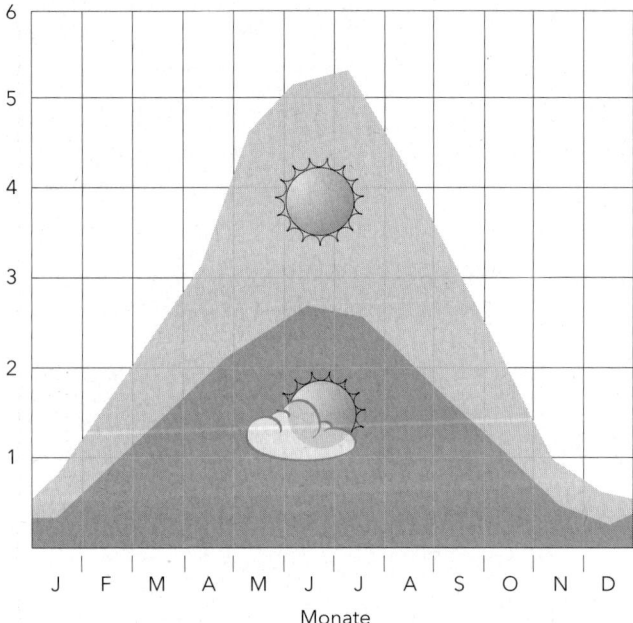

Bild 1.5 Die Globalstrahlung (hellgrau) der Sonne mit ihrem diffusem Anteil (dunkelgrau) im Jahresverlauf (kWh/m²/Tag)

Bild 1.6 Die Kraft der Sonnenstrahlen je nach Wetterlage in W/m²

Die elektromagnetische Strahlung der Sonne besteht aus einer bestimmten Mischung verschiedener Wellenlängen (Spektrum). Die Erdatmosphäre lässt jedoch wie ein Filter nur bestimmte Wellenlängenbereiche durch. Gute Durchlässigkeit besteht im Bereich des sichtbaren Lichts.

Die kürzeren (Ultraviolett) und die längeren (Infrarot) Wellenlängen werden in der äußeren Atmosphäre an Luftmolekülen reflektiert (z.B. Ozonschicht), absorbiert oder gestreut. Das Himmelsblau ist z.B. eine Folge dieser Streuung. In der unteren Atmosphäre streuen kleinste Partikel und Wasserdampf das Sonnenlicht. Sie sind für die Dunstbildung verantwortlich.

Wolken hingegen werden durch größere Partikel und Wassertröpfchen gebildet, die das Sonnenlicht reflektieren oder absorbieren.

Je flacher der Sonneneinfall, desto länger ist der verlustreiche Weg des Lichts durch die Atmosphäre. Bei sehr flachem Einfallswinkel durchdringt nur noch der langwellige (rote) Anteil des Sonnenlichts die Atmosphäre (Morgen- und Abendrot).

Die Globalstrahlung setzt sich aus direkter und diffus gestreuter Strahlung zusammen. Direkte Strahlung wirft Schatten und kann mit Linsen oder Spiegeln konzentriert werden. Diffuse Strahlung ist der zuvor gestreute Anteil des Sonnenlichts. Sie kommt aus allen Himmelsrichtungen und bewirkt so die Aufhellung der Schatten. Die Globalstrahlung und das Verhältnis zwischen direkter und diffuser Strahlung ist vor allem von der Jahreszeit abhängig (Bild 1.5).

Daneben spielen natürlich örtliche Witterungsverhältnisse eine große Rolle. Je nach der Himmelsbewölkung und Dunstbildung ändert sich die Strahlungsleistung erheblich (Bild 1.6).

Im langjährigen Durchschnitt ist die Einstrahlung auf das Gebiet der Bundesrepublik Deutschland relativ gleichmäßig verteilt. Lässt man die wenigen Gebiete geringerer und besonders guter Einstrahlungswerte außer Acht, so zeigt sich insgesamt eine leichte Schwankung um den Wert von 1.000 kWh pro m² und Jahr.

1.3 Die Kraft der Sonne – eine saubere und dauerhafte Energiequelle

Die Sonne erwärmt seit Jahrmilliarden unseren Planeten, hält Wind und Wasser in Bewegung, baut riesige Mengen an Pflanzenmasse auf und steckt gespeichert in Kohle und Erdöl.

Während Kohle und Öl zur Neige gehen, liefert uns die Sonne einen unvorstellbaren Energieüberfluss und das noch für viele Jahrmilliarden. Sie liefert allein in Deutschland 4-mal mehr Energie als weltweit atomare und fossile Energien zusammen – ohne verheerende Klimaveränderungen und strahlenden Atommüll für tausende von Jahren.

Die Alternative ist, die Kraft der Sonne konsequent zu nutzen: warmes Wasser für Küche und Bad (Bild 1.7), Wärme für die Raumheizung (Bild1.8), angenehme Badetemperaturen für's Freibad (Bild 1.9) und sauberer Strom aus der Steckdose (Bild 1.10).

Warmes Wasser für Küche und Bad
In Mitteleuropa ist dieser Anwendungsbereich der Solartechnik am weitesten verbreitet. Nachdem zunächst der private Ein-/Zweifamilienhaus-Bereich eine Vorreiterrolle übernommen hatte, werden jetzt Solaranlagen für die Warmwasserbereitung zunehmend auch in Mehrfamilienhäusern, Hotels, Kindertagesstätten, Sportstätten, Krankenhäusern etc. eingesetzt.

Im Sommerhalbjahr liefert die Solaranlage nahezu die gesamte Energie für Ihr warmes Wasser. Im Winterhalbjahr wärmt sie das kalte Leitungswasser vor, so dass im Jahresmittel 2/3 Ihres Bedarfs gedeckt werden.

Die Solaranlage stellt Ihnen auf umweltschonendste Art Energie bereit. Selbst im Vergleich zu einem neuen, guten Gasheizkessel ersparen schon 4 m² Sonnenkollektor der Atmosphäre Jahr für Jahr eine halbe Tonne Kohlendioxid! Und die Investitionskosten halten sich mit 1-2 % der Bausumme eines Einfamilienhauses in einem überschaubaren Rahmen.

Wärme für die Raumheizung
Hoher Energiebedarf im Winter und nur niedriges Solarangebot in dieser Zeit erlauben auf dem gegenwärtigen

Bild 1.7 Sonnenkollektoren zur Warmwasserbereitung für Küche und Bad

Stand der Technik nur begrenzte Einsatzmöglichkeiten für die Gebäudebeheizung.

Einen günstigen Fall bildet ein Heizenergiebedarf im Sommerhalbjahr, z.B. für Badezimmer an der Nordseite, Kellerräume, Souterrain, feuchte Wände, wenn hier nicht durch bauliche Maßnahmen Abhilfe geschaffen werden kann.

Gebäude mit geringerem Heizenergiebedarf (Niedrigenergiehäuser) lassen sich besonders in den Übergangszeiten gut mit Solarenergie beheizen. Die Solaranlage kann hier etwa 25-30 % des jährlichen Heizenergiebedarfs decken.

Gebäude mit sehr geringem Heizenergiebedarf (Nullenergiehäuser) können über einen Saisonspeicher fast vollständig durch eine Solaranlage beheizt werden.

Ein großes Potenzial liegt in der Versorgung ganzer Wohnsiedlungen. Im Sommer laden Kollektorfelder mit einer Fläche von einigen tausend Quadratmetern einen Saisonspeicher auf und im Winter fließt die gespeicherte Wärme über ein solares Nahwärmenetz in die Häuser.

In Skandinavien sind solche solaren Nahwärmenetze schon seit Jahren mit Erfolg in Betrieb. In Deutschland haben jetzt auch die ersten Großanlagen einen Winter hinter sich – mit einer solaren Deckung des Raumwärmebedarfs von 50 %!

Angenehme Badetemperaturen fürs Freibad

Die solare Schwimmbaderwärmung bildet besonders im kommunalen Bereich die zurzeit günstigste Variante der Sonnenenergienutzung. Solarangebot und Energiebedarf fallen zeitlich genau zusammen. Das benötigte Temperaturniveau ist relativ niedrig, so dass sehr einfache Solarsysteme verwendet werden können. Aus diesem Grund sind sie schon heute oft die wirtschaftlichste Art, Freibäder zu erwärmen.

Bild 1.8 Sonnenkollektor-Felder zur Warmwasserbereitung und für die Raumheizung

Bild 1.9 Solarabsorber auf Umkleidekabinen erwärmen das Wasser im Freibad

Sauberer Strom aus der Steckdose

Die konventionellen Großkraftwerke verschwenden 2/3 der eingesetzten Energie und heizen so mit riesigen Mengen Abwärme und Kohlendioxid die Atmosphäre auf. Außerdem führt ein Unfall in einem Atomkraftwerk zu unabsehbaren Folgen für Mensch und Umwelt.

Eine saubere und sichere Alternative bietet hier der Strom aus Solarzellen (Photovoltaik), dessen gewaltiges Potenzial in der Anwendung auf Millionen von Dächern liegt.

Solarzellen, die kleinste Einheit einer Photovoltaik-Anlage, sind dünne Siliziumscheiben, die unter Lichteinwirkung Gleichstrom erzeugen. Eine Reihe von Solarzellen bilden ein Solarmodul. Die Module werden entsprechend der gewünschten Spannung und Stromstärke zusammengeschaltet. Der erzeugte Solarstrom wird im autarken Betrieb in einen Akku und im netzgekoppelten Betrieb in ein Stromnetz eingespeist.

Bild 1.10 Solarzellen erzeugen Strom aus Sonnenlicht

Wenn Sie abseits vom öffentlichen Netz in einem Wohnmobil, einer Gartenhütte oder einem Haus die Annehmlichkeiten elektrischer Energie für Lampen, Kühlschrank oder Radio genießen wollen, ist die autarke Solarstromanlage die passende Lösung.

Elektrische Geräte in 12 Volt Ausführung können direkt am Akku und in 230 Volt über einen zusätzlichen Wechselrichter betrieben werden.

Wenn Sie ans öffentliche Stromnetz angeschlossen sind, wird der Gleichstrom aus den Solarmodulen direkt in Wechselstrom umgewandelt und ohne Umweg über den Akku ins Hausnetz eingespeist. Der selbsterzeugte Strom wird zunächst im Haus genutzt und ein eventueller Überschuss ans öffentliche Netz verkauft.

Potenzial für Solarwärme

Wie groß ist nun das Potenzial an Solarwärme genau, um Warmwasser, Raum- und industrielle Prozesswärme bereitzustellen?

In dem Buch „Solare Netze – Neue Wege für eine klimafreundliche Wärmewirtschaft" (1997) werden verschiedene Studien zu diesem Thema zusammengefasst: Öko-Institut (1996), Institut für Regionalökonomie (1997) und Wuppertal-Institut (1995). Das Ergebnis bestätigt die an die Sonnenkraft gerichteten Hoffnungen (Tabelle 1.1, Quelle: 20). Der Endenergiebedarf in Deutschland für Warmwasser, Raumwärme und Prozesswärme lag 1992 bei 1.400 Mrd. kWh. Verbesserung der Wärmedämmung und der Energieeffizienz von Wärmeerzeugern vorwiegend im Gebäudebestand lassen den Bedarf in den nächsten 20 Jahren um 1/3 auf 940 Milliarden kWh schrumpfen.

An nutzbaren Flächen bieten sich je zur Hälfte Dächer und Freiflächen an, zusammen 1,8 Mrd. Quadratmeter. Ausgehend von einer Nutzwärmeabgabe von 300 kWh/m² ließen sich auf dieser Fläche rund 550 Mrd. kWh Solarwärme jährlich erzeugen. Das bedeutet, annähernd 60 % des Wärmebedarfs könnten bis zum Jahr 2020 in Deutschland mit Hilfe der Sonnenkraft gedeckt werden (Tabelle 1.1)!

Zurzeit (2000) sind auf deutschen Dächern etwa 2 Mio m² Kollektorfläche installiert. Das entspricht 25 m² pro 1000

Einwohner. Was in unseren Breitengraden machbar ist, zeigen Dänemark mit 42 m² und Österreich in klarer Spitzenposition mit 200 m²/1000 Einwohner (Quelle 18).

Das gute Image der Solarenergie, solarfreundliche politische Rahmenbedingungen und verstärkte Aktivitäten von Installateuren und Planern sind die Garanten für den Erfolg der Solarenergienutzung.

Setzt sich die positive Entwicklung der letzten Jahre fort – und alle Marktdaten sprechen dafür - erscheint eine 20-30%ige Steigerung der jährlich installierten Kollektorfläche absolut nicht überzogen. Das bedeutet dann auch den endgültigen Marktdurchbruch für die Solarenergie - Wirtschaft und Umwelt werden sich freuen!

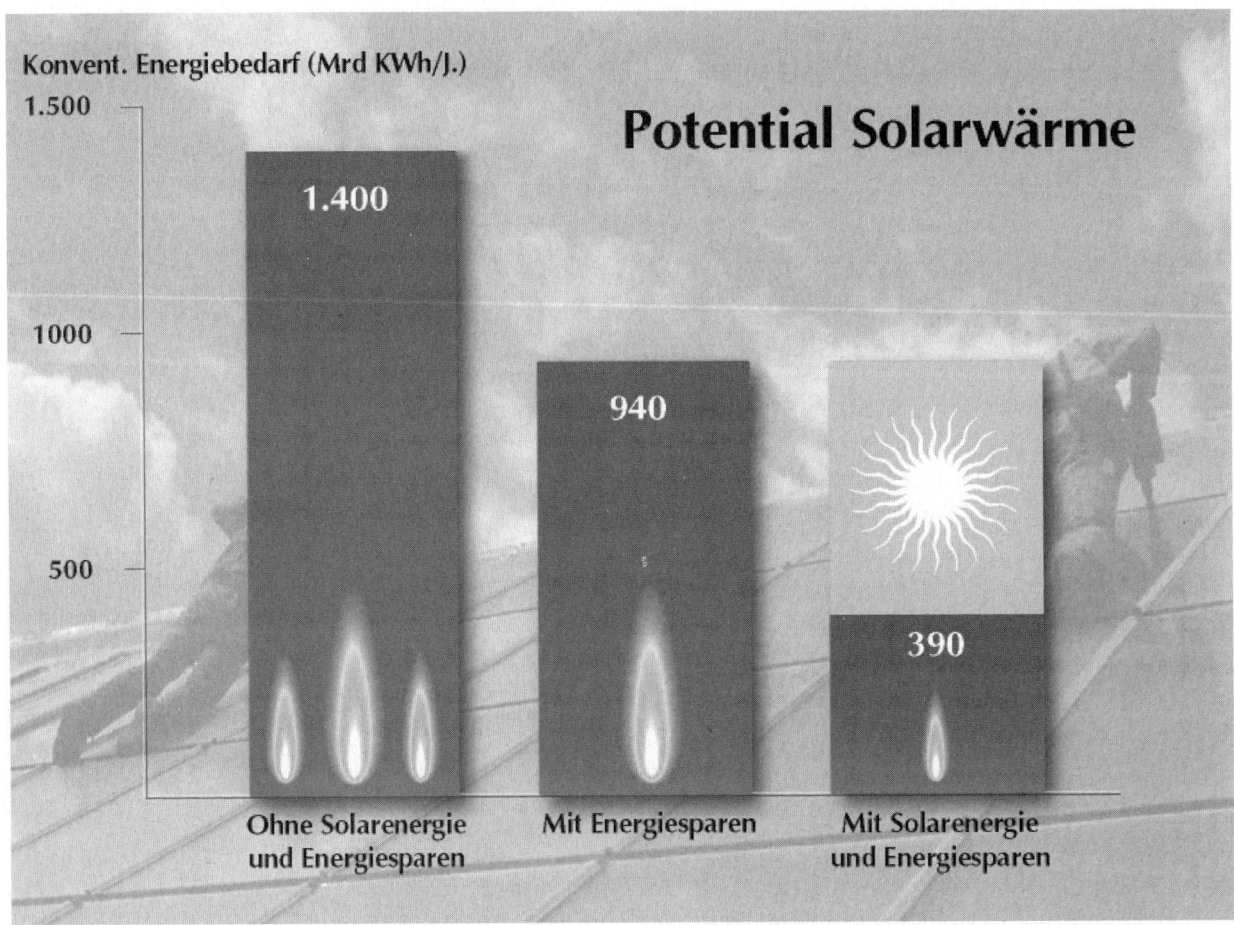

Tabelle 1.1 Potenzial Solarwärme für Warmwasser, Raum- und industrielle Prozesswärme bis 2020

2. Die Technik einer Solaranlage

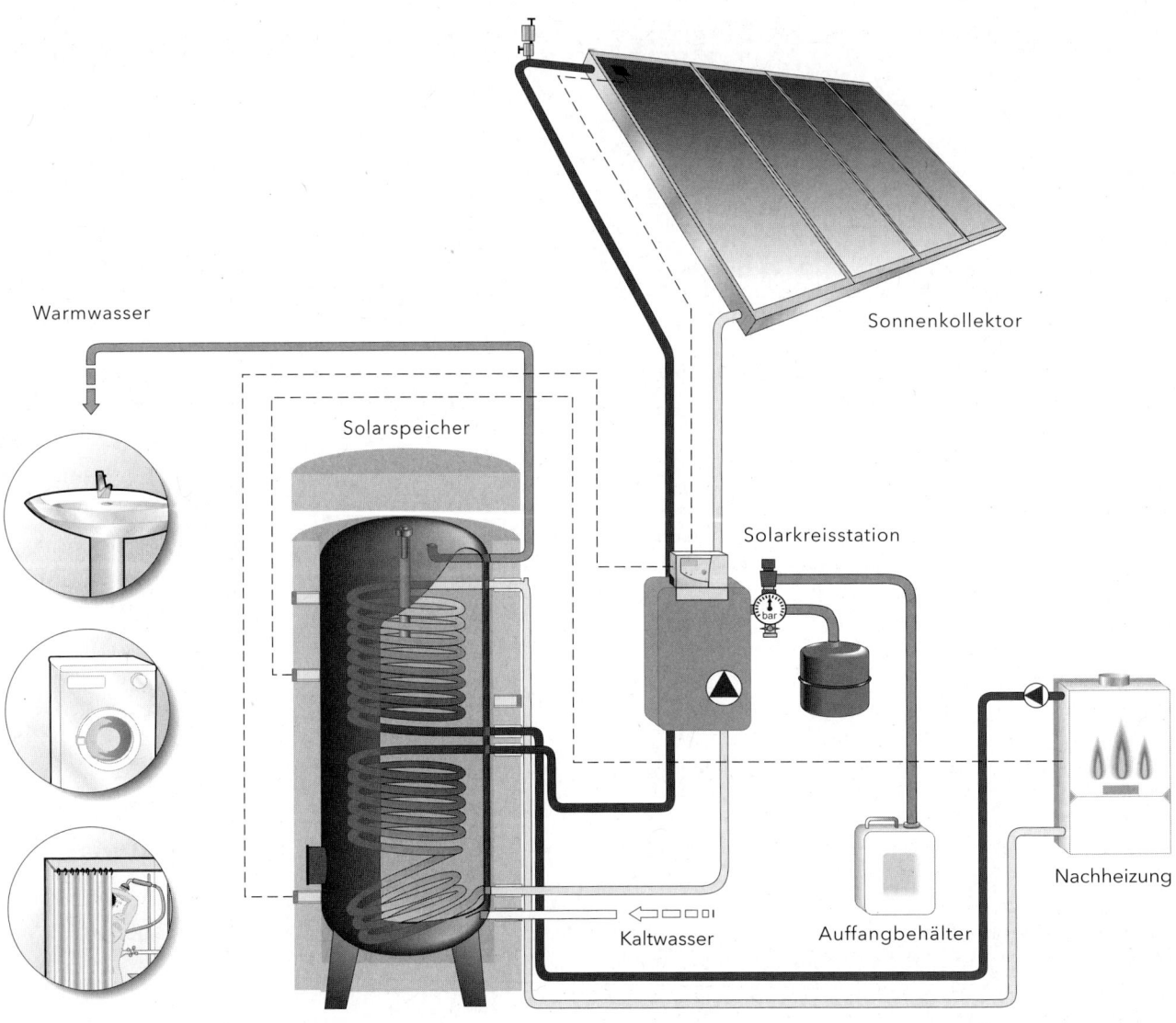

Bild 2.1 Solaranlage und ihre Bauteile einschließlich Nachheizung und Verbraucher

2.1 Aufbau und Funktion einer Solaranlage

Alle wesentlichen Bestandteile einer Solaranlage werden anhand eines prinzipiellen Schaltbildes, das nur die solare Warmwasserbereitung umfasst, dargestellt (Bild 2.1). Die Unterstützung der Raumheizung durch eine Solaranlage erfordert einen zusätzlichen Pufferspeicher und eine differenziertere Regelung oder einen Kombispeicher (Kapitel 2.4.2 und 2.4.3).

Der Sonnenkollektor wandelt die Globalstrahlung in Wärmeenergie um und heizt eine Flüssigkeit auf, die zu einem Wärmespeicher transportiert wird.

Hinsichtlich der Art des Wärmetransportes werden zwei grundsätzliche Systemvarianten unterschieden: die Anlage mit Umwälzpumpe und die mit Schwerkraftumtrieb (Thermosiphon, Naturumlauf).

Anlage mit Umwälzpumpe und Regelung

Das Wärmeträgermedium wird durch eine Pumpe umgewälzt, die von einer elektronischen Temperaturdifferenzregelung ein- bzw. ausgeschaltet wird. Die Regelung vergleicht die Temperatur des Speichers in der Umgebung des Solarwärmetauschers mit der des Kollektors und schaltet die Pumpe nur ein, wenn der Kollektor einige Grade wärmer ist.

Anlage mit Schwerkraftumtrieb

Wenn Kollektoren und Warmwasserspeicher so angeordnet werden können, dass die Rohrleitungen mit mindestens 2 % Steigung vom Kollektor zum Speicher führen, sind weder Pumpe noch Regelung erforderlich (Bild 2.2). Infolge der Erwärmung im Absorber dehnt sich das Solarmedium aus und wird dadurch spezifisch leichter als das kältere Wasser in der Rücklaufleitung, die vom Speicher zum Kollektor hinführt. Auf Grund des Gewichtsunterschiedes entsteht ein Auftriebsdruck, durch den das warme Kollektorwasser in den Speicher steigt. Hier gibt es die Wärme ab und sinkt, jetzt schwerer geworden, zum Absorber zurück. Dieser Kreislauf funktioniert selbstständig, solange die Temperatur des Absorbers über der des Speichers liegt.

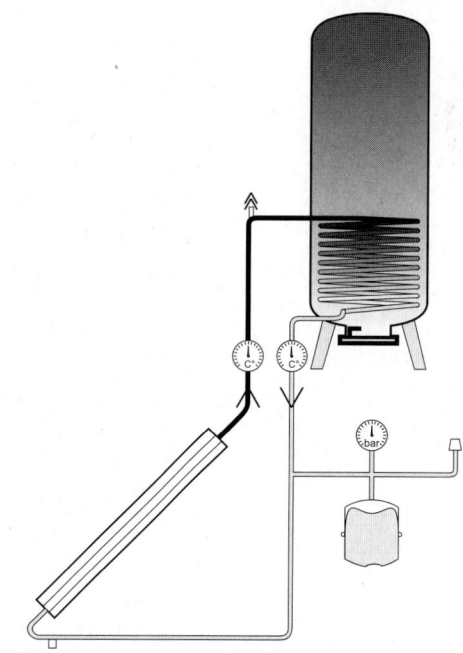

Bild 2.2 Solaranlage mit Schwerkraftumtrieb

Da oft eine Anordnung des Wärmespeichers über dem Kollektor nicht möglich ist und der Heizkessel für die Nachheizung in der Regel im Keller steht, wird dieses System in Mitteleuropa vergleichsweise wenig verwendet, obwohl es zumindest in Einfamilienhäusern eine durchaus beachtenswerte Alternative darstellt.

Eine Schwerkraftanlage bietet sich vor Allem dann an, wenn eine Dachheizzentrale geplant ist. Da Heizkessel und Warmwasserspeicher im Dachgeschoss installiert werden, sind die Leitungswege zum Kollektor sehr kurz. Wird der Kollektor am unteren Ende das Dachs installiert, kann eventuell die Verrohrung zum Warmwasserspeicher mit der benötigten Steigung verlegt werden. So erhalten Sie eine kompakte, besonders preisgünstige Solaranlage.

Sehr häufig findet man Thermosyphonanlagen im Mittelmeerraum als kleine Kompaktanlagen auf den dort üblichen Flachdächern.

2.2 Der Sonnenkollektor

Die Heizwirkung der Sonnenstrahlen können wir an vielen alltäglichen Erscheinungen beobachten. Scheint die Sonne an einem kühlen Tag bei geschlossenem Fenster direkt in die Wohnung, so steigt die Raumtemperatur merklich an. Ein Auto, das kurze Zeit in der Sonne steht, entwickelt, besonders bei schwarzer Innenausstattung, rasch eine unerträglich hohe Innentemperatur. In beiden Fällen dringt die Sonnenstrahlung durch die Fenster und wird beim Auftreffen auf die Inneneinrichtung in Wärme umgewandelt, die nicht nach außen entweichen kann.

Ein Sonnenkollektor nutzt diesen Treibhauseffekt mit hohem Wirkungsgrad. Kernstück des Sonnenkollektors ist eine schwarze Platte, der Solarabsorber, durch die eine Wärmeträgerflüssigkeit strömt. Zur Verhinderung von Wärmeverlusten ist der Solarabsorber ringsum gedämmt: nach vorne durch eine transparente Abdeckung (z.B. Glas) und hinten sowie seitlich durch eine hitzebeständige Wärmedämmung wie beispielsweise Steinwolle (Bild 2.3).

Die einfallenden Sonnenstrahlen durchdringen die Abdeckung und werden vom Solarabsorber in Wärme umgewandelt. Die durch den Absorber strömende Wärmeträgerflüssigkeit nimmt die Wärme auf und transportiert sie in Rohrleitungen zu einem Wärmespeicher. Über einen Wärmetauscher erwärmt sie das im Wärmespeicher befindliche Wasser, um abgekühlt erneut zur Wärmeaufnahme in den Absorber zu fließen.

Die Leistungsfähigkeit eines Kollektors wird mit der Wirkungsgradkennlinie beschrieben. Sie gibt an, welcher Anteil der eingestrahlten Sonnenenergie (Globalstrahlung) in nutzbare Wärmeenergie umgewandelt wird (Kapitel 2.2.4). Die entstehenden Energieverluste teilen sich auf in optische Verluste und Wärmeverluste. Optische Verluste entstehen durch Absorption der transparenten Abdeckung sowie durch Reflektion der Strahlung an der Abdeckung und am Absorber. Wärmeverluste werden durch Wärmeleitung, Wärmetransport (Konvektion) und Wärmestrahlung verursacht. Sie sind umso höher, je größer der Temperaturunterschied zwischen Absorber und Umgebung ist (Bild 2.4).

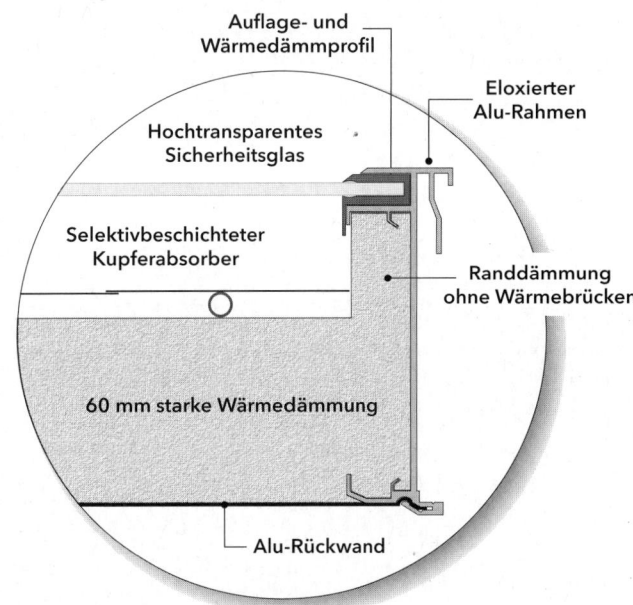

Bild 2.3 Aufbau eines Sonnenkollektors

Wärmeleitung bezeichnet den Wärmefluss innerhalb fester, flüssiger oder gasförmiger Stoffe.

Verluste durch Wärmeleitung entstehen im Kollektor an der Wärmedämmung nach hinten und zur Seite. Sie sind vergleichsweise gering, wenn Absorber und Kollektorrahmen thermisch gut getrennt sind.

Wärmestrahlung sendet jeder warme Körper aus. Sie benötigt kein Trägermedium und pflanzt sich auch im luftleeren Raum (Vakuum) fort. Im Kollektor tritt Wärmestrahlung am Absorber und an der Abdeckung auf. Die Kollektorabdeckung ist zwar weitgehend undurchlässig für die Wärmestrahlung vom Absorber, allerdings wird ein Teil von der Abdeckung absorbiert, die sich dadurch aufheizt und Energie nach außen abgibt.

Konvektion bedeutet Wärmetransport über ein bewegtes Medium (Gas, Flüssigkeit). Zwischen warmer Absorberoberfläche und kalter Scheibe entstehen Wärmeverluste durch Luftbewegung, die einen erheblichen Teil des Gesamtwärmeverlustes ausmachen. Außerdem kann Wind die Konvektionsverluste erheblich vergrößern.

Die Auswahl der verschiedenen Kollektorbauteile orientiert sich vor allem an der Minimierung der geschilderten Energieverluste.

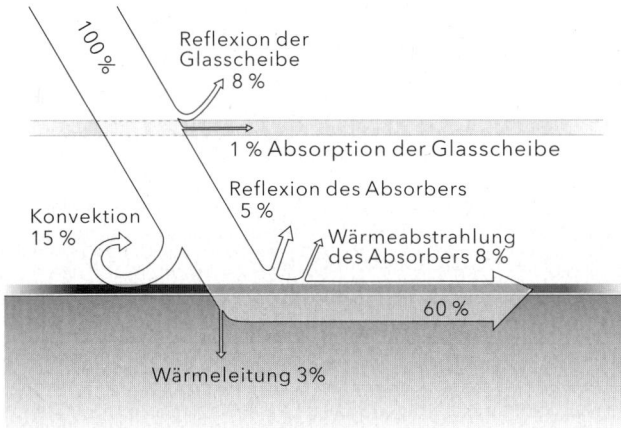

Bild 2.4 Energieumwandlung im Sonnenkollektor

2.2.1 Absorber

Er bildet das wichtigste Bauteil des Kollektors, da er wesentlich dessen Leistungsfähigkeit bestimmt. Ein hocheffizienter Absorber sollte folgenden Qualitätskriterien genügen:
— gute Wärmeübertragung an Wärmeträgerflüssigkeit
— Korrosionsbeständigkeit
— Temperaturfestigkeit
— niedriger Durchflusswiderstand
— geringe Aufheizzeit
— hohe Absorption der einfallenden Sonnenstrahlung
— geringe Wärmeabstrahlung (= Emission)

Absorber-Bauarten

Rohrführung und Rohr- bzw. Kanalquerschnitt bedingen den Durchflusswiderstand des Absorbers. Zwei prinzipielle Rohrführungssysteme können unterschieden werden (Bild 2.5).

In Serpentinen-Absorbern fließt das Wärmeträgermedium durch ein einziges, in Mäandern verlaufendes Rohr. Die hier erforderlichen hohen Durchflussgeschwindigkeiten bedingen einen höheren Durchflusswiderstand. Die Schwerkraftumwälzung wird dadurch behindert.

Günstig ist diese Absorberbauweise dagegen bei Low-flow-Anlagen, da hier Serpentinen-Absorber eine lange Durchflussstrecke mit entsprechender Temperaturerhöhung ermöglichen (s. auch Kapitel 3.1.2).

In Rohrregisterabsorbern fließt der Wärmeträger durch mehrere parallele Kanäle, wodurch der Strömungswiderstand gering bleibt. Solche Absorber sind daher gut in Schwerkraftanlagen einsetzbar.

Der Absorber kann entweder aus einzelnen Lamellen bestehen oder aus einer geschlossenen Platte mit Strömungskanälen (Bild 2.6).

Absorber-Materialien

Die Wärmeübertragung auf den Wärmeträger werden beeinflusst durch die Materialstärke der Absorberplatine (0,2-0,5 mm), Verbindung von Platine und Rohr (keine Luftzwischenräume, dauerhaft feste Verbindung), das Ver-

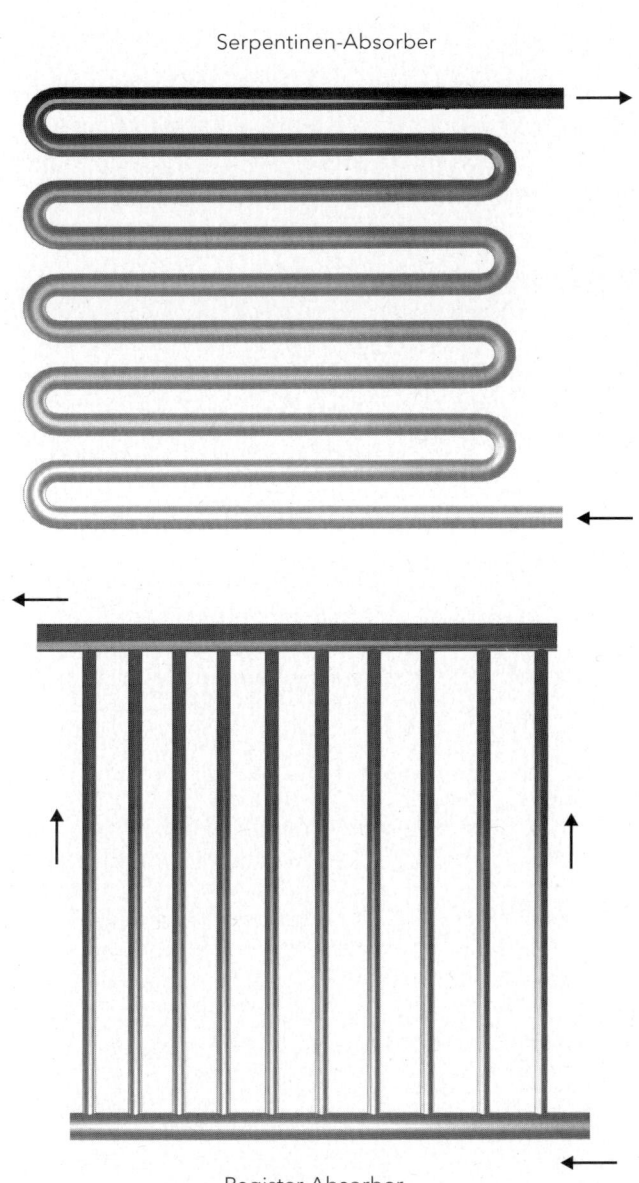

Schwimmbadabsorber aus Kunststoff

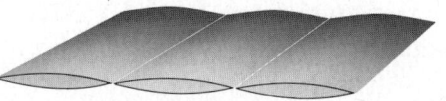

Absorber aus zwei verschweißten Flächen
mit flachen Kanälen

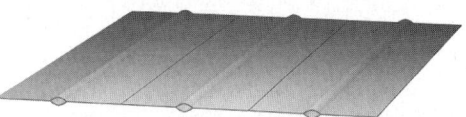

Absorberstreifen aus Aluminium
mit eingepresstem Kupferrohr

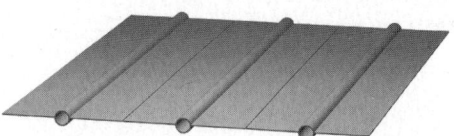

Absorberstreifen
mit zwischen zwei Blechen gepresstem Kupferrohr

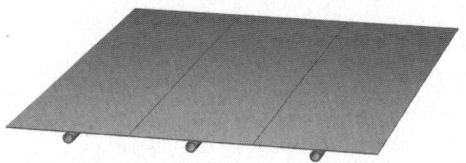

Absorberstreifen aus Kupferblech
mit aufgeschweißtem Kupferrohr

Bild 2.5 Rohrführung im Absorber

Bild 2.6 Bauarten von Absorbern

hältnis Rohrdurchmesser zu Platinenbreite (1:10 bis 1:15) und die Materialwahl.

Selbstverständlich muss ein guter Kompromiss zwischen Leistungsoptimierung und Kosten gefunden werden. Die Leistungsunterschiede zwischen theoretisch möglichen und marktüblichen Absorbern liegen nur bei 2-5 %. Die in obigen Klammern angegebenen Werte kennzeichnen den anzustrebenden Bereich.

Die Rohr- bzw. Kanalquerschnitte sollten eher knapp gewählt werden, um ein geringes Füllvolumen und damit ein schnelles Aufheizen des Absorbers zu erreichen. Auf diese Weise wird auch bei geringer Einstrahlung und wechselnder Bewölkung Energie an den Wärmespeicher abgeführt. Als Richtwert für das Füllvolumen können ca. 0,5 l/m² bis 1 l/m² Absorberfläche genommen werden.

Die Materialwahl beeinflusst neben der Wärmeübertragung auch Korrosions- und Temperaturbeständigkeit. Während des Normalbetriebs einer Solaranlage treten Temperaturschwankungen von -20° C bis +100° C auf. Bei Stillstand der Umwälzpumpe durch Stromausfall kann die Temperatur bis auf 200° C und der Druck, je nach Systemauslegung, bis auf 6 bar steigen. Hinzu kommen Belastungen durch Feuchteeinwirkung und Verbund verschiedener Materialien im Solarkreislauf. Im Folgenden werden die Vorzüge und Nachteile der gängigen Absorbermaterialien aufgezeigt.

● Stahl (Wärmeleitfähigkeit 50 W/mK) wird im Heizungsbau (z.B. als Plattenheizkörper) seit langem eingesetzt. Auf Grund geringerer Materialstärken muss die Lebensdauer von Stahlabsorbern niedriger als die von Heizkörpern veranschlagt werden. Außerdem ist die max. Druckbelastung mit 2,5 bar erheblich niedriger.

Stahlabsorber dürfen nur in einem geschlossenen Kreislauf verwendet werden. Der Wärmeträger sollte auf jeden Fall mit einem Korrosionsschutzmittel versehen sein. Im Kollektor auftretendes Kondenswasser kann bei unzureichendem Oberflächenschutz zu äußerer Korrosion führen.

● Edelstahl gewährleistet eine lange Lebensdauer. In der Regel werden die Werkstoffe V2A und V4A verwendet (Wärmeleitfähigkeit 20 W/mK). Aus Stahl und Edelstahl werden vollflächig durchströmte Absorber (Bild 2.6) mit gutem Wirkungsgrad hergestellt. Edelstahlabsorber sind jedoch vergleichsweise teuer.

● Aluminium ist ein guter Wärmeleiter (Wärmeleitfähigkeit 210 W/mK). Im Rollbondverfahren können preiswerte Absorber hergestellt werden. Verwendet man andere Metalle im Kollektorkreislauf, so muss zur Vermeidung von Kontaktkorrosion der Absorber mit druck- und hitzebeständigem Schlauch an die Rohrleitungen angeschlossen werden. In den Absorber gelangende Metallspäne verursachen jedoch Lochfraß.

Zur Vermeidung von Korrosionsschäden müssen hier unbedingt Wärmeträger mit Korrosionsschutzinhibitoren verwendet werden. Außerdem ist der Solarkreislauf vor Inbetriebnahme ausgiebig zu spülen.

● Kupfer besitzt eine sehr gute Wärmeleitfähigkeit (380 W/mK) und eine hervorragende Korrosionsbeständigkeit sowie Druck und Temperaturbelastbarkeit. Wenn das gesamte Rohrsystem aus Kupfer besteht, kann mit einer Lebensdauer von über 40 Jahren gerechnet werden.

● Aluminium und Kupfer zu kombinieren nutzt die guten Eigenschaften der beiden Materialien. Das relativ preisgünstige Aluminium wird als Wärmeleitblech verwendet. Das teurere, aber korrosionsbeständige Kupfer setzt man dagegen nur für die wärmeträgerführenden Rohre ein. Das Ergebnis ist ein preiswerter Absorber mit hoher Effektivität und Lebensdauer.

● Kunststoff altert umso rascher, je höheren Temperaturen er ausgesetzt wird. Kunststoffabsorber sind auf Grund ihrer geringen Druck- und Temperaturbeständigkeit nur für spezielle Anwendungen geeignet. Korrosionsfestigkeit und geringer Preis machen Kunststoffabsorber besonders für die Schwimmbadheizung interessant, zumal hier nur niedrige Temperaturen und geringe Druckbelastungen auftreten. Dadurch können dünnwandige Absorber eingesetzt werden, bei denen die schlechte Wärmeleitfähigkeit von Kunststoff nicht so stark ins Gewicht fällt.

Absorberbeschichtung
Die Absorberbeschichtung soll einen möglichst großen Teil der einfallenden kurzwelligen Sonnenstrahlung in Wärme umwandeln (absorbieren) und möglichst wenig von der gewonnenen Energie als langwellige Wärmestrahlung wieder abgeben (emittieren).
Die gängigen mattschwarzen Solarlacke haben einen Absorptionsgrad von rund 95 %, jedoch auch einen hohen Emissionsgrad von etwa 80 %. Sie haben den Vorteil, dass sie leicht gespritzt oder gestrichen werden können.
Selektive Beschichtungen besitzen im Bereich der kurzwelligen Solarstrahlung ebenfalls ein hohes Absorptionsvermögen (ca. 95 %), aber im Unterschied zu den Solarlacken zeichnen sie sich durch einen sehr geringen Emissionsgrad im Bereich der langwelligen Wärmestrahlung von nur 5 - 12 % aus (Bild 2.7).
Eine hauchdünne dunkelblaue bis schwarze Deckschicht absorbiert die kurzwellige Sonnenstrahlung und gibt ihre Energie an die darunter liegende Metallplatte weiter. Auf Grund ihrer extrem geringen Schichtdicke wirkt diese Beschichtung im Bereich der langwelligen Wärmestrahlung so, als wäre sie nicht vorhanden. Daher kann Wärmestrahlung nur noch von der Metallplatte (beispielsweise aus Kupfer oder Aluminium) abgegeben werden.
Wenn sie metallisch blank ist, reflektiert sie aber alle Strahlung. Ein Körper, der Wärmestrahlung reflektiert, gibt auch keine ab.
Allgemein spricht man von selektiven Schichten, wenn Absorption und Emission von der Wellenlänge abhängen.

Prinzipiell lassen sich 2 Herstellungsverfahren für selektive Schichten unterscheiden:

● Galvanische Beschichtung
Hier wird durch ein elektrolytisches Verfahren eine hauchdünne Schicht entweder aus Schwarznickelpigmenten auf

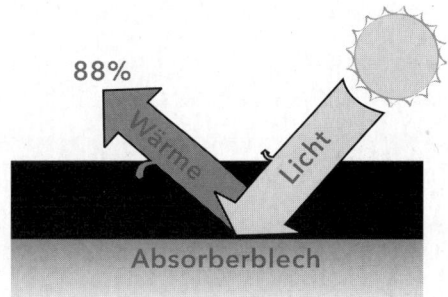
Konventionelle Schwarzlack-Beschichtung

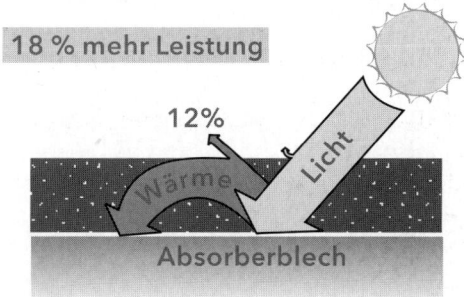
Selektive Beschichtung (z.B. Schwarzcrom)

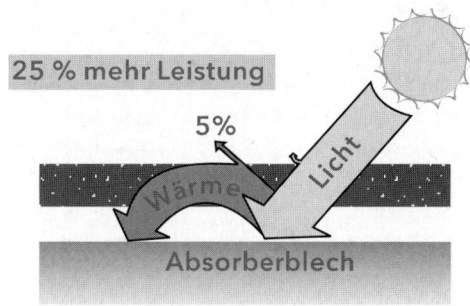
Hochselektive Vakuum-Beschichtung (dunkelblau) z.B. TINOX

Bild 2.7 Schwarzlack- und Selektiv-Absorberbeschichtung im Vergleich

eine Aluminiumplatte oder aus Schwarzchrompigmenten auf eine nickelbeschichtete Kupferplatte aufgetragen. Der Emissionsgrad liegt bei ca. 12 % bis 15 %.
Diese Beschichtungstechnik wird seit über 20 Jahren angewandt und zeigt bisher eine gute Alterungsbeständigkeit.

- Vakuumbeschichtungsverfahren
  Aufdampfen (TINOX)

In einer Vakuumkammer wird bei ca. 400 °C Titan verdampft, das sich durch kontrollierte Zugabe von Sauerstoff und Stickstoff zu Titanoxidnitrid verbindet und auf einem durchlaufenden Kupferband absetzt.
Zum Schutz wird es mit einer Quarzschicht abgedeckt (Bild 2.8).

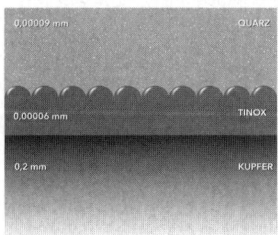

Bild 2.8 TINOX-Selektivbeschichtung

Sputtering
Ein weiteres Verfahren der Vakuumbeschichtung ist die Sputteringtechnik. Auch hier werden metallische Schichten unterschiedlicher Zusammensetzung auf ein Metallsubstrat (meist Kupfer) aufgebracht, allerdings nicht über eine Verdampfung sondern durch spezielle Verfahren zur Abscheidung von Metallionen.
Vakuumschichten erreichen einen Emissionsgrad von ca. 5 %. Da diese Beschichtungsverfahren erst seit kurzem auf dem Markt sind, liegen noch keine Langzeiterfahrungen vor. Mit speziellen Testverfahren, die einen beschleunigten Alterungsprozess erzeugen, wurde für einen Zeitraum von 25 Jahren nur eine geringfügige Verschlechterung der Werte festgestellt.
Da der größte Teil der Wärmeverluste eines Kollektors mit nichtselektivem Absorber über Wärmeabstrahlung erfolgt, ermöglicht gerade deren Reduzierung eine erhebliche Steigerung der Energieausbeute. Besonders bei mäßiger Sonneneinstrahlung und steigender Temperaturdifferenz zwischen Kollektor und Umgebung zeigt die Selektivbeschichtung ihre Effektivität.
Im Falle der solaren Warmwasserbereitung z. B. verbessert sich der Kollektorwirkungsgrad um ca. 18 % bis 25 % im Vergleich zur einfachen Schwarzbeschichtung.

2.2.2 Abdeckung

Transparente Abdeckungen
Ihre Aufgabe ist, einfallende Solarstrahlung durchzulassen und die Wärmerückstrahlung vom Absorber sowie die Wärmeverluste durch Konvektion zu verhindern. Folgende Anforderungen werden an Abdeckungen gestellt:
— Maximale Solarstrahlungsdurchlässigkeit (Transmission)
— Minimale Durchlässigkeit für Wärmeabstrahlung des Absorbers
— Geringe Wärmeleitfähigkeit
— Hohe Witterungsbeständigkeit
— Bruchsicherheit

Zum Einsatz kommen Einfach- und Doppelabdecksysteme. Wird ein hochwertiger Selektivabsorber verwendet, genügt in der Regel die Einfachabdeckung.
Eine Doppelabdeckung bringt nur dann Vorteile, wenn einer der folgenden Fälle vorliegt:
— Der Absorber ist nicht selektiv beschichtet.
— Die mittlere Windgeschwindigkeit liegt über 4 m/s (Meeres- und Gebirgsklima).
— Die äußere Abdeckung besteht aus einem nicht hitzebeständigen Material.
— Die Solaranlage soll überwiegend im Winter betrieben werden.
— Es wird ein sehr hohes Temperaturniveau benötigt (über 80 °C).

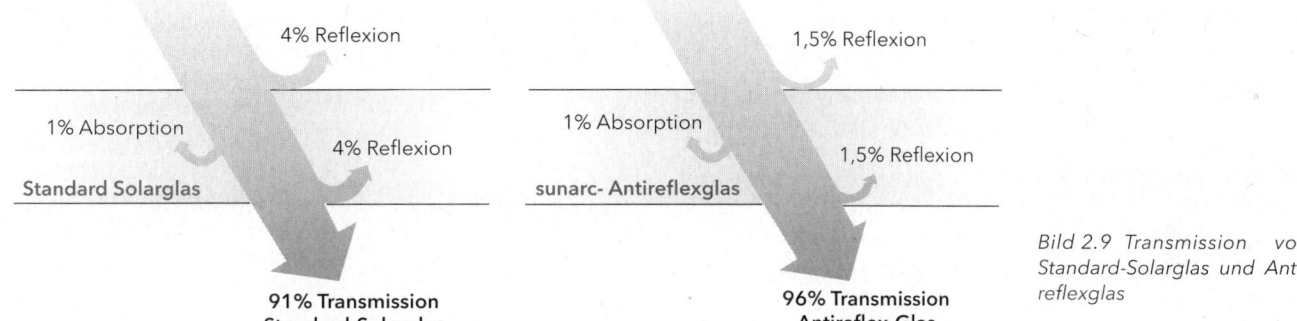

Bild 2.9 Transmission von Standard-Solarglas und Antireflexglas

Die Durchlässigkeit für Solarstrahlung von normalem Fensterglas liegt bei 85 %. Gläser mit stark reduziertem Eisenoxidgehalt erreichen dagegen etwa 91 % und werden als Solarglas bezeichnet.

Durch eine spezielle Antireflex-Behandlung auf beiden Seiten der Glasscheibe (sunarc-AR-Beschichtung) kann die Transmission bei senkrechter Einstrahlung sogar auf 96 % gesteigert werden (Bild 2.9).

Material	Strahlungs-durchlässigkeit (senkre2chte Einstrahlung)	UV-Beständigkeit	Hitze-beständigkeit	Doppel-abdeckung erforderlich	Verarbeitung
Gewächshausglas (4 mm)	85 %	ja	ja	nein	hohes Gewicht, Bruchgefahr
Polycarbonatplatte (3 mm)	85 %	ja	bedingt	nein	geringes Gew., bruchbeständig
Tedlarfolie	90 %	ja	ja	nein	einfache Handhabung
Hostaflonfolie (Teflon)	95 %	ja	ja	ja	einfache Handhabung
Solarsicherheitsglas (4 mm)	91 %	ja	ja	nein	hohes Gewicht, bruchsicher
Solarsicherheitsglas als Antireflexglas (4 mm)	96 %	ja	ja	nein	hohes Gewicht, bruchsicher
Solarglas + Hostaflonfolie	85 %	ja	ja	-	hohes Gew., höherer Aufbau
Glas + Transparente Wärmed.	75-80 %	ja	bedingt	-	hohes Gew., höherer Aufbau

Tabelle 2.1 Transparente Abdeckungen für Sonnenkollektoren

Bei schräg einfallender Solarstrahlung übertrifft die Transmission von AR-Glas diejenige von Standard-Solarglas noch deutlicher (Bild 2.10). Für eine Abweichung von 70° aus der Senkrechten beträgt der Unterschied knapp 10 %-Punkte (73,8 % zu 64 %). Dadurch erhöht sich insbesondere der Energieertrag von Kollektoren mit starker Abweichung aus der Südorientierung.

Die erzielte Mikro-Struktur der Oberfläche ist so fein, daß sich Staubpartikel nur schwer festsetzen können (siehe auch Lotos-Effekt). AR-Scheiben sind daher eher weniger verschmutzungsanfällig als Normalglas.

Solaranlagen zur Warmwasserbereitung erreichen mit AR-Kollektoren einen Mehrertrag von etwa 7 % (Bild 2.11). Wie aus Bild 2.12 zu entnehmen ist, liegt der Kollektor EURO C20-AR mit seinem spezifischen Jahresertrag von 546 kWh/m² für eine Standard-Warmwasseranlage weit vor den nächstbesten Flachkollektoren (Stand Januar 2002).

Unter den Betriebsbedingungen solarer Heizungsunterstützung im Winterhalbjahr kann der Wärmeertrag eines AR-Kollektors sogar um bis zu ca. 10 % erhöht werden.

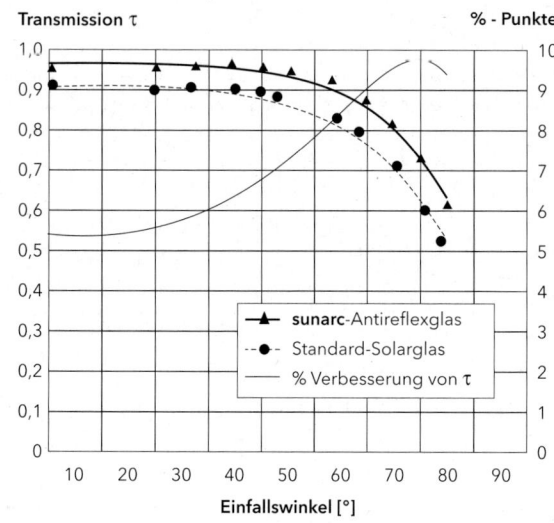

Bild 2.10 Transmission in Abhängigkeit vom Einfallswinkel bei Standard-Solarglas und Antireflexglas

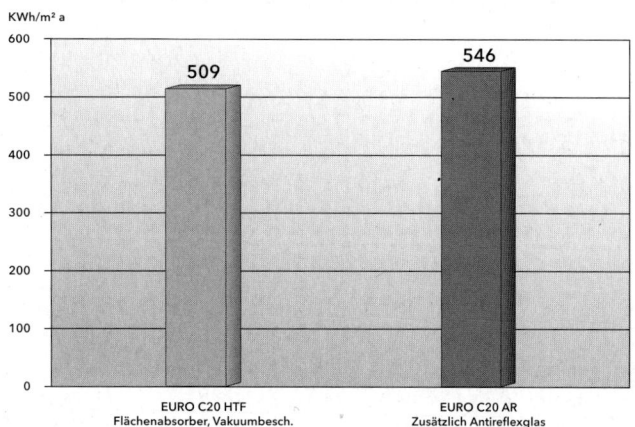

Bild 2.11 Kollektorjahresertrag nach ITW-Randbedingungen mit einem Standardsolarsystem (5m² Aperturfläche, südorientiert, Neigung = Breitengrad, 15m Rohrnetz, 300l Speicher, Verbrauch 200l/d bei 45°C) am Standort Würzburg

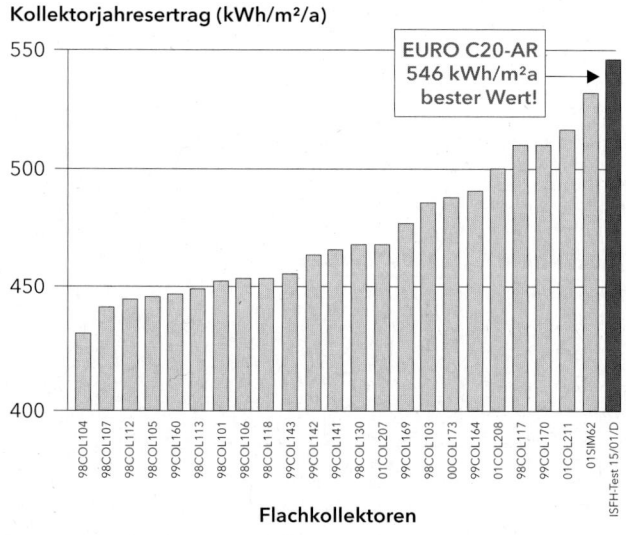

Bild 2.12 Flachkollektoren im Vergleich. Messungen von Flachkoll. des ITW Stuttgart 1998/2001 u.a. Institute, nach ITW-Standard 5 m²

Durch eine thermische Behandlung können Glasscheiben vorgespannt werden. Das erhöht einerseits die Festigkeit und verringert andererseits die Verletzungsgefahr bei Glasbruch. Wie beim Auto-Sekuritglas zerfällt die Scheibe bei Bruch in kleine Glasbröckchen. Sicherheitsglas wird in bestimmten Formaten hergestellt und lässt sich nachträglich nicht mehr schneiden.

Isolierglasscheiben und Doppelstegplatten sowie alle Doppelabdeckungen, deren Scheiben fest miteinander verbunden sind, sollten nicht verwendet werden. Da während der Aufheizung des Kollektors die Innenscheibe wesentlich stärker erwärmt wird, kann deren Wärmeausdehnung zu Rissen in der Doppelscheibenkonstruktion führen. Eine Doppelabdeckung aus zwei nicht starr miteinander verbundenen Scheiben ist unproblematisch.

Meist wird jedoch eine Kombination aus Glasscheibe und hitzebeständiger Folie gewählt. Geringeres Gewicht, einfachere Montage und größere Strahlungsdurchlässigkeit sprechen für diese Lösung.

Der Abstand zwischen Absorber und Abdeckung sollte bei einfach abgedeckten Kollektoren etwa 3-4 cm betragen. Im Falle von Doppelabdeckungen genügen Abstände von 1,5 bis 2,0 cm zwischen dem Absorber und der ersten Scheibe. In einer Tabelle finden Sie die gängigen transparenten Abdeckungen charakterisiert nach Strahlungsdurchlässigkeit, UV- und Hitzebeständigkeit sowie nach erforderlicher Doppelabdeckung und Verarbeitung (Tabelle 2.1).

Transparente Wärmedämmung
Ein relativ neues System der Kollektorabdeckung bildet die so genannte „Transparente Wärmedämmung" (TWD). Wie der Name schon sagt, soll damit neben einer guten Solarstrahlungsdurchlässigkeit vor allem eine Reduzierung der Wärmeverluste durch die Abdeckung erreicht werden. Doch ist der Name etwas irreführend, da natürlich auch eine einfache Glasscheibe eine transparente Wärmedämmung darstellt, nur eben nicht so effektiv.

Die TWD wird in zwei verschiedenen Ausführungen angeboten: Kapillarstrukturen aus einer Vielzahl von Hohlröhrchen und Wabenstrukturen aus quadratischen Zellen. Das Material besteht meist aus Polycarbonat oder Glas. Diese 5-10 cm langen Röhrchen oder Wabengebilde werden mit Silikon an der Innenseite der Glasabdeckung angebracht. Mit einer derartigen Konstruktion können die Wärmeverluste durch Konvektion stark verringert werden, da die Röhrchen bzw. Waben eine Luftzirkulation zwischen Absorber und Glasscheibe weitgehend einschränken. Dabei verringert die TWD die solare Einstrahlung vergleichsweise wenig. Ihre Strahlungsdurchlässigkeit liegt bei 90-95%. Allerdings sinkt bei schrägem Lichteinfall die Durchlässigkeit stärker. Mit einer darüber angebrachten Glasscheibe ergibt sich eine Gesamttransmission von etwa 75-80 %.

Da Polycarbonat nur bis ca. 130 °C hitzebeständig ist, muss für TWD-Kollektoren unbedingt eine stromunabhängige Temperatursicherung vorgesehen werden. Glasröhrchen sind zwar hoch temperaturbelastbar, bewirken aber eine erhebliche Gewichtszunahme des Kollektors und sind wesentlich teurer.

Führt ein Selektivabsorber zu einer drastischen Verminderung der Wärmeabstrahlung, bewirkt die TWD zusätzlich eine deutliche Reduzierung der dann dominierenden Konvektionsverluste.

Mit der besseren Wärmedämmung muss aber zunächst die gegenüber Kollektoren mit einfacher Solarglasabdeckung geringere Strahlungsdurchlässigkeit ausgeglichen werden. Dies gelingt erst bei mittleren Absorbertemperaturen von über 60 °C, weshalb die TWD im Niedertemperaturbereich nur eine geringfügige Leistungssteigerung erbringt. Aus diesem Grunde und wegen des noch hohen Preises der TWD-Materialien bleibt der TWD-Kollektor vorerst wohl besonderen Anwendungsgebieten wie z.B. Erzeugung industrieller Prozesswärme vorbehalten.

Schnee- und Windlast sowie Hagelschlag
Die Bauart eines Kollektors sowie die Größe und Stärke der Glasscheibe bestimmen seine Schnee- und Windlastbeständigkeit. Die Schneelast nimmt mit der Geländehöhe zu und wird in vier Zonen unterteilt – von 1 an der Nordseeküste bis 4 in den Hochalpen. Aus diesem Grund können in

Max. Höhe über Meeresspiegel für EURO-Kollektoren				
Kollektor-neigung	Schneelastzone			
	1	2	3	4
bis 35°	800 m	900 m	700 m	500 m
bis 45°	800 m	900 m	800 m	600 m
bis 50°	800 m	900 m	900 m	700 m
bis 55°	800 m	900 m	1.000 m	700 m

Schneelastzonen-Einteilung: **1** Niederrhein, Nordeseeküste; **2** Rheintal, z.T. Bayern; **3** Mittelgebirge, östl. norddt. Tiefebene, neue Bundesländer; **4** Hochalpen, Harz; Belastungsgrenze für EURO-Sonnenkollektoren: 2.250 N/m²

Tabelle 2.2 Max. Höhe über Meeresspiegel (in m) für EURO-Sonnenkollektoren bei Aufdach- oder Indachmontage bis 20m Gebäudehöhe

Fundamentgewicht gegen Windlast (kg/m² Kollektorfläche)		
Gebäudehöhe	ohne Bodenfreiheit	mit Bodenfreiheit
bis 8 m	75 kg	55 kg
bis 20 m	127 kg	100 kg

Tabelle 2.3 Fundamentgewicht gegen Windlast für EURO-Kollektoren in der Freiaufstellung (kg/m² Kollektorfläche)

Deutschland Kollektoren je nach Zone nur bis zu einer bestimmten Höhe über dem Meeresspiegel (NN) eingesetzt werden (Tabelle 2.2). Die Windlast wächst mit der Gebäudehöhe und ist bis zu einer Höhe von 20m in der Tabelle berücksichtigt.
Außerdem haben auch die Aufstellungsart und die Kollektorneigung einen Einfluss auf die maximale Höhe.
In der Tabelle werden Auf- und Indachmontage sowie Kollektorneigungen bis 55 °C berücksichtigt.
Die maximal zulässigen Höhen (über NN) nach DIN 1055 Teil 4 gelten für EURO-Sonnenkollektoren bzw. alle anderen Kollektortypen mit einer zulässigen Maximalbelastung von 2550 N/m² Kollektorfläche.
Wenn freiaufgestellte Kollektoren nicht im Boden oder der Betondecke eines Flachdachs verankert werden können, müssen sie gegen Windeinwirkung mit entsprechenden Fundamentgewichten gesichert werden. Dies können Betonsteine oder kiesbeschwerte Trapezbleche sein. Die erforderlichen Fundamentgewichte sind in Tabelle 2.3 dargestellt. Bei einem Abstand zwischen Boden und Kollektorunterkante von mehr als 30 cm kann durch den verminderten Staudruck das Fundamentgewicht abgesenkt werden.

Die erforderliche Qualität der Glasscheibe ist von der Neigung des Kollektors abhängig. Bei einer Dachneigung von mindestens 35° können Gewächshaus-Glasscheiben mit einer Stärke von 4 mm verwendet werden. Die Scheibengröße sollte sich an den Standardformaten von 200 x 60 cm bzw. 143 x 73 cm orientieren. In der Schneelastzone 3 (Mittelgebirge, Voralpen, Alpen) über 500 m und in der Schneelastzone 4 (Harz, Hochalpen) ist ausschließlich vorgespanntes Sicherheitsglas (3-4 mm stark) einzusetzen. Das Sicherheitsglas sollte auch in Hagelschlag-Gebieten eingesetzt werden. Das Standardglas widersteht Hagelkörnern bis zu einem Durchmesser von 2 cm!

2.2.3 Kollektor-Konstruktion

Die Bauarten von Kollektoren werden grundsätzlich in Flachkollektoren und Vakuumröhrenkollektoren unterschieden.

Flachkollektor
Das Gehäuse des Flachkollektors besteht aus einem Kollektorrahmen und der Wärmedämmung.
Seine Qualität ist von ausschlaggebender Bedeutung für eine langjährige Funktionssicherheit des Sonnenkollektors.
Er sollte witterungsbeständig, leicht, schlagfest, verwindungssteif und wasserdicht sein.

An Materialien werden vor allem eloxiertes Aluminium, Edelstahl und glasfaserverstärkter Kunststoff eingesetzt.
Da die Gehäuse von Flachkollektoren nicht dampfdicht sind, muss der entstehende Wasserdampf durch ausreichende Lüftungsöffnungen entweichen können. Ansonsten beschlägt die transparente Abdeckung. Diese Öffnungen sollten gegen Staubeintrag geschützt sein.

Für die Wärmedämmung im Absorberbereich eignen sich ausschließlich Materialien, die bis mindestens 160 °C temperaturbeständig sind. Einfache Styroporplatten z.B. sind daher nicht zulässig. PU-Hartschaum sollte nur zusammen mit einer 2-3 cm starken Mineralwollematte eingesetzt werden, die unter dem Absorber als Hitzeschild angebracht wird. Je nach Wärmeleitfähigkeit des Materials, angegeben durch die Wärmeleitzahl (Lambda), sollte die Isolierung 5-8 cm dick sein. Eine Auswahl geeigneter Isoliermaterialien ist in Tabelle 2.1 wiedergegeben.
Die Wärmeleitfähigkeit eines Stoffes gibt den Wärmestrom an, der durch eine 1m dicke Schicht hindurchgeht, wenn das Temperaturgefälle 1°C beträgt.
Der Wärmedurchgangskoeffizient, auch k-Wert genannt, bezeichnet den Wärmestrom, der durch eine Fläche von 1m² hindurchgeht. Je kleiner der Wert, desto besser der Wärmeschutz. Das gilt für beide Größen.

Vakuumröhrenkollektoren

Beim Vakuumröhrenkollektor besteht das Gehäuse aus einer evakuierten Glasröhre.
Sie werden in verschiedenen Bauarten angeboten. Gemeinsames Merkmal ist, dass zur Wärmedämmung an Stelle von Steinwolle oder ähnlichem Dämmaterial ein Vakuum im Kollektor erzeugt wird. Dadurch können die Wärmeverluste im Vergleich zum Flachkollektor deutlich reduziert werden. Da ein Vakuum am einfachsten in einer runden Form gehalten werden kann, ist hier der Solarabsorber in eine Glasröhre eingebettet. Im Wesentlichen unterscheidet man folgenden Konstruktionsweisen.

Wärmedämmstoff	Wärmeleitfähigkeit λ (W/mK)	Wärmedurchgangskoeff. k(W/m²K) bei 60mm Dicke	Maximale Einsatz-Temperatur *	Anmerkungen
Flachs	0,040	0,60	160° C	Enthält Borsalz, das zu Korrosion bei Alu-Teilen führen kann.
Isofloc (Altpapierfasern)	0,045	0,67	130° C	Enthält Borsalz, das zu Korrosion bei Alu-Teilen führen kann.
Mineralfaser-Wolle	0,035-0,040	0,54-0,60	250° C	Bindemittel muss hochtemperaturbeständig sein.
Polyurethan-Schaum	0,025	0,42	130° C	FCKW-freies Material verwenden
Schafwolle	0,040	0,60	100° C	Enthält Borsalz, das zu Korrosion bei Alu-Teilen führen kann. Konsistenz ändert sich bei hohen Temp. Ausdünstungen sind möglich.
Vakuum	0,0001	0,0002	-	Beste Dämmwirkung
* Die Angaben sind Erfahrungswerte der Firma Wagner & Co Solartechnik. Sie werden von den Herstellerfirmen nicht garantiert.				

Tabelle 2.4 Eigenschaften von Wärmedämmstoffen

- **Heat-Pipe-Kollektor (Wärmerohrkollektor)**

Im Absorber befindet sich eine schon bei niedrigen Temperaturen verdämpfende Flüssigkeit. Der Dampf steigt nach oben zu einem Wärmetauscher. Dort gibt er seine Energie an die Solarkreisflüssigkeit ab, wobei er wieder kondensiert und in den Absorber zurückfällt. Dieser Kreislauf erfordert eine Aufstellung der Heatpipes mit einem bestimmten Mindestneigungswinkel.

- **Direkt durchströmte Kollektoren**

Hier wird die Solarflüssigkeit selbst durch den Kollektor gepumpt. Sie können also auch flach liegend angebracht werden.

Eine neue Entwicklungslinie bildet der sog. *Thermoskannenkollektor*. Im Unterschied zu den bisher üblichen Bauarten befindet sich das Wärmeleitblech mit Vor- und Rücklaufrohr nicht im Vakuum sondern in einer evakuierten Doppelglasröhre (eben eine Art Thermoskanne) im normalen Luftdruckbereich. Ein Vakuum zwischen zwei verschweißten Glasröhren zu halten, stellt geringere technische Anforderungen als ein Vakuum in einer Glasröhre, die eine Dichtung zur herausführenden Vor- und Rücklaufleitung benötigt.

Die Selektivbeschichtung ist witterungsgeschützt auf der inneren Glasröhre(=Absorber) angebracht. Die hier erzeugte Wärme wird auf ein Wärmeleitblech übertragen, das an der Innenseite der Glasröhre anliegt (Bild 2.13).

Die Thermoskannenkollektoren besitzen konzentrierende Reflektoren sog. CPC-Reflektoren (Bild 2.14), die auch schräg einfallende Sonnenstrahlung (bis ca. 70° Abweichung) optimal auf die Absorberfläche bündeln.

Für die Montage an Fassaden und liegend auf Flachdächern sind konzentrierende Reflektoren ungeeignet. Hier werden sog. diffuse Reflektoren eingesetzt. Sie können aus spiegelnden Metallflächen oder einfach auch aus einer weißen Hauswand oder Kiesschicht bestehen.

In den Anwendungsbereichen Warmwasserbereitung und Raumheizung kann der Vakuumröhrenkollektor gegenüber dem Flachkollektor den Wärmeertrag um ca. 20 % er-

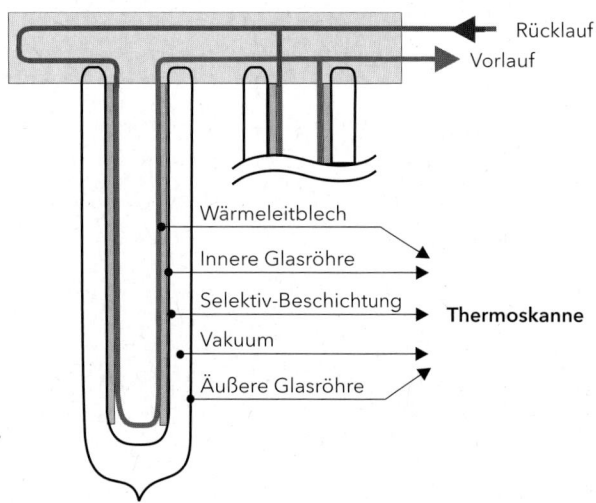

Bild 2.13 Vakuumröhrenkollektor im Schnitt

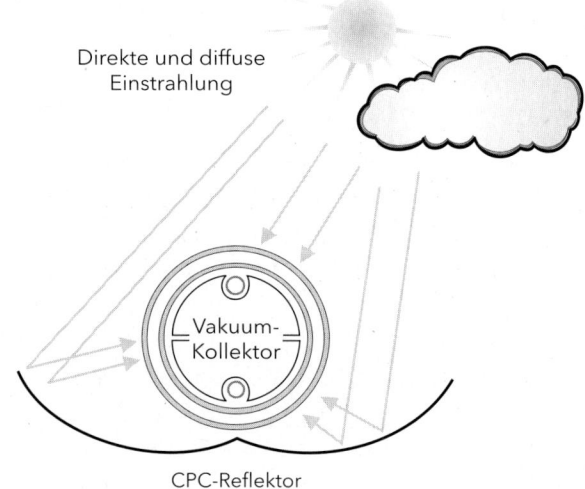

Bild 2.14 CPC-Reflektor konzentriert Sonnenstrahlen auf Vakuumröhre

höhen. Dafür muss allerdings mit etwa dem doppelten Preis pro m² wirksamer Fläche gerechnet werden. Das Kosten /Nutzen-Verhältnis ist daher im Niedertemperaturbereich in der Regel schlechter als bei Flachkollektoren. Der Flachkollektor mit AR-Glas reduziert zusätzlich den Leistungsabstand zum Vakuumröhrenkollektor deutlich. Betrachtet man die solare Warmwasserbereitung, liegt der spez. Jahresenergieertrag von Vakuumröhrenkollektoren nur noch um ca. 15 % über dem des AR-Flachkollektors. Ähnliche Verhältnisse zeigen sich für die solare Heizungsunterstützung (vgl. 2.2.4, S. 37).

In Einzelfällen können Vakuumröhrenkollektoren allerdings deutliche Vorteile aufweisen. Auf Flachdächern können bestimmte Bauarten ohne Aufständerung angebracht werden. Drehbare Röhren werden so verstellt, dass der Absorber im optimalen Neigungswinkel zur Sonne zeigt. Thermoskannenkollektoren mit diffusem Reflektor sind ebenfalls für diese Montagevariante geeignet.

Die energetischen Einbußen bei stark aus der Südrichtung abweichenden Dachorientierungen lassen sich beträchtlich reduzieren, wenn drehbare Röhren um ca. 25° bis 30° nach Süden ausgerichtet werden können. Ähnliche Effekte erzielen konzentrierende Reflektoren von Thermoskannenkollektoren, da sie auch sehr schräg einfallende Sonnen-strahlung auf den Absorber lenken.

Unangefochten sind Vakuumröhrenkollektoren im Hochtemperatursektor (z. B. Flaschenreinigung, Autowaschanlagen, solare Klimatisierung).

Das oft gehörte Argument, der Vakuumröhrenkollektor sollte wegen seiner höheren Leistung bei kleinen verfügbaren Aufstellflächen gewählt werden, ist dagegen nur bedingt zutreffend. Da für Vakuumröhrenkollektoren das Verhältnis von wirksamer Kollektorfläche zur Bruttofläche schlechter ist als bei Flachkollektoren, wird die auf Grund größerer Leistung mögliche Flächenersparnis zum Teil wieder aufgehoben. Tatsächlich liegt der Mehrbedarf an Bruttofläche für Flachkollektoren nur bei ca. 15 % bis 20 %. Im Vergleich zu Kollektoren mit AR-Glas ergibt sich sogar in etwa die selbe Bruttokollektorfläche.

2.2.4 Kollektor-Wirkungsgrad

Der Wirkungsgrad eines Kollektors gibt an, welcher Anteil der auf die Kollektorfläche A auftreffenden solaren Bestrahlungsstärke [G(W)] vom Kollektor in Nutzwärmeleistung (W) umgewandelt werden kann. Dieses Verhältnis wird η (griechisch „Eta") genannt und in dieser Formel ausgedrückt:

$$\eta = \frac{Q \text{ Nutzwärmeleistung (W)}}{G \text{ Solare Bestrahlungsstärke (W)} \cdot A(m^2)}$$

Dabei ist die für die Berechnung die angenommene Kollektorbezugsfläche anzugeben (Bild 2.15): Brutto-, Absorber- oder Aperturfläche (= Lichteintrittsfläche).

Je nach Bestrahlungsstärke (G) und Differenz zwischen mittlerer Absorber- und Umgebungstemperatur **(Tm - Ta = ΔT)** ändert sich der Kollektorwirkungsgrad. Aus diesem Grund kann der Wirkungsgrad nicht als fester Wert, sondern nur als Kurve angegeben werden. Hierzu wird ein Diagramm erstellt, auf dessen waagrechter Achse der Quotient aus **(Tm - Ta)/G** (alternativ auch nur **Tm-Ta** mit Angabe der WG-Kennlinien bei verschiedenen Bestrahlungsstärken) aufgetragen ist und auf der senkrechten der Kollektorwirkungsgrad. Anhand der eingetragenen Kollektorkennlinie kann der Kollektorwirkungsgrad je nach den äußeren Bedingungen bestimmt werden. Da der Wirkungsgrad auch noch durch die Windgeschwindigkeit beeinflusst wird, kann er das gesamte schraffierte Feld durchlaufen (Bild 2.16).

Wird der Kollektor bei einer mittleren Absorbertemperatur betrieben, die gleich der Umgebungstemperatur ist, kann der Konversionsfaktor η_o bestimmt werden.

Er bildet den maximal möglichen Wirkungsgrad eines Kollektors und gibt Aufschluss über die Qualität der transparenten Abdeckung (Transmission) und des Absorbers (Absorption, Wärmeübertragung und Emission).

Die im praktischen Betrieb auftretenden Wärmeverluste

bewirken mit zunehmendem ΔT einen entsprechenden Abfall der Kurve vom η_o-Wert aus. Je schlechter die Wärmedämmung des Kollektors, desto steiler ist dieser Abfall. Die Wärmeverluste des Kollektors erfassen die Koeffizienten k_1 (W/m²K) und k_2 (W/m²K²). Der Koeffizient k_2 berücksichtigt die Wärmeverluste durch Wärmestrahlung, die mit steigendem ΔT überproportional ansteigen.

Bild 2.17 zeigt die Wirkungsgradkennlinien eines Flachkollektors mit Selektivabsorber und Standard-Solarglas im Vergleich zu einem Kollektor mit AR-Glas (Quelle: ISFH Testberichte Nr. 13-01/D und 15-01/D vom 18. 5. 2001). Zum Vergleich wird in Bild 2.18 die Kennlinie eines guten Vakuumröhrenkollektors mit Selektivabsorber und Heatpipe dargestellt (Quelle: SPF Testbericht Nr. 369).

Betrachten wir zunächst einen für das Sommerhalbjahr typischen Betriebspunkt: 0,04 m² K/W entsprechend etwa einer Einstrahlung von 750 W/m² und einer Temperaturdifferenz von 30° C. In diesem Fall beträgt der Wirkungsgradunterschied nur etwa 5 Prozentpunkte(bzw. verschwindet ganz beim Kollektor mit Antireflexglas, da seine gute Wärmedämmung nicht voll zur Geltung kommt .

Nehmen wir nun einen Betriebspunkt, der höhere Anforderungen an die Wärmedämmung stellt: 0,08 m²K/W entsprechen etwa einer Einstrahlung von 1000 W/m² und einem ΔT von 80° C. Der Vakuumröhrenkollektor erzielt hier immerhin einen um etwa 13 bzw. 8 Prozentpunkte besseren Wirkungsgrad.

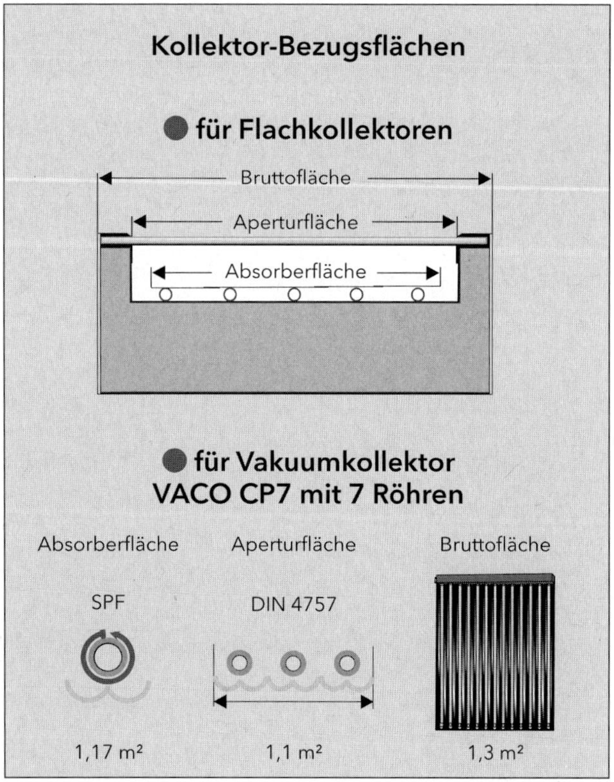

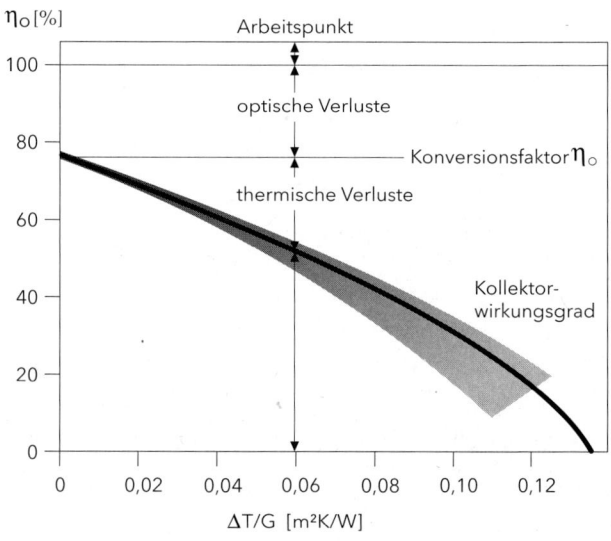

Bild 2.15 Kollektor-Bezugsflächen für Flach- und Vakuumkollektoren

Bild 2.16 Allgemeine Wirkungsgradkennlinie für Kollektoren

Die Leistungsunterschiede beider Kollektorbauarten unter den Betriebsbedingungen der solaren Raumheizung können Bild 2.19 entnommen werden. Hier wird die prozentuale Energieersparnis (f_{sav}) in Abhängigkeit von der Kollektorfläche dargestellt. Für Einfamilienhäuser mit einer wirtschaftlich sinnvollen Kollektorgröße von 10-15m² liegt der Vorteil des Vakuumröhrenkollektors bei 4 Prozentpunkten. Die beiden Vergleiche machen deutlich, dass der Vakuumkollektor seine Vorteile erst bei sehr hohen Betriebstemperaturen so richtig zur Geltung bringen kann (vgl. auch Bild 2.21).

Noch ein Wort zu den Kollektortestverfahren. Fielen bisher auf Grund unterschiedlicher Testmethoden die Kollektortests der einzelnen Prüfinstitute sehr unterschiedlich aus, so konnte mit der Einführung der neuen europäischen Norm DIN EN 12975 für die Prüfung von Kollektoren eine gewisse Einheitlichkeit erreicht werden. Leider überlässt die Norm die Wahl der Bezugsfläche für die Berechnung der Wirkungsgradkennlinien den Herstellern. Daher muss bei einem Vergleich der Ergebnisse die jeweilige Bezugsfläche berücksichtigt und ggf. umgerechnet werden. Bild 2.20 zeigt die verschiedenen Wirkungsgradkennlinien je nach Bezugsfläche (SPF Kollektortests).

Die unterschiedliche Wahl der Bezugsfläche Brutto-, Apertur- oder Absorberfläche hat gerade bei der Beurteilung von Vakuumröhrenkollektoren zu erheblichen Irritationen geführt. Insbesondere die Wirkungsgrade von Vakuumröhrenkollektoren mit gewölbten Absorberflächen oder Reflektoren lassen sich durch keine der genannten Bezugsflächen angemessen darstellen. Dies führt z. B. dazu, dass die η_o-Werte von Vakuumröhrenkollektoren mit Reflektoren außerordentlich niedrig ausfallen (ca. 65 %), weil als Bezugsfläche (= Aperturfläche) für die Berechnung des η_o-Wertes die pojizierte Reflektorfläche genommen wird (entsprechend der Solar-DIN EN 12975, Bild 2.15). Diese ist aber in ihrer Wirksamkeit nicht mit der Absorberfläche zu

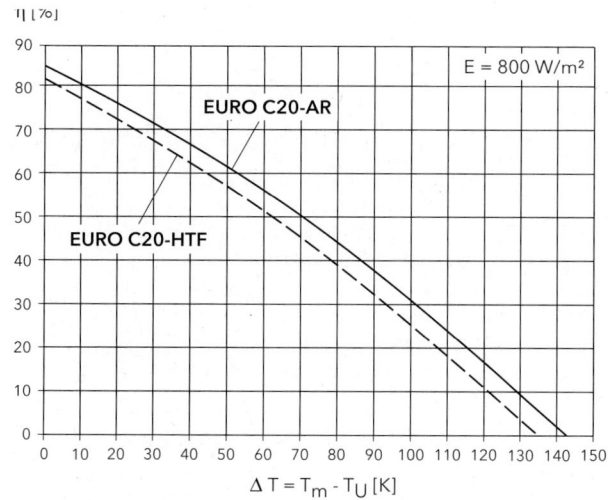

Bild 2.17 Wirkungsgradkennlinie eines selektivbeschichteten Flachkollektors mit Standard-Solarglas und AR-Glas (Quelle: ISFH Testberichte Nr. 13-01/D und 15-01/D vom 18. 5. 2001)

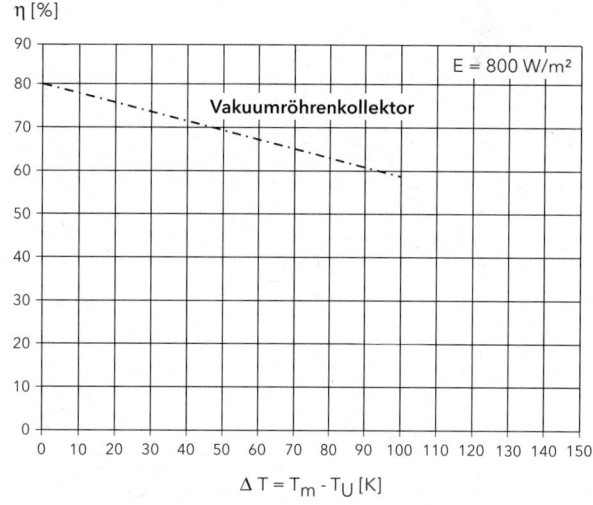

Bild 2.18 Wirkungsgradkennlinie eines Vakuumröhrenkollektors (Quelle: SPF, Rapperswil, 5/2000)

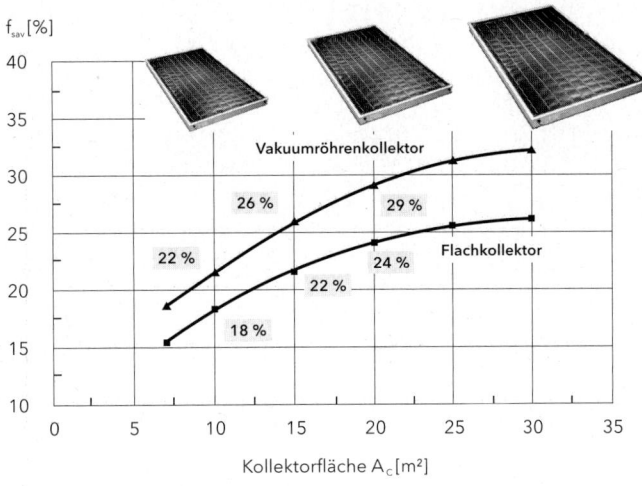

vergleichen. Der tatsächlich gemessene Wärmeertrag dieser Kollektoren ist aber keineswegs geringer als jener von Vakuumröhrenkollektoren mit einem errechnet η_o-Wert von z.B. 80 %.

Die entscheidende Größe für die Beurteilung eines Kollektors ist sein im Test gemessener Wärmeertrag. Zusammen mit dem Preis des Kollektors kann der Verbraucher so am besten die verschiedenen Kollektorangebote vergleichen. Wichtig ist noch die Bruttofläche des Kollektors, da sie Aufschluss gibt über den benötigten Platzbedarf auf dem Dach.

Bild 2.19 Leistungsvergleich Flachkollektor und Vakuumröhrenkollektor bei solarer Raumheizung

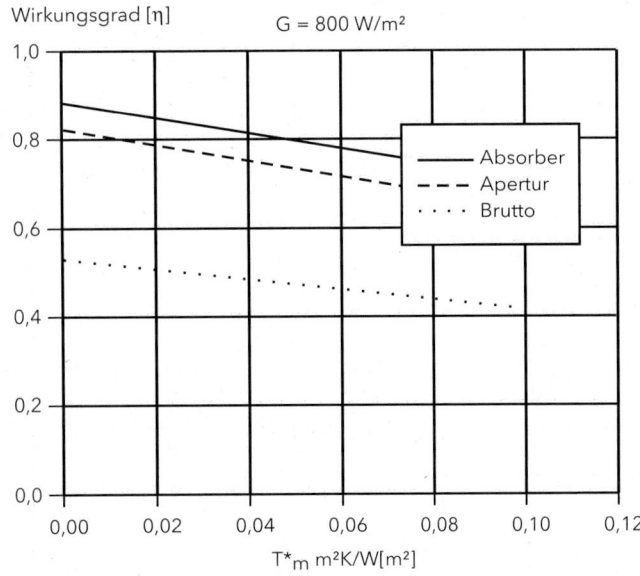

Bild 2.20 Wirkungsgrad in Abhängigkeit von der Bezugsfläche (Quelle: SPF Kollektortests)

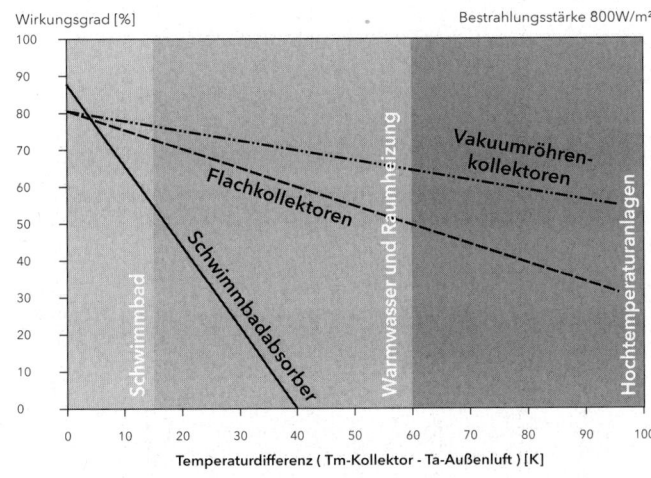

Bild 2.21 Einsatzbereich verschiedener Kollektortypen

2.3 Solarkreis

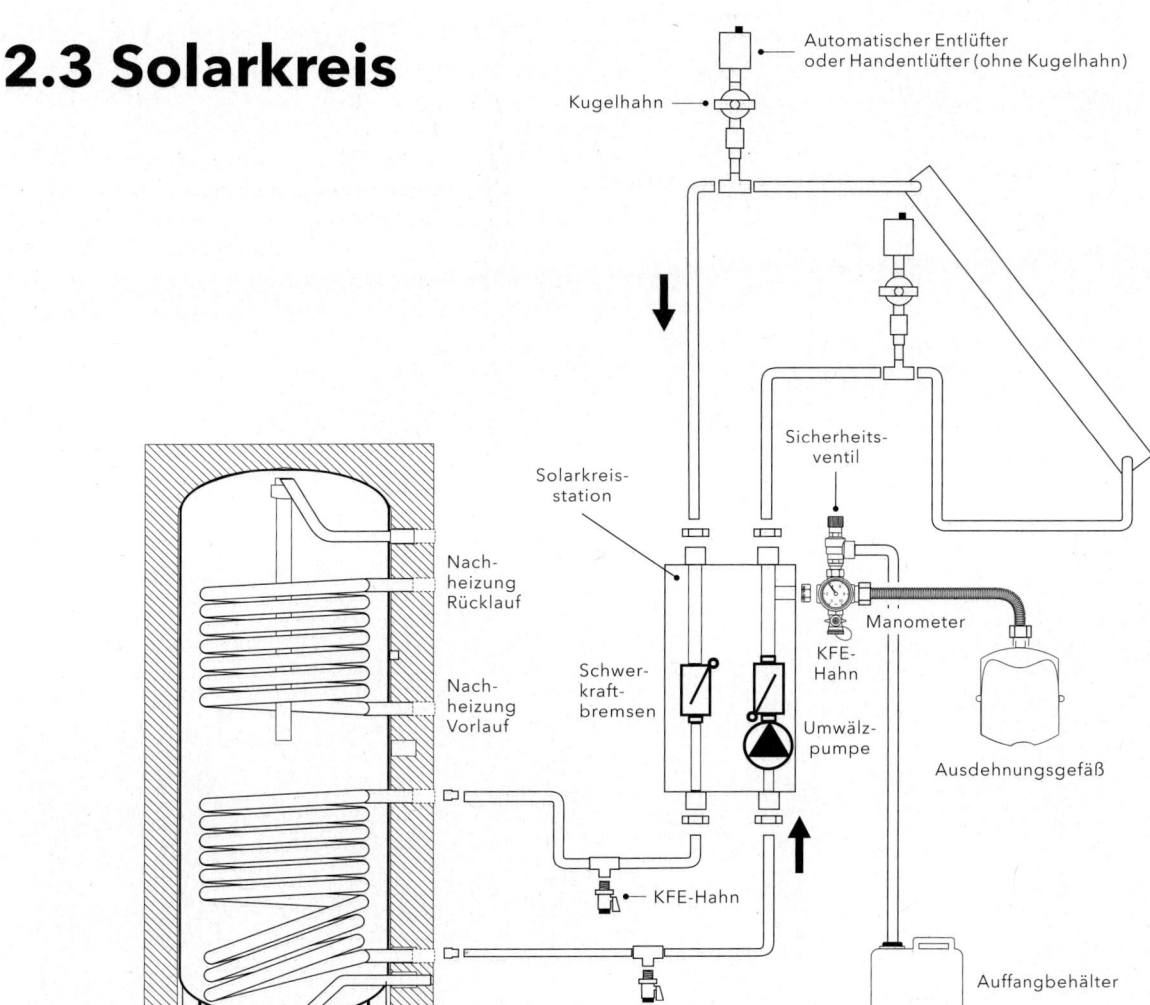

Bild 2.22 Solarkreis und seine Bauteile

Im Sonnenkollektor werden bei Sonnenschein Temperaturen bis zu 200° C erreicht. Diese erzeugte Wärme wird auf eine Solarflüssigkeit übertragen und über einen Rohrkreislauf in den Speicher transportiert.

Die Solarkreisstation regelt diesen Kreislauf und gewährleistet die Sicherheit des meist geschlossenen Rohrsystems (Bild 2.22).

2.3.1 Solarkreisstation

Die Solarkreisstation setzt sich als kompakte Baugruppe aus folgenden Teilen zusammen: Umwälzpumpe, Schwerkraftbremse, Manometer, Sicherheitsventil, Abblaseleitung mit Auffangbehälter und Ausdehnungsgefäß (Bild 2.23).

Umwälzpumpe

Sofern keine Schwerkraftanlage geplant ist, benötigt man eine übliche Heizungsumwälzpumpe. Moderne Pumpen verfügen über 3 bis 4 Leistungsstufen (Drehzahlbereiche), die eine genauere Anpassung an die tatsächlich erforderliche Leistung der Pumpe ermöglichen.

Darüber hinaus kann durch ein entsprechendes Regelgerät auch eine automatische stufenlose Drehzahlregelung vorgenommen werden, in Abhängigkeit von der Temperaturdifferenz zwischen Kollektor und Speicher.

Die Pumpe sollte vorzugsweise in die Rücklaufleitung eingebaut werden, da hier die Temperaturbelastung geringer ist. Außerdem sollten zwei Absperrventile mit eingebaut werden, um einen eventuellen Ausbau zu erleichtern.

Umwälzpumpen in kleineren Solaranlagen laufen etwa 1200 bis 1500 h/Jahr und verursachen Stromkosten von 5 bis 10 €.

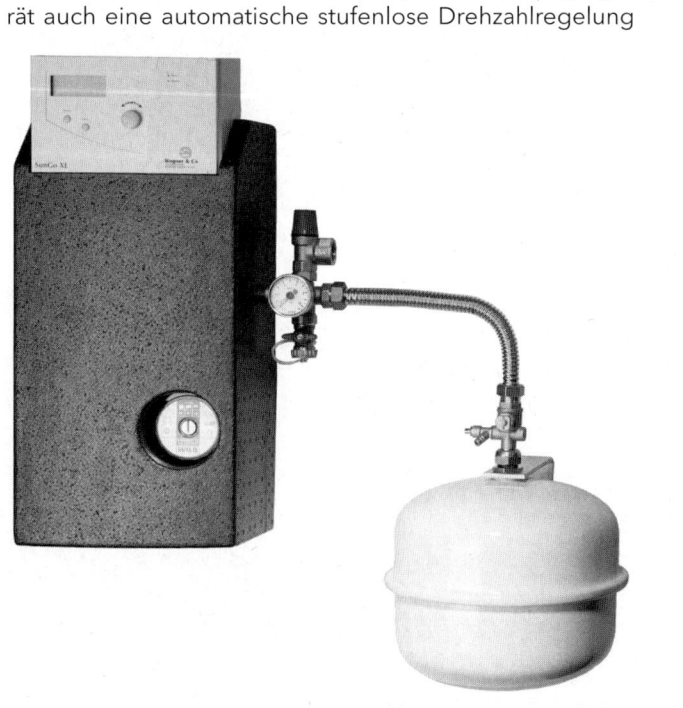
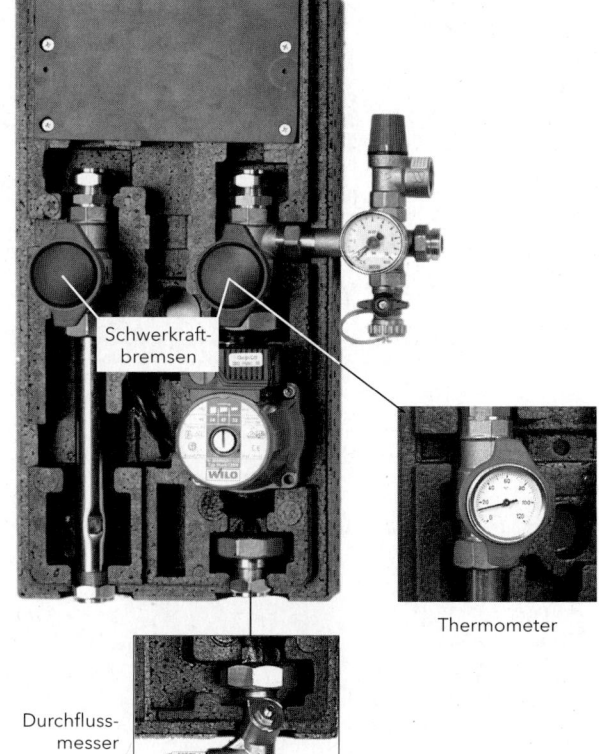

Bild 2.23 CIRCO 4-Solarkreisstation komplett mit Solarregler SunGo X und den Sicherheitseinrichtungen (links) und (rechts) geöffnet mit Lage der Schwerkraftbremsen und des Durchflussm2essers

Eine interessante Alternative zur gängigen Wechselstrompumpe bildet eine Gleichstrompumpe 12 V oder 24 V, (z. B. Vortex NP 200, Leistungsaufnahme 8,5 W) in Kombination mit einem photovoltaischen Solarmodul, das Sonnenlicht direkt in Gleichstrom umwandelt. Immer wenn genügend Sonneneinstrahlung für die Aufheizung des Kollektors vorhanden ist, liefert das Solarmodul auch ausreichend Strom für die Pumpe. So ist die Solaranlage vom Stromnetz unabhängig.

Durchflussmesser
Eine effiziente Kontrolle für die tatsächliche Umwälzung im Solarkreis bietet ein Durchflussmesser (Bild 2.24). So ist er auch Voraussetzung für die Bundessolarförderung. Unabhängig von Dichte und Temperatur misst er mit hoher Genauigkeit im Bereich von 2-16 l/min. Funktionssicher und verschmutzungsunempfindlich kann er direkt an die Pumpe oder in die freie Strecke eingebaut werden.

Bild 2.24 Durchflussmesser

Kugelhahn mit Schwerkraftbremse
Die für Thermosiphonanlagen erwünschte Schwerkraftzirkulation erweist sich in einer anderen Situation als äußerst lästige Erscheinung. Ist nämlich der Kollektor kälter als der Wärmespeicher im Bereich des Solarwärmetauschers, steigt nun auf Grund des thermischen Auftriebsdrucks die Solarflüssigkeit vom Wärmetauscher durch die Vorlaufleitung zum Kollektor, kühlt sich dort ab und fällt von hier über die Rücklaufleitung zurück in den Wärmetauscher. Der Solarkreislauf zirkuliert somit entgegengesetzt zur Umwälzpumpenrichtung. Dieser Vorgang kann über Nacht zur völligen Abkühlung des unteren Speicherbereichs führen (Bild 2.25,1).
Um dies zu verhindern, wird ein so genannter Rückflussverhinderer eingesetzt, der nur den Durchfluss in Pumpenrichtung freigibt (Bild 2.25,2).

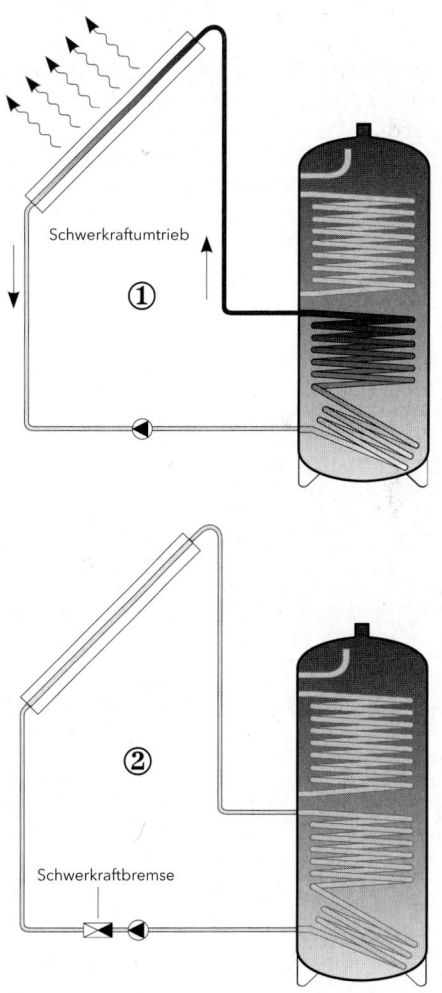

Bild 2.25 Solarkreis mit Speicherabkühlung über Schwerkraft (1) und mit 1 Schwerkraftbremse gegen Speicherabkühlung (2)

Außerdem ist eine Schwerkraftzirkulation innerhalb der Vorlaufleitung möglich. In der Leitung steigt die Flüssigkeit nach oben bis in die Nähe des Kollektors, kühlt sich dabei ab und fällt an der Rohrwandung wieder in den Speicher zurück. Um diesen negativen Effekt zu verhindern, wird eine Schwerkraftbremse in die Vorlaufleitung nahe am Speicher montiert (Bild 2.26).

Man verwendet in beiden Fällen Rückschlagklappen oder federbelastete Rückschlagventile mit nicht zu großem Öffnungsdruck (bis ca. 30 mbar). Da die Rückschlagklappe nicht völlig dicht schließt, ist eher das federbelastete Rückschlagventil zu empfehlen, auch wenn dadurch ein höherer Druckverlust verursacht wird. Rückflussverhinderer sollten manuell zu öffnen und zu entlüften sein. In Schwerkraftanlagen muss eine Rückschlagklappe eingebaut werden, wenn der Höhenunterschied zwischen Kollektoroberkante und unterem Wärmetauscheranschluss weniger als 50 cm beträgt.

Manometer
Zur Überwachung des Drucks im Solarkreis ist ein Manometer erforderlich. Es sollte am Einfüllstutzen in der Nähe des Ausdehnungsgefäßes montiert werden.
Den roten Zeiger mit einem Schraubenzieher auf den gewünschten Betriebsdruck stellen. Der Druck sollte etwa dem statischen Anlagendruck + 0,5 bar entsprechen, in der Regel sind das insgesamt 1,5 bar (ausgehend von einer Systemtemperatur von ca. 20° C).

Sicherheitsarmaturen
Sicherheitsventil und Ausdehnungsgefäß bilden eine zusammengehörige Sicherungseinheit. Daher müssen sie in ihren Betriebsdaten aufeinander abgestimmt sein.
Geschlossene Solaranlagensysteme benötigen ein variables Volumen, damit die infolge unterschiedlicher Temperaturen entstehenden Volumenveränderungen der Wärmeträgerflüssigkeit aufgenommen werden können. Da die eingesetzten Wärmeträgermedien nicht komprimierbar sind, erfolgt dies durch ein besonderes Ausdehnungsgefäß. Es besitzt eine Membran, das Wärmeträgermedium und ein Gasvolumen aus Stickstoff voneinander trennt. Dieses wird bei Volumenausdehnung komprimiert und dehnt sich bei Volumenverringerung wieder aus (Bild 2.27).
Es ist darauf zu achten, dass die Gummimembran von der gewählten Wärmeträgerflüssigkeit nicht angegriffen wird. Bei handelsüblichen Wasser-Glykol-Gemischen treten keine Probleme auf.
Außerdem darf die Membran nur einer Maximaltemperatur von 70° C ausgesetzt werden. Sind wie bei Dachheizzentralen die Leitungswege zwischen Kollektor und Ausdehnungsgefäß sehr kurz, kann bei Erreichen der Verdampfungsphase im Kollektor sehr heiße Flüssigkeit in das Ausdehnungsgefäß gedrückt werden. Beträgt das Leitungsvolumen zwischen Kollektor und Ausdehnungsgefäß weniger als die Hälfte der Flüssigkeitsaufnahmefähigkeit des gewählten Ausdehnungsgefäßes, muss dieses durch ein Vorschaltgefäß geschützt werden (Bild 2.28).
Das Stickstoffvolumen besitzt bereits einen bestimmten Vordruck, welcher dem Druck der Wassersäule entsprechen sollte, die zwischen dem Ausdehnungsgefäß und der Kollektoroberkante gemessen wird. Beispiel: Höhendiffe-

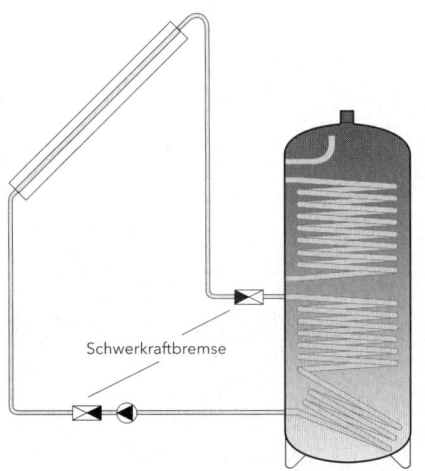

Bild 2.26 Solarkreis mit 2 Schwerkraftbremen gegen Speicherabkühlung

renz 8 m = 8 m Wassersäule (mWS) oder 0,8 bar (1 mWS = 0,1 bar).

Dieser Druck (statischer Druck) lastet also von vornherein auf dem Stickstoffvolumen der Ausdehnungsgefäße, ohne dass die Solaranlage in Betrieb ist. Daher muss er durch einen entsprechenden Gegendruck, dem Vordruck in Stickstoffvolumen, neutralisiert werden.

Nach Inbetriebnahme der Solaranlage sinkt in der Regel der Anlagendruck, da noch Luft durch die Entlüftungsventile entweicht. Ein mehrmaliges Nachfüllen kann man vermeiden, wenn im Ausdehnungsgefäß zusätzlich Flüssigkeit bevorratet wird. Dazu wird der Anlagendruck durch die Füllpumpe um 0,3 bis 0,5 bar erhöht, was zu einer Kompression des Stickstoffvolumens führt und so zusätzliche Flüssigkeit in das Ausdehnungsgefäß gelangen lässt.

Während des Normalbetriebes der Solaranlage steigt der Anlagendruck nochmals um ca. 0,3 bar an.

Die maximal zulässige Druckbelastung des Ausdehnungsgefäßes (z.B. 4 oder 6 bar) sollte mindestens dem Ansprechdruck des Sicherheitsventils entsprechen oder noch etwas größer sein, damit das Ausdehnungsgefäß nicht beschädigt wird.

Das Sicherheitsventil hat allgemein die Aufgabe, sämtliche Anlagenteile vor Überdruck zu schützen. Der Ansprechdruck muss sich also an dem schwächsten Bestandteil orientieren. Üblich sind Ventile mit Ansprechdrücken von 2, 5, 4 oder 6 bar. Aus dem Sicherheitsventil austretende Wärmeträgerflüssigkeit muss in einem Behälter aufgefangen und darf nicht in das Abwassernetz geleitet werden. In der Leitung zwischen Kollektor und Sicherheitsventil darf sich keine Absperrvorrichtung befinden.

Stillstandstemperatursicherung und Überhitzungsschutzmaßnahmen

Der GAU (Größte Anzunehmende Unfall) einer Solaranlage mit Zwangsumwälzung tritt ein, wenn z.B. bei strahlendem Sonnenschein der Strom ausfällt. Nach kurzer Zeit geht die Flüssigkeit im Kollektor in den dampfförmigen Zustand über mit einer entsprechend großen Volumenausweitung. Der Druck in der Anlage wird so groß, dass das Sicherheitsventil öffnet und einen Teil der Wärmeträgerflüssigkeit austreten lässt. Der Kollektor heizt sich noch bis zu seiner Stillstandstemperatur auf und kocht so still vor sich hin bis die Sonne nicht mehr auf den Kollektor strahlt. Dann kondensiert der Dampf im Absorber.

Vor einer erneuten Inbetriebnahme muss die verloren gegangene Flüssigkeit wieder in den Solarkreis gepumpt und die Anlage nochmals entlüftet werden. Um sich diesen Auf-

Ausdehnungsgefäß bei 20° im Solarkreis

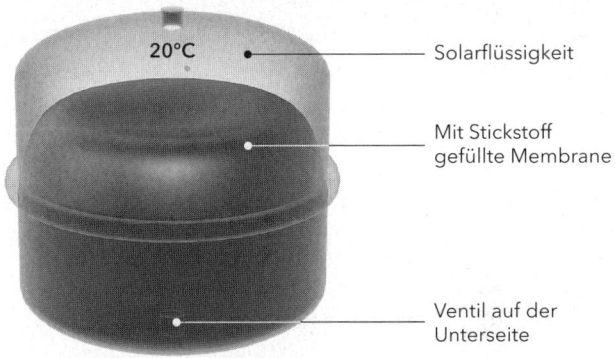

Ausdehnungsgefäß bei 60° im Solarkreis

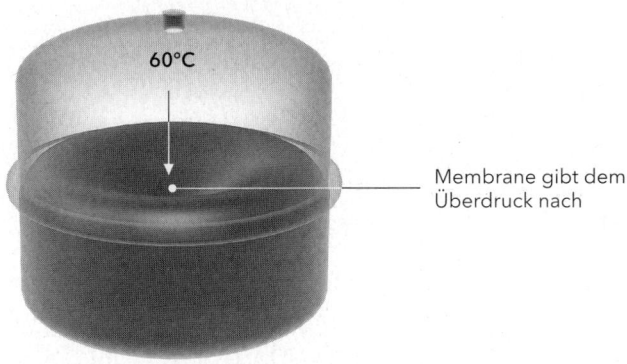

Bild 2.27 Funktion eines Ausdehnungsgefäßes

wand zu ersparen, kann man die Solaranlage so planen, dass sie unter den anfangs geschilderten Bedingungen keine Flüssigkeit abgibt, also stillstandstemperatursicher ist. Voraussetzung für die Stillstandstemperatursicherung ist ein ausreichend großes Ausdehnungsgefäß. Neben der Volumenerweiterung durch Temperaturerhöhung kann es auch die im Absorber vorhandene Solarflüssigkeit aufnehmen.

Da Vakuumröhrenkollektoren sehr hohe Temperaturen erreichen (bis ca. 300° C), wird durch Wärmeleitung und Konvektion auch in den Anschlussleitungen des Kollektors über mehrere Meter hinweg Dampfbildung ermöglicht. Die hier verdrängte Flüssigkeit muss ebenfalls vom Aus-dehnungsgefäß aufgenommen werden. Dieses darf wegen der hohen Temperaturbelastung keinesfalls in der Nähe des Kollektors angebracht werden. Wenn in der Rohrleitung zwischen Kollektor und Ausdehnungsgefäß nicht mindestens 50 % des Nutzvolumens vom Ausdehnungsgefäß enthalten sind, muss ein Vorgefäß installiert werden.

Insbesondere bei etwas größeren Anlagen sollte der Solarkreis zusätzlich auf einen höheren Druck abgesichert, d.h. das Sicherheitsventil auf 6 bar Ansprechdruck ausgelegt werden. Auf diese Weise kann man die Ausdehnungsgefäße kleiner halten, da mit steigendem Anlagendruck mehr Flüssigkeit in das Ausdehnungsgefäß gedrückt werden kann. Das Ausdehnungsgefäß und alle anderen Bauteile des Solarkreises müssen dann aber auch für den höheren Druck und die höhere Temperatur ausgelegt sein.

Das Ausdehnungsgefäß muss in der Rücklaufleitung montiert werden und zwar hinter dem Rückflussverhinderer in Fließrichtung zum Kollektor gesehen. An der höchsten Stelle des Solarkreises muss ein Entlüfter mit einer Absperrvorrichtung installiert werden. Diese ist nach dem Entlüftungsvorgang bei der Inbetriebnahme zu schließen, da sonst im Stillstandsbetrieb Dampf aus dem Entlüfter entweichen könnte. Außerdem sind die gängigen Entlüfter den hohen Temperaturen nicht gewachsen.

Ist ein größeres Ausdehnungsgefäß installiert und evtl. ein Sicherheitsventil mit 6 bar Ansprechdruck, verdrängt der im oberen Absorberbereich entstehende Dampf die restliche Wärmeträgerflüssigkeit aus dem Absorber über die Kollektorrücklaufleitung in das Ausdehnungsgefäß (Bild 2.28). Das Sicherheitsventil öffnet nicht, da sein Ansprechdruck nicht erreicht wird. Allerdings lässt die Dampfblase im Absorber keine Zirkulation mehr zu, auch wenn die Pumpe wieder arbeiten sollte. Nach dem Abkühlen des Kollektors kondensiert der Dampf und die ins Ausdehnungsgefäß gedrängte Flüssigkeit strömt wieder in die Absorber zurück. Der Flüssigkeitskreislauf ist wieder geschlossen und die Pumpe kann das Wärmeträgermedium erneut umwälzen.

Alle gängigen geprüften Kollektorfabrikate sind stillstandstemperatursicher. Es ist allerdings darauf zu achten, dass für die Rohre Wärmedämmaterial eingesetzt wird, welches für Temperaturen von mindestens 150° C geeignet ist. Hochwertige Weichschaumschläuche oder Mineralwolleschalen erfüllen diese Anforderungen.

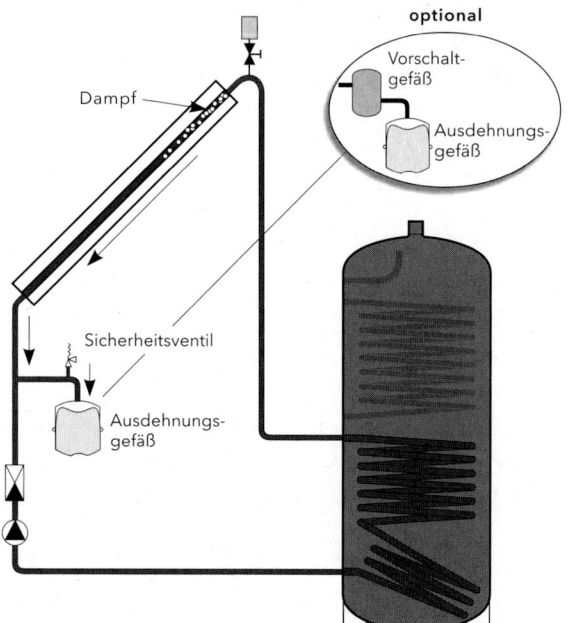

Bild 2.28 Sicherung bei Stillstand einer Solaranlage

Die geschilderte Stillstandstemperatursicherung sollte möglichst nur als Notfallmaßnahme vorgesehen werden, da eine dauerhaft hohe Temperaturbelastung zu vorzeitiger Materialminderung im Kollektor führen könnte.

Unter folgenden Betriebsbedingungen kann auch im Normalbetrieb von angemessen dimensionierten Solaranlagen öfter eine Überhitzung eintreten:
— Die Benutzer sind im Sommer in Urlaub, sodass kein Warmwasser aus dem Solarspeicher entnommen wird;
— zur Vermeidung von Kalkausfall wird die Speichertemperatur auf 60° C begrenzt (nur sinnvoll bei Wasserhärte ab ca. 18° dH);
— die Solaranlage wurde auch für die Raumheizung im Winterhalbjahr ausgelegt und produziert im Sommer für die Warmwasserbereitung zu viel Energie.

Um die Belastung des Solarkreises mit Maximaltemperaturen zu reduzieren, empfiehlt es sich, eine Kühlung des Solarspeichers vorzusehen.
Mit dem Solarregler SunGo XL wird auf einfache Weise automatisch eine Kühlfunktion in Gang gesetzt, wenn der Solarspeicher eine bestimmte Temperatur überschreitet. Der Kühlvorgang selbst kann auf unterschiedliche Weise erfolgen:
● Wärmeabfuhr über den Heizkessel
Die Speicherladepumpe des Heizkessels wird in Betrieb genommen, sodass die überschüssige Wärme aus dem Speicher in den Heizkessel gelangt und über den Kaminzug entweicht.
Wenn in Badezimmern und Kellerräumen auch im Sommer eine Beheizung wünschenswert ist, werden die Thermostatventile der entsprechenden Heizkörper geöffnet und die Heizkreispumpe dazugeschaltet (Bild 2.29).

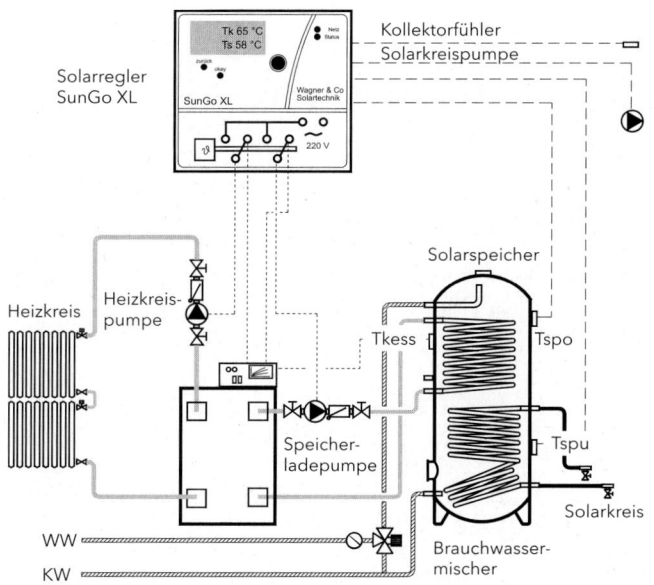

Bild 2.29 Überhitzungsschutz durch Wärmeabfuhr über den Heizkessel

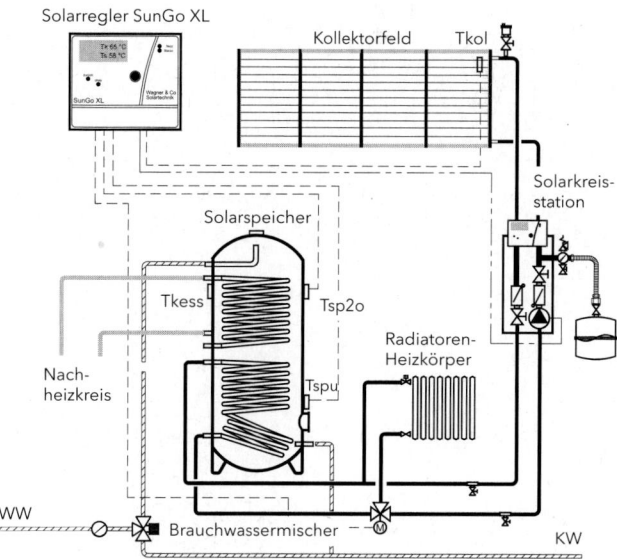

Bild 2.30 Überhitzungsschutz durch Wärmeabfuhr über Heizkörper

● Nachtbetrieb der Solarkreispumpe
der Speicher wird nachts über den Kollektor auf eine bestimmte Mindesttemperatur abgekühlt.
● Einsatz der Warmwasser-Zirkulationspumpe
Hier erfolgt die Abkühlung des Solarspeichers über die Zirkulationsleitung.
● Zweiter Speicher für Wärmespitzen
Wenn ein zweiter Speicher vorhanden ist, kann dieser die Wärmespitzen aufnehmen. Dadurch wird der Energieertrag der Anlage noch erhöht.
● Heizkörper für Sommerbetrieb
In einem Raum, der auch im Sommer beheizt werden soll, kann ein zusätzlicher Heizkörper angebracht werden, der direkt vom Solarkreis durchflossen wird (Bild 2.30).

2.3.2 Solarregler

Der Solarregler ist sozusagen das Gehirn der Solarkreisstation und gewährleistet einen sicheren und effizienten Betrieb der Solaranlage.

Eine elektronische Temperaturdifferenz-Regelung vergleicht über Temperaturfühler die Absorbertemperatur mit der Speichertemperatur im Bereich des Wärmetauschers und schaltet über ein Relais die Umwälzpumpe nur an, wenn die Absorbertemperatur einige Grade höher liegt.

Solarregler SunGo X
Über die geschilderte Grundregelfunktion hinausgehend übernimmt er die automatische Regelung der Pumpendrehzahl. Eine weitere Besonderheit bildet die Fehlerdiagnose (Bild 2.31).

● Drehzahlregelung
Die Solarkreispumpe wird, im Gegensatz zu vielen anderen Reglern, drehzahlgeregelt. Bei schwacher Einstrahlung läuft die Pumpe langsam und bei starker Sonneneinstrahlung entsprechend schneller (Bild 2.32). Das umgewälzte Flüssigkeitsvolumen ist demzufolge kleiner oder größer.

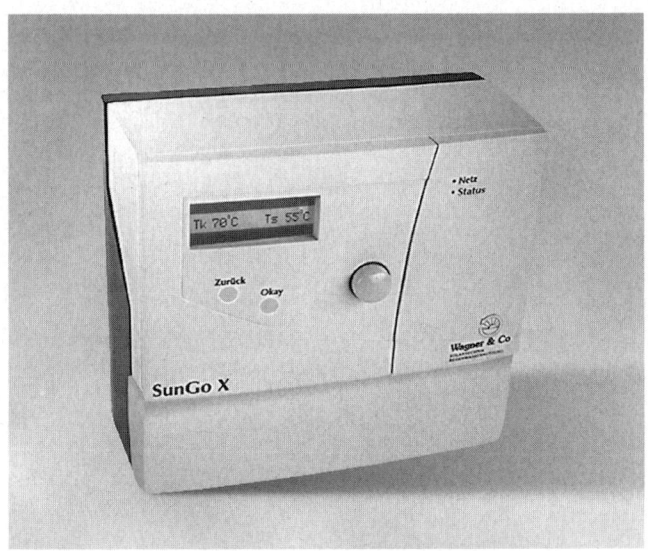

Bild 2.31 Solarregler SunGo X

Diese Funktion ermöglicht ein Beladen des Speichers mit einer konstanten optimalen Temperaturdifferenz. Die gewünschte Temperaturdifferenz kann den örtlichen Anlagengegebenheiten angepasst werden. Das spart Pumpenstrom, vermeidet einen Taktbetrieb der Pumpe und erhöht den Solarertrag.

● Fehlerdiagnose
Unterbrochene Fühlerleitungen, defekte Fühler oder Kurzschluss werden im Display als Fehlermeldung angezeigt.

● Speichertemperaturbegrenzung
Um eine Überhitzung des Speichers zu vermeiden, wird bei Erreichen einer einstellbaren Speichermaximaltemperatur die Solarkreispumpe abgeschaltet.

● Klartextanzeige für zwei Temperaturen gleichzeitig
In der Grundeinstellung werden immer die Kollektor- und die Speichertemperatur angezeigt. Über den Drehschalter lässt sich der Messwert eines weiteren angeschlossenen Fühlers auswählen.

● Betriebsstundenzähler und Bilanzwerte
Der Regler besitzt einen Betriebsstundenzähler für die So-

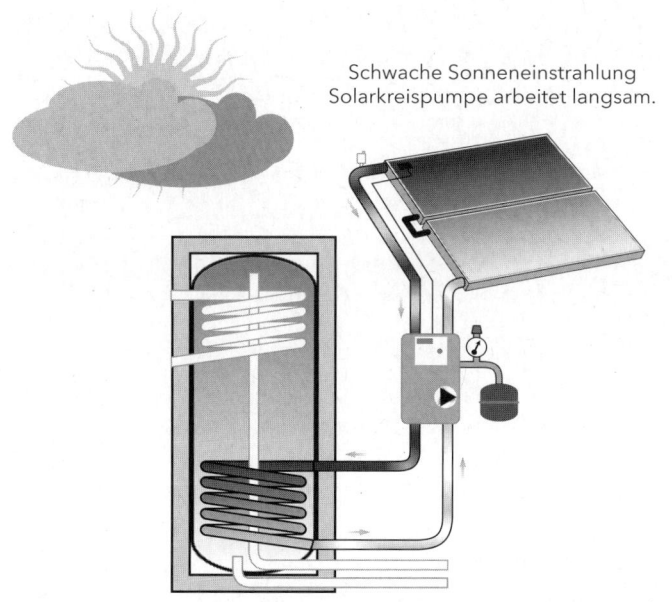 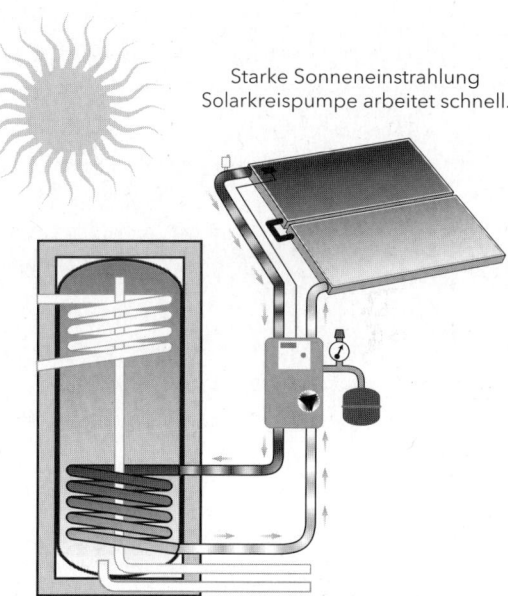

Bild 2.32 Funktion der Drehzahlsteuerung beim Solarregler SunGo X/SunGo XL

larkreispumpe. Außerdem werden Minimal- und Maximalwerte der Kollektor- und Speichertemperaturen aufgezeichnet. Diese Werte dienen zur Funktionskontrolle der Solaranlage und können, wie ein Tageskilometerzähler beim Auto, zurückgesetzt werden.

Solarregler SunGo XL
Der Solarregler SunGo XL eignet sich nicht nur für Anlagen zur Warmwasserbereitung, sondern vor allem für komplexere Solarsysteme – wie z.B. zur Warmwasserbereitung mit Heizungsunterstützung, mit mehreren Speichern oder mit Schwimmbaderwärmung. Unter 12 Anlagenschemata können Sie entsprechend Ihre Anwendung wählen.
Hinzu kommen beim SunGo XL interessante Optionen: preisgünstige Wärmemengenerfassung (Bild 2.33), Fernanzeige der Messwerte (Bild 2.34) z.B. im Wohnzimmer und Computer-Schnittstelle zur Überwachung der Anlage am Bildschirm (Bild 2.35).

2.3.3 Temperaturfühler

Solarregler erhalten die Informationen zur Steuerung der Solaranlage von Temperaturfühlern. Temperaturfühler sind eingekapselte, temperaturabhängige Widerstände.

In der Regel werden folgende Fühlerarten verwendet:
● NTC, Halbleiter, deren Widerstand mit steigender Temperatur abnimmt. Sie werden heute weniger eingesetzt, da sich ihr Widerstand im Bereich von ca. 0° C bis 100° C nicht linear zur Temperatur verändert und somit Messungenauigkeiten auftreten.
● PTC, Halbleiter, deren Widerstand mit steigender Temperatur annähernd linear zunimmt. Ihre Messgenauigkeit beträgt +/- 1 K (°C). Dieser Fühlertyp wird heute in den meisten Solaranlagen verwendet.
● Widerstandsfühler aus Platin, deren Widerstand ebenfalls proportional zur Temperatur ansteigt. Ihre Messgenau-

Bild 2.33 Wärmemengenerfassung (Option 1 für Solarregler SunGo XL)

Bild 2.34 Fernanzeige der Messwerte (Option 2 für Solarregler SunGo XL)

Bild 2.35 Computer-Schnittstelle zur Überwachung einer Solaranlage (Option 3 für Solarregler SunGo XL)

igkeit liegt bei +/- 0,3 K. Solche Messgenauigkeiten werden nur bei großen Solaranlagen benötigt (z.B. für kommunale Schwimmbäder oder größere Wohneinheiten).
Die Anschlusskabel der Fühler im Kollektor sollten bis ca. 180° C temperaturbeständig sein. Außerdem dürfen in einem System nicht verschiedene Fühlerarten verwendet werden.

● Fühleranschlussdose; Überspannungsschutz
Grundsätzlich sollte das Kabel des Kollektorfühlers über eine Fühleranschlussdose mit Überspannungsschutz gegen elektrostatische Auflagung der Atmosphäre (Gewitter) verlängert werden. Der Temperaturfühler wird so vor einer Zerstörung durch zu hohe Spannung gesichert.
Auf die richtige Platzierung der Fühler ist besonderer Wert zu legen, da hierdurch die Leistungsfähigkeit der Anlage beeinflusst wird.
Der Kollektorfühler muss innerhalb des Kollektors am Vorlauf angebracht werden, da außerhalb ein wesentlich niedrigeres Temperaturniveau herrscht, das zu einem verspäteten Anschalten der Pumpe führt.
Am Wärmespeicher sollte der Fühler im Bereich des Solarwärmetauschers angebracht werden. Auf keinen Fall darf er unterhalb dieses Wärmetauschers sitzen.
Der Steckfühler PT1000 ist ein Platin-Widerstandsfühler mit einer hohen Messgenauigkeit (Bild 2.36).
Als Steckfühler kann er direkt in Kollektorfühlerhülsen eingeschoben oder an der Klemmleiste von Speichern angebracht werden.
An Speichern ohne Klemmleiste oder in Rohrleitungen können Sie den Steckfühler mit Hilfe einer Tauchhülse installieren (Bild 2.37). In Rohren auf ungehinderten Durchfluss achten!

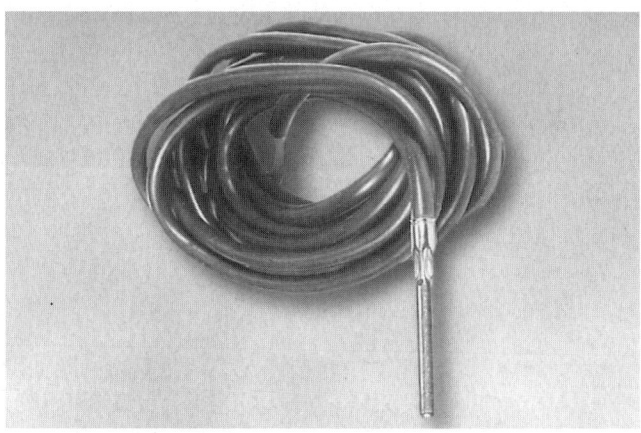

Bild 2.36 Temperaturfühler in Form eines Steckfühlers

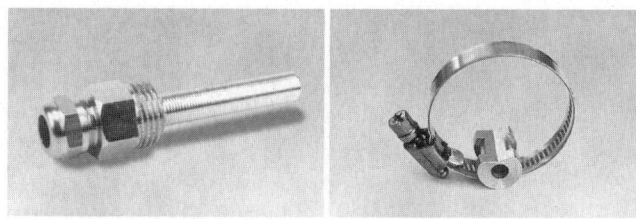

Bild 2.37 Tauchhülse (l.) und Rohranlegeadapter (r.) für Steckfühler

Als Rohranlegefühler schieben sie den Steckfühler in einen Adapter und können ihn so mit einer Rohrschelle z.B. am Verteilerrohr in der Nähe des Absorberausgangs befestigen (Bild 2.37).

2.3.4 Rohrnetz

Um eine einwandfreie Funktion der Solaranlage zu gewährleisten sind in Bezug auf das Rohrnetz und die in ihm fließende Flüssigkeit einige Gesichtspunkte zu beachten.

Rohrmaterial

Beim Bau solar beheizter Warmwasseranlagen werden zwei Rohrleitungssysteme verlegt. Für die Trinkwasserleitung verwendet man Kupferrohre, verzinkte Stahlrohre oder PE-Rohre (Polyäthylen). Für den Solarkreislauf werden vorrangig Kupferrohre (Bild 2.38) sowie unverzinkte bzw. schwarze Stahlrohre verwendet. Daneben werden auch hitze- und druckbeständige Schläuche oder spezielle Kunststoffrohre z.B. PP-Rohr) eingesetzt.

Der Einsatz von Kunststoffrohren im Solarkreis ist nicht unproblematisch. Zwar wird PP-Rohr bereits seit längerer Zeit für Fußbodenheizungen verwendet. Doch werden im Solarkreis höhere Anforderungen an Temperatur- und Druckbelastung gestellt. Liegt die Temperatur in Fußbodenheizungen unter 50° C, muss man im Solarkreis auch schon mal mit 80-120° C rechnen. An den Kollektoranschlussrohren können sogar 130 bis 160 °C auftreten. Zusammen mit dem Betriebsdruck ergibt sich für Kunststoffrohre eine deutliche Überbeanspruchung.

Das Stahlrohr hat sich bei Solaranlagen nicht durchsetzen können. Die Stahlrohrverlegung erfordert ein hohes Maß an Fertigkeit. Außerdem sind teure Werkzeuge und ein hö-

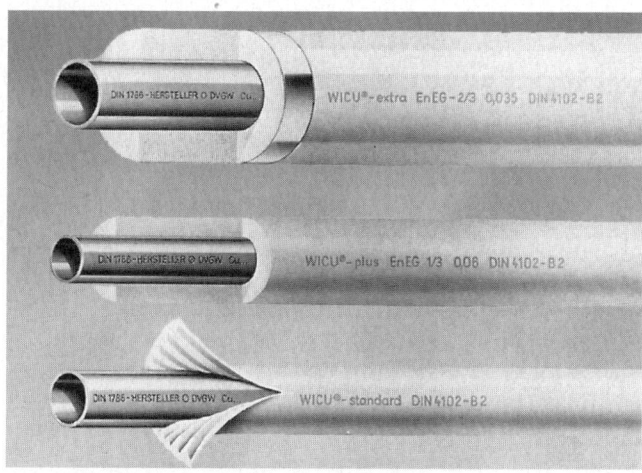

Bild 2.38 Kupferrohre mit verschiedenartigen Dämmungen umhüllt

Bild 2.39 Hochflexibles, gedämmtes Doppel-Rohr, 2 x DIN16 Wellschlauch aus Edelstahl mit 17 mm HT Twinflex-Isolierschlauch

herer Arbeitsaufwand erforderlich. Schwarze Stahlrohre werden meistens verschweißt, verzinkte Stahlrohre durch Gewinde verschraubt. Der gebräuchlichste Rohrwerkstoff im Solarkreislauf ist Kupfer. Das Kupferrohr ist nicht nur einfacher zu verarbeiten, es ist auch kaum korrosionsgefährdet.
Für lange, senkrecht verlaufende Rohrstrecken bietet noch das Edelstahlwellrohr eine einfache und zeitsparende Alternative (Bild 2.39).
Man unterscheidet hartes Kupferrohr (Cu-Rohr), das in allen Durchmessern in 5 m Stangen und weiches Cu-Rohr, das in Ringen geliefert wird. Das weiche Cu-Rohr wird je nach Durchmesser in 25 m- oder 50 m-Ringen mit einem maximalen Durchmesser von 22 mm angeboten.

Das harte oder weiche Rohr kann auch mit einem gerippten Kunststoffmantel umhüllt (Wicu-Standard) bezogen werden (Bild 2.38). Man setzt es ein, wenn Schwitzwasserbildung vermieden werden soll oder um ein gefälligeres Aussehen zu erreichen. Als Wärmedämmung ist der Kunststoffmantel unzureichend und sollte daher im Solarkreislauf nicht verwendet werden. Es gibt auch wärmegedämmtes Cu-Rohr (Wicu plus oder Wicu extra), das aber nur bei langen, geraden Rohrstrecken geeignet ist. In der Regel muss die Isolierung nach der Rohrinstallation vorgenommen werden.
Eine Tabelle (Tabelle 4.1) gibt Ihnen die gängigen Maße von Cu-Rohr mit Gewicht, Inhalt und Betriebsdruck nach DIN 1786 an.

Rohrgröße Rohrdurchmesser x Wanddicke (mm)	Gewicht (kg/m)	Inhalt (l/m)	Rohrlänge pro Liter (m/l)	Zulässiger Betriebsdruck 3,5fache Sicherheit (bar)
6 x 1	0,140	0,013	79,58	229
8 x 1	0,196	0,028	35,37	163
10 x 1	0,252	0,050	19,89	127
12 x 1	0,308	0,079	12,73	104
15 x 1	0,391	0,133	7,53	82
18 x 1	0,475	0,201	5,00	67
22 x 1	0,587	0,314	3,18	54
28 x 1,5	1,110	0,491	2,04	65
35 x 1,5	1,410	0,804	1,24	51
42 x 1,5	1,700	1,195	0,84	42
54 x 2	2,910	1,963	0,51	44
64 x 2	3,467	2,827	0,35	37

Tabelle 4.1 Kupferrohre nach Größe, Gewicht, Inhalt und Betriebsdruck entsprechend DIN 1786

● Kupferrohr verbinden

Kupferrohr kann auf verschiedene Weise verbunden werden: mit Lötfittings, Preßfittings und Schraubfittings.

Lötfittings

Die Verbindungen von Cu-Rohren oder zwischen Rohren und Gewindeanschlüssen werden mit Lötfittings hergestellt. Dazu werden die Verbindungsstücke und die Rohre ineinander gesteckt und weich oder hart verlötet. Fittings aus Kupfer und Rotguss eignen sich für die Kupferrohr-Installation (Bild 2.40). Für Lötverbindungen werden vorzugsweise Cu-Fittings verwendet. Übergänge zu Armaturen und anderen Gewindeanschlüssen werden mit Fittings aus Messing oder Rotguss hergestellt. Rotguss ist eine Kupfer-, Zink-, und Zinn-Legierung und ein sehr korrosionsbeständiger Werkstoff.

Pressfittings

Auf kaltem Wege können Sie mit Pressfittings eine Kupferrohrverbindung herstellen (Bild 2.41). Preßfittings bestehen aus Kupfer oder Rotguß und beinhalten ein Dichtelement aus Kunststoff. Der Fitting wird auf das Kupferrohr ge-

Bild 2.41 Pressfitting für kalte Rohrverbindung

schoben und dann mit einem Preßwerkzeug aufgepreßt. Kupferrohr, Fitting und Dichtelement vereinigen sich durch das konstant gute Verpressen vor und hinter der Sicke des Fittings doppelt zur unlösbaren, kraftschlüssigen Verbindung. Das zuverlässige und langzeitsichere Dichtelement besteht aus Hochleistungelastomer EPDM. Diese kalte Pressverbindung ist DVGW-geprüft und darf ohne Einschränkung auch unzugänglich eingebaut werden.

Basis für die sekundenschnelle Kaltverbindung ist das robuste Presswerkzeug (230 V) mit der entsprechenden Pressbacke (Bild 2.42).

Bild 2.40 Handelsübliche Lötfittings

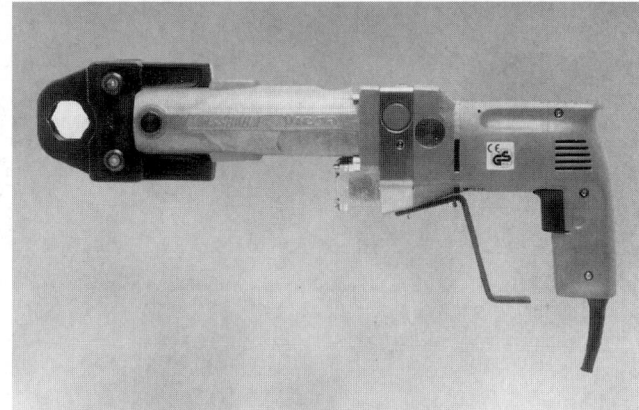

Bild 2.42 Presswerkzeug für kalte Rohrverbindung

Die Vorteile der Presstechnik liegen neben der Zeitersparnis und der fehlenden Brandgefahr auch auf ökologischem Gebiet, da keine gesundheits- und umweltschädlichen Löthilfsmittel verwendet werden müssen.

Schraubfittings
Unter Schraubfittings versteht man lösbare Übergänge, die über eine verschraubte Dichtfläche verbunden sind.
– Konusverschraubungen
Zwei konische Dichtflächen werden gegeneinander gepresst (Bild 2.43). Es handelt sich um eine metallische Abdichtung. Zur besseren Abdichtung etwas Hanffett auf die Dichtflächen auftragen.
– Flachdichtende Verschraubung
Die Dichtflächen sind plan. Ein Dichtring aus Asbestersatzstoff, EPDM-Gummi o.ä. wird dazwischen gelegt (Bild 2.44). Dichtringe müssen nach Reparaturen evtl. erneuert werden.
– Schneidringverschraubungen
Ähnlich der Konusverschraubung verkeilt sich ein loser konischer Messing-Ring zwischen Rohr und Fitting und dichtet metallisch ab (Bild 2.45). Er eignet sich besonders zur Cu-Rohrverlegung.
Ähnlich funktionieren auch Pressringverschraubungen, allerdings wird hier ein Gummidichtring verwendet. Die maximale Betriebstemperatur liegt meist bei nur 110° C wegen des Gummirings. Die gleiche Dichtungsart finden wir auch z.B. bei den ISIFLO-Verschraubungen für PE-Kunststoffrohre oder bei den Quetschverschraubungen von verchromten Cu-Rohren für Waschbeckenanschlüsse.

Bild 2.43 Konusverschraubung

Bild 2.44 Flachdichtende Verschraubung

Bild 2.45 Schneidringverschraubung

Rohrdämmung

Die Stärke und die Ausführung der Dämmung des Solarkreislaufs haben einen erheblichen Einfluss auf die Leistungsfähigkeit einer Solaranlage. Die Dämmstärke sollte mindestens dem Rohrdurchmesser entsprechen. Das Material muss bis etwa 160° C temperaturbelastbar sein.

● AEROFLEX-Isolierschlauch ist gut geeignet für die Isolierung von Solarkreisleitungen (Bild 2.46). Diese geschlossenzellige Rohrisolierung aus sehr flexiblem EPDM-Kunststoff besitzt eine hohe Isolierwirkung ($\lambda = 0{,}040$ W/mK) und ist einsetzbar bis 170° C. Wegen seiner Witterungs- und UV-Beständigkeit ist dieser Isolierschlauch auch für den Außenbereich geeignet.

● ISOVER-Rohrisolierschalen bieten sich auch zur Isolierung des Solarkreises im Innenbereich an. Die alukaschierten Rohrschalen sind aus Kl40-Mineralwolle, die nach AGS (Ausschuss für Gefahrstoffe) frei von Krebsverdacht ist. Das Material ist geschlitzt und extrem temperaturbeständig. Es besitzt eine sehr gute Isolierwirkung ($\lambda = 0{,}035$ W/mK).

● PERMATUBE-Isolierschlauch ist die ideale Lösung im Außenbereich für die Isolierung von Kollektoranschlussleitungen. Die geschlossenzellige Rohrisolierung aus hochwertigem EPDM-Kunststoff ist UV-beständig, mechanisch belastbar z.B. durch Vogelpicken und getestet auf Stillstandstemperatur-Sicherheit (+200° C).
Muss im Außenbereich mit Mardern gerechnet werden, sollte das Dämmaterial noch mit Rohrschalen aus Aluminium- oder Zinkblech umhüllt werden.

Entlüfter

Am höchsten Punkt des Solarkreises, meist da, wo der Vorlauf in die Steigleitung übergeht, wird der Entlüfter für Wartung zugänglich installiert. Auch an allen relativen Hochpunkten ist ein Entlüfter einzubauen. Bei Schwerkraftanlagen sollte der Vorlauf zum Speicher hin eine permanente Steigung aufweisen.
Am Speichereingang ist dann ein Entlüfter vorzusehen. Die Entlüfter sollten stets an Stellen verringerter Strömungsgeschwindigkeit montiert werden, z.B. vor 90°-Winkeln nach unten oder in Verbindung mit Luftabscheidern bei waagrechten Rohrstücken. Die Entlüfter müssen stets senkrecht eingebaut werden.

In Solaranlagen werden folgende Entlüftungsvorrichtungen verwendet.

Handentlüfter
Zum Entfernen der Luft muss der Entlüfter jeweils mit einem Schlüssel geöffnet werden (Bild 2.47). Er sollte daher auf einem Lufttopf montiert werden, in dem sich die Luft sammeln kann, bevor sie abgelassen wird. Der Lufttopf benötigt zusätzlichen Platz oben im Dach, der nicht immer zur Verfügung steht. Die Bedienung gestaltet sich dann relativ umständlich.

Automatische Entlüfter
Sie entfernen die anfallende Luft selbsttätig über ein Schwimmerventil (Bild 2.47). Nachströmende Flüssigkeit hebt den Schwimmer und schließt somit das Ventil. Nach

Bild 2.46 AEROFLEX-Isolierschlauch

ca. 2 bis 4 Wochen wird das Ventilkäppchen zugedreht. Allerdings besitzen die gängigen automatischen Entlüfter eine Temperaturfestigkeit von höchstens 110° C. Wenn Sonnenkollektoren ihre Stillstandstemperaturen erreichen, können die Kunststoffinnereien des Ventils schmelzen. Durch einen Absperrhahn vor dem Entlüfter, den man nach der Phase der Inbetriebnahme schließt, wird der Entlüfter vor hocherhitzter Flüssigkeit oder Dampf geschützt. Wenn Vakuumröhrenkollektoren ihre Maximaltemperatur erreichen, besteht jedoch die Gefahr, dass der Schwimmer allein durch Wärmeleitung über die Verrohrung zerstört wird. Eine Alternative wären Ganzmetallentlüfter aus Edelstahl, die für Kleinanlagen aber zu teuer sind.

Luftabscheider mit Handentlüfter
Sie bilden eine bedienungsfreundliche und langlebige Alternative, da sie auch weit entfernt vom Kollektor im Heizungskeller montiert werden können (Bild 2.47). Im Luftabscheider ist reichlich Raum für die Luftaufnahme, sodass der Handentlüfter nur selten betätigt werden muss.

Voraussetzung ist allerdings eine vollständige Entlüftung der Anlage während der Inbetriebnahme mit Hilfe einer starken Befüllpumpe (siehe Kapitel Inbetriebnahme). Der später noch aus der Solarflüssigkeit ausgasende Sauerstoff wird vom Luftabscheider problemlos entfernt, ohne dass sich Luftsäcke bilden könnten.

KFE-Hahn
Zum Füllen und Entleeren der Anlage werden an den tiefsten Punkten im Solarkreis KFE-Hähne (Kessel-Füll- und Entleerungshähne) eingebaut (Bild 2.48). Es sind einfache Absperrhähne mit Schlauchanschluss.
Die beiliegende Dichtkappe ist nach der Benutzung wieder aufzuschrauben.

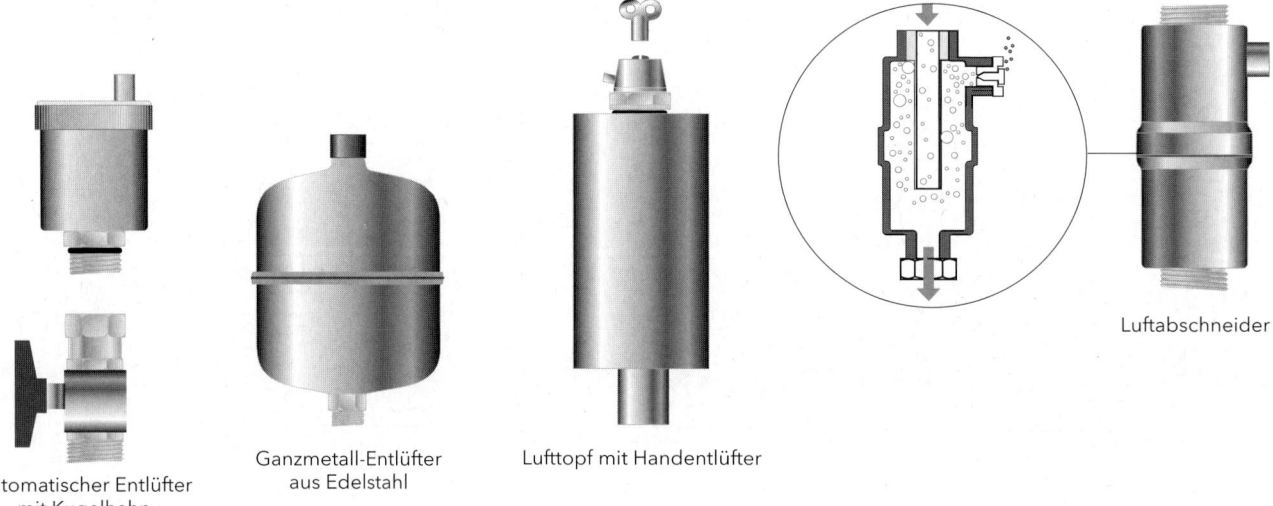

Automatischer Entlüfter mit Kugelhahn   Ganzmetall-Entlüfter aus Edelstahl   Lufttopf mit Handentlüfter   Luftabscheider

Bild 2.47 Entlüfter-Varianten

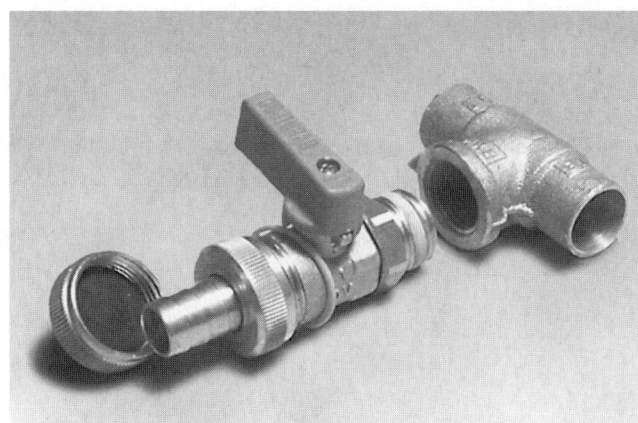

Bild 2.48 *KFE-Hahn (Kessel-Füll- und Entleerungshahn)*

Elektrische Stellventile

Zum Regeln von Volumenströmen in Solar- und Heizkreisen werden elektrische Zwei- und Dreiwegeventile eingesetzt. Man unterscheidet elektrothermische und motorische Antriebe.

Elektrothermische Ventile werden mit einem elektrisch beheizten Arbeitszylinder, dessen Stofffüllung sich bei Wärme ausdehnt, gestellt (Bild 2.49). Der Stromverbrauch in Arbeitsstellung liegt bei 3 Watt; die Stellzeit beträgt 3 Minuten.

Elektromotorische Drei-Wege-Ventile werden mit einem Motor gestellt (Bild 2.50). Der Stromverbrauch liegt während der Ventilbewegung bei 6 Watt, im Stillstand bei 5 Milliwatt. Die Stellzeit beträgt 6 Sekunden.

Bild 2.49 *Elektrothermischer Stellantrieb*

Bild 2.50 *Elektromotorischer Stellantrieb*

Wärmeträger

Eine geeignete Wärmeträgerflüssigkeit sollte eine hohe Wärmekapazität, gute Wärmeleitfähigkeit, geringe Zähflüssigkeit (Viskosität) und einen zuverlässigen Korrosionsschutz aufweisen. Außerdem sollte sie eine ausreichende Temperaturbeständigkeit und Frostsicherheit besitzen sowie ungiftig sein.

Leider gibt es keine Flüssigkeit, die allen Anforderungen in optimaler Weise genügt (Tabelle 2.5). Wasser bietet die besten Werte bzgl. Viskosität, Wärmekapazität und Wärmeleitfähigkeit. Um aber auch Frostsicherheit und Korrosionsschutz zu gewährleisten, werden heute meist Wasser/Propylenglykol-Gemische verwendet.

Zu empfehlen ist ein Mischungsverhältnis von 60 % Wasser und 40 % Glykol. Hierbei bilden sich die ersten Eiskristalle bei -19° C. Der bei noch tieferen Temperaturen entstehende Eisbrei entfaltet aber keine Sprengwirkung, sodass Materialschäden vermieden werden.

Da Wärmekapazität, Viskosität und Wärmeleitung von Wasser/Propylenglykol mit zunehmender Konzentration immer schlechter werden, ist ein größerer Glykolanteil nicht zu empfehlen.

Mit Stillstandstemperaturen bis zu ca. 300° C stellen Vakuumröhrenkollektoren höchste Ansprüche an die Temperaturbeständigkeit von Wärmeträgermedien.

Wasser/Glykol-Mischungen werden bei extremer Erwärmung langsam zersetzt, wobei sich verschiedene Säuren bilden, die den pH-Wert reduzieren. Sehr hohe Temperaturen beschleunigen diesen Prozess. Längerfrisitige Belastungen mit Temperaturen über ca. 200° C verursachen eine Zersetzung des Glykols mit klebrigen Rückständen, welche Absorberkanäle und Rohrleitungen zusetzen können.

Die enthaltenen Korrosionsschutzinhibitoren kristallisieren aus und zersetzen sich zu unlösbaren Klumpen, welche den Solarkreis verstopfen.

Zumindest letzteres kann verhindert werden durch den Einsatz spezieller, fertig eingestellter Flüssigkeiten, die nicht mit Wasser verdünnt werden dürfen (z.B. DC40). Diese sollten vor allem in Anlagen mit Vakuumröhrenkollekto-

Wärmeträger		Erstarrungstemperatur (°C)	Wärmeleitfähigkeit t(W/mK 50°C)	Temperaturbeständigkeit (° C)	Dichte (g/m³)	Kinemat. Viskosität (mm²/s)	Spez. Wärmekap. bei 50° C (kJ/kgK)	Giftigkeit	Korrosionsschutz
Wasser	20° C 50° C 80° C	0	0,64		998 988 972	1,004 0,553 0,365	4,18	nein	nein
Wasser-Propylen-Glykol*	-10° C 20° C 100° C	-27	0,44	170° C	1053 1038 984	22 4,3 0,7	3,85	nein	ja
DC40	-20° C 20° C 100° C	-28	0,385 0,413 0,470	300° C	1052 1034 977	55 5 0,6	3,44 3,60 3,92	nein	ja

* Mischungsverhältnis 60 % Wasser und 40 % Propylenglykol

Tabelle 2.5 Eigenschaften von Wärmeträgern

ren für die Raumheizung verwendet werden, die im Sommer öfter extreme Stillstandstemperaturen erreichen. Hier empfiehlt es sich auch, den pH-Wert und die Dichte des Wärmeträgers jährlich zu kontrollieren.
Den besten Schutz für den Wärmeträger bildet eine Anlagenkonzeption, welche bei Erreichen der Siedetemperatur (ca. 120° C bis 130° C) ein problemloses Entleeren der Kollektoren durch die ersten Dampfblasen ermöglicht (vgl. S. 44). Auf diese Weise wird nur eine sehr geringe Menge des Wärmeträgers den maximalen Kollektortemperaturen ausgesetzt,
Alle Glykol/Wasser-Gemische sollten nur unter Luftabschluss eingesetzt werden (geschlossene Anlagen). Der Luftsauerstoff reagiert mit der Flüssigkeit, was zu Korrosionserscheinungen insbesondere in Kupferrohren führen kann.

2.4 Der Solarspeicher

Meist fallen solares Energieangebot und Wärmenachfrage zeitlich nicht zusammen. Die Spitzenwerte des Warmwasserverbrauchs liegen in den Morgen- und Abendstunden, wenn die Sonne noch nicht oder nicht mehr scheint. Auf einen sonnigen Tag kann ein Regentag folgen. Heizenergiebedarf in der Übergangszeit besteht für gut gedämmte Gebäude in der Regel erst ab den späten Nachmittagsstunden.

Um hier zwischen Angebot und Nachfrage zu vermitteln, werden Wärmespeicher in verschiedenen Ausführungen eingesetzt. Die Palette reicht von Kurzzeitspeichern bis zu saisonalen Wärmespeichern.

Aus Kostengründen und praktischen Erwägungen bilden Kurzzeitspeicher zur Überbrückung von 1-2 Tagen die weitaus häufigste Systemvariante, mit der wir uns im Folgenden auch ausführlich beschäftigen wollen.

Im Hinblick auf den Verwendungszweck unterscheiden wir Trinkwasserspeicher für Dusche, Bad etc., Heizungs-Pufferspeicher für die Versorgung der Raumheizung und Kombispeicher, die beide Anwendungen ermöglichen.

2.4.1 Trinkwasserspeicher

Warmwasserspeicher, die Wasser in Trinkwasserqualität bevorraten, werden im Folgenden unter den Gesichtspunkten Qualität, Wärmetauscher, Kalt- und Warmwasseranschluss, Zirkulationsleitung und Nachheizung dargestellt.

2.4.1.1 Qualitätsmerkmale

Der Wärmespeicher sollte folgenden Qualitätskriterien genügen:
– Gute Wärmeschichtung
– Geringe Wärmeverluste
– Gutes Be- und Entladeverhalten
– Korrosionsbeständigkeit der Speichermaterialien

Wärmeschichtung

Wird aus dem Speicher Wasser entnommen, bilden sich durch das unten nachfließende Kaltwasser automatisch Schichten unterschiedlichen Temperaturniveaus. Da kaltes Wasser schwerer ist als warmes, sammelt es sich im unteren Speicherbereich und vermischt sich so nicht mit der darüber liegenden wärmeren Schicht. Dieser Vorgang kann mit verschiedenen Konstruktionstechniken unterstützt werden. Eine säulenförmige schlanke Bauweise vergrößert den Abstand zwischen heißester und kältester Zone und verkleinert deren Berührungsfläche. Dadurch erhält man auch bei großen Entnahmemengen im obersten Bereich eine Schicht mit nutzbarem Temperaturniveau, ohne dass nachgeheizt werden müsste. Aus diesem Grund wird das Warmwasser auch im obersten Speicherbereich entnommen. Diese Schichtung kann einen Temperaturunterschied zwischen unten und oben von bis zu 80° C bewirken. Der Temperaturausgleich zwischen den Schichten außerhalb der Ladezeiten ist sehr gering. Während des Ladevorgangs dagegen zerfällt die Schichtung zumindest im unteren Speicherbereich und es stellt sich eine Mischtemperatur ein (Bild 2.51).

Der Kaltwasseranschluss sollte entweder am Speicherboden mit einer darüberliegenden Prallplatte oder seitlich angebracht sein, damit keine vertikale Verwirbelung der Wärmeschichten durch das einschießende Kaltwasser erfolgt.

Wärmeverluste
Für die Höhe der Wärmeverluste sind zwei Fakten maßgebend. Zunächst spielt natürlich die Qualität der Wärmedämmung eine große Rolle. Erforderlich ist eine Mindestdämmstärke von 8 bis 10 cm, bezogen auf Standardisolierungen mit einem Wärmedämmwert λ = 0,04 W/mK. Von besonderer Bedeutung ist aber auch eine sorgfältige Vermeidung von Wärmelecks.
Häufig wird unterschätzt, wie viel Energie durch Rohranschlüsse, unisolierte Flansche, elektrische Einschraub-Heizkörper, Thermostate, Thermometer u.a. verloren geht. Tatsache ist, dass ein konventionell gebauter Speicher etwa doppelt so viel Wärme verliert als nach theoretischer Berechnung, wenn mit lückenloser Dämmung gerechnet wird.

Um einen guten Speicherwirkungsgrad zu erreichen, sollte daher Folgendes beachtet werden: Der Warmwasserabgang sollte nicht direkt oben aus dem Speicher geführt werden, da sich innerhalb der Leitung eine Schwerkraftzirkulation ausbildet, welche zu erhöhten Wärmeverlusten führt. Um diesen Effekt zu verhindern, führt man die Warmwasserleitung erst im Speicher ein Stück weit nach unten und von hier nach außen. Auch alle sonstigen Leitungen wie z.B. von den Wärmetauschern sollten erst nach unten gezogen werden.
Diese umständliche Anschlussverrohrung wird überflüssig, wenn alle Speicheranschlüsse mit der Konvektionsbremse CONVECTROL versehen werden (Bild 2.52 u. 2.53).
Ohne Konvektionsbremse tritt das warme Wasser aus dem Speicher in den oberen Bereich des Anschlussrohres ein und strömt in diesem entlang. Dort kühlt es sich infolge der Wärmeabgabe an die Umgebung ab und sinkt auf Grund

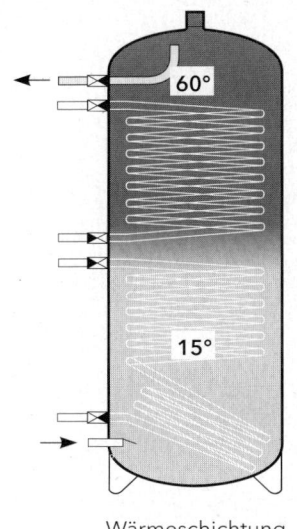 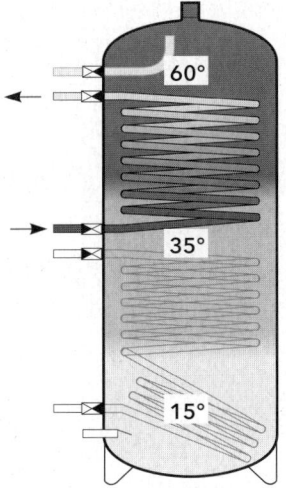 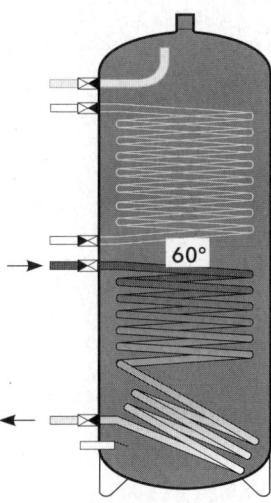

Wärmeschichtung bei Warmwasserentnahme | Nachheizung mit Heizkessel über oberen Wärmetauscher | Erwärmung mit Solaranlage über unteren Wärmetauscher

Bild 2.51 Wärmeschichtung in einem Solarspeicher beim Be- und Entladen

seiner höheren Dichte in den unteren Rohrbereich. Von hier strömt das kalte Wasser wieder zurück zum Speicher (Einrohrkonvektion).

Der Einsatz einer Konvektionsbremse unterbindet mit ihrer oberen Barriere eine konvektive Strömung aus dem heißen Speicher in das Anschlussrohr. Die untere Barriere verhindert den Rückfluss des im Anschlussrohr erkalteten Wassers in den Speicher.

Experimentelle Untersuchungen der Wirksamkeit erbrachten eine Reduzierung der Wärmeverluste an den Anschlussrohren um bis zu 50 %. Die jährlichen Speicher-Wärmeverluste vermindern sich damit um bis zu 10 %!

In der Praxis ist die Reduktion noch stärker, da die Konvektionsbremse mit der Verschraubung in die Speicherdämmung integriert ist und so im Unterschied zur Standardausführung keine Lücken vorhanden sind..

Be- und Entladeverhalten

Um eine möglichst vollständige solare Beladung (Aufheizung) des Speichers zu erzielen, sollte der Solar-Wärmetauscher stets weit unten im Speicher angeordnet werden. Der Solar-Wärmetauscher befindet sich also im kältesten Bereich, wodurch dem Kollektor eine größere Wärmeabgabe ermöglicht wird. Eine senkrechte Anordnung des Wärmetauschers begünstigt diesen Effekt, da sie den Auftrieb des erwärmten Wassers in die oberen Speicherschichten unterstützt.

Ist der Wärmetauscher im Speicher waagrecht angebracht, kann das in seinem Inneren erhitzte Wasser nur schwer durch die Rohrwendel nach oben steigen.

Wird das Wasser über einen Wärmetauscher oder Elektroheizstab nachgeheizt, so sitzt dieser stets im oberen Speicherbereich, damit nur das unmittelbar benötigte Wasser

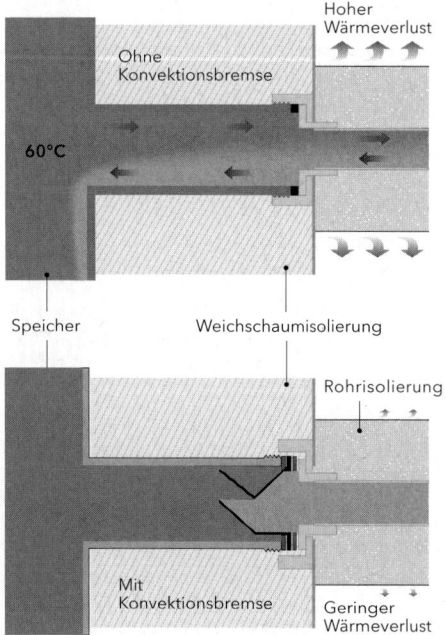

Bild 2.52 Wärmeverluste an Speicher-Rohranschlüssen ohne und mit Konvektionsbremse

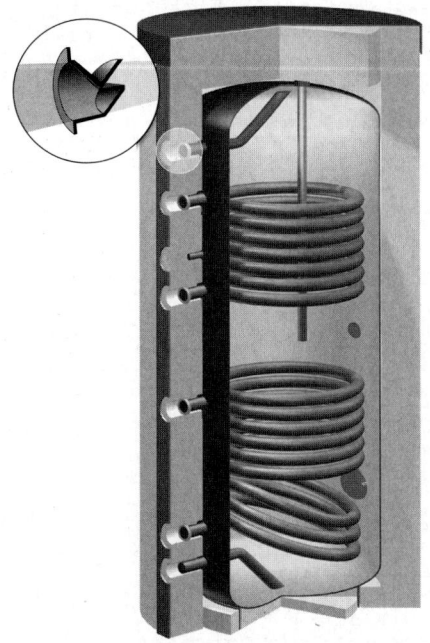

Bild 2.53 Solarspeicher mit minimierten Wärmeverlusten durch Konvektionsbremse und 100mm starke Dämmung (Deckel 150 mm)

zusätzlich erwärmt wird. Der größte Teil des Speichervolumens bleibt der Solaranlage vorbehalten.

Speichermaterialien
Um dem Korrosionsproblem im sauerstoffhaltigen Trinkwasser zu begegnen, werden die Speicher überwiegend aus Stahl oder Edelstahl gefertigt. Stahlspeicher werden zusätzlich beschichtet: mit Emaille oder Kunststoff, früher auch mit Zink. Heute werden verzinkte Warmwasserspeicher nicht mehr eingesetzt, weil durch die zunehmende Aggressivität des Trinkwassers Zink keinen ausreichenden Korrosionsschutz bietet.

● Edelstahlspeicher
Für Warmwasserspeicher kommen hauptsächlich die nicht rostenden Stähle V2A und V4A zum Einsatz. Sie haben die Zusammensetzung X 10 CrNiTi189 und X 10 CrNiMoTi1810 sowie die Werkstoffnummern 1.4541 und 1.4571. Diese Speicher sind relativ leicht, wartungsfrei und (transport-) unempfindlich.
Bei chloridhaltigem Wasser besteht für die nicht rostenden Stähle ein gewisses Korrosionsrisiko in Form von Lochfraß besonders an den Schweißnähten. Es tritt allerdings nur bei hohen Chlorid- bzw. Chlorionenkonzentrationen auf. Nach Herstellerangaben beginnt das Korrosionsrisiko bei V2A über 50 mg/l und bei V4A über 125 mg/l.
Die Konzentrationen sind sehr stark vom Standort abhängig. Man sollte sich auf jeden Fall beim örtlichen Wasserwerk darüber informieren. Heute werden meist nur noch Stähle der Qualität V4A verwendet.
Auf eine sorgfältige Werkstoffverarbeitung sowie langjährigen Erfahrungen des Speicherherstellers sollten Sie daher besonderen Wert legen.

Wenn Sie auf folgende Punkte achten, können Sie von einer langen Lebensdauer ausgehen: Trinkwasserzusammensetzung, aufeinander abgestimmte Werkstoffe und gute Verarbeitung insbesondere der Schweißnähte. Allerdings sind Edelstahlspeicher wegen der hohen Materialkosten wesentlich teurer als emaillierte Speicher.

● Emaillierte Speicher
Innen emaillierte Speicher bieten grundsätzlich einen beständigen Korrosionsschutz gegenüber allen sich im Wasser befindlichen Stoffen. Die Email-Schicht ist eine warmwasserfeste Glasauskleidung, die an der Grenzschicht eine echte Verbindung mit dem Metall eingeht.
In dieser Schicht können jedoch feine Haarrisse auftreten, wodurch der Stahl mit dem Wasser in Verbindung kommen kann. Da diese so genannten Fehlstellen sowohl bei der Fertigung als auch beim Transport entstehen können, ist ein zusätzlicher Schutz durch spezielle Schutzanoden erforderlich.

● Kunststoffbeschichtete Stahlspeicher
Ähnlich wie bei Email-Speichern wird die Innenfläche des Stahlbehälters mit einem Schutzüberzug versehen, der hier aus Kunststoff besteht. In den letzten Jahren sind neue Kunststoffbeschichtungen entwickelt worden, die auch bei hohen Temperaturen eine lange Lebensdauer erwarten lassen.
Schutz-Anoden als zusätzliche Vorrichtung gegen Korrosion werden nicht eingesetzt, da Fehlstellen in Form von Haarrissen oder Abplatzungen hier nicht auftreten. Sollten sich dagegen Bläschen oder Poren in der Beschichtung befinden, dann lässt sich auch durch eine Anode keine korrosionsschützende Wirkung erzielen. Durch ein sorgfältiges Beschichtungsverfahren und die Anwendung geeigneter Kunststoffe kann ein dauerhafter Korrosionsschutz gewährleistet werden. Für Solarspeicher sind nur solche Beschichtungen empfehlenswert, die ausdrücklich bis etwa 90 °C eingesetzt werden können. Achten Sie besonders auf eine sorgfältige Verarbeitung und lassen Sie sich diese durch eine Garantie bescheinigen.

● Kunststoffspeicher
Kunststoffspeicher können nicht dauerhaft dem Wasserleitungsdruck ausgesetzt werden. Deshalb muss sowohl die Beladung als auch die Entladung (Warmwasserentnahme) über Wärmetauscher erfolgen.
Weil zur Wärmeübertragung im Wärmetauscher eine ge-

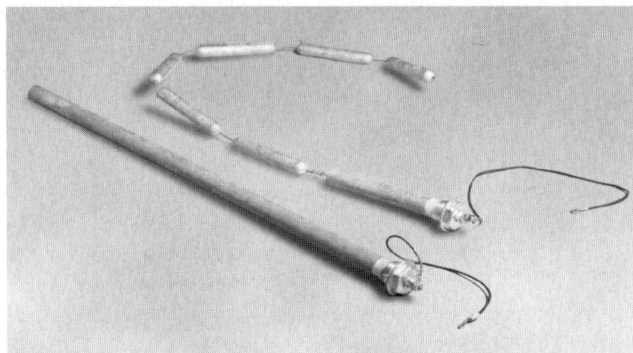

Bild 2.54 Korrosionsschutz für Speicher mit Magnesiumanode

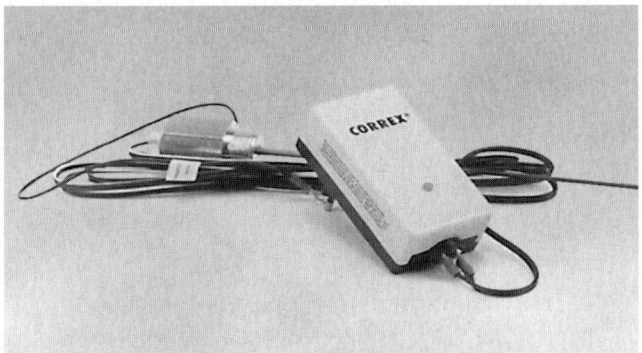

Bild 2.55 Korrosionsschutz für Speicher mit Fremdstromanode

wisse Temperaturdifferenz zwischen beiden Flüssigkeiten erforderlich ist, kann hier nie das volle Temperaturniveau des Speicherwassers genutzt werden. Je nach Qualität des eingesetzten Wärmetauschers und der Zapfmenge liegt die Nutztemperatur 6-15° C unter der Speicherwassertemperatur.

Außerdem können Kunststoffspeicher je nach Bauart nur auf 60° C bis 80° C erhitzt werden, sodass hier Temperatursicherungen besonders beachtet werden müssen.

Korrosionsschutz

Emaillierte Speicher erfordern dauerhafte Korrosionsschutz-Maßnahmen in Form einer Magnesium-Schutzanode oder einer Fremdstromanode.

- Magnesium-Schutzanode

Zur Vermeidung von Korrosion an den Fehlstellen eines emaillierten Speichers setzt man einen Magnesiumstab in den Speicher ein (Bild 2.54). Zwischen dieser Magnesiumanode und den Fehlstellen des Stahls baut sich über das Trinkwasser ein geringer elektrischer Strom auf, ähnlich wie bei einer Batterie. Er fließt von der unedleren Magnesiumanode, die sich allmählich auflöst, zur edleren Stahlspeicherwandung. Fehlstellen im Email werden durch den Schutzstrom gegen aggressive Bestandteile im Wasser geschützt. Da an diesen Stellen sich vermehrt Kalk ablagert, nimmt der Schutzstrombedarf im Laufe der Betriebszeit ab. Die Kalkablagerungen verbinden zuverlässig die Korrosion.

Dieser galvanische Korrosionsschutz funktioniert auch noch bei etwas größeren Email-Abplatzungen. Die fertigungsbedingten Fehlstellen dürfen nach Norm zusammen nicht mehr als 7cm² pro m² emaillierte Speicherfläche betragen.

Die Lebensdauer der Anoden beträgt normalerweise mehr als 5 Jahre. Es wird jedoch empfohlen, ungefähr im Zwei-Jahresrhythmus deren Zustand zu überprüfen. Elektrisch zum Speicher isolierte Anoden müssen dazu nicht mehr ausgebaut werden. Sie sind über ein Kabel elektrisch mit der Speicherwandung verbunden. Setzt man hier ein Amperemeter ein, kann man die erforderliche Mindeststromstärke messen.

- Fremdstromanode

Wenn ein möglichst geringer Wartungsaufwand gewünscht wird oder ein Austausch der Anode umständlich ist, werden Anoden eingesetzt, die den Schutzstrom aus dem normalen 230 V-Netz beziehen (Bild 2.55). In einem elektronischen Gerät, dem Potenziostaten, wird der jeweils notwendige Schutzstrom ermittelt und eingespeist. Somit ist eine automatische Anpassung an unterschiedliche Be-

triebsbedingungen (Temperaturschwankungen und veränderte Wasserzusammensetzung) gegeben.
Die eigentliche Fremdstromanode besteht aus hochwertigem Titan und hat eine praktisch unbegrenzte Lebensdauer. Daher sind keine Wartungsarbeiten erforderlich. Genau wie bei den Magnesiumanoden bilden sich auch hier auf den Fehlstellen Salzdeckschichten, die selbst bei längerem Stromausfall (mehrere Wochen) eine Korrosion des Stahls verhindern. Der Stromverbrauch beträgt etwa 5 kWh pro Jahr.
Früher wurde dieses Schutzsystem nur für Großprojekte wie Brücken, Schiffe u.a. verwendet. Durch die Entwicklung der Mikroelektronik sind diese Geräte heute auch für Warmwasserspeicher erschwinglich.

- Für einen sicheren Korrosionsschutz Speichereinbauten elektrisch trennen!

Werden Kupferwärmetauscher oder Elektroheizstäbe in den Speicher eingebaut, können sie die Wirkung der Anode aufheben. Wenn sie elektrisch leitend sind, wirken sie nämlich wie eine Fehlstelle und „saugen" den Schutzstrom der Anode ab. Bestimmte Bereiche des Speichers sind dann nicht mehr geschützt (Schattenwirkung) und eine Magnesiumanode würde sich schneller verbrauchen.
Um das zu vermeiden, werden Speichereinbauten vom Speicher elektrisch getrennt eingebaut. Das heißt, sie haben keine elektrische Verbindung mit der Speicherwand und wirken deshalb elektrisch neutral. Um den Wärmetauscher vom Speicher elektrisch zu isolieren, werden Dichtscheiben und Kunststoffhülsen mit in die Rohrdurchführung eingebaut.

Auch vom Rohrkreislauf muss der Kupferwärmetauscher getrennt werden, um einen indirekten Stromfluss über die Erde mit der Trinkwasserleitung zu verhindern. Für diesen Zweck werden Isolierverschraubungen in Vor- und Rücklaufleitung eingeschraubt. Das eigentliche Isolierstück muss eine bestimmte Mindestlänge aufweisen, damit über die Solarflüssigkeit kein Stromfluss eintritt (Herstellerangaben beachten).

Werden emaillierte Wärmetauscher verwendet, entfällt die elektrische Trennung zum Rohrkreislauf.
Elektroheizstäbe werden auch in isolierter Form angeboten. Dabei werden die Heizröhren elektrisch von der Einschraubung getrennt.
Wenn Sie die Einbauvorschriften zusammen mit den Herstelleranweisungen beachten, den Speicher vorsichtig behandeln und vor der Inbetriebnahme die Emaillierung auf Beschädigung überprüfen (kleine Abplatzungen haben keine Auswirkung), können Sie auch bei aggressivem Wasser von einer hohen Lebensdauer ausgehen.

2.4.1.2 Wärmetauscher

Damit die Solaranlage auch während der Frostperiode betrieben werden kann, muss dem Wärmeträger ein Frostschutzmittel beigefügt werden. Bei bestimmten Absorbertypen (vor allem Aluminiumabsorber) ist außerdem ein besonderer Korrosionsschutz im Solarkreis nötig. Aus diesen Gründen muss die Wärmeträgerflüssigkeit von dem Wasser im Speicher getrennt werden. Die Wärmeübertragung erfolgt durch einen Wärmetauscher.
Auf der einen Seite fließt die Wärmeträgerflüssigkeit (Primärseite), auf der anderen befindet sich das zu erwärmende Wasser (Sekundärseite). Soll ein Wärmestrom von der Primär- zur Sekundärseite fließen, ist eine Temperaturdifferenz erforderlich. Je größer diese Differenz, desto höher auch die Wärmeübertragungsleistung.

Um die Wärmeverluste des Kollektors möglichst klein zu halten, soll der Wärmeträger jedoch bereits bei sehr kleinen Temperaturerhöhungen (5-8° C) gegenüber dem Speicherwasser umgewälzt werden. Der Wärmetauscher muss also auch bei geringen Temperaturdifferenzen gute Wärmeübertragungsleistungen erbringen. Dies lässt sich durch besondere Konstruktionsweisen und vergrößerte Tauscherflächen erreichen.
Im Wesentlichen werden folgende Bauarten eingesetzt:

Rohrwendelwärmetauscher

Für die meisten kleineren Solaranlagen wird dieser Wärmetauschertyp gewählt. Rohrwendelwärmetauscher werden im Wärmespeicher angebracht und bestehen aus glattwandigem oder geripptem Kupferrohr (Bild 2.56), glattwandigem, emailliertem Stahlrohr oder Edelstahlrohr. In der Regel ist bei diesen Wärmetauschern nur die Strömung im Wärmetauscher selbst durch eine Pumpe erzwungen. Das Speicherwasser bewegt sich durch freie Schwerkraftzirkulation (Konvektionsströmung) am Wärmetauscher vorbei.

● Rippenrohr im Vergleich zu glattwandigem Rohr
Die Rippenkonstruktion ermöglicht es, auf kleinem Raum eine große Wärmetauscherfläche unterzubringen. Allerdings kann dieser Vorteil durch Kalkablagerungen zunichte gemacht werden, wenn der Wärmetauscher insbesondere bei härterem Wasser nicht von Zeit zu Zeit gereinigt wird.
Glattwandige Wärmetauscher besitzen eine größere Wärmeübertragungsleistung pro m² Tauscherfläche als gerippte und sind weniger durch Verkalkung gefährdet. Jedoch benötigen sie auf Grund größerer Rohrlängen mehr Platz im Speicher.

● Waagrechte Achse – senkrechte Achse
Der senkrechte Einbau begünstigt die Konvektionsströmung des Speicherwassers entlang dem Wärmetauscher von unten nach oben. Die Strömungsrichtung im Wärmetauscher soll von oben nach unten verlaufen, damit keine Temperaturverschleppung stattfindet. Gegenüber einem waagrecht liegenden Wärmetauscher ergibt sich bei gleicher Tauscherfläche eine deutliche Erhöhung der übertragbaren Wärmeenergie.
Ist ein Solarsystem mit Schwerkraftumtrieb geplant, muss auf jeden Fall ein senkrechter Wärmetauscher gewählt werden, der ein permanentes Gefälle aufweist.

Selbstbauwärmetauscher

Sie werden aus weichem glattem Kupferrohr hergestellt. Der günstigste Rohrdurchmesser ist 18 mm. Kupferrohr in 18 mm ist das strömungsgünstigste biegbare Rohr mit den geringsten Kosten (pro m² Rohrfläche). Allerdings muss ein größerer Biegeradius in Kauf genommen werden.

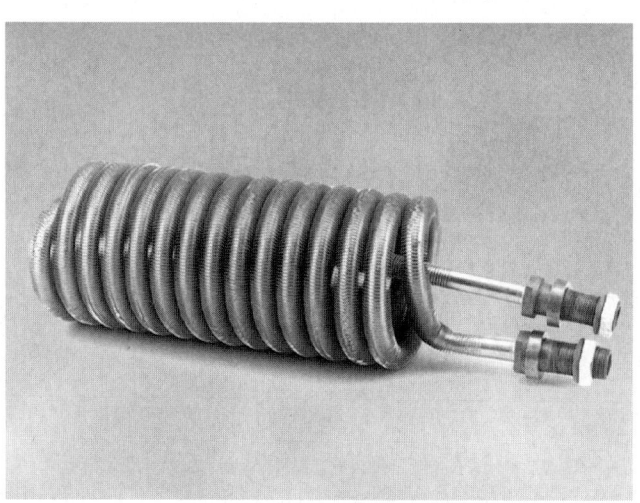

Bild 2.56 Rippenrohr-Wärmetauscher

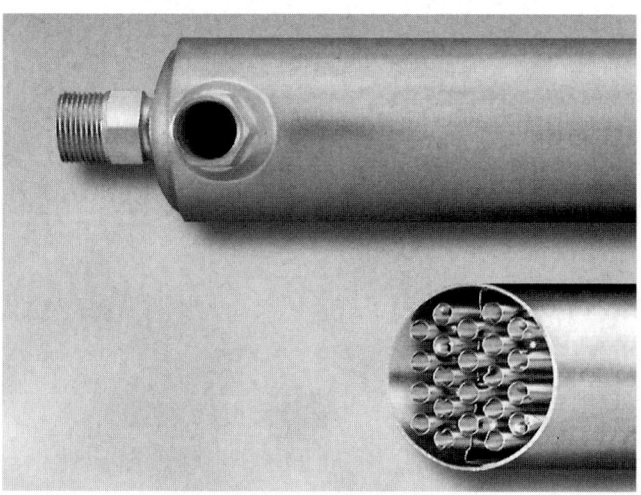

Bild 2.57 Rohrbündel-Wärmetauscher

Sie eignen sich als Warmwasser- und als Solarwärmetauscher.

Das Verhältnis zwischen Tauscher- und Kollektorfläche sollte etwa 1:5 betragen. Für Warmwasserwärmetauscher sollte eine Tauscherfläche von mindestens 4 m² gewählt werden. Beträgt die Speichertemperatur 45° C, kann bei dieser Auslegung Warmwasser mit einer Temperatur von etwa 40° C entnommen werden (Kaltwassertemperatur 10° C, Entnahmemenge 8 l/min).

Gegenstromwärmetauscher

Das Wärmeträgermedium und die zu erwärmende Flüssigkeit werden hier durch je eine Umwälzpumpe im Gegenstrom aneinander vorbeigeführt. Infolge der hohen Fließgeschwindigkeit beider Flüssigkeiten sowie der konstruktionstechnisch begünstigten Verwirbelung einer oder beider Flüssigkeiten erzielt dieser Wärmetauschertyp eine sehr hohe spezifische Wärmeübertragungsleistung, die von keinem anderen Wärmetauscher erreicht wird.

Er wird in zwei Konstruktionsweisen angeboten, als Rohrbündel- oder Plattenwärmetauscher. Bei ersterem sind mehrere Rohre mit kleinem Querschnitt in einem großen Rohr untergebracht. Meist strömt der Wärmeträger durch die Rohre und die zu erwärmende Flüssigkeit durch den umgebenden Mantelraum (Bild 2.57). Der Plattenwärmetauscher besteht aus dünnwandigen Platten, die mit einem schmalen Zwischenraum hintereinander angebracht sind (Bild 2.58). Dabei fließt abwechselnd durch einen Zwischenraum der Wärmeträger und durch den folgenden die wärmeaufnehmende Flüssigkeit.

Nachteile des Gegenstromwärmetauschers sind der höhere Preis, die zusätzlich benötigte Pumpe, der höhere Stromverbrauch sowie eine Beeinträchtigung der Wärmeschichtung im Speicher, wenn das gesamte Speicherwasser umgewälzt wird. Letzeres lässt sich weitgehend vermeiden, wenn Wasserentnahme und Einspeisung im unteren Drittel des Speichers angeordnet werden und spezielle Einströmrohre zum Einsatz kommen.

Der Gegenstromwärmetauscher wird vor allem dann eingesetzt, wenn sehr große Übertragungsleistungen erforderlich sind, mehrere Speicher mit Vorrangschaltung versorgt werden sollen, die Speicherkonstruktion andere Möglichkeiten nicht zulässt, z.B. bei der Erweiterung konventioneller Speicher, oder spezielle Verwendungszwecke wie die Schwimmbaderwärmung vorliegen.

Doppelmantelwärmetauscher

Auf den Wärmespeicher ist bis etwa auf halber oder ganzer Höhe ein zweiter Mantel im Abstand von 1,5-3 cm aufgeschweißt. In dem entstehenden Zwischenraum fließt der Wärmeträger um den Speicher.

Vorteile:
— auf Grund seines geringen Durchflusswiderstandes und des stetigen Gefälles ist er für Schwerkraftsysteme gut geeignet
— gute spezifische Wärmeübertragungsleistung
— an der glatten Speicherwand kann sich nur schwer Kalk absetzen.

Nachteile:
— schlechte Regelbarkeit, weil der Temperaturfühler auf Grund der bis zur Speichermitte oder höher reichenden Tauscherfläche nicht optimal angebracht werden kann.

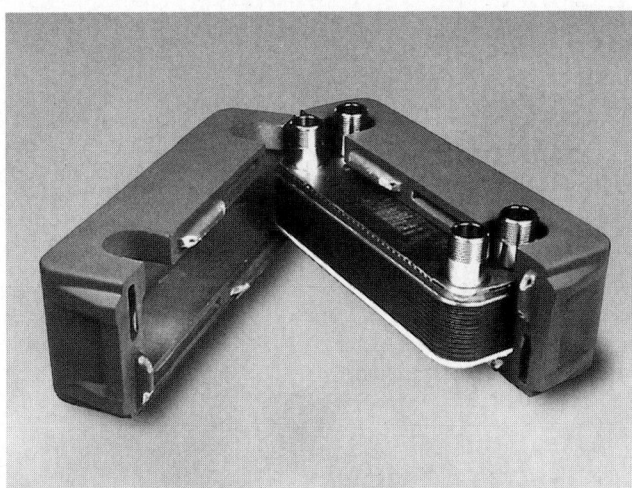

Bild 2.58 Platten-Wärmetauscher

Temperaturverschleppung oder zu spätes Anlaufen der Solaranlage sind die Folge.
— die Wärmetauscherleistung kann nicht variiert werden. Auf Grund der geschilderten Nachteile finden Doppelmantelspeicher in der Solartechnik kaum noch Verwendung.

2.4.1.3 Kalt- und Warmwasseranschluss

Die Leitungswasserinstallation einer Solaranlage umfasst die Kalt- und Warmwasserleitung mit den entsprechenden Armaturen sowie den Solarspeicheranschluss (Bild 2.59). Das „Warmwasser" wird häufig noch „Brauchwasser" genannt. Dieser Begriff wird inzwischen aber mehr im Zusammenhang mit „Regenwasser- oder Grauwassernutzung" verwendet, sodass wir in diesem Buch das nahe liegende „Warmwasser" oder „Trinkwarmwasser" wählen.

Wasserqualität

Im Zusammenhang mit dem Einsatz von Trinkwasserspeichern werden hier die Aspekte Kalk im Wasser und Legionellen im Warmwasser dargestellt.

● **Kalk im Wasser**
Die Trinkwasserzusammensetzung ist für die Planung einer Solaranlage in Bezug auf das Korrosionsverhalten und die Kesselsteinbildung von Bedeutung.
Wie schon erwähnt, können sehr hohe Chloridgehalte im Wasser bei Edelstahlspeichern Korrosion auslösen. Auch bei verzinkten Stahlrohren sind Einsatzbeschränkungen notwendig. Sie sollten unter anderem nur in Wassern mit einem pH-Wert über 7 eingesetzt werden. Es würde diesen Rahmen sprengen, näher auf die Korrosionsproblematik einzugehen. Am praktikabelsten ist es, sich daran zu orientieren, welche Materialien sich vor Ort bewährt haben.
Der Kalkgehalt bzw. der Härtegrad des Wassers gibt Aufschluss über die Intensität der Kesselsteinbildung an Wärmetauscherflächen (Tabelle 2.6). Schon eine Kesselsteinschicht von 2 mm lässt die Wärmeübertragungsleistung eines Tauschers auf 78 % abfallen, bei 5 mm sind es weniger als 58 %. An elektrischen Heizstäben ergibt sich dann eine Temperaturerhöhung, die bei nicht temperaturgeschützen Ausführungen schließlich zum Durchbrennen des Heizelements führen kann.

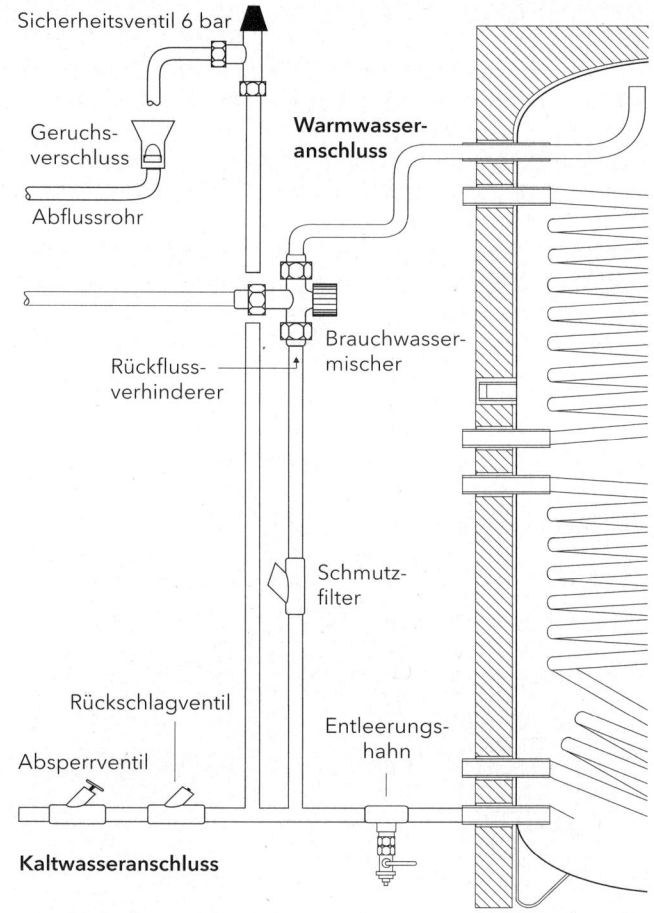

Bild 2.59 Kalt- und Warmwasseranschluss am Solarspeicher

Ab ca. 60° C ist ein wesentlicher Anstieg der Kesselsteinbildung zu verzeichnen. Daher bemüht man sich, die Wärmetauscher- und die E-Heizstabtemperaturen möglichst niedrig zu halten. Trotz allem entsteht gegebenenfalls eine Kesselsteinschicht, die man eventuell entfernen muss. Unter diesen Bedingungen sollten bevorzugt Glattrohrwärmetauscher verwendet werden, die keinen dauerhaften Kalkansatz verzeichnen. Rippenrohrwärmetauscher sollte man zum Reinigen leicht ausbauen können.

Im ausgebauten Zustand lässt sich die Kalkschicht auf verschiedene Weise entfernen: 1. mechanisch: mit Bürste o.ä. (bei locker haftendem Kesselstein) oder 2. chemisch: z.B. mit Essig-, Ameisen- oder Salzsäure.

Der Standardkesselstein $CaCO_3$ lässt sich durch Säure auflösen. Essigsäure arbeitet relativ langsam, Salzsäure kann dagegen am Wärmetauscher leicht Korrosion auslösen und sollte nur in sehr starker Verdünnung angewendet werden. Ameisensäure ist wohl am ehesten zu empfehlen, sie löst allerdings einen starken Geruch aus.

Einzig bei dem „Gipsstein" $CaSO_4$ ist eine Entfernung schwierig, da es sich um einen harten Belag handelt, der sich mit Säuren nicht lösen lässt. Es gibt jedoch nur wenige Gebiete in Deutschland (z.B. im Umkreis von Würzburg), wo Gipshärte auftritt. In diesen Fällen empfiehlt es sich gegebenenfalls, genau wie bei hohen Kalkgehalten, eine Wasseraufbereitung vorzunehmen, das heißt, dass das gesamte Wasser enthärtet wird. Dafür werden verschiedene Verfahren angeboten.

Erst ab Härtegraden von ungefähr 12° dH können sich im Normalbetrieb so starke Ablagerungen bilden, dass sie im Abstand von einigen Jahren entfernt werden sollten.

● Legionellen im Warmwasser

Als Krankheitserreger wurden Legionellen erstmals 1977 beschrieben, wobei davon auszugehen ist, dass schon Jahrzehnte vorher diese Bakterien unerkannt Ursache für Erkrankungen waren. Inzwischen sind 34 Legionellenspezies bekannt.

Legionellen können durch Aerosole (feine Wassertröpfchen) in die Lunge gelangen und eine Lungenentzündungsähnliche Erkrankung auslösen, die sich als einfache Bronchialerkrankung, aber in Einzelfällen (besonders bei geschwächten Personen) auch mit tödlichem Verlauf auswirken kann.

Legionellen treten in verschiedenen aquatischen Standorten auf. Der Leitungs- und Installationsbereich hat eine besondere Bedeutung, da Legionellen für ihre Vermehrung bestimmte Grundbedingungen vorfinden müssen, die hier fast ideal auftreten: Wärme, lange Verweilzeiten, Nährstoffe, Rohre aus Eisen.

Aus diesem Grund gab es schon sehr früh eine Diskussion über vorbeugende Maßnahmen. Dies führte allerdings dazu, dass oftmals übereilt und unreflektiert Gegenmaßnahmen ergriffen wurden. Ein ganzer Zweig der Sanitärtechnik und Elektrogeräteindustrie profitiert davon und forciert teilweise die verwirrende Diskussion in der Öffentlichkeit.

Mehrere Untersuchungen zur Legionellenbelastung in Privataushalten und Großgebäuden (MFH, Krankenhäuser) lassen den Schluss zu, dass zumindest im EFH/ZFH- Bereich die Gefahr kritischer Legionellenkonzentrationen in den Warmwasserspeichern als sehr gering einzuschätzen ist. In Gebäuden mit großen Warmwassernetzen wurden häufiger kritische Konzentrationen gemessen.

Wasserhärtebereiche in Grad deutscher Härte (°dH)	
sehr weich	0 - 4
weich	4 - 8
mittelhart	8 - 12
ziemlich hart	12 - 18
hart	18 - 30
sehr hart	über 30

Tabelle 2.6 Wasserhärtebereiche

Diese höheren Konzentrationen wurden in der Regel nicht in den Warmwasserspeichern, sondern an den Zapfstellen festgestellt, was auf eine besondere Belastung des Leitungsnetzes verweist.

Ein verstärktes Auftreten von Legionellen konnte auch bei Raumluftbefeuchtern, Warmsprudelbecken und Hochdruckreinigern nachgewiesen werden. Ein kritischer Bereich ist die medizinische Anwendung vor allem im Bereich der Intensivmedizin. Erkrankungen auf Intensivstationen können sicherlich nicht auf zu langes Duschen der Patienten zurückgeführt werden. Aber z.B. der Einsatz von Trinkwasser in Ultraschallverneblern zur Inhalation bei Bronchialerkrankungen ermöglicht einen direkten Eintrag in den Lungenbereich.

Grundsätzlich, auch unabhängig von der Legionellendiskussion, sollten aus hygienischen und energetischen Gründen bei der Planung der Hausinstallation kurze Leitungswege vorgesehen werden, um so einen ausreichenden Durchsatz und stetigen Austausch des Leitungsvolumens zu realisieren und Auskühlungsverluste zu minimieren. Das Speichervolumen sollte den Bedarf von 2-3 Tagen nicht übersteigen, um einen ausreichenden Austausch sicherzustellen. Ferner sollte bei Umbauten der Warmwasservertei-

	DVGW-Richtlinie zu Legionellen	
Bereich	**Kleinanlagen**	**Großanlagen**
System	• Trinkwassererwärmer in Ein- und Zweifamilienhäusern • Anlagen mit Speicherinhalt < 400 l und einem Inhalt < 3 l in jeder Rohrleitung zwischen Wassererwärmer und Entnahmestelle, • Zirkulationsleitungen bleiben unberücksichtigt	• alle anderen Anlagen • Bei Speicher-Trinkwassererwärmern mit Inhalt > 400 l muss durch die Konstruktion und andere Maßnahmen sichergestellt werden, dass das Wasser an allen Stellen gleichmäßig erwärmt wird.
Maßnahmen	• keine besonderen Maßnahmen erforderlich • Der Speicher sollte ausreichend große Öffnungen für die Reinigung haben. • Kaltwassereinlauf mit kleiner Mischzone • Betriebstemperaturen < 60° C sind auf Grund des geringen Risikos möglich.	• Der gesamte Trinkwasserinhalt der Vorwärmstufen muss einmal am Tag auf 60°C erwärmt werden. • Es sind Zirkulationssysteme oder Begleitheizungen einzubauen.
Temperaturniveau	Die Einstellung der Reglertemperatur am Trinkwassererwärmer auf 60° C wird empfohlen.	• Am Warmwasseraustritt des Trinkwassererwärmers müssen 60° C eingehalten werden. • Die Temperatur in Warmwasserleitungen sollte mindestens 55° C erreichen.
Hersteller-Information	• Vom Hersteller des Trinkwassererwärmers sind ausführliche Bedienungs- und Wartungsanleitungen, die den Anforderungen der DVGW-Richtlinie Rechnung tragen, zu erstellen. • Der Betreiber ist vom Anlagenhersteller einzuweisen und über die Bedienungs- und Wartungsanleitungen der Hersteller zu unterrichten.	

Tabelle 2.7 DVGW-Richtlinie Arbeitsblatt W 551 zu Legionellen (März 1993)

lung darauf geachtet werden, dass nicht Rohrstrecken als Sackgassen liegen bleiben und auf Grund der Stagnation günstige Voraussetzungen für Keimwachstum aller Art bieten. In emaillierten Speichern sollten statt Opferanoden aus Magnesium Fremdstromanoden verwendet werden. Beim Einsatz von Opferanoden empfiehlt sich eine regelmäßige Reinigung, um den Anodenschlamm am Speicherboden zu entfernen. Dieser gilt als Nährboden für Legionellen.

Vom DVGW ist als Richtlinie zu technischen Maßnahmen zur Verminderung des Legionellenwachstums das Arbeitsblatt W551/552 erstellt worden, das für alle Neuanlagen von Trinkwassererwärmern und Leitungsnetzen gilt (Tab. 2.7). Diese Richtlinie trägt dem gegenwärtigen Kenntnisstand Rechnung, indem sie im Wesentlichen zwischen Klein- und Großanlagen unterscheidet. Kleinanlagen in Ein- und Zweifamilienhaushalten bedürfen keiner besonderen Vorkehrungen. Großanlagen – insbesondere Krankenhäuser, Hotels, Wohnsiedlungen, Sportstätten und Industriebetriebe – sollten bei einem Speichervolumen über 400 l die DVGW-Anforderungen erfüllen.

Die Anwendung ist keine Pflicht. Relevant ist sie erst dann, wenn Gewährleistungsansprüche bei einem Schadensfall gestellt werden. Hier sind die Erfüllung der Vorgaben oder adäquate Maßnahmen nachzuweisen.

Die vorgeschlagenen Maßnahmen verursachen auch einen höheren Energieverbrauch. Um diesen in Grenzen zu halten, werden im Bereich der solaren Großanlagen zur Warmwasserbereitung die wasserhygienischen Anforderungen durch besondere Speicherkonzeptionen berücksichtigt.

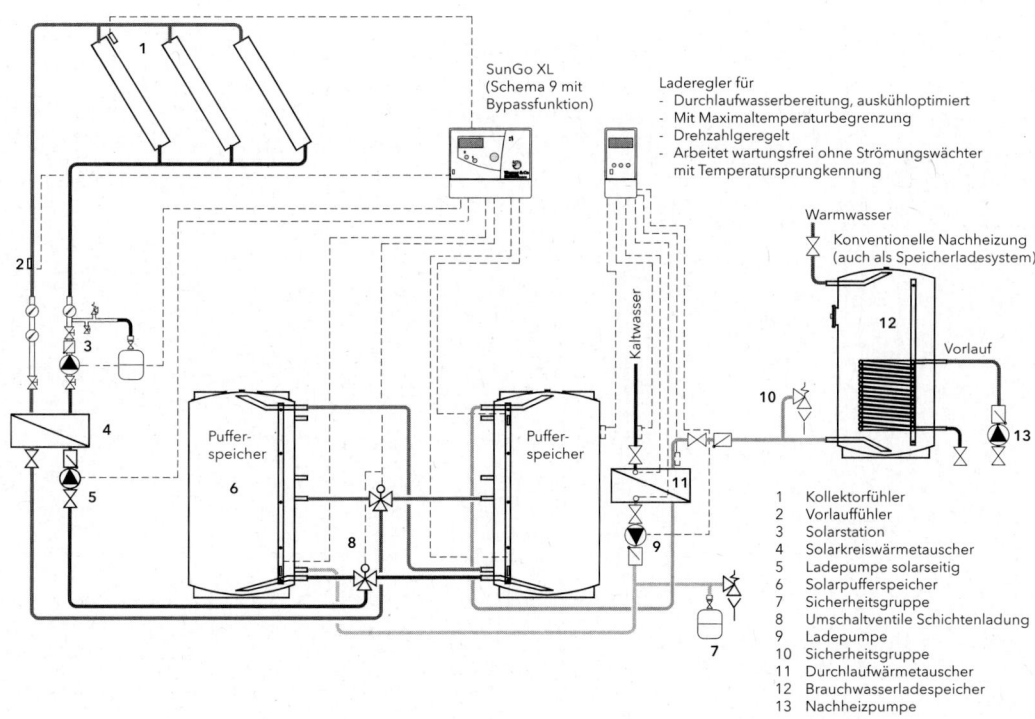

Bild 2.60 **Größere Solaranlagen**
Vom Kollektorfeld aus wird die Solarwärme in eine Pufferspeichereinheit eingespeist. Im Moment der Zapfung wird Solarwärme von den Pufferspeichern auf das frisch zuströmende Trinkwasser übertragen. Dies gelangt dann vorgewärmt in den Trinkwasserspeicher, wo es bei Bedarf nacherwärmt werden kann.

1 Kollektorfühler
2 Vorlauffühler
3 Solarstation
4 Solarkreiswärmetauscher
5 Ladepumpe solarseitig
6 Solarpufferspeicher
7 Sicherheitsgruppe
8 Umschaltventile Schichtenladung
9 Ladepumpe
10 Sicherheitsgruppe
11 Durchlaufwärmetauscher
12 Brauchwasserladespeicher
13 Nachheizpumpe

Im Prinzip wird ein möglichst kleiner Warmwasserspeicher aus einem großen Pufferspeicher über einen zwischengeschalteten Plattenwärmetauscher beheizt (Bild 2.60). Es muss somit nur ein relativ kleines Trinkwasservolumen auf 60°C aufgeheizt werden. Auch unter Kostengesichtspunkten besitzt diese Lösung Vorteile gegenüber einem reinen Trinkwassersystem.

Unter einem Speichervolumen von ca. 1000 l ist dieser An-

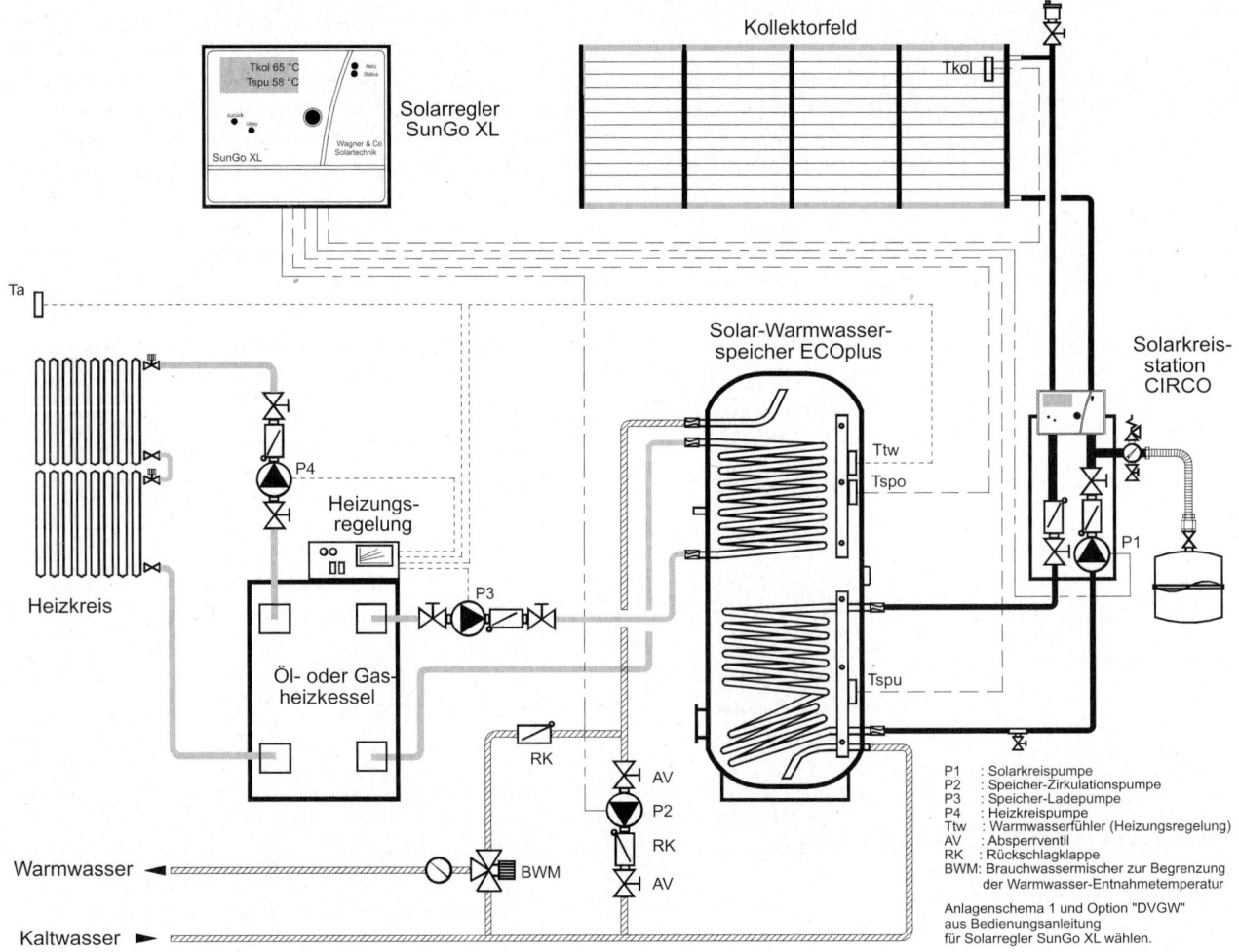

Bild 2.61 **Anti-Legionellenschaltung für Ein-Speicher-Solaranlagen**
Der Solarregler SunGo XL prüft, ob der gesamte Speicher einmal am Tag über 60 °C erwärmt wurde. Wenn nicht, wird der gesamte Speicherinhalt zu einer einstellbaren Uhrzeit auf 60 °C erwärmt.

lagenaufbau jedoch zu aufwändig, sodass meist mit einer üblichen Einspeicheranlage gearbeitet wird. Bild 2.61 zeigt die für die tägliche 60° C-Aufheizung des ganzen Speichers erforderliche Schaltung der Nachheizung.

Sie sollte bevorzugt am späten Nachmittag vor der Abendduschzeit erfolgen. Zu diesem Zeitpunkt hat häufig die Solaranlage den Speicher bereits weitgehend aufgeheizt. Der Heizkessel muss nur noch wenig Energie zuschießen. Da diese unmittelbar danach verbraucht wird, entstehen auch keine unnötigen Wärmeverluste.

Für die entsprechende Regelung ist der Solarregler Sun-Go XL sehr gut geeignet, da er selbsttätig kontrolliert, ob tagsüber die Solaranlage den Speicher schon einmal auf 60° C erwärmt hat. In diesem Fall unterbleibt die abendliche Aufheizung.

Um der Legionellen-Problematik aus dem Wege zu gehen, wird zuweilen auch empfohlen, einen Pufferspeicher mit innen liegendem Durchlaufwärmetauscher einzusetzen. Diese Lösung birgt aber den grundsätzlichen Nachteil, dass wegen der benötigten hohen Tauscherleistung auch ein hohes Temperaturniveau im Speicher gehalten werden muss, was wiederum zu einem unverhältnismäßig häufigen Einsatz der konventionellen Nachheizung führt. Bei großem Warmwasserverbrauch sind innen liegende Wärmetauscher prinzipiell ungeeignet. Hier werden außen liegende Wärmetauscher eingesetzt.

Rohrbestimmung

Die Kaltwasserleitung zum Solarspeicher kann mit verzinktem Stahl- oder Kupferrohr ausgeführt werden. Sind die Warmwasserrohre allerdings aus verzinktem Stahlrohr, darf in der Kaltwasserleitung kein Kupfer verwendet werden.

Neu zu installierende Warmwasserleitungen sollten besser nicht mit verzinkten Stahlrohren ausgeführt werden, da diese nur bis 60° C korrosionsbeständig sind und nur für bestimmte Wasserzusammensetzungen geeignet sind. Für die Kaltwasserleitung lassen sich dagegen beide Materialien gleichwertig verwenden (Bild 2.62).

Den Rohrquerschnitt vom Warmwasser wählt man am besten genauso groß wie den der entsprechenden Kaltwasserleitung. Üblicherweise wird im Einfamilienhaus 15, 18 oder 22 mm Cu-Rohr verwendet. Kleinere Querschnitte

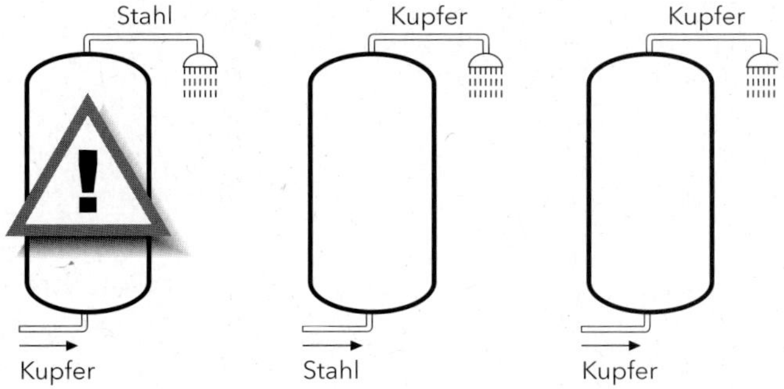

Bild 2.62 Mischinstallation am Speicher

Bild 2.63 Druckminderventil

(15 und 18 mm) verkürzen die Zeit, bis das Warmwasser die Zapfstelle erreicht.

Im Leitungswassersystem werden bestimmte Armaturen für Schutz- und Wartungswecke eingebaut, die im Folgenden in Fließrichtung besprochen werden:

Druckminderventil

Warmwasserspeicher sind in der Regel bis zu einem Betriebsdruck von 6 bar zugelassen. Liegt der Leitungsdruck über 6 bar, muss ein Druckminderventil eingebaut werden (Bild 2.63). Der gewünschte Leitungsdruck ist stufenlos einstellbar. Beim Einbau unbedingt die Fließrichtung beachten. Häufig sind die Geräte bereits mit Manometer und Filtersieb ausgestattet. Wenn nicht, sind diese noch zu installieren.

Rückschlagventil

Das Rückschlagventil soll verhindern, dass bei unterbrochener Trinkwasserzufuhr, z.B. über einen im Badewasser liegenden Brauseschlauch, Schmutzwasser ins Leitungssystem gelangt und den Warmwasserspeicher mit Bakterien infiziert (Bild 2.64).
Zwischen Ventil und Speicher außer der Entleerung keine weiteren Zapfstellen installieren. Auch hier auf die Fließrichtung achten (mit Pfeil markiert). Beim Verlöten des Rückschlagventils zuvor das Ventilteil entfernen.

Schrägsitzventil (Absperrarmatur)

Um für Wartungszwecke das Speicherwasser problemlos entleeren zu können, wird ein Schrägsitzventil eingebaut (Bild 2.64). Diese gibt es sowohl für Gewinde- als auch für Lötanschluss. Schrägsitzventile sind entgegen der Fließrichtung einzubauen. Beim Löten sind auch hier Ventilteile herauszuschrauben.

Sicherheitsventil

Beim Aufheizen des Speichers dehnt sich das Wasser aus. Das Sicherheitsventil hat die Aufgabe, den entstehenden Überdruck abzubauen (Bild 2.64). Deshalb tritt während der Speicheraufheizung eine geringe Menge Wasser aus dem Ventil aus. Es ist also oft in Betrieb. Das Tröpfeln kann durch ein Trinkwasserausdehnungsgefäß verhindert werden.

Wegen Wärmeverlusten und Kesselsteinbildung an der Dichtung wird es nicht in die Warmwasserleitung eingebaut. Das Ventil wird stattdessen in der Kaltwasserleitung installiert, und zwar über dem Speicher, damit es problemlos ausgewechselt werden kann.

Für Speicher bis 6 bar Betriebsdruck wird auch ein 6 bar Sicherheitsventil verwendet. Für bis zu 50 m² Kollektorfläche reicht ein Ventilanschluss von 1/2". Der Ventilausgang hat

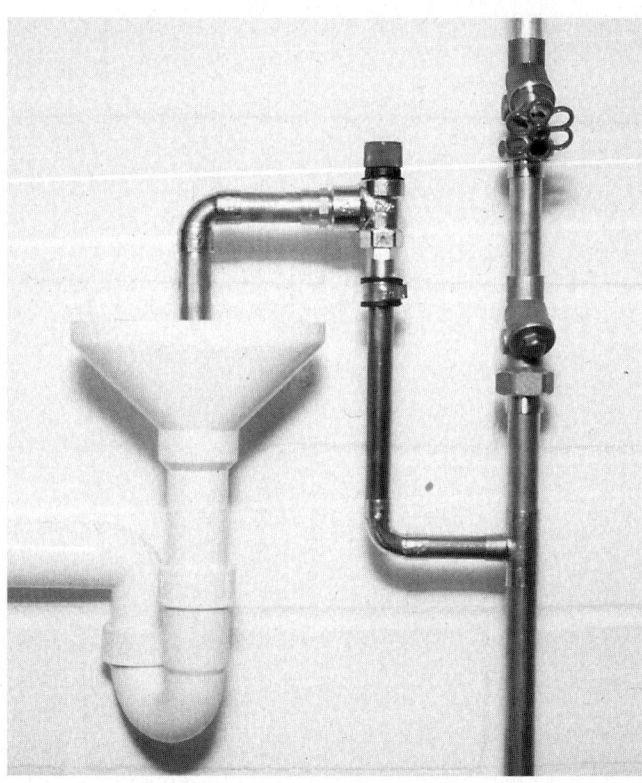

Bild 2.64 Sicherheitsgruppe im Kaltwasserzulauf mit Schrägsitzventil, Rückschlagventil, Sicherheitsventil und Siphon

dann 3/4". Daran wird ein 22 mm-Rohr von max. 2 m Länge mit höchstens zwei Winkeln angeschlossen, das in einen Ablauf (Syphon) mündet.

Entleerungshahn

Für die Speicherentleerung wird ein Entleerungshahn eingebaut. Man verwendet dazu den gleichen, der auch im Solarkreislauf installiert wird (Bild 2.21). Er sollte möglichst am tiefsten Punkt des Rohres angeschlossen werden. Entleerungshähne mit konischer Dichtfläche zusätzlich mit der Dichtkappe abdichten.

Speicheranschluss-Verschraubungen

Die Kalt- und Warmwasserleitung werden mit lösbaren Verschraubungen an den Speicher angeschlossen. Zweckmäßigerweise flexible Anschlussschläuche benutzen, die mit Flachdichtungen an den Warm- und Kaltwasseranschlussnippeln des Speichers verschraubt werden. Bei starren Kupfer- oder verzinkten Stahlrohrleitungen konisch dichtende Rohrverschraubungen verwenden. Diese Verschraubungen werden als gerade oder als Winkelverschraubung geliefert. Die konischen Dichtflächen vor dem Verschrauben leicht mit Hanffett einschmieren.

Zeigerthermometer

Zum Messen der Speichertemperatur kann ein Zeigerthermometer mit Tauchfühler installiert werden. Nachteilig ist jedoch, dass es die Speicherisolierung durchbricht und Wärmeverluste verursacht.

Das Thermometer sollte in den Speicher ragen.

Besser sind elektronische Temperaturanzeigen, die im Solarregler mit eingebaut sind oder Fernthermometer, die gegebenenfalls mit einem Thermostat gekoppelt sind.

Brauchwassermischer

Er ist bei Solaranlagen grundsätzlich erforderlich, da Verbrühungsgefahr besteht.

Heißes Wasser aus dem Solarspeicher wird durch Beimi-

Bild 2.65 Brauchwassermischer

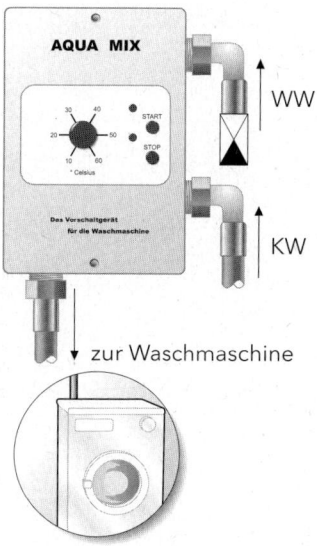

Bild 2.66 Waschmaschinen-Vorschaltgerät

schung von kaltem Wasser auf eine gewünschte Maximaltemperatur zwischen 30° C und 60° C reguliert (Bild 2.65).
Bei Speichern mit seitlichen Anschlüssen zusätzlich Rückflussverhinderer vorsehen und bei Trinkwasser mit hohem Partikelgehalt Schmutzfilter verwenden.

Waschmaschine und Geschirrspüler
Mit Hilfe einer Solaranlage kann noch mehr Energie gespart werden, wenn Waschmaschine und Geschirrspüler mit solar erwärmtem Wasser arbeiten. Bekanntlich benötigt die Waschmaschine den Großteil ihres Strombedarfs für die Wasseraufheizung. Wird diese von der Solaranlage übernommen, kann ein Vier-Personen-Haushalt bei dem gegenwärtigen Strompreis im Jahr etwa 25 € einsparen.
Kann auch ein vorhandener Geschirrspüler mit einbezogen werden, erhöht sich die jährliche Ersparnis auf etwa 50 €. Außerdem ergibt sich eine kürzere Laufzeit beider Geräte. Der Anschluss des Geschirrspülers an den Warmwasserspeicher kann ohne Probleme vorgenommen werden. Der Zulaufschlauch des Geschirrspülers sollte allerdings warmwasserbeständig sein.
Für die Waschmaschine gilt dies in der Regel nicht, da die weitaus meisten Modelle nicht über einen getrennten Warmwassereinlauf mit einer automatischen Temperaturkontrolle des einlaufenden Wassers verfügen. Diese Geräte können jedoch auf verschiedene Weise betrieben werden (Quelle: 24).
Bei Topladern kann das warme Wasser für den Hauptwaschgang manuell mit einem Wasserschlauch oder Eimer eingefüllt werden.
Eine komfortablere Lösung bietet die Montage einer Schaltvorrichtung außerhalb der Waschmaschine, die gekoppelt mit einer Zeitschaltuhr, automatisch den Warm- und Kaltwasserzulauf zur Waschmaschine regelt (Bild 2.66). Geübte Heimwerker können diesen Effekt auch mit dem Umbau der Waschmaschine selbst und der Veränderung des Programmschaltwerks erreichen.
Von einigen Elektrogeräteherstellern werden inzwischen auch Waschmaschinen mit geregeltem Warmwassereinlauf angeboten.

2.4.1.4 Zirkulationsleitung

Bei sehr langen Leitungen zwischen Speicher und Zapfstellen vermeidet man durch die Zirkulation, dass erst viel in der Leitung abgekühltes Wasser abgelassen werden muss, bevor warmes Wasser aus dem Speicher ankommt.
Eine Zirkulationsleitung wird installiert, wenn man an den Warmwasserzapfhähnen sofort warmes Wasser verfügbar haben möchte. Dazu wird vor den Zapfstellen die Warmwasserleitung mit einem Abzweig versehen und wieder zum Speicher zurückgeführt. Eine Zirkulationspumpe befördert nun Warmwasser vom Speicher bis zu den Zapfhähnen und wieder zurück. Früher erfolgte die Umwälzung durch Schwerkraftzirkulation.
Allerdings bedeutet die ständige Warmwasserzirkulation auch erhebliche Wärmeverluste für den Speicher. Daher sollte zunächst geprüft werden, ob sie überhaupt erforder-

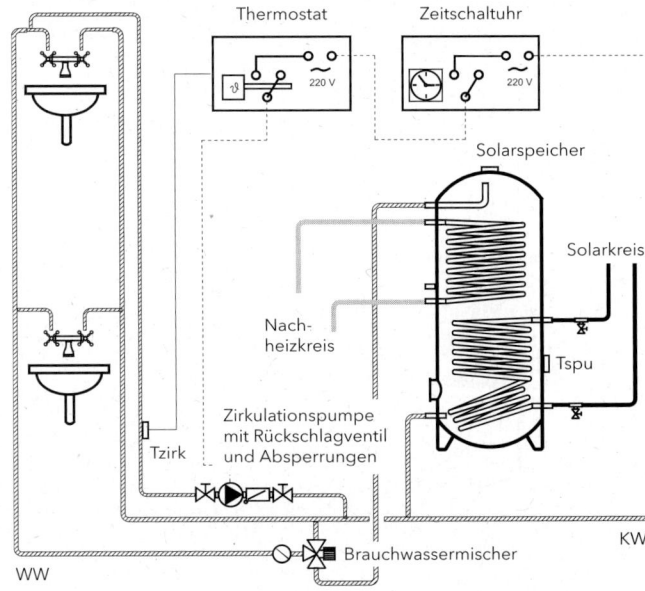

Bild 2.67 Warmwasserzirkulation über Thermostat und Zeitschaltuhr geregelt

lich ist. Leitungslängen bis ca. 8 m mit einem Rohrdurchmesser von 18 mm erfordern keine Zirkulationseinrichtung. Natürlich sollte die Rohrleitung über eine sehr gute Wärmedämmung verfügen.
Für längere Leitungen bieten sich zwei optimierte Regelungssysteme an:

Eine zeitliche und thermische Regelung der Zirkulationspumpe mit einer geringen Umwälzleistung (Bild 2.67). Eine Zeitschaltuhr begrenzt die Zirkulationszeit auf die Hauptverbrauchszeiten morgens und abends. Darüber hinaus schaltet ein Thermostat die Pumpe immer dann aus, wenn die Temperatur in der Rücklaufleitung z.B. 35° C erreicht hat. Der Durchmesser der Rücklaufleitung sollte nur bei 10 mm (bis ca. 12 m Länge) oder bei 12 mm (bis 25 m Länge) liegen.

Eine besonders einfache Regelung der Zirkulationspumpe erfolgt über einen oder mehrere Taster mit Nachlaufrelais – einen Treppenlichtschalter (Bild 2.68). Kurz bevor man duschen möchte, wird mit dem Schalter die Pumpe in Betrieb gesetzt. Nach kurzer Zeit, die genügt um warmes Wasser im Zapfhahn verfügbar zu haben, erfolgt selbsttätig die Abschaltung.
Diese beiden Regelungen können die Speicherverluste gegenüber einer ständig laufenden Pumpe oder einer Schwerkraftumwälzung bis zu 85 % verringern.
Auch Zirkulationsleitungen müssen unbedingt mit einer Schwerkraftbremse versehen werden.

● Zirkulationspumpe
Alle Bauteile einer Zirkulationspumpe, die mit dem Wasser in Berührung kommen, bestehen aus Messing oder Edelstahl, da es sich um sauerstoffreiches, korrosives Wasser handelt, das konventionelle Heizungsumwälzungspumpen nicht vertragen.
Einerseits gibt es Trockenläuferpumpen (Vortex oder Laing), bei denen der Motor vom Pumpenlaufrad getrennt ist. Das Laufrad ist über eine Magnetkupplung mit dem Motor verbunden.
Andererseits gibt es Nassläuferpumpen, die genau wie die Heizungsumwälzpumpen funktionieren: Der gekapselte Motor liegt im Wasser (Wilo oder Grundfoss). Diese Nassläuferpumpen sind vor der Inbetriebnahme zu entlüften.

2.4.1.5 Konventionelle Nachheizung

Da die Sonnenenergie nicht jederzeit verfügbar ist, muss für sonnenarme Tage vorgesorgt werden. Eine Möglichkeit besteht in der bereits angesprochenen Vergrößerung des Speichervolumens über den täglichen Warmwasserbedarf hinaus, womit 1-2 Tage überbrückt werden können. Um die Warmwasserversorgung auch ohne Sonne zu sichern, sollte man den Solarspeicher mit einer Nachheizmöglichkeit versehen.

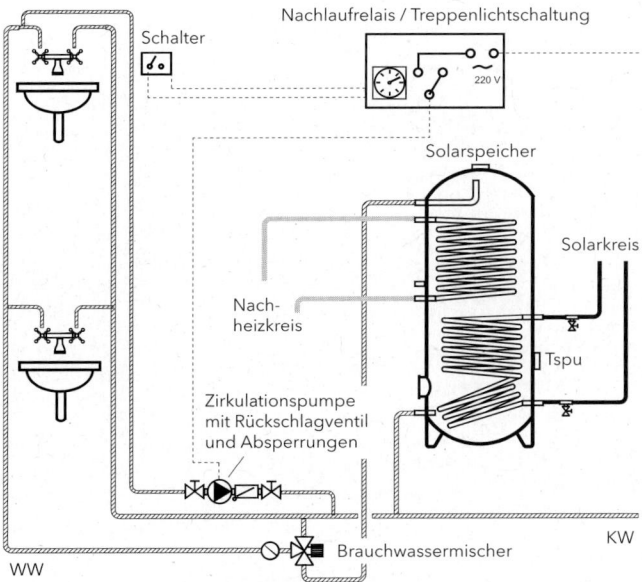

Bild 2.68 Warmwasserzirkulation über Treppenlichtschalter geregelt

Nachheizung mit Heizkessel

Meist werden moderne Niedertemperaturkessel eingesetzt. Zwar liegt ihr Wirkungsgrad im Sommer ausschließlich für die Warmwasserbereitung nur bei 40-50%. Da sie aber im Sommerhalbjahr nur selten eingesetzt werden müssen, kann dies toleriert werden. Solche Kessel benötigen stets einen separaten Warmwasserspeicher. Dadurch ergeben sich für das Solarsystem geringere finanzielle Aufwendungen, weil die Speicherkosten auf beide Systeme verteilt werden können.

Über einen zusätzlichen Wärmetauscher im oberen Bereich des Speichers hält der Heizkessel thermostatisch gesteuert das hier befindliche Bereitschaftsvolumen auf dem gewünschten Temperaturniveau.
Man kann drei typische Kesselnachheizsysteme unterscheiden:

● Nachheizung durch eine separate Speicherladepumpe
Die meisten Niedertemperatur-Heizkessel mit Öl- oder Gasbrenner funktionieren nach diesem Prinzip: Immer wenn der Thermostatfühler am Speicher anspricht, wird die Speicherladepumpe angeschaltet und die Kesseltemperatur auf 60 - 70 °C hochgefahren. Häufig schaltet der Regler in dieser Zeit die Heizungsumwälzpumpe ab (Bild 2.69).

● Nachheizung über Ventilumschaltung
Gasthermen und Brennwertkessel als Wandgeräte sind in der Regel mit einer Umwälzpumpe sowie einem Dreiwegeventil ausgestattet. Über den einen Ventilausgang wird der Heizkreis, über den anderen der Speicherladekreis versorgt. Das bedeutet, immer wenn der Speicherthermostat anspricht, schaltet das Ventil von „Heizen" auf „Speicher nachladen" um (Bild 2.69).
Bei einem Brennwertgerät sollte geprüft werden, ob die Übertragungsleistung des Speicherwärmetauschers der Kesselleistung angepasst ist. Da Brennwertgeräte nur eine geringe Wärmekapazität besitzen, werden sie sofort automatisch abgeschaltet, wenn die erzeugte Wärme nicht übertragen werden kann. Dies führt zu einem langwierigen Taktbetrieb des Brennwertgerätes.

● Nachheizung über Thermostatventil
Für Holz oder Kohle befeuerte Kessel eignet sich auch eine

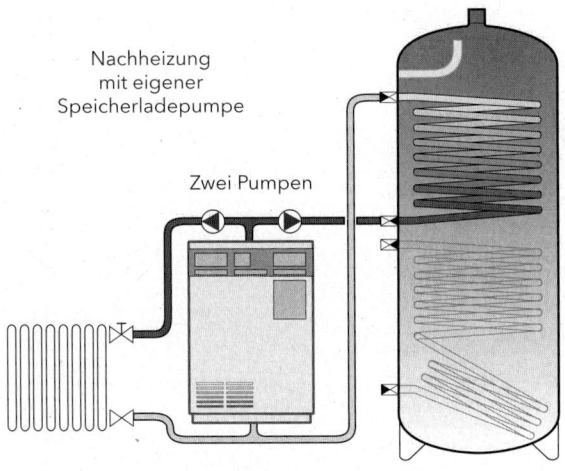
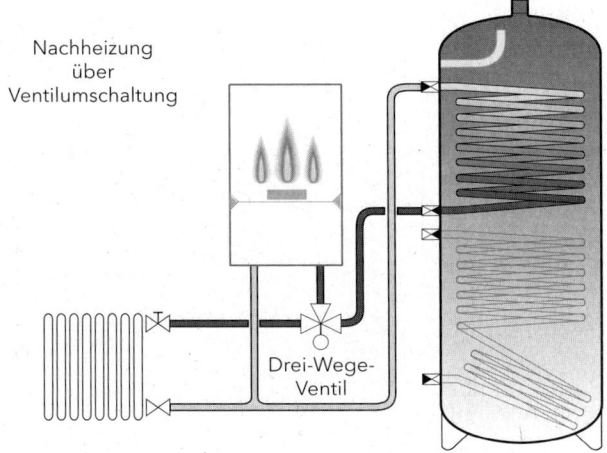

Bild 2.69 Nachheizung mit Öl/Gas-Heizkessel

Nachheizregelung mit Thermostatventil. Hier versorgt die Umwälzpumpe sowohl den Heiz- als auch den Speicherladekreis. Sobald der Solarspeicher aufgeladen ist, schließt das Thermostatventil, sodass der Speicherladekreis unterbrochen ist. Das Ventil sitzt in der Nähe des Speichers und ist mit einem Fernfühler ausgestattet, der im oberen Speicherdrittel montiert wird (Bild 2.70).

Nachheizung mit Durchlauferhitzer
Da ein Wärmespeicher auch bei guter Dämmung ständig etwas Wärme an die kühlere Umgebung abgibt, ist es energetisch am günstigsten, wenn nur das unmittelbar benötigte Wasservolumen auf die Nutztemperatur nacherwärmt wird.
Ein Wärmespeicher mit nachgeschaltetem Gasdurchlauferhitzer bildet unter dem Aspekt des Energieverbrauchs die optimale Lösung (Bild 2.71). Elektrodurchlauferhitzer stellen wegen der großen Energieverluste bei der Stromerzeugung hier keine Alternative dar.
Leider zeigen alle zurzeit marktüblichen Geräte Probleme, wenn ihnen statt Kaltwasser vorgewärmtes Wasser zuge-

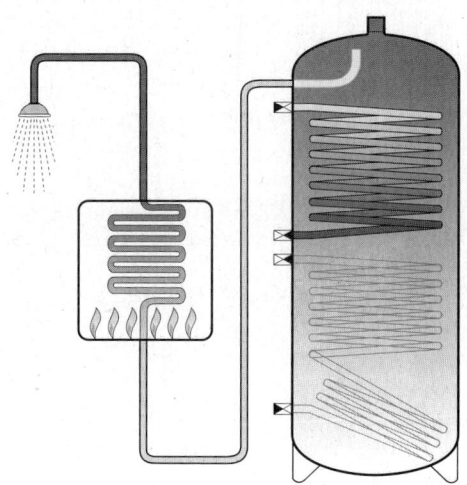

Nachheizung mit Gasdurchlauferhitzer

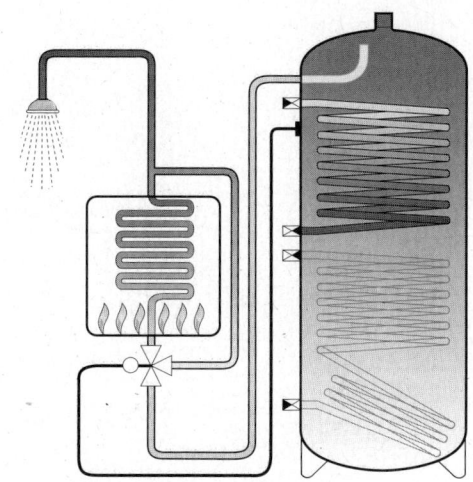

Nachheizung mit Gasdurchlauferhitzer und Bypass

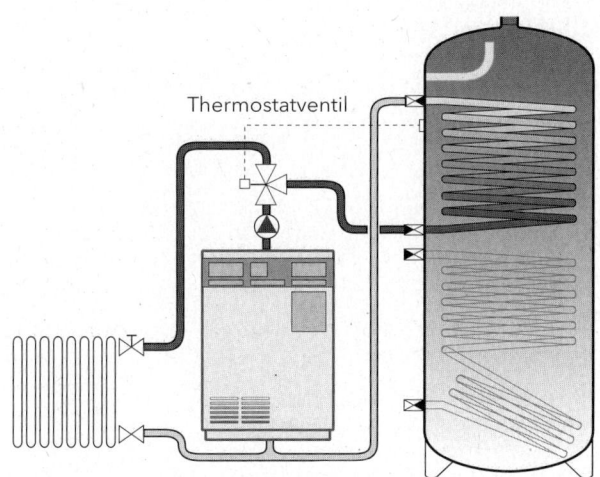

Bild 2.70 Nachheizung mit Feststoff-Heizkessel

Bild 2.71 Nachheizung mit Gasdurchlauferhitzer

führt wird. Für viele Geräte lassen sich die Schwierigkeiten mit einer Bypass-Regelung beseitigen. Dem Durchlauferhitzer wird ein 3-Wege-Ventil vorgeschaltet, welches über einen Thermostaten im oberen Speicherdrittel gesteuert wird. Bis zu einer Speichertemperatur von ca. 40° C wird das Wasser in den Durchlauferhitzer gelassen. Bei höheren Temperaturen leitet das 3-Wege-Ventil das Wasser am Durchlauferhitzer vorbei direkt zu den Zapfstellen.

Für diese Anwendung benötigt man eine Sonderausführung des 3-Wege-Ventils, das für die hohe Druckbelastung im Trinkwasserbereich ausgelegt ist.

Elektrische Speichernachheizung

Die Stiftung Warentest hat in verschiedenen Vergleichstests (z.B. Heft 4/84) ermittelt, dass die elektrische Trinkwassererwärmung höhere Energiekosten verursacht als ein moderner Öl- oder Gaskessel bei einem Sommerwirkungsgrad von durchschnittlich 35 %.

Der Elektroheizstab sollte nur dann verwendet werden, wenn keine Zentralheizung oder nur ein älterer, überdimensionierter Heizkessel vorhanden ist (Bild 2.72).

Selbst dann empfiehlt es sich, den Elektroheizstab nur für die Nachheizung im Sommerhalbjahr zu benutzen. Im Ganzjahresbetrieb schneiden die anderen Heizsysteme ökonomisch und ökologisch gesehen günstiger ab. Die Nachheizung mit Nachtstrom bietet sich nicht an, weil die Kapazitätsauslastung zu gering ist und nicht immer eine ausreichende Bereitstellung von warmem Wasser gewährleistet werden kann.

Liegt die Leistung des Heizstabes über 3 kW, dann ist die Unterrichtung des örtlichen Elektro-Versorgungs-Unternehmens vorgeschrieben.

Bei allen konventionellen Nachheizsystemen wirken sich folgende Maßnahmen energiesparend aus:
- eine Prioritätsschaltung, bei der die Nachheizung nur in Betrieb gehen kann, wenn die Solarumwälzpumpe steht;
- eine möglichst kleine Ein-/Ausschalttemperaturdifferenz (Hysterese) des Nachheiz-Thermostaten, da die Speichertemperatur niedriger eingestellt werden kann.

2.4.2 Pufferspeicher

Im Unterschied zum Trinkwasserspeicher ist das im Pufferspeicher befindliche Wasser nicht für den direkten Verbrauch bestimmt. Vielmehr dient es nur als Medium zur Aufnahme und Weitergabe von Wärmeenergie. Da kein Wasseraustausch stattfindet, wird es auch als „stehendes Wasser" bezeichnet.

Die Qualitätsanforderungen an das verwendete Material sind bei Pufferspeichern niedriger als bei Trinkwasserspeichern.

Trinkwasserhygienische Bestimmungen müssen nicht berücksichtigt werden.

Korrosion findet nur eingeschränkt statt, da kein zusätzlicher Sauerstoffeintrag erfolgt.

Die Druckbelastung liegt meist bei maximal 2,5 bar.

Daher werden Pufferspeicher meist aus einfachem Stahlblech gefertigt (Bild 2.73), vereinzelt auch aus Kunststoff. Sie bilden somit ein sehr preisgünstiges Speichersystem.

Pufferspeicher werden vorwiegend in folgenden Bereichen eingesetzt:
— als Heizungspufferspeicher, die direkt vom Heizkreiswasser durchströmt werden;

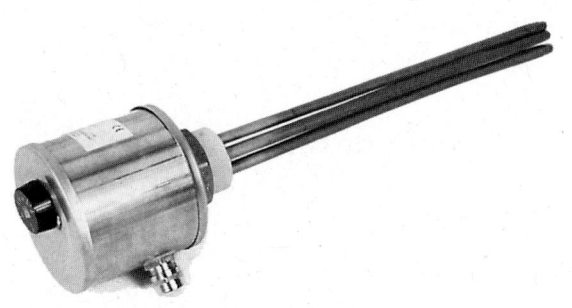

Bild 2.72 Nachheizung mit elektrischem Einschraubheizkörper

- zur indirekten Erwärmung von Trinkwasser, kombiniert mit Trinkwasserspeicher (s. Kapitel Legionellen 2.4.1.3) oder Durchlaufwärmetauscher (s. Kapitel 2.4.3 RATIOfresh Frischwasserstation).
- in Kombination mit Feststoffkesseln, um durch einen Betrieb bei maximaler Kesselleistung eine optimale Verbrennung zu erreichen.

Die Anbindung an die Solaranlage erfolgt wie bei Trinkwasserspeichern durch innen oder außen liegende Wärmetauscher (s. Kapitel 2.4.1.2).

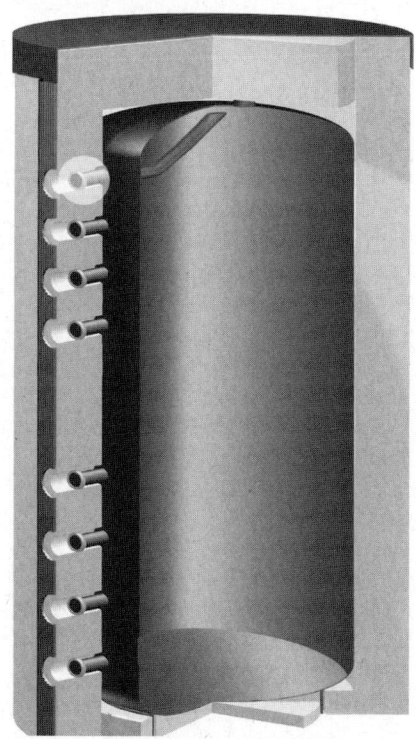

Bild 2.73 Pufferspeicher aus der RATIO-Baureihe

2.4.3. Kombispeicher

Diese wurden mit dem Ziel entwickelt, erzeugte Wärmeenergie sowohl für Warmwasser als auch für Raumheizung in einem Speicher bereitzustellen. Gegenüber einer Zwei-Speicher-Anlage ergeben sich folgenden Vorteile:
Platz- und Kostenersparnis, deutlich geringerer Hydraulikaufwand, geringere Wärmeverluste und einfachere Regelungstechnik.
Meistens handelt es sich um Stahlpufferspeicher, an die die Raumheizung direkt angeschlossen wird. Etwa das obere Drittel des Pufferspeichers wird auf der für die Warmwasserbereitung erforderlichen Bereitschaftstemperatur gehalten, während die Versorgung der Heizkörper aus dem mittleren Speicherbereich erfolgt.
Unterschiedlich ist dagegen die Art der Warmwasserbereitung.
Im Wesentlichen lassen sich 2 Bauarten unterscheiden:
Der Tank-in-Tank-Speicher und der Pufferspeicher mit Durchlaufwärmetauscher.

Die Kombispeicher sollten folgenden Qualitätskriterien genügen:
- Die Speichertemperatur im Bereitschaftsteil sollte möglichst nahe bei der gewünschten Warmwassertemperatur liegen, damit die Wärmeverluste gering gehalten werden können.
- Gute Wärmedämmung und Vermeidung von Konvektionsverlusten in den Anschlussleitungen
- Erhalt der Temperaturschichtung während des Entladevorgangs: oben eine stabile heiße Schicht, unten Abkühlung bis zur Kaltwassertemperatur;
- Hohe Warmwasserentnahmeleistung (10 bis 20 l/min bei ca. 45° C bis 50° C) und ausreichendes Entnahmevolumen (ca. 180 l bis 250 l).

Tank-in-Tank-Speicher
Bei der ersten Generation dieser Kombi-Speicher wurde in den oberen Teil eines Stahlpufferspeichers ein Warmwasserbehälter aus Edelstahl oder emailliertem Stahl einge-

hängt. Dieser wird durch Wärmeleitung vom Pufferspeicher aus erwärmt. Das Verhältnis Pufferspeicher zu Warmwasserspeichervolumen beträgt z. B. 400/300, 500/200 oder 700/300.
Durch den Aufbau dieser Speicherkombination entsteht allerdings ein unerwünschter Effekt. Das in den Warmwasserspeicher einfließende Kaltwasser kühlt das Pufferspeicherwasser im Bereich des Warmwasserspeichers stark ab, sodass dieses im Pufferspeicherbereich bis in die Ebene gleicher Temperatur herabsinkt und somit die mögliche Schichtung des Speichers zerstört. Im unteren Speicherbereich stellt sich eine Mischtemperatur ein, die verhindert, dass der Kollektor auch bei geringer Einstrahlung Energie einspeisen kann.
Der Pufferspeicher-Bereitschaftsteil sollte auf relativ hohem Temperaturniveau (ca. 70° C) gehalten werden, damit auch bei größeren Entnahmemengen eine ausreichende Warmwasserentnahmetemperatur erzielt wird.
Im unteren Bereich des Pufferspeichers ist der Solarwärmetauscher eingebaut. Da hier kein Wasseraustausch stattfindet, tritt auch keine Verkalkung auf, sodass hier im Allgemeinen Rippenrohrwärmetauscher eingesetzt werden. Zur Regelung des Solarkreises genügt eine einfache Einspeicher-Temperaturdifferenz-Regelung.

Um die genannten Nachteile dieses Speichertyps zu beseitigen, wurden verschiedene Variationen entwickelt, die praktisch einen Grundgedanken unterschiedlich ausgestalten. Der eingebaute Warmwasserspeicher sollte bis unten in den Pufferspeicher reichen, wo er eine recht schlanke Form aufweist, die nach oben zur heißen Speicherzone hin breiter wird (Bild 2.74).
Da die Kaltwasserzufuhr nun im kalten Speicherbereich erfolgt, ergibt sich eine bessere Temperaturschichtung, die auch die Energieeinspeisung auf niedrigem Temperaturniveau begünstigt. Dieser Vorteil wird allerdings bei manchen Fabrikaten dadurch konterkariert, dass der Bereitschaftsteil bis nahe an den Solarwärmetauscher heranreicht.
Wenn das Trinkwasservolumen von ca. 150 l bis 200 l bei hohem Verbrauch schnell entnommen ist, muss auch hier mit einer längeren Nachheizphase gerechnet werden.
Größere Entnahmemengen bewirken, dass Kaltwasser ohne nennenswerte Vorwärmung bis in den oberen Trinkwasserbehälter gelangt und dann zu der bereits geschilderten Beeinträchtigung der Temperaturschichtung führen kann.

Pufferspeicher mit innen oder außen liegendem Durchlauf-Wärmetauscher für die Warmwasserbereitung
Auch diese Kombispeicherversion wird inzwischen in diversen Bauarten angeboten.

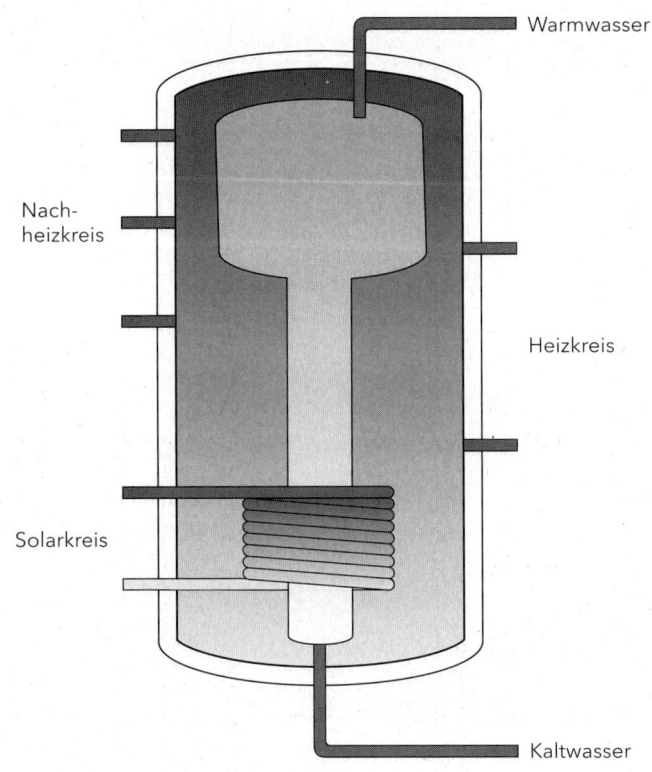

Bild 2.74 Tank-in-Tank-Kombispeicher

● Rohrwendel-Wärmetauscher

Der einfachste Aufbau besteht darin, in den Pufferspeicher eine Rohrwendel aus Edelstahl oder Kupfer einzubauen, die meist den Speicher von unten bis oben durchzieht. Das Trinkwasser wird somit von unten nach oben zunehmend erwärmt, wodurch die Schichtungsstabilität begünstigt wird (Bild 2.75).

Da diese Rohrschlangen die Leistung von echten Durchlauferhitzern nicht erreichen, muss ihr Volumen durch entsprechende Rohrlänge oder Rohrquerschnitte so groß ausgestaltet sein (ca. 20 l bis 60 l), dass das nachströmende Kaltwasser während des Durchlaufs genügend Zeit hat, um sich aufzuheizen. Allerdings lässt sich ein kontinuierlicher Temperaturabfall des Trinkwassers nach der Entnahme des Anfangsvolumens nicht vermeiden. Die Entnahmeleistung sollte deshalb in der Regel nicht über ca. 12 l/min liegen. Die Bereitschaftstemperatur muss hier höher liegen als bei Tank-in-Tank Speichern.

● Pufferspeicher mit externem Platten-Wärmetauscher (RATIOfresh Frischwasserstation)

Bei Warmwasserbedarf fördert eine Umwälzpumpe heißes Wasser aus dem obersten Bereitschaftsbereich des Pufferspeichers in den Platten-Wärmetauscher mit hoher Wäremübertragungsleistung (Bild 2.76). Hier wird das zuströmende Kaltwasser unmittelbar auf die gewünschte Temperatur aufgeheizt und im Gegenzug das Pufferwasser auf annähernd Kaltwassertemperatur abgekühlt. Es kann dann in die unterste kalte Speicherzone zurückgeführt werden

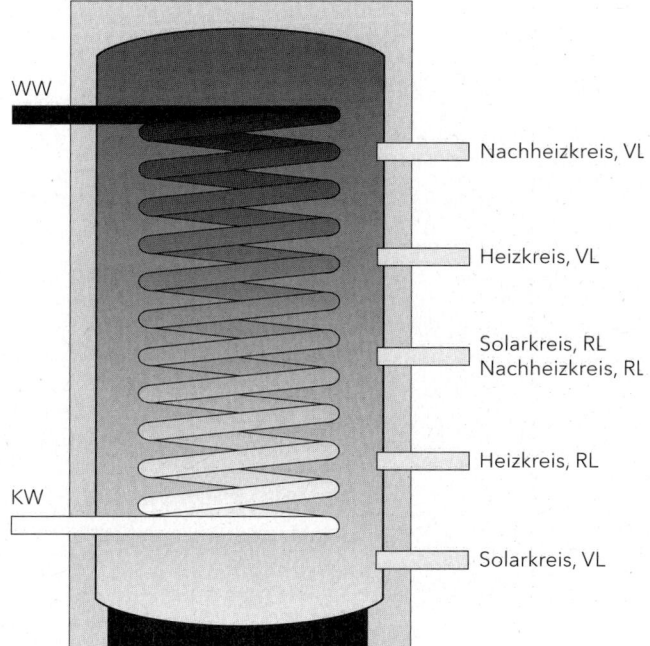

Bild 2.75 Kombispeicher mit Rohrwendel-Wärmetauscher

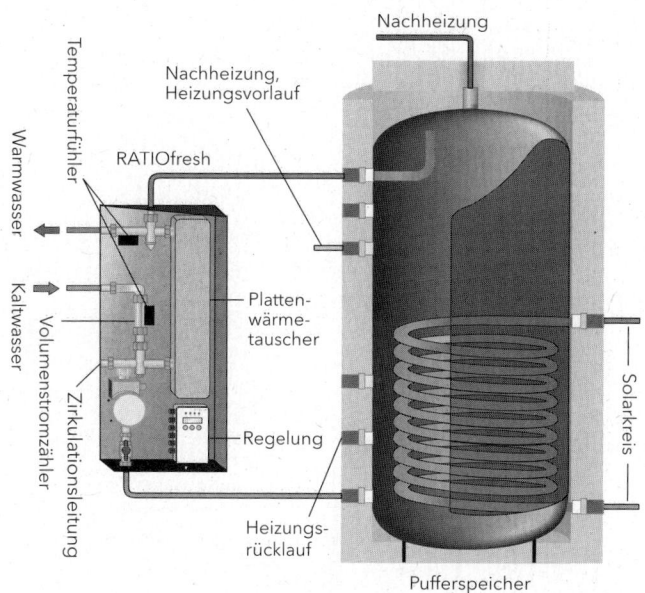

Bild 2.76 Kombispeicher mit externem Wärmetauscher

ohne die bestehende Temperaturschichtung zu stören. Eine spezielle Regelung des Pumpendurchsatzes ermöglicht gleichmäßige Warmwasserzapftemperaturen.
Die Zapfleistung dieses effizienten Wärmeübertragungssystem reicht bis 40 l/min. Mit der vorhandenen Regelung erfolgt ein zeit- und temperaturabhängiger Betrieb der Zirkulationspumpe, sodass die damit verbundenen Wärmeverluste auf ein Minimum reduziert werden können.

Wärmetauscher mit Schichtenlader
Der Solarwärmetauscher befindet sich am unteren Ende eines Aufströmrohres, das mehrere Öffnungen in unterschiedlichen Höhen aufweist, die zum Teil auch mit Klappen versehen sind (Bild 2.77).
Während der Beheizung über den Wärmetauscher entsteht im Aufströmrohr ein Kamineffekt: Das erwärmte Wasser strömt nach oben und entweicht aus derjenigen Öffnung, in deren Umgebung das Speicherwasser eine ähnliche Temperatur (entsprechend die gleiche Dichte) besitzt. Solange das umgebende Speicherwasser kälter ist, herrscht infolge der höheren Dichte hier auch ein höherer Druck als im Aufströmrohr. Der Auftrieb setzt sich weiter nach oben fort. Unten fließt kaltes Speicherwasser in das Aufströmrohr nach.
Wird der Solarkreis zusätzlich im *Lowflow*-Betrieb (s. Kapitel 3.1.2) gefahren, entstehen am Wärmetauscher häufig hohe Temperaturen um ca. 60° C. Entsprechend fließt das Wasser im Aufströmrohr zuerst immer bis ganz nach oben in die heißeste Zone, sodass dieser Bereich schnell die gewünschte Temperatur aufweist und ein Betrieb der Nachheizung vermieden wird. Wenn auf Grund niedriger Sonneneinstrahlung das Wasser im Aufströmrohr nicht so hoch aufgeheizt werden kann, schichtet es sich weiter unten in den Speicher ein.

In der Praxis hat sich der Vorteil dieser „Schnelllaufheizung" allerdings als recht bescheiden herausgestellt. Dafür sind mehrere Gründe verantwortlich:
– Zunächst bilden auch Speicher ohne Schichtenlader während der Warmwasserentnahme eine stabile Schichtung aus (vgl. Bild 2.51), sodass auch hier der oberste Speicherbereich meist das nötige Temperaturniveau aufweist.
– Außerdem liegt das Volumen der Solarspeicher in der Regel deutlich über dem täglichen Warmwasserbedarf, wodurch auch bei einem Tag mit schlechtem Wetter noch warmes Wasser zur Verfügung steht.
– Normal dimensionierte Solaranlagen mit einem solaren Deckungsanteil von 55-60% können den gesamten Speicher auch bei geringen Einstrahlungswerten auf etwa 45° C erwärmen. Wetterlagen, bei denen die Solar-

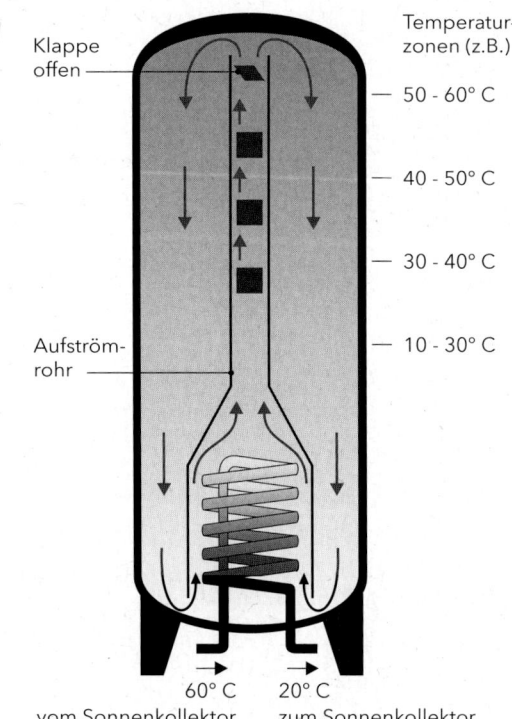

Bild 2.77 Wärmetauscher mit Schichtenlader

strahlung gerade ausreicht, um über Schichtenlader den obersten Speicherbereich aufzuheizen, sind relativ selten.
— Die meisten Schichtungssysteme funktionieren nur bei ganz bestimmten Betriebszuständen des Speichers. Oft entstehen Fehlströmungen.

Messungen und Untersuchungen von unabhängigen Prüfinstituten ergaben denn auch nur eine geringfügige Erhöhung des jährlichen solaren Deckungsanteils von ca. 2 bis 3 Prozentpunkte (Quelle: 11).
In Kombispeichern mit solarer Heizungsunterstützung sind Schichtenladungssysteme überflüssig. Hier ist es sinnvoller, vorrangig den unteren, kühleren Speicherbereich mit dem Heizkreisanschluss (Heizungspuffer) zu versorgen als unbedingt oben für die Warmwasserbereitung 60° C bereitzustellen. Bekanntlich liegt der Wirkungsgrad von Kollektoren höher, wenn die Systemtemperaturen niedrig sind.
Im Sommer deckt die jetzt überdimensionierte Solaranlage sowieso den gesamten Energiebedarf für die Warmwasserbereitung.

Zu einem ähnlichen Ergebnis kommt auch eine Studie des Instituts für Thermodynamik und Wärmetechnik Stuttgart über verschiedene Kombispeichervarianten zur Warmwasserbereitung und Heizungsunterstützung. Danach erbringt eine Solaranlage mit einem *ideal geschichteten Speicher* und externem Wärmetauscher im *Low flow-Betrieb* gerade mal einen um 3 Prozent höheren Solarertrag als eine solche mit nicht geschichtetem Speicher im High flow-Betrieb. Da im praktischen Betrieb eine physikalisch ideale Schichtung nicht erreichbar ist, wird somit kaum ein nennenswerter Unterschied zu erreichen sein. („Kombianlagen", Solaranlage zur kombinierten Trinkwassererwärmung und Heizungsunterstützung, Abschlussbericht des ITW, Stuttgart, August 2001)

2.4.4 Hydraulische und regelungstechnische Einbindung vorhandener Warmwasserspeicher

Häufig ist im Rahmen einer üblichen Zentralheizungsanlage bereits ein konventioneller Warmwasserspeicher installiert, der in der Regel die besonderen Anforderungen einer Solaranlage nicht berücksichtigt (zu kleines Volumen, nur ein Wärmetauscher, schlechte Wärmedämmung). Insbesondere, wenn die bestehende Anlage erst vor wenigen Jahren installiert wurde, sollte trotzdem versucht werden, diesen Speicher in die Solaranlage zu integrieren. Im Folgenden werden drei entsprechende Anlagenvarianten dargestellt.

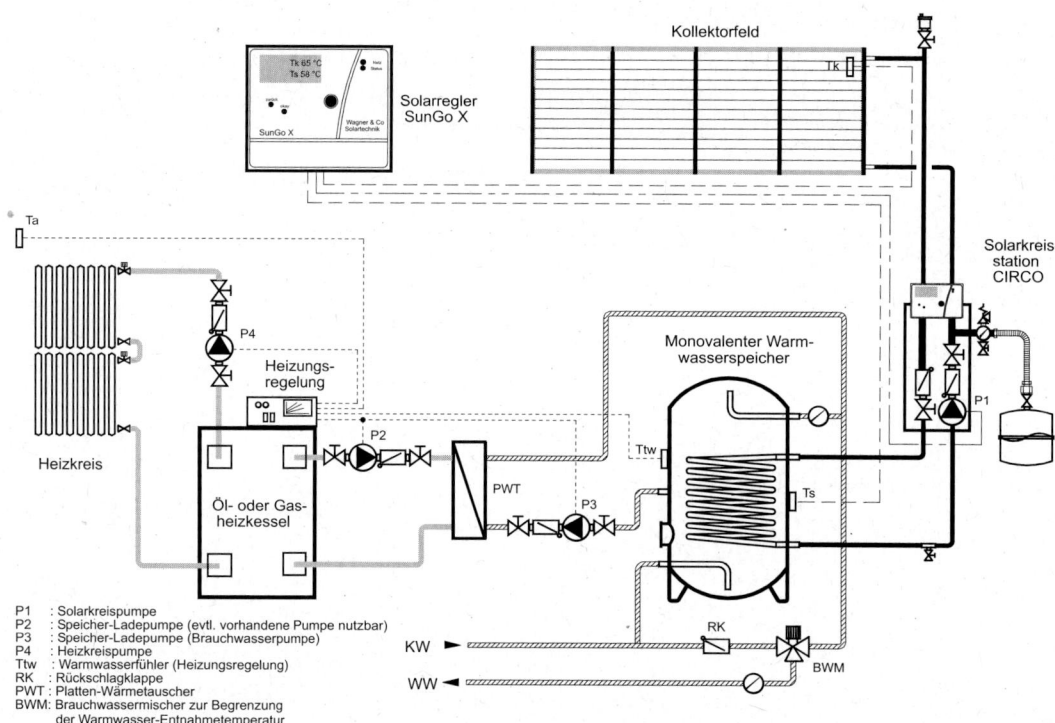

Bild 2.78 **Ein-Speicher-System mit Nutzung des vorhandenen Speichers** Die Kollektoren sind an dem im Speicher eingebauten Wärmetauscher angeschlossen. Die Nachheizung durch den Kessel erfolgt über einen externen Plattenwärmetauscher.

● **Anlagenvariante 1**

Entspricht das Volumen des vorhandenen Speichers wenigstens dem täglichen Warmwasserverbrauch (bei einem 4 bis 5-Personen-Haushalt ca. 200 l), erfolgt die Anbindung an die Solaranlage und die Nachheizung wie in Bild 2.78 dargestellt.

Da üblicherweise nur 1 Wärmetauscher vorhanden ist, wird zusätzlich ein außen liegender Platten-Wärmetauscher installiert, über den jetzt der Heizkessel die obere Speicherhälfte auf Bereitschaftstemperatur hält.

Der vorhandene Wärmetauscher wird dagegen an den Solarkreis anschlossen, weil er das gesamte Speichervolumen aufheizt.

Mit dieser Variante entstehen auf der Speicherseite solarbedingt relativ geringe Zusatzkosten für einen kleinen Platten-Wärmetauscher und eine Warmwasserpumpe.

● **Anlagenvariante 2**

Ist der vorhandene Speicher zu klein, wird er mit einem zusätzlichen Solarspeicher in Reihe geschaltet (Bild 2.79).

Da hier nur der Solarspeicher durch die Kollektoren erwärmt wird, ist diese Lösung nur zu empfehlen, wenn der bestehende Speicher über eine gute Wärmedämmung

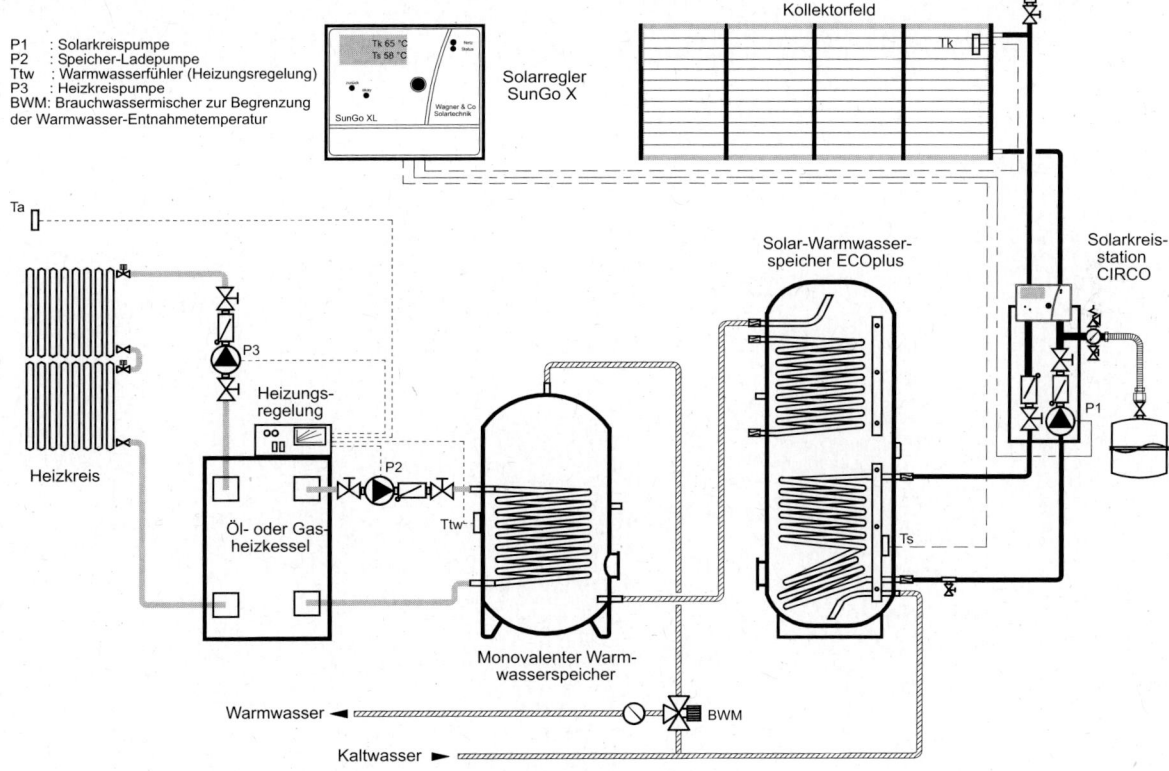

Bild 2.79 **Zwei-Speicher-System mit Nutzung des vorhandenen Speichers**
Solarspeicher und vorhandener Speicher sind in Reihe geschaltet.

verfügt und über den Tag verteilt öfter Warmwasser entnommen wird. Ansonsten kühlt sich der Speicher in der Zwischenzeit ab und die Zusatzheizung muss einspringen, obwohl vielleicht der Solarspeicher ausreichend warm ist. In diesem Fall sollte Variante 3 gewählt werden.

● **Anlagenvariante 3**

Zwischen beiden Speichern findet eine geregelte Zirkulation statt (Bild 2.80).

Wenn der Solarspeicher wärmer ist als der vorhandene Speicher, wird die Zirkulationspumpe eingeschaltet. Diese Funktion ist im Solarregler SunGo XL bereits vorgesehen.

Grundsätzlich ist zu beachten, dass im Falle der Varianten 2 und 3 der Ersatz durch einen ausreichend dimensionierten Solarspeicher energetisch immer und wirtschaftlich meist die günstigere Lösung darstellt, insbesondere natürlich, wenn der konventionelle Speicher schlecht wärmegedämmt ist. Die größte Kostenersparnis erzielt man, wenn ein neu zu installierender Warmwasserspeicher gleich etwas größer und in bivalenter Ausführung gewählt wird, auch wenn unmittelbar noch keine Solaranlage geplant ist.

● **Anlagenvariante 4** (siehe Schema Bild 3.22, S. 137)

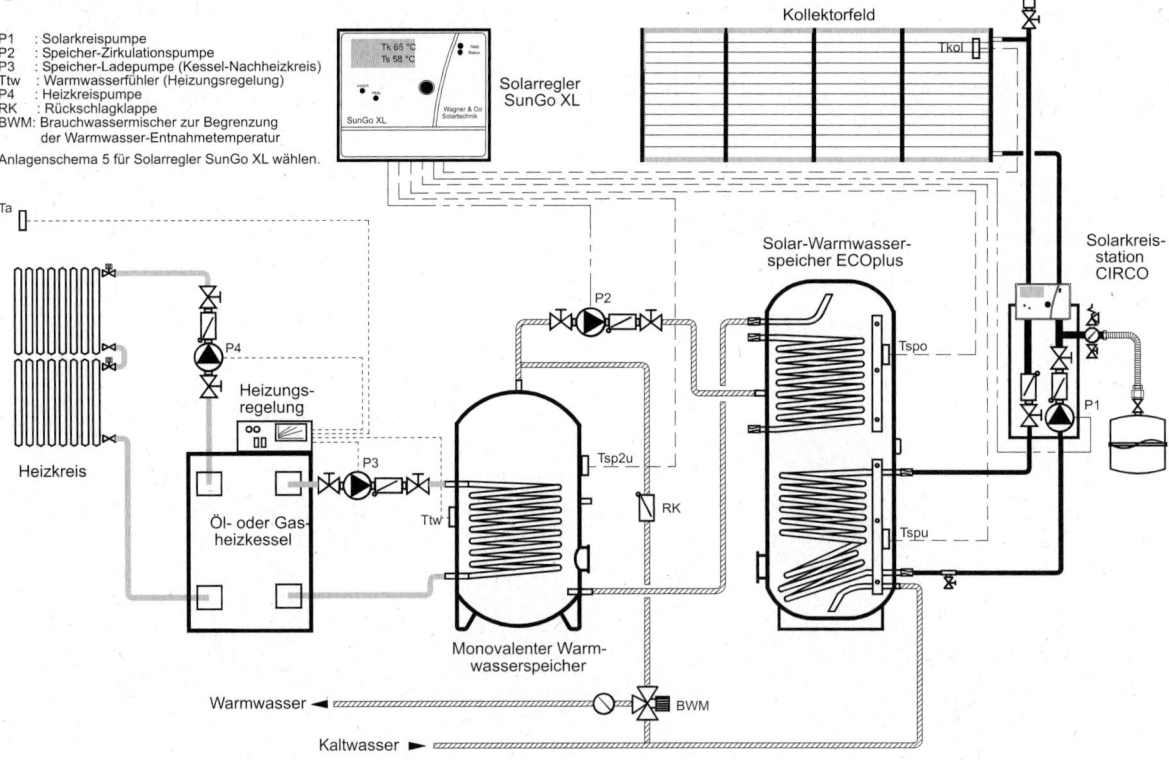

Bild 2.80 Zwei-Speicher-System mit Nutzung des vorhandenen Speichers
Solarspeicher und vorhandener Speicher sind in Reihe geschaltet. Der Solarregler SunGo XL steuert eine Zirkulationspumpe an, die solarerwärmtes Trinkwasser vom Solarspeicher in den nachgeschalteten vorhandenen Speicher fördern kann.

2.5 Kollektor-Bausysteme

Um Solaranlagen möglichst vielseitig einsetzen zu können, haben sich verschiedene Bausysteme herausgebildet. Sie unterscheiden sich im Hinblick auf die Konstruktion, die Größe, die Aufstellungsart und die Montage sowie in Bezug auf ihre Anwendung.
Die Systempalette der Firma Wagner & Co Solartechnik ist hier ein typisches Beispiel.
— Das preiswerte SB-Bausystem mit seinem Selbstbaukollektor eignet sich besonders für Heimwerker.
— Das LB-Bausystem als Bausatz- oder Fertigkollektor im rationellen Großformat mit seinen Großkollektoren lohnt sich vor allem bei größeren Anlagen.
— Das EURO-Bausystem mit einem Fertigkollektor ist montagefreundlich und universell einsetzbar.
— Die Vakuumröhren-Kollektoren bringen hohe Leistung auch im Winter. Mit einem Leichtgewicht von 22 kg sind sie sehr handlich und schnell zu montieren.
— Das Solar-Roof-System bietet Sonnenkollektor und Dach in einem Bauteil – ideal in großen Einheiten für Mehrfamilienhäuser oder Wohnsiedlungen.

2.5.1 SB-Kollektor

Mit dem SB-Kollektor-Bausatz bauen Sie sich Ihren Kollektor selber – vom Absorber löten bis zum Schritt-für-Schritt-Einbau ins Dach (s. Kapitel 4.2.3).
Der SB-Kollektor nutzt Dachkonstruktion und -dämmung als Grundgerüst, auf das der aus Streifen zusammengelötete Absorber gelegt wird. Die Glasabdeckung schließt mit der Ziegeloberfläche ab (Bild 2.81).

Alle verwendeten Materialien haben sich in jahrzehntelangem Einsatz bei Hitze, Kälte und Sturm bewährt. Das gilt für die selektivbeschichteten Kupferabsorber ebenso wie für die EPDM-Gummidichtung der Verglasung.
In Größe und Format ist das SB-Bausystem sehr variabel einzusetzen, weil der Absorber aus einzelnen Streifen und in verschiedenen Längen zusammengebaut werden kann. In waagrechter und senkrechter Absorberanordnung können Kollektorfelder von 5 bis 50 m² hergestellt werden (Bild 2.82). So können Sie kleine bis mittlere Anlagen zur Warmwasserbereitung und Heizungsunterstützung bauen.
Der SB-Kollektor zeichnet sich durch ein sehr günstiges Preis-Leistungsverhältnis aus. Zum Einen spart der Selbstbau Fertigungs- und Montagekosten. Zum Anderen minimieren die ins Dach integrierte Bauweise und der geringe Anteil Randfläche im Verhältnis zur Gesamt-Kollektor-Fläche die Wärmeverluste.
Architektonisch betrachtet bietet der SB-Kollektor eine ansprechende Gestaltung des Daches. Die Kollektorfläche wird durch Glasauflageprofile sowie Scheibenformat gegliedert und schließt mit der Ziegelebene ab.

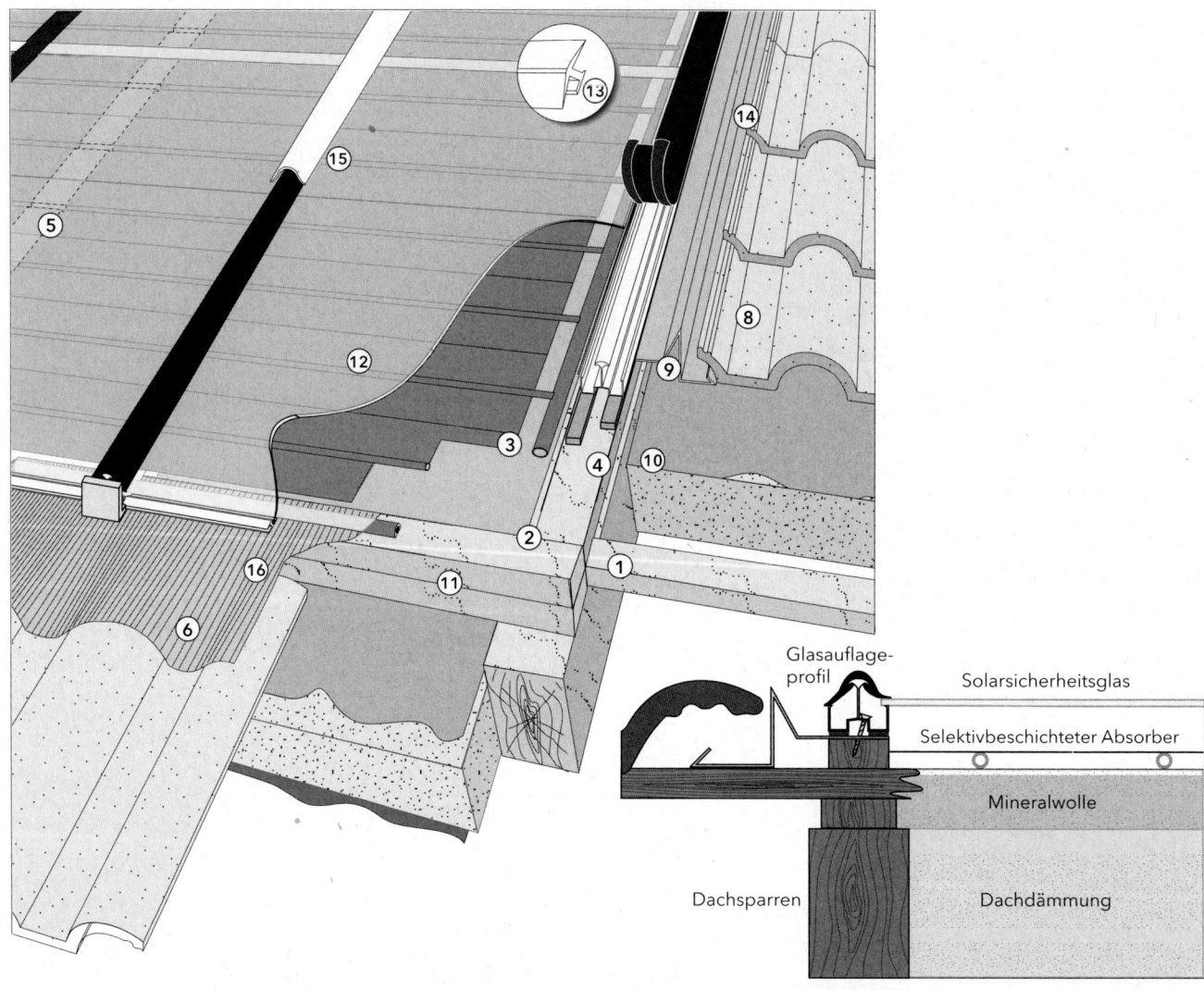

Bild 2.81 **Aufbau des SB-Bausystem am Beispiel der waagrechten Absorberanordnung**
1 Kollektorrahmen aus Dachlatten 45 x 25 mm (nicht im SB-Bausatz enthalten), 2 Wärmeschutzfolie, 3 SOLSTRIP-Absorberstreifen, 4 Rohrverteiler, 5 Querversteifungsstreifen (nur bei waagerechter Absorberanordnung), 6 Bleischürze, 7 Schaumgummiband (zwischen oberer Bleischürze und Ziegelreihe, ohne Abb.) 8 Titanzinkblechprofil, 9 Alu-T-Profil, 10 Zellgummiband, 11 Hohlprofil Hp2, 12 Solarsicherheitsglas 4 mm, 13 Silikon-H-Profil, 14 Gummiprofilband, 15 Sturmsicherungsprofil (Option), 16 Stoßkanten-H-Profil (nur bei zwei Scheiben übereinander erforderlich)

Bild 2.82 SB-Bausystem in der Praxis (Foto SB in waagrechter Anordnung: Hubert Ilse)

STECKBRIEF	SB-Selbstbaukollektor-Bausatz
Aufbau	Dachkonstruktion und -dämmung als Grundgerüst, Kupferabsorber mit Selektivbeschichtung, hochtransparentes Solarsicherheitsglas
Größe	5 bis etwa 50 m² Kollektor-Feld in waagrechter oder senkrechter Absorberanordnung
Aufstellung	Indachmontage, Glasabdeckung schließt mit Ziegeloberfläche ab
Montage	Selbstbau in zwei Abschnitten: Absorber löten und Montage im Dach
Anwendung	kleine bis mittlere Anlagen zur Warmwasserbereitung und Heizungsunterstützung

2.5.2 LB-Kollektor

Der LB-Kollektor ist ideal für größere Solaranlagen. Geliefert wird er in Kollektor-Einheiten von 5 m², 6,4 m² und 7,6 m². In der Ausführung können Sie wählen zwischen einem LB-Fertigkollektor und einem LB-Bausatz-Kollektor (Bild 2.83). So können Sie auch im Selbstbau ein professionelles System fertigen.

Das Gehäuse wird aus Aluprofilen zusammengesetzt und mit einer 60 mm starken Zweischichtisolierung aus FCKW-freier PU-Platte und temperaturbeständiger Mineralwolledämmung ausgelegt. Der selektivbeschichtete Absorber wird aus Streifen zusammengelötet. Nach der Installation vor Ort werden die Kollektoren mit dem hochtransparenten Sicherheitsglas abgedeckt. So kann ein fertiger LB-Kollektor noch gut von zwei Personen getragen werden.

LB-Kollektoren eignen sich wegen ihres großen Formats besonders für den Einsatz in Kollektorfeldern. Hierbei können die Kollektoren in Parallelschaltung nebeneinander oder in Reihenschaltung übereinander verbunden werden. Auch eine kombinierte Reihen-/Parallelschalung neben- und übereinander ist möglich. So lassen sich mit geringem Verrohrungsaufwand Kollektorfelder bis zu einigen Tausend Quadratmetern zur Wärmeversorgung von Wohnsiedlungen installieren. Hier bietet sich eine rationelle Montage mit Autokran an.

In der Aufstellungsart können Sie wählen zwischen Aufdach- und Indach-Montage sowie Freiaufstellung (Bild 2.86).

Bei der Aufdach-Montage wird der LB-Kollektor installiert, ohne dass Teile des Dachs abzudecken sind. Hierbei wird über die Montageschienen, Hammerkopfschrauben und Sparrenanker eine sichere Verbindung zum Dachstuhl geschaffen (Bild 2.84).

Um eine gute Anpassung an die verschiedenen Dacheindeckungen zu erreichen, stehen drei verschiedene Sparrenankertypen zur Verfügung: Typ P für Frankfurter Pfanne, Falzziegel, u.ä., Typ W90 für Berliner Welle und Typ S für Biberschwanz oder Schiefer.

Um Ihnen die Arbeit auf dem Dach zu erleichtern, wird die Verbindung zum Solarkreis ohne Löten mit flexiblem Edelstahlwellrohr und mit CX-Klemmringverschraubungen hergestellt. Hierbei klemmt eine Überwurfmutter das Kupferrohr gegen einen Ring und dichtet so den Anschluss ab (Bild 2.85).

Die Indach-Montage der LB-Kollektoren bietet eine architektonisch besonders ansprechende Lösung. Hierbei werden die Kollektoren in einer Ebene mit den Dachziegeln eingebaut. Eindeckbleche aus Titanzinkblech und Bleischürzen bilden eine dichte und wetterfeste Dacheinbindung. Die Rohranschlüsse liegen witterungsgeschützt unter dem seitlichen Eindeckblech. Auch hier erfolgt die Montage der Eindeckbleche sowie der Rohranschlüsse ohne Löten.

Lb-Kollektoren eignen sich auch sehr gut zur Freiaufstellung auf einem Alu-Tragegestell mit einem Neigungswinkel bis 45°. Zur Montage auf ebener Erde werden Betonsteine eingesetzt und auf Flachdächern kiesbeschwerte Trapezbleche. Das Fundamentgewicht gegen Windlast hängt von der Gebäudehöhe ab. Mit geeigneten Dübeln können LB-Kollektoren auch an Wänden befestigt werden.

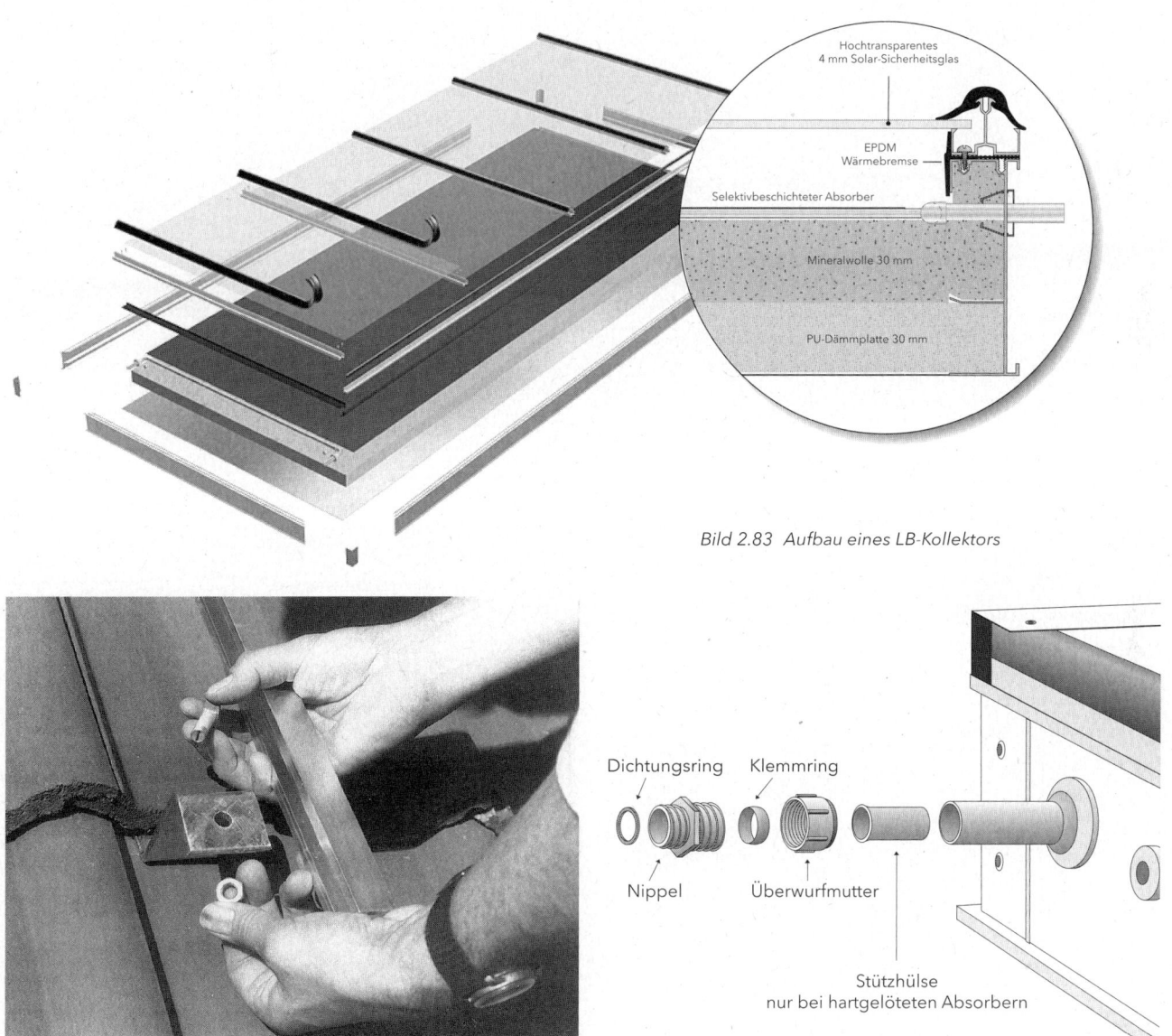

Bild 2.83 Aufbau eines LB-Kollektors

Bild 2.84 Eine sichere Dachverbindung mit Sparrenanker, Hammerkopfschrauben und Montageschienen

Bild 2.85 CX-Klemmringverschraubungen verbinden Kollektor und Solarkreis schnell und sicher ohne zu löten.

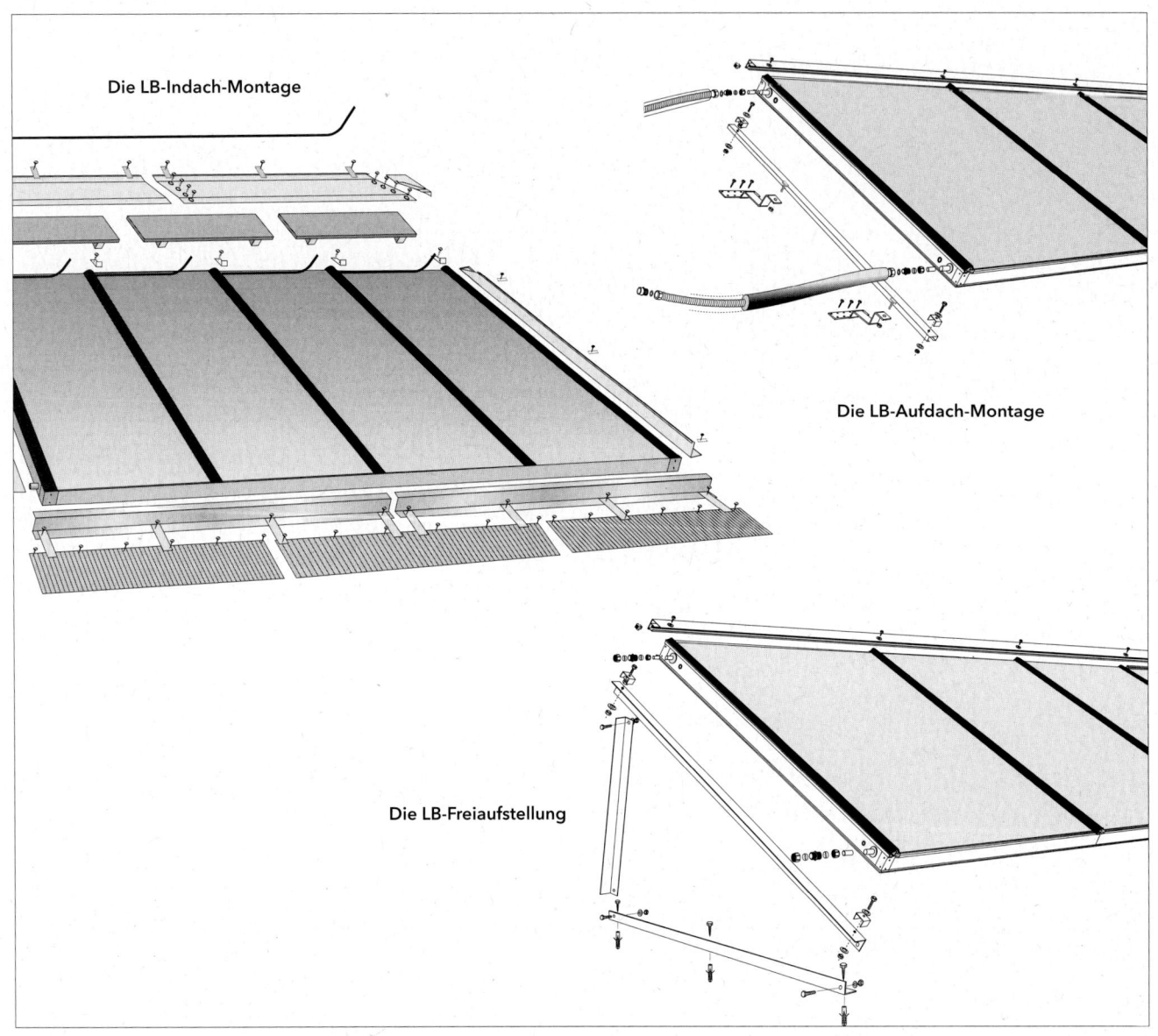

Bild 2.86 Die LB-Aufstellungsarten: Aufdachmontage, Indachmontage und Freiaufstellung

Bild 2.87 LB-Kollektoren in der Praxis

STECKBRIEF	LB-Kollektor-Bausatz	LB-Fertigkollektor
Aufbau	Stabile Rahmenkonstruktion aus eloxiertem Alu, 60 mm starke Bodendämmung und lückenlose Randisolierung, Kupferabsorber mit Selektivbeschichtung, hochtransparentes Solarsicherheitsglas	
Größe	Einheiten in 5, 6,4 und 7,6 m²	
Aufstellung	Aufdach, Indach und Freiaufstellung	
Montage	Selbstbau des Absorbers und des Gehäuses	fertiger Kollektor für Heim- und Handwerker
Anwendung	mittlere bis große Anlagen zur Warmwasserbereitung und Heizungsunterstützung	

2.5.3 EURO-Kollektor

Der EURO-Kollektor ist universell einsetzbar. Er wird als fertige Kollektoreinheit mit 2,39 m² Aperturfläche (Lichteinfallsfläche) geliefert (Bild 2.88).

Der EURO-C20 besteht aus einem eloxierten Aluminium-Profilrahmen, einer stabilen Aluminium-Rückwand, einer hochtransparenten Sicherheits-Glasabdeckung und einem ultraschallgeschweißtem Flächenabsorber aus Kupfer mit hochselektiver Vakuumbeschichtung. Die 60 mm starke Dämmung mit lückenloser Randisolierung garantiert einen äußerst geringen Wärmeverlust. Der Anschluss an den Solarkreis erfolgt ohne zu löten mit Edelstahlwellschläuchen und CX-Klemmring-Verschraubungen.

Noch mehr Wirkungsgrad durch mehr Lichtdurchlässigkeit bringt die Option mit Antireflexglas.

EURO-Kollektoren können waagrecht oder senkrecht installiert werden (Bild 2.89). In Reihenschaltung lassen sich bis zu vier Einheiten zusammenschließen und in Parallelschaltung können Kollektorfelder bis zu 100 m² entstehen.

Der EURO-Kollektor eignet sich ebenso wie der LB-Kollektor für die Aufdach- und Indach-Montage sowie für die Freiaufstellung (Bild 2.90). Informationen zur Technik der Aufstellungsarten finden Sie in 2.5.2 „LB-Kollektor".

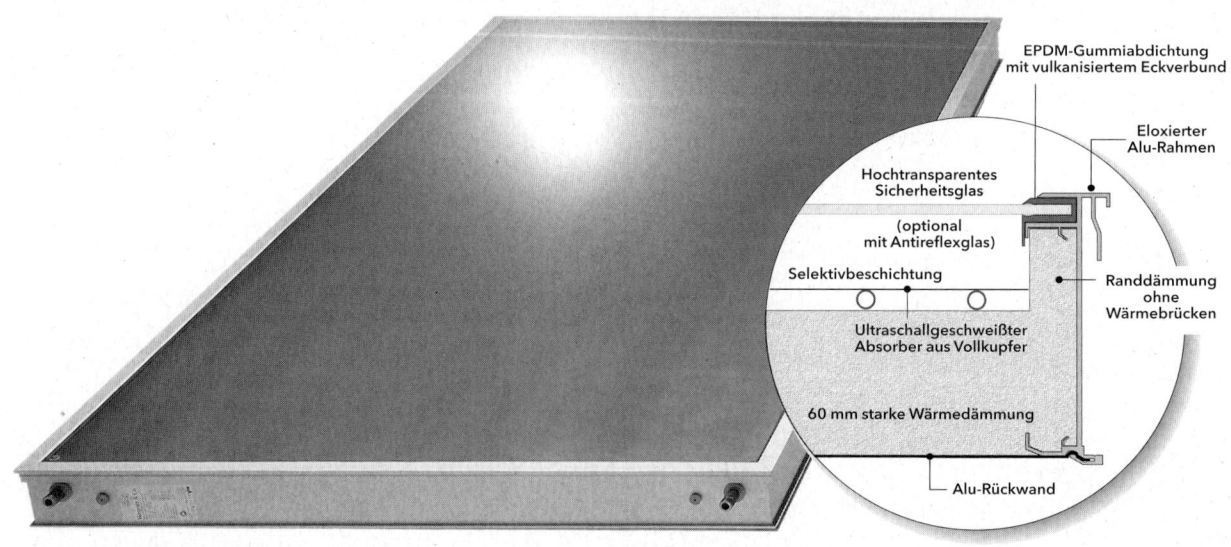

Bild 2.88 EURO-Kollektor im Aufbau

EURO-Kollektoren in Reihenschaltung waagrecht angeordnet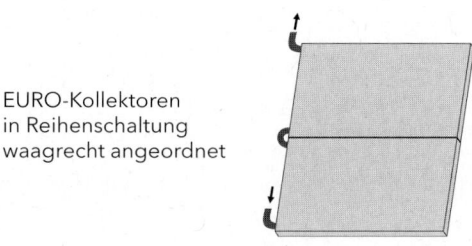

EURO-Kollektoren in Reihenschaltung senkrecht angeordnet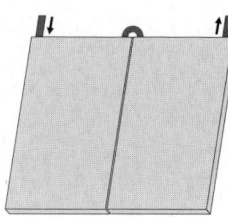

Bild 2.89 EURO-Kollektoren können waagrecht oder senkrecht kombiniert werden.

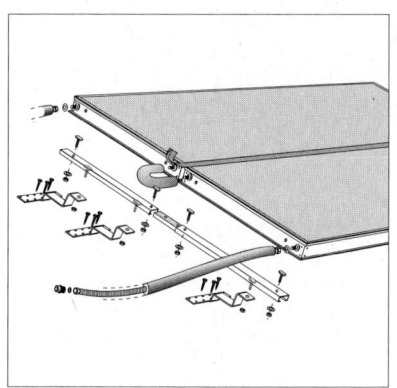

EURO-Aufdach-Montage

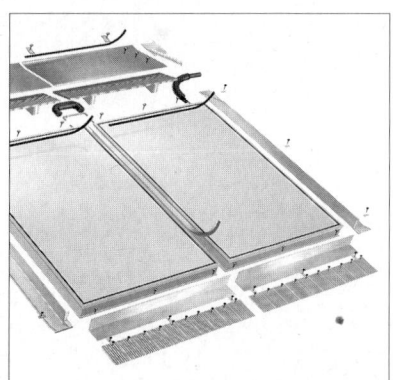

EURO-Indach-Montage

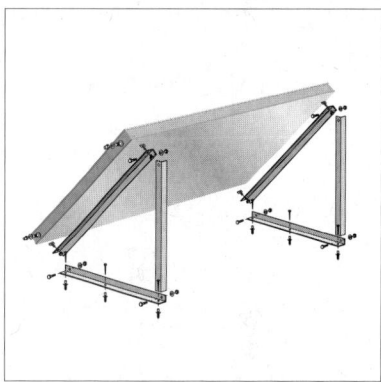

EURO-Freiaufstellung

Bild 2.90 EURO-Montagesätze für Aufdach, Indach und Freiaufstellung

Steckbrief	EURO-Kollektor – die anschlussfertige Einheit
Aufbau	Wetterfestes Alu-Gehäuse, 60 mm starke Wärmedämmung, Kupferabsorber mit Selektivbeschichtung, hochtransparentes Solarsicherheitsglas
Größe	2,34 m² Aperturfläche (Bruttofläche 2,61 m²)
Aufstellung	Aufdach, Indach und Freiaufstellung
Montage	für Heim- und Handwerker
Anwendung	kleine bis mittlere Anlagen zur Warmwasserbereitung und Heizungsunterstützung

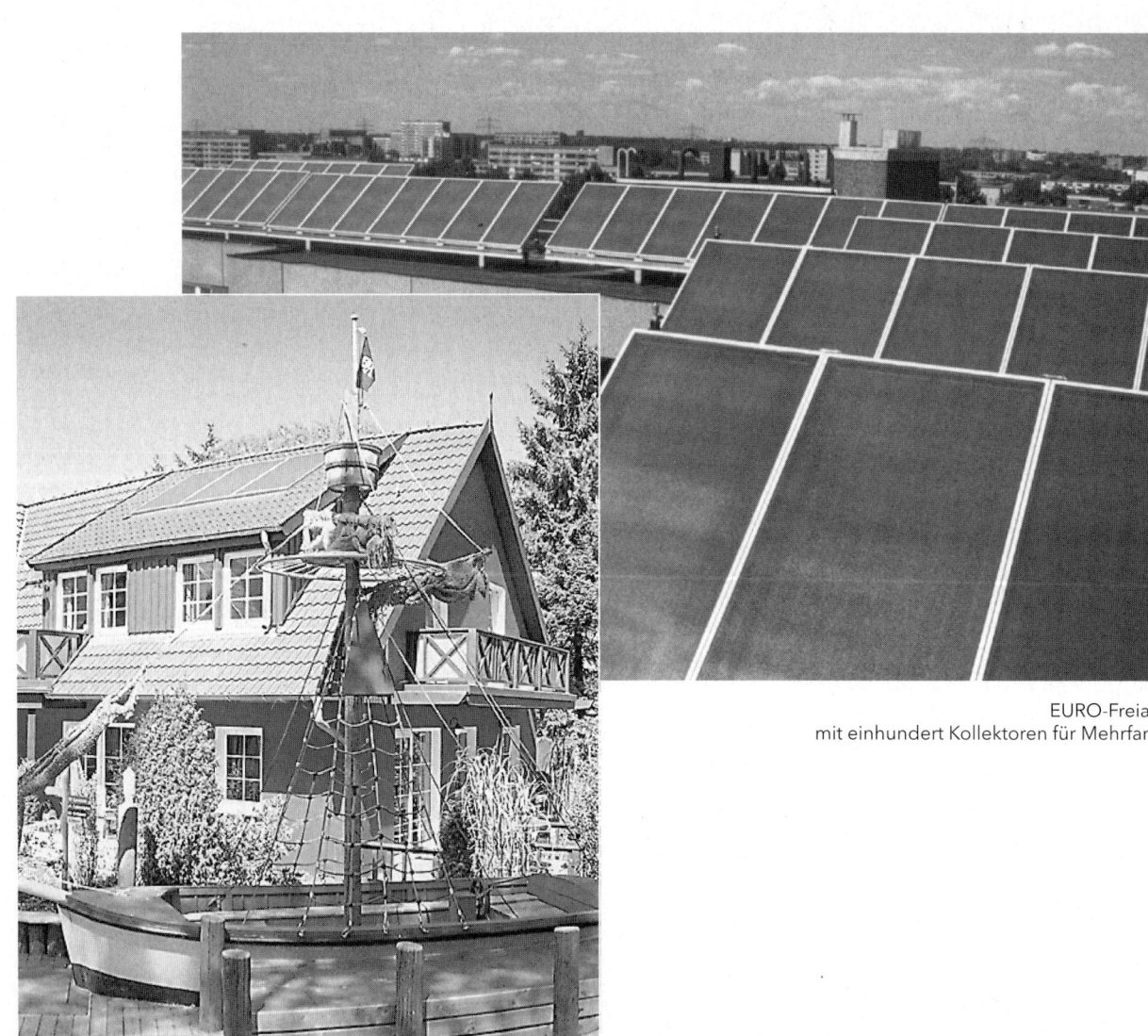

EURO-Freiaufstellung
mit einhundert Kollektoren für Mehrfamilienhaus

EURO-Indachmontage
mit drei Kollektoren für Einfamilienhaus

Bild 2.91 EURO-Kollektoren in der Praxis

2.5.4 Vakuumkollektor VACO CP7

Der VACO CP7 besteht aus zwei ineinander geschobenen und an den Enden verschweißten Glasrohrgefäßen, deren Zwischenraum genau wie bei einer Thermoskanne evakuiert ist (Bild 2.92).
Vor Umwelteinflüssen geschützt befindet sich auf der Oberfläche des Innenrohrs die hochselektive Absorberbeschichtung. Die Wärme wird nach innen auf Leitblechen zum Cu-Rohrkanal geführt.

Die evakuierte Glasröhre wird nicht von Metall durchdrungen, so kann keine thermische Spannung durch Werkstoffkombinationen auftreten und eine extrem lange Lebensdauer ist gewährleistet.
Die Cu-Rohrkanäle münden in ein gut gedämmtes Verteilergehäuse, in dem jeweils sieben Abzweige parallel geschaltet sind.

Der CPC-Reflektor besteht aus korrosionsbeständigen Miro 27 Al-Spiegeln, mit zusätzlicher witterungsbeständiger Schutzlackierung. Der CPC (Compound Parabolic Concentrator) ist so konstruiert, dass bei jedem Einfallswinkel das Sonnenlicht auf den Glasabsorber optimal reflektiert wird (Bild 2.93).
Bis zu 6 VACO CP7-Module können in Reihe verschaltet werden. Größere Felder werden durch kombinierte Parallel- und Reihenschaltung verbunden.

Im Verteilergehäuse befindet sich eine Rücklaufleitung, sodass Vor- und Rücklauf von einer Seite, rechts oder links, angeschlossen werden kann. In jedem Modul ist ein Dehnungsausgleich eingebaut, um die Wärmeausdehnung der Rohrleitung auch in großen Kollektorfeldern zu kompensieren.

Die VACO CP7-Module können in jedem Neigungswinkel über 15° mit vertikaler Reflektoranordnung aufgestellt werden. Das Bausystem zur Aufdachmontage (Bild 2.94) eignet sich für die verschiedensten Dachziegeltypen und zeichnet sich durch das lückenlose Dämmsystem an allen Stellen der Rohrleitung aus.

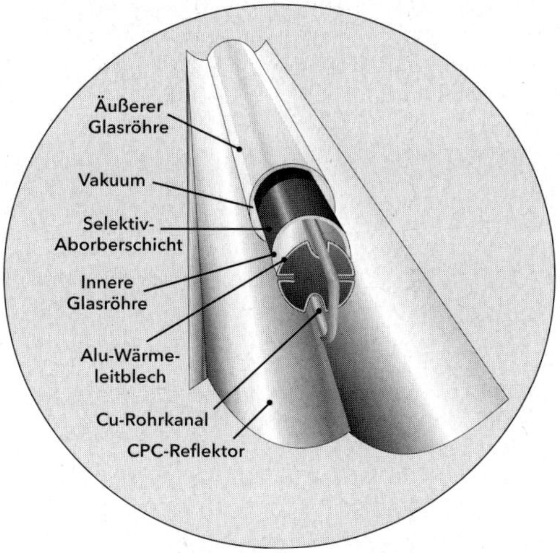

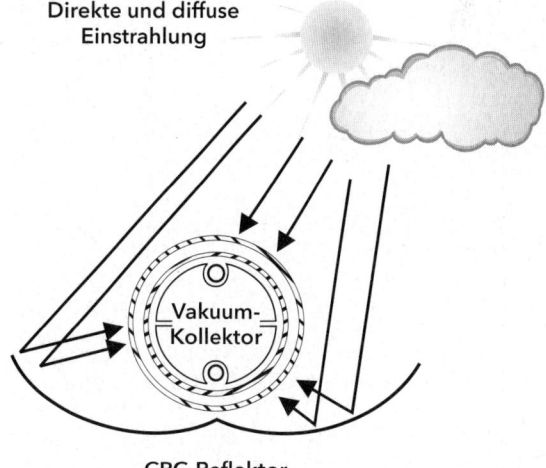

Bild 2.92 Der Vakuumröhren-Kollektor VACO CP7 im Schnitt

Bild 2.93 Der CPC-Reflektor konzentriert direkte und diffuse Einstrahlung aus verschiedenen Richtungen auf die Vakuum-Röhre.

Zur Freiaufstellung (Bild 2.95) lässt sich der Aufstellwinkel stufenlos im Bereich von 15 bis 50° einstellen.

Mit einem Gewicht von nur 22 kg und einem handlichen Format von 1650 x 780 mm lassen sich die VACO CP7-Module leicht transportieren und einbauen.

Bild 2.95 Auch für die Freiaufstellung zu ebener Erde oder auf einem Flachdach eignet sich der Vakuumröhrenkollektor VACO CP7.

Bild 2.94 Kompakt und leicht ist der Vakuumröhrenkollektor VACO CP7 schnell auf dem Dach installiert.

Steckbrief	Vakuumröhren-Kollektor – hohe Leistung auch im Winter
Aufbau	Evakuierte Borosilikat-Glasröhre, innere Röhre selektiv beschichtet, Alu-Wärmeleitbleche mit Kupferrohr, CPC-Reflektor PVD-beschichtet
Größe	1,1 m² Aperturfläche (Lichteinfallfläche)
Aufstellung	Aufdach und Freiaufstellung
Montage	eher für Handwerker wg. Hartlöten
Anwendung	kleine bis mittlere Anlagen zur Warmwasserbereitung und Heizungsunterstützung

2.5.5 Solar-Roof FDK

Die Nachfrage nach größeren Solarsystemen für die Warmwasserbereitung und Raumheizungsunterstützung von Wohnsiedlungen steigt ständig, sodass die Firmen Solvis und Wagner & Co mit Förderung der Deutschen Umweltstiftung die ersten Großkollektoren in Deutschland entwickelten.

Das Solar-Roof FDK-System bietet Sonnenkollektor und Dach in einem Bauteil (Bild 2.98). Als Einheit verbindet es alle Funktionen eines Kollektors mit denen eines Dachs. Dieser großformatige Fertigdach-Kollektor eignet sich besonders für große Solaranlagen in Wohnsiedlungen.

Aus Absorberstreifen- und Glasscheibenrastern lassen sich eine Vielzahl von Größen und Formaten fertigen, sodass sich Solar-Roof FDK sehr gut an die jeweilige Bauplanung anpassen lässt. So können bis zu 92 % der Dachfläche als aktive Kollektorfläche genutzt werden!
Und der symmetrische Aufbau führt zu einer ansprechenden Gestaltung des Gebäudes.

In der Art des Fertighausbaus werden die vorgefertigten Dachelemente mit Sparren, Dämmung und fertigem Kollektor angeliefert und mit dem Kran als Wandelement montiert (Bild 2.96) oder auf ein Gebäude aufgesetzt (Bild 2.97). Die Solar-Roof Elemente werden mit dem Baukörper verbunden und die Sammelleitungen im Firstbereich verlegt. Eine umlaufende Blecheindeckung aus ebenfalls vorgefertigten Elementen bildet den Abschluss des Kollektordaches. Bauseits ist auf der Südseite des Daches lediglich eine First- und eine Traufpfette vorzusehen. Die Montagezeiten vor Ort werden so erheblich reduziert und die Ausführung ist unabhängiger von der Witterung.

Fazit: Große Einheiten, Fertigbauteile, hohe Dachflächennutzung, rationelle Montage und schließlich die intelligente Low-Flow-Technik im Solarkreis (s. Kapitel 3.3.3) machen Solar-Roof FDK zu einer wirtschaftlich äußerst interessanten Perspektive für große Solaranlagen. Seit 1997 wurde eine Reihe von Projekten mit Solar-Roof FDK realisiert. Die Erfahrungen sind sehr positiv und übertreffen oft die Erwartungen.

Bild 2.96 Hier gestalten 24 m² Solar-Roof FDK-Kollektoren die Südfassade und bringen Dusche sowie Heizkörper auf Temperatur.

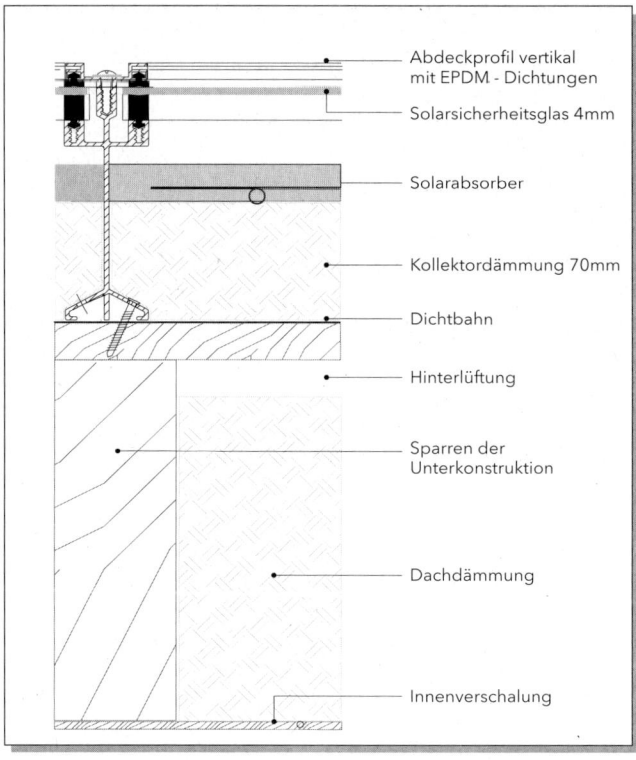

Bild 2.97 Dächer einer Solarsiedlung in Hamburg-Bramfeld werden mit Solar-Roof FDK-Bauelementen gedeckt.

Bild 2.98 Kollektor und Dach ein Bauteil – das Solar-Roof FDK-Bausystem im Schnitt

Steckbrief	Solar-Roof FDK – ein Solardach nach Maß
Aufbau	Kollektor und Dach ein Bauteil: Gehäuse aus Alu-Profilen für Rahmen und Glasträger, Unterbau aus formstabilen Holzträgern und wetterfester Sperrholzplatte, 70 mm Wärmedämmung, Kupferabsorber mit Selektivbeschichtung, hochtransparentes Solarsicherheitsglas
Größe	Module von 9 bis 19 m² im Rastermaß
Aufstellung	als Kollektor-Dacheinheit
Montage	ein Autokran und zwei Monteure
Anwendung	große Anlagen für Mehrfamilienhäuser und Wohnsiedlungen zur Warmwasserbereitung und Heizungsunterstützung

3. Die Planung einer Solaranlage

3.1 Auslegung für Warmwasserbereitung

3.1.1 Auslegung nach Faustformeln

Solaranlagen zur Warmwasserbereitung für 1 bis 2 Familien erfordern keine ausführliche Berechnung. Auf Grund langjähriger Erfahrungen und verschiedener unabhängiger Tests können wir „Faustformeln" für die Auslegung kleiner Solaranlagen nennen.
Die Dimensionierung einer Solaranlage orientiert sich an folgenden Größen: Warmwasserbedarf, Kollektorfläche, Speichervolumen, Solarkreisverrohrung und Umwälzpumpenleistung.

Warmwasserbedarf
Nach unseren Erfahrungen hat kaum jemand eine Vorstellung von seinem täglichen Warmwasserbedarf, sodass wir Anhaltswerte für drei Bereiche in Litern warmes Wasser (45° C) pro Person und Tag angeben (Tabelle 3.1).
Ein 4-Personen-Haushalt braucht bei mittlerem Bedarf 40 l x 4 = 160 Liter warmes Wasser pro Tag. Mit Berücksichtigung des Warmwassers für Waschmaschine und Geschirrspülen (z. B. 25 l) ergeben sich 185 l/Tag.

Kollektorfläche
Die Größe des Sonnenkollektors ist im Wesentlichen abhängig vom täglichen Gesamtwarmwasserbedarf, der Sonneneinstrahlung am Standort und dem gewünschten solaren Deckungsanteil (siehe 3.1.2).
Die Höhe der Sonneneinstrahlung für Ihre Region können Sie in Bild 3.1 ablesen. Tabelle 3.2 zeigt zusätzlich die Einstrahlungswerte für 80 Orte. Die Werte bezeichnen das Mittel der täglichen Globalstrahlung in kWh/m² auf eine horizontale Fläche. Wir haben in Bild 3.1 vier Einstrahlungszonen angegeben. Für jede Zone erhalten Sie spezifische Kollektorflächen pro 100 l täglichen Warmwasserverbrauchs. Unter Kollektorfläche ist die Aperturfläche (Lichteinfallfläche) zu verstehen. Bei Vakuumröhrenkollektoren können die spezifischen Kollektorflächen um ca. 15 % bis 20 % reduziert werden.
Der solare Deckungsanteil kann im mittleren Bereich mit 50 bis 55 % oder im hohen Bereich mit 60 bis 65 % gewählt werden.
Ein 4-Personen-Haushalt mit 185 l täglichem Gesamtwarmwasserbedarf benötigt bei einer Sonnenstrahlung von 2,7-2,9 kWh/m² und einem gewünschten solaren Deckungsanteil von 50-55 % ca. 4,4 m² Kollektorfläche.
Ein solarer Deckungsanteil von 60-65 % erfordert eine Kollektorfläche von ca. 6,7 m².

Komfort/Anwendung,	Warmwasserbedarf 45° C (pro Person und Tag)
niedriger Bedarf	20 - 30 l
mittlerer Bedarf	30 - 50 l
höherer Bedarf	50 - 70 l
Waschmaschine und Geschirrspüler	15 - 30 l pro Tag/4-Pers.-Haushalt

Tabelle 3.1 Warmwasserbedarf für Faustformel-Berechnung

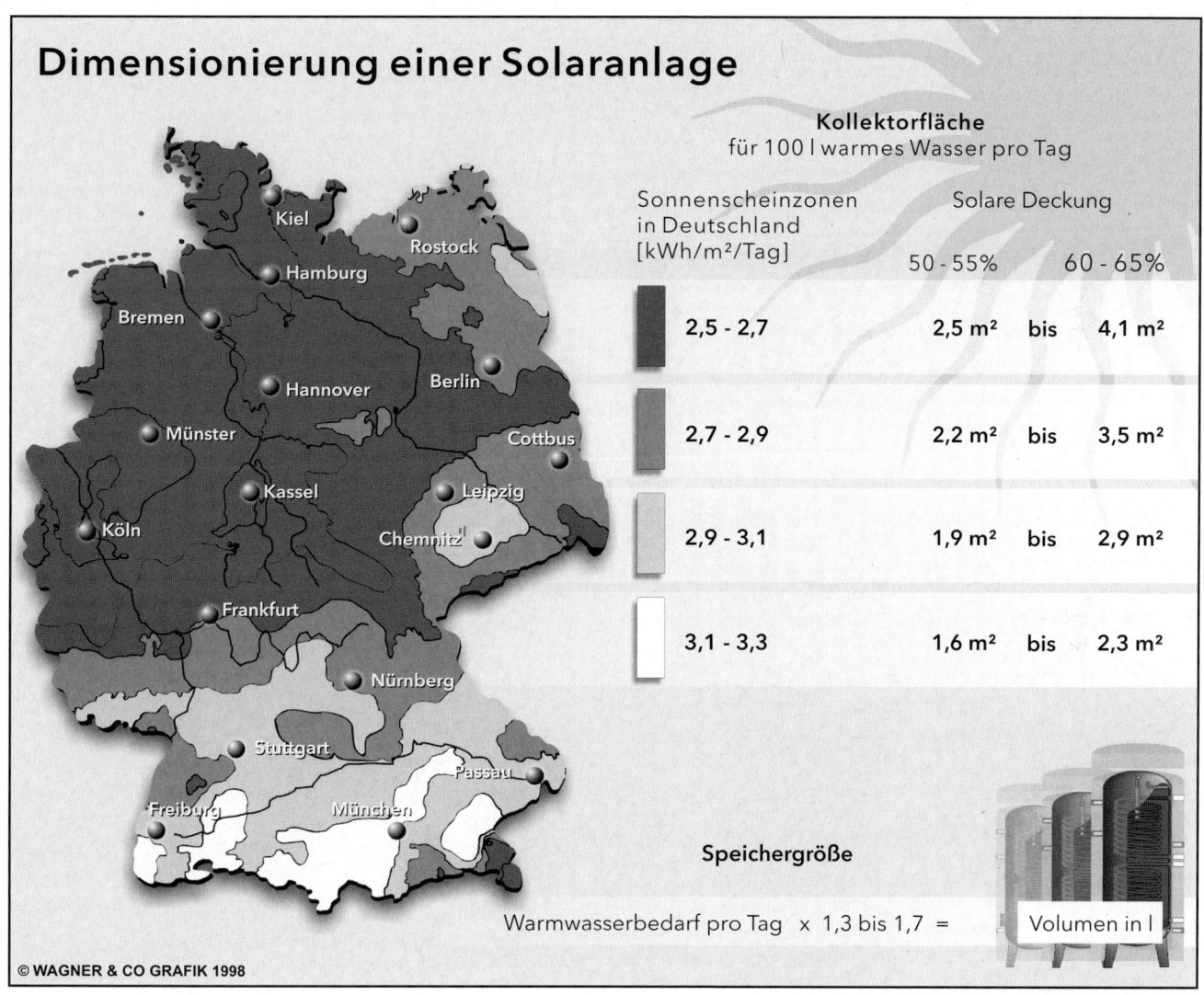

Bild 3.1 Faustformel für Warmwasserbereitung

Mittel der täglichen Globalstahlung (kWh/m²)							
Ort	kWh/m²	Ort	kWh/m²	Ort	kWh/m²	Ort	kWh/m²
Aachen	2,89	Coburg	3,06	Kahler Asten	2,59	Oldenburg	2,58
Ansbach	3,14	Cuxhaven	2,98	Karlsruhe	3,09	Osnabrück	2,56
Augsburg	3,25	Darmstadt	3,10	Kassel	2,62	Passau	3,22
Aurich	2,84	Deuselbach	2,99	Kempten	3,27	Potsdam	2,76
Bad Lippspringe	2,58	Dresden	2,74	Kl. Feldberg	2,77	Puch	3,25
Bad Kissingen	2,96	Düsseldorf	2,69	Koblenz	2,80	Regensburg	3,18
Bad Kreuznach	2,95	Einbeck	2,50	Köln	2,88	Rosenheim	3,13
Bad Tölz	3,24	Essen	2,79	Langeoog	2,92	Saarbrücken	2,89
Bamberg	3,03	Feldberg/Schw.	3,12	List/Sylt	3,00	Schleswig	2,77
Berlin	2,81	Fichtelberg	2,53	Lübeck	2,77	Soltau	2,66
Bernkastel	2,79	Frankfurt/M.	2,98	Lüchow	2,72	St. Peter Ording	2,95
Berus	3,11	Freiburg	3,24	Lüneburg	2,62	Stuttgart	3,12
Borkum	2,91	Glückstadt	2,70	Mannheim	3,07	Trier	2,92
Borler	2,84	Göttingen	2,60	Mühldorf	3,20	Wasserkuppe	2,80
Braunlage	2,68	Hamburg	2,68	Münster	2,84	Weihenstephan	3,21
Braunschweig	2,65	Hannover	2,61	Neustadt/Weinstr.	3,10	Wendelstein	3,17
Bremen	2,61	Heiligendamm	2,83	Norderney	3,00	Wiesbaden	2,88
Bremerhaven	2,89	Helgoland	3,03	Nürnberg	3,17	Würzburg	3,05
Buchen	3,10	Hohenpeissenberg	3,32	Ochsenkopf	2,94	Zeven	2,59
Cham	3,17	Jever	2,86	Ohringen	3,15	Zugspitze	3,17

Tabelle 3.2 Globalstrahlung im täglichen Mittel für 80 Orte in Deutschland (Quelle: 1)

Ausführliche Erläuterungen zum solaren Deckungsanteil sowie Auswahlkriterien werden im Kap. 3.1.2 dargestellt. Die Angaben gelten für einen Neigungswinkel von 25-55° und eine Orientierung zwischen SW und SO. Im Einzelfall kann die erforderliche Kollektorfläche um +/- 5 % von den angegebenen Werten abweichen. Für die Praxis spielen derartige Unterschiede keine Rolle, da die ermittelten Werte am Ende doch den vorgegebenen Kollektorgrößen angepasst werden müssen, wodurch meist Abweichungen von 10-20 % nach oben oder nach unten auftreten.

Nach unseren Erfahrungen lassen sich selbst bei Ost/West-Orientierungen noch akzeptable Deckungsanteile erreichen, wenn der Neigungswinkel zwischen 25° und 50° liegt. Die Kollektorfläche sollte in diesem Fall 25-35 % größer ausgelegt werden.

Speichervolumen
Auch die Größe des Solarspeichers hängt zunächst vom täglichen Warmwasserbedarf ab. Um die Nachtstunden und kleinere Schlechtwetterzeiten zu überbrücken, sollte das Speichervolumen darüber hinaus gehen.

Sehr detaillierte Computersimulationsrechnungen allerdings haben gezeigt, dass die Speichergröße innerhalb bestimmter Bereiche einen geringeren Einfluss auf den solaren Deckungsanteil ausübt als früher angenommen. Allgemein kann daher das Speichervolumen knapper ausgelegt werden.

Ausgehend vom täglichen Warmwasserbedarf können Sie das Speichervolumen (V) nach folgender Faustformel ermitteln:

V = B x 1,3 bis 1,7
V = Speichervolumen in l   B = Warmwasserbedarf pro Tag in l

Mit größerem Speichervolumen ergibt sich eine leichte Steigerung des solaren Deckungsanteils. In der Regel deckt sich das ermittelte Speichervolumen nicht mit den angebotenen Speichergrößen. Man sollte dann eher den nächstgrößeren Speicher wählen, um so den solaren Deckungsanteil noch etwas zu erhöhen.

Solarkreisverrohrung und Umwälzpumpe
Der Leitungsdurchmesser sollte so knapp wie möglich gewählt werden. Mit größeren Querschnitten steigen die Kosten, und die Anlage reagiert träger, da erst der gesamte Solarkreis aufgeheizt werden muss, bevor Wärme an den Speicher abgegeben werden kann. Andererseits führen sehr kleine Rohrdurchmesser zu unnötig hohen Pumpenleistungen.

Für kleine Solaranlagen genügen in der Regel kleine Heizungsumwälzpumpen, z.B. Wilo RS 25-60r bis RS 25-70r oder Grundfoss UPS 25-40 bis UPS 25-60.

Der Rohrdurchmesser für den Solarkreislauf lässt sich in Abhängigkeit von Kollektorfläche und Leitungslänge des Solarkreises bestimmen (Tabelle 3.3). Die passende Größe der Umwälzpumpe finden Sie in Klammern.

Die Angaben gehen von einem Volumenstrom von 30-40 l/hm² aus. Druckverluste durch Absorberrohre, Einzelwiderstände und Wärmetauscher beim Betrieb mit Frostschutzflüssigkeit sind berücksichtigt.

3.1.2 Auslegung durch ausführliche Berechnung

Die genaue Berechnung einer Solaranlage ist sehr kompliziert, da viele Klimaparameter wie Globalstrahlung, Wind, Temperatur etc. und Anlagenparameter wie z.B. Speichergröße, Wärmedämmung, Rohrlänge, Verschaltungsart, Kollektorleistung usw. eine Rolle spielen. Komplexe größere Solaranlagen lassen sich sinnvoll nur mit Computersimulationsprogrammen berechnen. Für Standardsysteme gibt es jedoch eine Vielzahl von Praxistests und Computersimulationen, auf deren Grundlage eine Berechnung „per Hand" unter Einbeziehung von Diagrammen und Nomogrammen möglich ist. Die entsprechende Vorgehensweise wird auf den folgenden Seiten ausführlich beschrieben.

3.1.2.1 Kollektorfläche

Die Größe der Kollektorfläche hängt im Wesentlichen ab von

Q = Wärmebedarf (kWh)
SF = Solarer Deckungsanteil (%)
G = Solare Globalstrahlung (kWh/m²d)
K = Korrekturfaktor für Neigung und Himmelsrichtung

● Wärmebedarf Q
Da der Warmwasserverbrauch je nach individuellen Ansprüchen unterschiedlich ist, muss er durch Beobachtung und Messung ermittelt werden.
Der Warmwasserverbrauch bildet einen wesentlichen Einflussfaktor für die Größe der Solaranlage. Er sollte daher möglichst sorgfältig bestimmt werden. Die Warmwasserbedarfstabellen 3.4 und 3.5 dienen hier zur Orientierung. Der Energiebedarf errechnet sich nach nebenstehender Formel.
Die durchschnittliche jährliche Kaltwassertemperatur liegt

$$Q = W_b \times \Delta T \times c_p$$

W_b = Warmwasserbedarf pro Tag in l
ΔT = Differenz zwischen Warmwasser- und Leitungswassertemperatur in K (entspricht °C)
c_p = Spezifische Wärmekapazität von Wasser (1,16 Wh/lK)

bei 10,5 °C. Bei einer angestrebten Warmwassertemperatur von 45 °C ergibt sich ein Energiebedarf von 1 kWh pro 25 l Warmwasserverbrauch.
In dieser Berechnung sind die Wärmeverluste durch eine etwaige Zirkulationsleitung noch nicht berücksichtigt. Anhaltswerte hierfür liefert Bild 3.2. Je nach Art der Zirkulationsregelung (Kapitel 2.4.3) entsteht ein eher kleiner oder spürbarer Zusatzenergiebedarf.

Den Warmwasserbedarf für Haushalt und Gewerbe finden Sie in Tabelle 3.4 nach Nutzungsverhalten, Ausstattungsstandard und Komfortstufe aufgegliedert. Nach unseren

Kollektorfläche (m²)	Solarkreis-Rohrdurchmesser für folgende Gesamtlängen (m)				
	10	20	30	40	50
bis 5	15/I	15/I	15/I	15/I	15/I
6 - 12	18/I	18/I	18/I	18/I	18/I
13 - 16	18/I	22/I	22/I	22/II	22/II
17 - 20	22/I	22/I	22/II	22/II	22/II
21 - 25	22/I	22/II	22/II	22/II	22/III
26 - 30	22/II	22/II	22/III	22/III	22/III

Die römischen Ziffern kennzeichnen die dazugehörigen Umwälzpumpen am Beispiel von GRUNDFOSS-Pumpen:
I = UPS 25-40 (30-60 Watt Stromaufnahmeleistung), II = UPS 25-60 (45-90 Watt), III = UPS 32-60 (45-90 Watt)
Typenschlüssel: RS = Rohrverschraubungspumpe, Anschluss Nennweite/Laufraddurchmesser, r = 4-Stufen-Handschaltung

Tabelle 3.3 Solarkreis-Durchmesser für Pumpenanlage in Abhängigkeit von der Kollektorfläche und der Leitungslänge des Solarkreises (Pumpengröße in Klammern)

Gebäudeart	Anwendung Nutzungsverhalten Ausstattungsstandard	Durchschnittlicher Warmwasserbedarf (Liter/60°C/Tag)			
		Einheit	nK	mK	hK
Einfamilienhaus	einfacher Standard mittlerer Standard gehobener Standard	P	30 35 40	35 40 50	40 50 60
Mehrfamilienhaus	sozialer Wohnungsbau allgemeiner Wohnungsbau gehobener Wohnungsbau	P	25 30 35	30 35 40	35 45 50
Gewerbeküche Imbissstube Café	Kochen, Spülen Besetzung mäßig Besetzung stark	S	15 20	20 30	30 40
Gaststätte	Besetzung mäßig Besetzung stark	S	10 25	15 30	25 45
Gasthof Hotel Appartement	einfach 2. Klasse 1. Klasse	B	30 40 60	40 50 60	50 70 100
Kinderheim	einfacher Standard	B	40	50	60
Altersheim	einfacher Standard	B	30	40	50
Krankenhaus	durchschnittlich	B	70	80	100
Speiserestaurant	Tellergerichte Essen bis drei Gänge Essen vier und mehr Gänge	E/M	6 8 12	8 10 15	10 12 20
Duschen	Schüler Sportler schmutzige Arbeit sehr schmutzige Arbeit	D/P	30 40 45 50	35 50 50 60	40 60 60 70
Baden	normale Wannen Hydrotherapiewannen	B/P	120 250	150 300	180 400

B = Bett, B/P = Bad pro Person, D/P = Dusche pro Person, E/M = Essen pro Mahlzeit, P = Person, S = Sitzplatz
nK = niedriger Komfort (Mindestbedarf), mK = mittlerer Komfort (Durchschnittsbedarf), hK = höherer Komfort (Spitzenbedarf)
Wenn Sie den Bedarf für 45°C warmes Wasser haben wollen, multiplizieren Sie die Werte mit dem Faktor 1,43.

Tabelle 3.4 Warmwasserbedarf für Haushalt und Gewerbe

Anwendung	Warmwasserverbrauch (l)	
	Versch. Temperaturen	Temperatur 45°C
Hände waschen	5l/35°C	4l/45°C
Duschen (ca. 6 Minuten)	50l/40°C	45l/45°C
Baden kleine Wanne mittlere Wanne große Wanne	100l/40°C 150l/40°C 250l/40°C	90l/45°C 135l/45°C 220l/45°C
Waschmaschine (Warmwasser / Waschgang)	20-40l/30-60°C	20-40l/45°C (entspricht 0,8-1,6 kWh)

Tabelle 3.5 *Warmwasserbedarf bei verschiedenen Anwendungen*

Erfahrungen liegt der Warmwasserbedarf im Einfamilienhausbereich meist bei einfachem bis mittlerem Standard und niedriger Komfortstufe (nK). Die entsprechenden Werte für die verschiedenen Anwendungen sind in Tabelle 3.4 wiedergegeben.

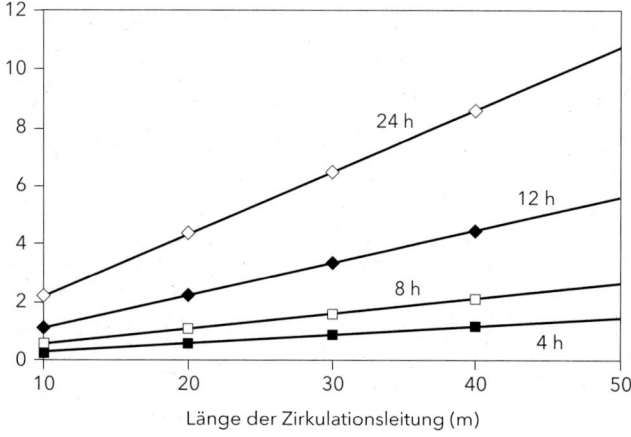

Bild 3.2 *Wärmeverluste pro Tag in Zirkulationsleitungen in Abhängigkeit von der Leitungslänge und der Laufzeit*

Der Warmwasserbedarf für die Waschmaschine ist im Einzelfall sehr unterschiedlich. Zunächst hängt er ab vom Gerätetyp. Hier ergeben sich Schwankungen von ca. 20 l bis 40 l pro Waschgang. Von großer Bedeutung sind auch die Waschgewohnheiten. So kommen manche Einfamilienhaushalte mit 3 bis 4 Waschgängen pro Woche aus. Andere benötigen jedoch 6 bis 7.

In der rechten Spalte ist der Warmwasserverbrauch auf ein Temperaturniveau von 45 °C umgerechnet. Benutzen Sie diese Werte, um je nach der wöchentlichen Anzahl der verschiedenen Verbräuche einen durchschnittlichen täglichen Warmwasserbedarf zu ermitteln und diesen in den entsprechenden Energiebedarf in kWh umzurechnen. Werden Wasch- und Geschirrspülmaschine mit solar erwärmtem Wasser versorgt, sind deren durchschnittliche tägliche Verbrauchswerte hinzuzurechnen.

● Globalstrahlung G
Die jährlich auf eine horizontale Fläche einfallende Globalstrahlung setzt sich in Deutschland zu etwa gleichen Teilen aus direkter und diffuser Strahlung zusammen. Da sich das Wetter (noch) nicht planen lässt, können zur Größenordnung der Globalstrahlung nur Durchschnittswerte angegeben werden, die auf langfristigen Wetterbeobachtungen basieren.

Die auf eine horizontale Fläche eingestrahlte Solarenergie für die verschiedenen Regionen in Deutschland zeigt Bild 3.1. Die Werte bezeichnen das Mittel der täglichen Globalstrahlung in Kilowattstunden pro Tag und Quadratmeter (kWh/m²/d). Genaue Werte für 80 Orte in Deutschland finden Sie in Tabelle 3.2.

● Neigungswinkel und Orientierung
Die Globalstrahlungswerte aus Bild 3.1 beziehen sich auf eine horizontale Fläche. Für geneigte Kollektorflächen müssen sie daher entsprechend korrigiert werden. Ein Maximum an Strahlung kann eingefangen werden, wenn diese senkrecht auf die Kollektorfläche trifft. Da die Sonne aber im Tages- und Jahresverlauf ständig ihre Stellung ändert, muss bei feststehenden Kollektoren ein optimaler Mittelwert für den Neigungswinkel gefunden werden.
Abhängig von der Orientierung wird die größte Bestrahlungsstärke am Sonnenhöchststand erreicht und fällt zu den Vormittags- und Nachmittagsstunden hin ab. Da die Sonne im Süden ihren Höchststand erreicht, gewährleistet eine Südausrichtung den größten Energiegewinn. Eine deutliche Abweichung von der Südrichtung kann durch eine vergrößerte Kollektorfläche ausgeglichen werden.
Bei Ost-West-Dächern sollte die gesamte Kollektorfläche auf die in westliche Richtung zeigende Dachfläche montiert werden. In der Regel ist in den Nachmittagsstunden mit weniger Dunst und Nebel sowie höheren Außentemperaturen als während des Vormittages zu rechnen. Daher wird die Westorientierung im Allgemeinen einen etwas höheren Energieertrag bringen.

Die Kollektoren sollten so angebracht sein, dass sie während der Haupteinstrahlungszeit zwischen 9 und 16 Uhr nicht beschattet werden.
Wenn frei aufgestellte Kollektoren hintereinander angeordnet werden, ist zur Vermeidung von Beschattung auf ausreichenden Abstand zu achten. Bild 3.3 zeigt ein Nomogramm zur Bestimmung des Abstandes b zwischen den Reihen mit Kollektoren der Breite a als Funktion der Kollektorneigung. Parameter ist der maximal zugelassene Be-

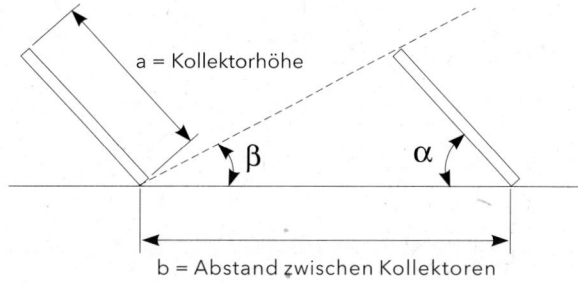

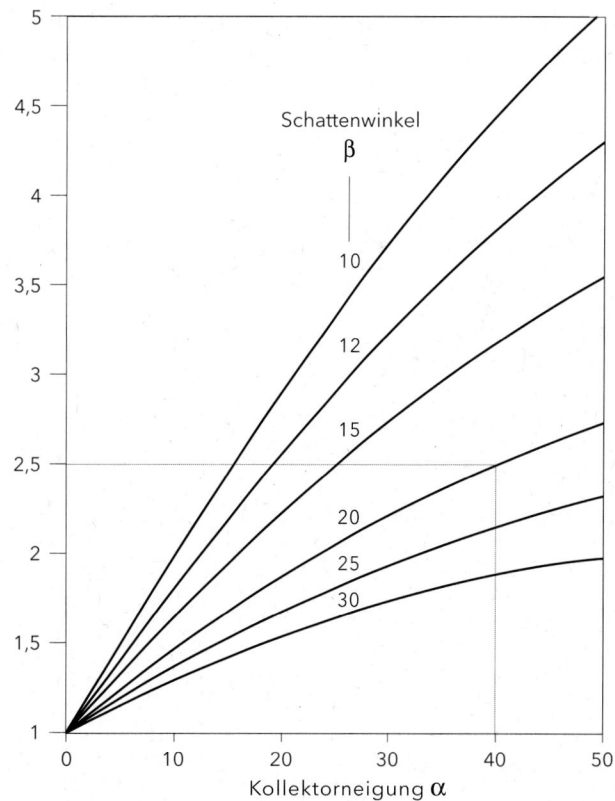

Bild 3.3 Abstand zwischen frei aufgestellten Kollektoren

schattungswinkel β. Dieser sollte bei etwa 20° bis 25° liegen. Das Diagramm gilt für eine Kollektorausrichtung nach Süden.
Beispiel: zugelassener Beschattungswinkel β = 20°, Kollektorneigung 40°. Das Verhältnis b/a ist gemäß Diagramm 2,5. Für Kollektoren mit a = 1,20 m ist also zwischen den Reihen ein Abstand von 3 m einzuhalten (b/a = 2,5; b = 2,5 x a = 2,5 x 1,20 m).

● Solarer Deckungsanteil
Der solare Deckungsanteil wird häufig auch „solare Deckungsrate" oder „Deckungsgrad"oder auf Englisch „Solar Fraction"(SF) genannt.
Allgemein ausgedrückt bezeichnet der solare Deckungsanteil den von der Solaranlage erbrachten Teil der für einen bestimmten Verbrauchszweck (z.B. Warmwasserbereitung) erforderlichen Energie. Wenn nicht anders vermerkt, bezieht sich der solare Deckungsanteil auf das ganze Jahr.
Es gibt jedoch (mindestens) 4 verschiedene Definitionen, die in der Praxis häufig verwechselt werden. (Die hier benutzten Bezeichnungen sind zum Teil von den Autoren selbst formuliert worden mit dem Ziel, eine klarere Differenzierung zu erreichen. Leider hat sich die solare Fachwelt bisher nicht auf einheitliche Definitionen einigen können).

1. Solarer Netto-Energieanteil Sn
In dieser Berechnung wird die von der Solaranlage gelieferte Energie, welche durch Wärmeverluste des Speichers wieder verloren geht, nicht berücksichtigt. Daher fällt der ermittelte solare Deckungsanteil zu klein aus.

$$S_n = \frac{Q_{nutz} - Q_{zusatz}}{Q_{nutz}}$$

S_n = Solarer Netto-Energieanteil
Q_{nutz} = aus dem Speicher entnommene Nutzenergie (Energiegehalt des gezapften Wassers)
Q_{zusatz} = die in den Speicher eingespeiste Zusatzenergie (z.B. von einem Heizkessel)

2. Solarer Brutto-Energieanteil Sb
Der solare Energieertrag (Qsol) wird bezogen auf die gesamte dem Wärmespeicher zugeführte Energie, also der Summe von Solarenergie und konventioneller Zusatzenergie (Qzusatz).
Hier wird zwar die gesamte Solarenergie berücksichtigt, welche zur Bereitstellung der erforderlichen Wärmeenergie beigetragen hat, aber darüber hinaus auch noch die nicht nutzbare Überschussenergie, die durch Wärmeverluste des Speichers wieder verloren geht. Dies führt natürlich zu deutlich höheren solaren Deckungsanteilen.
Daneben ergibt sich der irreführende Effekt, dass Speicher mit hohen Wärmeverlusten höhere solare Energieerträge erzielen als gut gedämmte Speicher mit entsprechend geringeren Energieverlusten.

$$S_b = \frac{Q_{sol}}{Q_{sol} + Q_{zusatz}}$$

S_b = Solarer Brutto-Energieanteil
Q_{sol} = solarer Energieertrag
Q_{zusatz} = die in den Speicher eingespeiste Zusatzenergie (z.B. von einem Heizkessel)

3. Solarer Heizenergieanteil Sh
Diese Definition erfasst den solaren Deckungsanteil am besten. Hier vergleichen wir den Energieverbrauch beim Einsatz einer Solaranlage mit dem einer rein konventionellen Warmwasserbereitungsanlage. Dementsprechend ist

$$S_h = \frac{Q_{nutz} + Q_{verl} - Q_{zusatz}}{Q_{nutz} + Q_{verl}}$$

S_h = solarer Heizenergieanteil
Q_{nutz} = aus dem Speicher entnommene Energie (Energiegehalt des gezapften Wassers)
Q_{verl} = Wärmeverluste des Speichers einer typischen konventionellen Warmwasserbereitung
Q_{zusatz} = die in den Speicher eingespeiste Zusatzenergie (z.B. von einem Heizkessel)

nun auch der Wärmeverlust eines typischen konventionellen Warmwasserspeichers zu berücksichtigen. Für einen Warmwasserspeicher von 180 l (4-Personen-Haushalt) ergibt sich Qverl mit ca. 650 kWh/a.

Da hier also die Einsparung an konventioneller Zusatzenergie durch eine Solaranlage ermittelt und auf den Energieverbrauch einer konventionellen Heizungsanlage bezogen wird, verwendet man für Sh auch den Begriff „relative Zusatzenergieeinsparung".

4. Solarer Primärenergieanteil Sp

Die bisher dargestellten Definitionen bewegen sich auf der Ebene der Endenergien.

Gerade für eine wirtschaftliche Betrachtung der Solartechnik muss auch der ersetzte Primärenergieanteil berücksichtigt werden. Es ist also der Wirkungsgrad der konventionellen Energieerzeuger einzubeziehen.

Der solare Primärenergieanteil fällt höher aus als der solare Heizenergieanteil Sh, weil der Kesselwirkungsgrad im Sommer deutlich schlechter ist, aber besonders viel Solarenergie gerade im Sommer geliefert wird.

Typische Werte für Sommerwirkungsgrad bei Heizkesseln:
– Niedertemperaturkessel ca. 50 %
– Brennwertgeräte ca. 55 %

Typische Winterwirkungsgrade:
– Niedertemperaturkessel ca. 90 %

$$Sp = \frac{(Qnutz + Qverl - Qzusatz)So \times \frac{1}{\eta So} + (Qnutz + Qverl - Qzusatz)Wi \times \frac{1}{\eta Wi}}{(Qnutz + Qverl) \times \eta a}$$

$$\eta a = \frac{1}{\eta So} \times \frac{Ms}{12} + \frac{1}{\eta Wi} \times \frac{Mw}{12}$$

Sp = solarer Primärenergieanteil
Qnutz = aus dem Speicher entnommene Energie (Energiegehalt des gezapften Wassers)
Qverl = Wärmeverluste des Speichers einer typischen konventionellen Warmwasserbereitung
Qzusatz = die in den Speicher eingespeiste Zusatzenergie (z.B. von einem Heizkessel)
η So = Kesselwirkungsgrad nur bei Warmwasserbereitung
η Wi = Kesselwirkungsgrad in der Heizperiode
Ms = Anzahl der Monate für ausschließliche Warmwasserbereitung im Sommer
Mw = Anzahl der Monate der Heizperiode
$\eta \alpha$ = gewichteter Jahreswirkungsgrad des Heizkessels
So = Sommer; Wi = Winter

Beispiel

Qnutz = 2.950 kWh   Qzusatz Wi = 1.296 kWh
Qverl = 645 kWh   Ms = 4 Monate
Qzusatz So = 144 kWh   Mw = 8 Monate

$$Sp = \frac{(983 \text{ kWh} + 215 \text{ kWh} - 144 \text{ kWh}) \times 1/0{,}5 + (1.963 \text{ kWh} + 430 \text{ kwh} - 1.296 \text{ kWh}) \times 1/0{,}9}{(2.950 \text{ kWh} + 645 \text{ kWh} \times (1/0{,}5 \times 4/12 + 1/0{,}9 \times 8/12)} = 0{,}66$$

— Brennwertgeräte (für Warmwasserbereitung nur geringe Nutzung der Kondensationsenergie) ca. 95 %

Dementsprechend muss zunächst für Sommer und Winter Sp getrennt ermittelt werden, um auf den mittleren Jahres-Sp zu kommen. Der solare Primärenergieanteil errechnet sich nach der auf Seite 105 dargestellten Formel.

Die Ergebnisse dieser 4 Berechnungsmethoden unterscheiden sich zum Teil erheblich voneinander und sind daher nicht vergleichbar. Im Rahmen der geplanten europäischen Solarnorm ist hier eine Vereinheitlichung zu erwarten.
Wenn nicht anders vermerkt, beziehen sich die folgenden Ausführungen auf den solaren Heizenergieanteil Sh.

Für die Planung einer Solaranlage ist natürlich von besonderer Bedeutung, welcher solare Deckungsanteil überhaupt sinnvollerweise angestrebt werden sollte.
Je nach Zielvorgabe fällt die Größe einer Solaranlage unterschiedlich aus. Wenn Sie ein optimales Preis/Leistungsverhältnis, d.h. einen möglichst günstigen Preis für die solar erzeugte Kilowattstunde Energie anstreben, werden die Anlage und der solare Deckungsanteil kleiner ausfallen, als wenn Sie einen möglichst hohen Energieertrag anstreben. Allerdings steigt der solare Deckungsanteil jenseits des optimalen Preis/Leistungsverhältnisses nicht mehr parallel zur Anlagengröße und damit den Anlagenkosten, sondern immer geringer bis schließlich nur noch unbedeutende Steigerungen zu verzeichnen sind. Entsprechend erhöht sich der Preis für die solarerzeugte Kilowattstunde. Dieser Effekt tritt im Übrigen auch ein, wenn die Solaranlage im Verhältnis zum Energiebedarf sehr klein ausgelegt wird.
Kleinere Solaranlagen im Ein- und Zweifamilienhausbereich haben noch einen relativ hohen Fixkostenanteil, der unabhängig von der Größe ist, sodass eine begrenzte Anlagenvergrößerung über das Preis/Leistungs-Optimum hinaus das Kosten/Nutzen-Verhältnis nur geringfügig verschlechtert. Dafür steigt der solare Deckungsanteil deutlich an. Ein hoher solarer Deckungsanteil ist besonders bei einer Nachheizung über Zentralheizkessel (vor allem Feststoffkessel) zu empfehlen, um den Kesselbetrieb bei niedrigem Sommerwirkungsgrad einzuschränken. Ab einem Deckungsanteil von etwa 75 % ist jedoch auch bei erheblich vergrößerter Kollektorfläche kaum noch ein Mehrertrag zu erzielen.

Die Beziehung zwischen Solarenergiepreis (Pf/kWh) und solarem Deckungsanteil (%) lässt sich anhand einer Kurve darstellen (Bild 3.4). Die für verschiedene Anlagenvarianten dargestellten Kurven gelten nur für die Solaranlagen der Firma Wagner & Co Solartechnik. Wenn die Kollektorpreise erheblich höher liegen, wird das Kurvental enger und verschiebt sich in Richtung niedrigerer solarer Deckunganteile.
Große Solaranlagen werden in Bezug auf den solaren Deckungsanteil anders ausgelegt als kleine Anlagen. Aus wirtschaftlichen Gründen kann es oft sinnvoll sein, diese Anlagen so knapp zu dimensionieren, dass der solare Deckungsanteil nur bei 30 % bis 40 % liegt. Das Wasser im Wärmespeicher erreicht hierbei Temperaturen von etwa 35 °C bis 45°C, weshalb man hier auch von „Vorwärmanlagen"

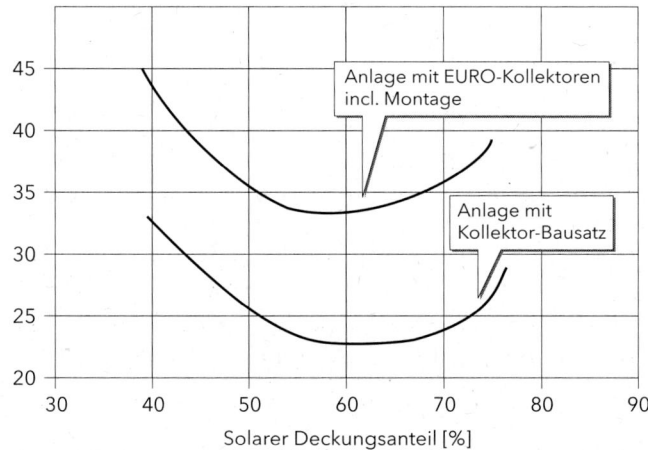

Bild 3.4 Solarenergiepreis in Abhängigkeit vom Kollektortyp und solaren Deckungsanteil (Berechnung für eine Betriebszeit von 25 Jahren)

spricht. Wegen des niedrigen Temperaturniveaus im Speicher liegt auch die Arbeitstemperatur des Kollektors niedrig. Seine Wärmeverluste und die des Speichers sind geringer und der Wirkungsgrad entsprechend höher. Diese Anlagen nützen auch die Spitzeneinstrahlung im Sommer voll aus. Dafür muss der Speicher ständig durch eine konventionelle Heizanlage nacherwärmt werden. Wirtschaftliche Überlegungen setzen allerdings der Dimensionierung nach unten hin Grenzen. Wichtige Einflussgrößen sind hier das Verhältnis von variablen und fixen Kosten sowie der Preis der konventionellen Energieträger. Die jeweils optimale Auslegung kann nur mit entsprechenden Rechnersimulationsprogrammen erfolgen.

● Auslegung der Kollektorfläche mit Nomogramm
Um hier den Arbeitsaufwand für die Ermittlung der Kollektorfläche und des entsprechenden solaren Deckungsanteils zu verringern, haben wir auf der Grundlage umfangreicher Computersimulationen das Nomogramm Bild 3.5 erstellt. Es zeigt den solaren Deckungsanteil in Abhängigkeit von Neigungswinkel, Südorientierung, Standort (Hannover, Würzburg, Freiburg), Warmwasserverbrauch (45 °C) und Kollektoraperturfläche. Für andere Standorte mit davon abweichender Globalstrahlung (siehe Tabelle 3.2) ist ein entsprechender Punkt dazwischen zu wählen.
Die im Nomogramm Bild 3.5 (siehe Seite 108) angegebenen solaren Deckungsanteile wurden berechnet für einen Flachkollektor mit folgenden Leistungsdaten:
Absorptionskoeffizient (α) ca. 95 %
Emissionskoeffizient (ε) ca. 12 %
k-Wert effektiv (für $\Delta T = 30$ K) ca. 4 W/m²K
η_o-Wert ca. 79 %
Abweichungen von weniger als 5 % spielen hier keine Rolle, sodass dieses Diagramm auch für andere leistungsfähige Kollektoren verwendet werden kann.

Auslegung der Kollektorfläche anhand eines Beispiels
Am Beispiel eines Projekts in Würzburg veranschaulichen wir, wie die Kollektorfläche konkret ausgelegt wird. Die Globalstrahlung beträgt G = 3 kWh/m²Tag. Das Dach ist nach Süden ausgerichtet und hat einen Neigungswinkel von 45°. Der 4-Personen-Haushalt hat einen Tagesverbrauch von 180 l Warmwasser (45 °C) zuzüglich 20 l/Tag für die Warmwasserversorgung der Waschmaschine und des Geschirrspülers, also insgesamt 200 l/Tag.
Im Nomogramm beginnt man mit dem Neigungswinkel und geht dann weiter zu Südorientierung und Standort bis zu den verschiedenen Kollektorflächen. Je nach dem gewünschten solaren Deckungsanteil muss eine entsprechende Kollektorfläche gewählt werden.

Das erforderliche Speichervolumen V bei 200 l Warmwasserbedarf und 1,6fachem Tagesbedarf für Vorrat beträgt V = 200 l x 1,6 = 320 l. Zur Wahl des Vorratsvolumens lesen Sie bitte im folgenden Abschnitt 3.1.2.2 nach.

3.1.2.2 Speichervolumen

Wie schon erwähnt sollte das Speichervolumen im Bereich von etwa dem 1,3 fachen bis 1,7 fachen des täglichen Warmwasserbedarfs liegen.
Erfolgt eine kontinuierliche Nachheizung im oberen Drittel des Speichers, sollte das Speichervolumen eher größer gewählt werden, da das Nachheizvolumen nicht mehr durch die Kollektoren aufgeheizt werden kann. So verbleiben beispielsweise bei einem 400-l-Speicher nur etwa 270 l für die Beheizung durch den Kollektor. Allerdings kann die Verfügbarkeit des Gesamtvolumens für die Solaranlage erhöht werden, wenn Sie die Nachheiztemperaturen niedrig einstellen (auf etwa 50°C) und wenn Sie eine zeitliche Steuerung der Nachheizung einbauen, sodass möglichst erst ab den späten Nachmittagsstunden nacherwärmt wird.
Wird die solare Aufheizung des Speichers auf ein bestimmtes Temperaturniveau begrenzt (z.B. 60°C), sollte das Speichervolumen ebenfalls etwas größer gewählt werden (etwa das 1,5-1,7fache des täglichen Warmwasserbedarfs). Wenn für relativ ungünstige Standorte hohe solare De-

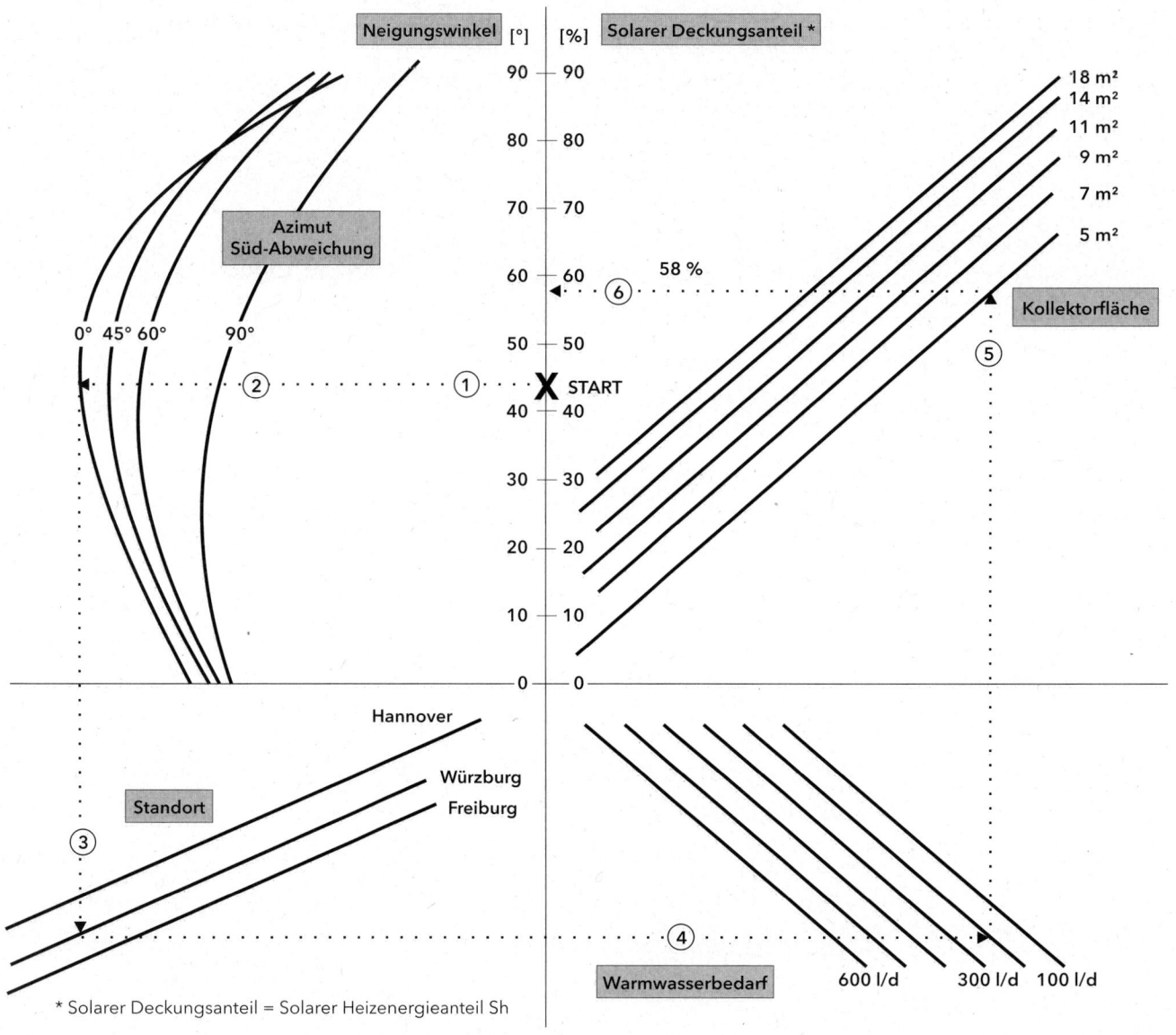

Bild 3.5 Nomogramm zur Auslegung der Kollektorfläche mit Flachkollektoren

ckungsanteile gewünscht werden, ergibt sich eine große Kollektorfläche. Um das daraus im Sommer resultierende Überhitzungsproblem zu reduzieren, empfiehlt sich etwa der doppelte Tagesbedarf als Speichervolumen.

3.1.2.3 Wärmetauscher

Die Leistungen von Kollektorfläche und Wärmetauscher müssen aufeinander abgestimmt sein, damit ein möglichst hoher Anteil der erzeugten Wärmeenergie auch in den Solarspeicher gelangt. Allerdings ist eine größere Leistungsfähigkeit des Wärmetauschers auch mit einem höheren Preis verbunden.

Glattrohrwärmetauscher sind vom Hersteller bereits im Wärmespeicher montiert und auf die jeweils vorgesehene Kollektorfläche dimensioniert.

Für die pauschale Auslegung dienen folgende Richtwerte für das Verhältnis von Wärmetauscher- zu Kollektorfläche:

Glattrohrwärmetauscher   0,25 m²/m² Kollektor
Rippenrohrwärmetauscher   0,35 m²/m² Kollektor
Außen liegende Wärmetauscher nach Herst.berech.

Für die genaue Berechnung des Wärmetauschers dienen folgende Hinweise.
Die spezifische Wärmeübertragungsleistung wird mit dem Wert k x A (in W/K) beschrieben:
[k= k-Wert (W/m²K), A= äußere Tauscherfläche (m²)]
Sie hängt im Wesentlichen ab von der Durchflussmenge, der Speichertemperatur im Bereich des Wärmetauschers, der Eintrittstemperatur in den Wärmetauscher, der Wärmeträgerflüssigkeit und der Bauweise.
Außen liegende Gegenstromwärmetauscher werden nach speziellen Computerprogrammen für jeden Einzelfall berechnet. Auslegungsparameter hierfür sind
— Volumenstrom, Eintrittstemperatur, Austrittstemperatur im Primärkreis
— Volumenstrom, Eintrittstemperatur, Austrittstemperatur im Sekundärkreis
— maximal gewünschter Druckverlust auf Primär- und Sekundärseite.

Zur Erklärung betrachten Sie bitte Bild 3.6.

Für gängige, im Speicher angebrachte Wärmetauschertypen können die (k x A)-Werte aus den entsprechenden Herstellerdiagrammen entnommen werden.
Das Wärmeübertragungsvermögen eines Wärmetauschers wird wesentlich beeinflusst von der Differenz zwischen Wärmeträgertemperatur und Speichertemperatur. Die (k x A)-Werte eines Wärmetauschers zeigt Bild 3.7 in Abhängigkeit von der Speichertemperatur und deren Differenz zur Wärmeträgertemperatur (ΔT) bei einem Durchsatz von 500 kg/h (Quelle: 26). Je höher das ΔT ist desto

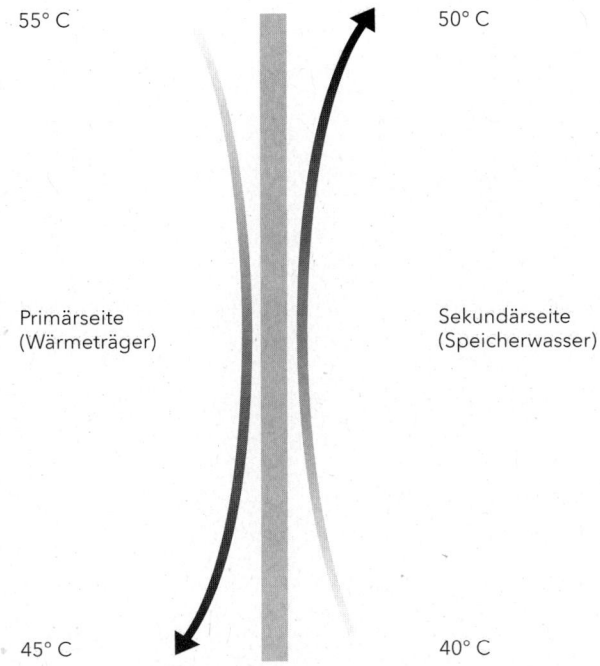

Bild 3.6 *Funktionsweise eines Gegenstromwärmetauschers (30-40 l/m² Volumenstrom pro m² Kollektorfläche)*

höher die spezifische Übertragungsleistung. Allerdings sollte das ΔT möglichst unter 15 K liegen, da bei höheren Werten Verwirbelungen am Wärmetauscher auftreten, die den Kamineffekt stören, und die Arbeitstemperatur des Kollektors ansteigt, verbunden mit einer Verringerung seines Wirkungsgrades. In der Praxis hat sich bei einem Kollektordurchsatz von 30-40 l/m²h ein ΔT von 10-12 K bewährt.

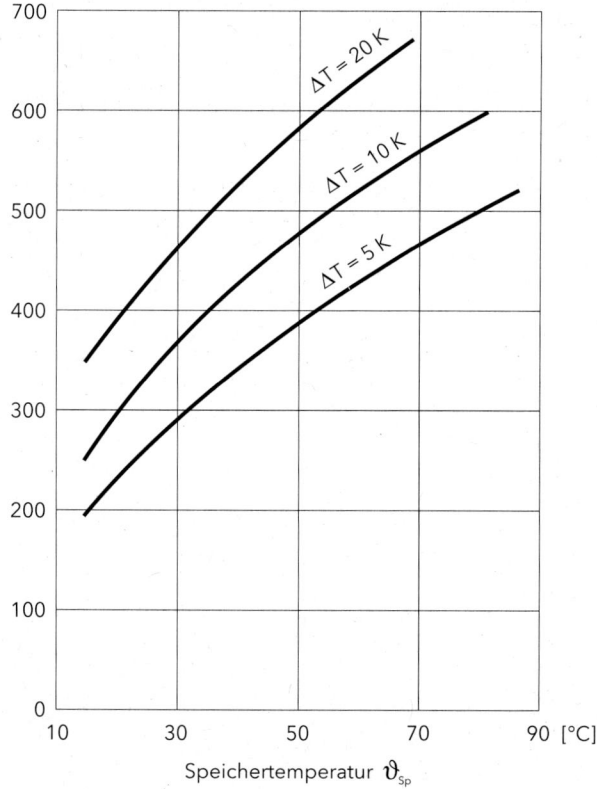

Bild 3.7 Wärmeübertragungsvermögen (k x A) eines Wärmetauschers in Abhängigkeit von der Speichertemperatur und deren Differenz zur Wärmeträgertemperatur (ΔT) bei einem Durchsatz von 500 kg/h

Auch die Art der Wärmeträger beeinflusst das Wärmeübertragungsvermögen. Die besten (k x A)-Werte werden mit Wasser erreicht. Glykolzusätze verringern das Wärmeübertragungsvermögen. Allerdings ist der Leistungsabfall bei Glattrohrwärmetauschern wesentlich geringer als bei Rippenrohrwärmetauschern.

Im Bild 3.8 sind die (k x A)-Werte für einen Glattrohrwärmetauscher und zwei Rippenrohrwärmetauscher angegeben, abhängig vom Durchsatz und den Wärmeträgern Wasser sowie Wasser/Glykol-Gemisch. Obwohl die Tauscherfläche des berippten Wärmetauschers mit 1,22 m² mehr als viermal so groß ist wie diejenige des Glattrohrwärmetauschers (0,28 m²), liegt seine Übertragungsleistung für das Wasser/Glykol-Gemisch nur etwa doppelt so hoch.

Zur Berechnung der Tauscherflächen wird am besten der k-Wert (W/m²K) benutzt (Bild 3.9). Legt man eine Kollektorfläche von 7,0 m² zu Grunde, eine Einstrahlung von 750 W/m², einen Durchsatz von 35 l/m²h, einen Kollektorwirkungsgrad von 65 % und Leitungsverluste von 5 %, so kann der Wärmetauscher günstigstenfalls 750 W/m² x 0,60 x 7,0 = 3150 W an den Speicher übertragen.

Das Diagramm (Bild 3.9) zeigt die Übertragungsleistung von Glattrohr- und Rippenrohrwärmetauschern in Abhängigkeit von der Durchflussmenge. Danach ergibt sich bei einem Volumenstrom von 245 l/h ein k-Wert von 200 W/m²K. Multipliziert mit dem ΔT von 10 K erhält man für den Glattrohrwärmetauscher eine Übertragungsleistung von 2000 W/m².

Da die erforderliche Übertragungsleistung 3150 Watt beträgt, ergibt sich eine Tauscherfläche von 1,58 m²

3.1.2.4 Druckverlust und Pumpenleistung

Die Ermittlung des Gesamtdruckverlustes (ΔP) ist Voraussetzung für die Auswahl einer geeigneten Umwälzpumpe. Er setzt sich zusammen aus dem Druckverlust folgender Anlagenkomponenten:

- Kollektoren
- Rohrleitungen und Fittings
- Wärmetauscher
- Armaturen (Rückflussverhinderer, Ventile, Pumpen).

Grundlage der weiteren Berechnung bildet die Auswahl eines angemessenen Volumenstroms.

Volumenstrom V (l/h)
HighFlow, MatchedFlow, LowFlow

Der Volumenstrom beeinflusst wesentlich den Kollektor-Wirkungsgrad. Er sollte so groß sein, dass eine optimale Wärmeabfuhr aus dem Kollektorfeld ermöglicht wird. Im Absorberbereich sollte er so hoch sein, dass eine turbulente Strömung entsteht. Diese erzeugt einen guten Wärmeübergang vom Absorber zum Wärmeträger.

Je nach der Höhe des spezifischen Volumenstroms pro qm Kollektorfläche unterscheidet man HighFlow- und LowFlow-Anlagen sowie MatchedFlow-Anlagen mit wechselndem Volumenstrom.

Der typische Volumenstrom im *HighFlow-Betrieb* liegt bei

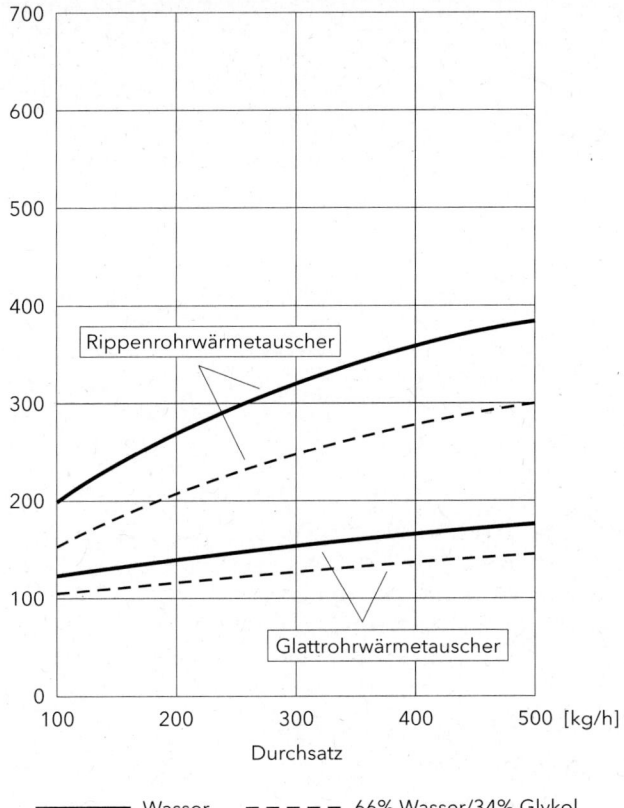

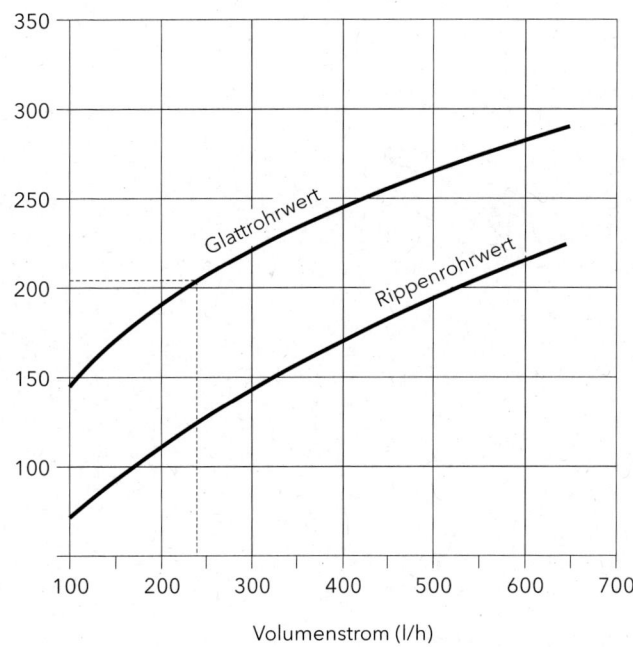

Bild 3.8 Wärmeübertragungsvermögen eines Glattrohrwärmetauschers und eines Rippenrohrwärmetauschers in Abhängigkeit von Volumenstrom und Art des Wärmeträgers (WT-Eintritt 40°C, Speicher 30 °C)

Bild 3.9 Wärmetauscherleistung für Glattrohr- und Rippenrohrwärmetauscher in Abhängigkeit vom Volumenstrom für Wasser/Glykol (60/40, für eine mittlere Speichertemperatur von 40 °C und ein ΔT von 10K

ca. 30 bis 40 l/m²/h. Dies entspricht einer Temperaturerhöhung während des Durchlaufs durch den Kollektor von ca. 10 K (bei hoher Sonneneinstrahlung). Über den Solarwärmetauscher wird zunächst die untere Speicherhälfte erwärmt. Die Temperaturerhöhung erfolgt kontinuierlich in kleinen Schritten. Wenn die Temperatur des Bereitschaftsteils erreicht wird, bildet sich im Speicher eine Umwälzung des Wassers über die gesamte Speicherhöhe aus.

Im Idealfall sollte mit der Intensität der solaren Einstrahlung auf den Kollektor auch der umgewälzte Volumenstrom wachsen, so dass die Differenz zwischen Kollektorvorlauf- und Speichertemperatur (ΔT) immer gleich gehalten werden kann. Günstig ist somit eine Pumpenregelung, welche die Pumpendrehzahl in Abhängigkeit von der Veränderung des ΔT steuert (siehe Kap. Solarregler). Diese Betriebsweise wird mit dem Fachwort *MatchedFlow* bezeichnet.

Eine *LowFlow-Anlage* arbeitet mit einem spezifischen Volumenstrom von nur 8 bis 15 l/m²h. Da nun der Wärmeträger wesentlich langsamer durch den Absorber strömt, erfährt sie eine stärkere Aufheizung. Der Zweck dieser Betriebsweise liegt darin, den oberen Speicherbereich schnell auf ein nutzbares Temperaturniveau zu erwärmen. Diesen Effekt unterstützen Schichtenladevorrichtungen (siehe Kapitel Speicher).

Im Unterschied zur HighFlow-Anlage wird der Speicher schichtweise von oben nach unten beladen, das heißt, der unterste Speicherbereich besitzt lange Kaltwassertemperatur. Über den Solarwärmetauscher kann somit der Wärmeträger stark abgekühlt werden.

Ein für die LowFlow-Anlage typischer Betriebszustand weist eine Kollektorrücklauftemperatur von ca. 15 °C auf und eine Vorlauftemperatur von ca. 55 °C.

Damit der Kollektor-Wirkungsgrad bei konstant hoher Vorlauftemperatur von 55 °C den Wirkungsgrad einer HighFlow-Anlage erreicht, ist die niedrige Rücklauftemperatur zwingend erforderlich. Dies verdeutlicht folgende Gegenüberstellung der Temperaturverläufe beider Betriebsweisen (Tabelle 3.6, siehe auch Kap. 2.2.4 Kollektorwirkungsgrad).

Angenommen, der Speicher besitzt morgens zunächst Kaltwassertemperatur, arbeitet die HighFlow – Anlage bei einer niedrigeren Kollektormitteltemperatur mit besserem Kollektor-Wirkungsgrad. Mit zunehmender Aufheizung des Speichers gleicht sich die mittlere Kollektortemperatur der der LowFlow-Anlage an. Beide arbeiten jetzt mit dem gleichen Kollektorwirkungsgrad. Erst wenn sich der Speicher der HighFlow-Anlage noch weiter erwärmt, erzielt LowFlow einen besseren Kollektor-Wirkungsgrad. (zum Kollektor-Wirkungsgrad siehe Kap. 2.2.4)

Damit das niedrigere Temperaturniveau im unteren Speicherbereich aufrechterhalten werden kann, sind folgende Bedingungen einzuhalten:

Das Speichervolumen muss so groß sein, dass es täglich nur einmal umgewälzt wird. Bei einem zweiten Durchlauf käme bereits vorgewärmtes Wasser in den Kollektor (=Rezirkulation).

Das Speichervolumen sollte den täglichen Warmwasserverbrauch nicht übersteigen. Bei größerem Inhalt ist am folgenden Tag ein Teil des Speichers schon erwärmt, sodass insbesondere bei geringer Einstrahlung eine Rezirkulation eintreten würde.

Beispiel: Standort Hannover, 4,7 m² Kollektorfläche, 200 l Warmwasserverbrauch pro Tag;
Volumenstrom: 4,7 m² x 10 l/m²h = 47 l/h
Bei einer durchschnittlichen Pumpenlaufzeit im Sommerhalbjahr von 6 Stunden ergibt sich ein tägliches Umwälzvolumen von 282 l und damit eine Speichergröße von ca. 300 l.

Daraus folgt, dass die Anlage nur dann ohne Rezirkulation läuft, wenn der Warmwasserverbrauch bei mindestens 300 l /Tag liegt.

Dafür würde sich ein solarer Deckungsanteil von nur 43 % ergeben.

Dieser Sachverhalt zeigt an, dass eine LowFlow-Anlage nur bei unterdimensionierten Anlagen mit solaren Deckungsanteilen um 40 % nennenswerte energetische Vorteile erbringt. Wie schon dargestellt, sind solch niedrige Deckungsanteile aus wirtschaftlichen Überlegungen heraus wenig sinnvoll (siehe Kapitel Solarer Deckungsanteil). Sie werfen außerdem bei Kleinanlagen im Ein-/Zweifamilienhausbereich leicht die Frage auf, ob der ganze Aufwand für eine Solaranlage noch lohnt.

Um den Ertrag zu steigern und das Problem der Rezirkulation zu entschärfen, wird mittlerweile auch eine relativ aufwändige Regelung angeboten, welche über eine Veränderung der Pumpendrehzahl den Volumenstrom erhöhen kann (MatchedFlow). Abhängig von der Kollektorrücklauftemperatur, der Speichertemperatur und der Einstrahlung wird automatisch der für den optimalen Kollektorwirkungsgrad günstigste Volumenstrom eingestellt.

Auf der Kostenseite bringt LowFlow im Bereich der Verrohrung Vorteile, da die geringeren Volumenströme eine deutliche Reduzierung der Rohrweiten zulassen (für Kleinanlage 10 bis 12 mm Kupferrohr). Werden sog. „Lifelines" oder „Twin Tubes" (Vor- und Rücklaufleitung und Fühlerkabel in einem Strang zusammengefasst) verwendet, verringert sich auch die Montagezeit. Allerdings wird dieser Vorteil gegenwärtig wieder aufgewogen durch höhere Kosten für die Schichtenlader und die erforderliche Sonderausführung der Umwälzpumpe (große Förderhöhe, kleiner Volumenstrom, z. B. Zahnradpumpe). Daher ist die Anlagenkonfiguration „LowFlow + Schichtenspeicher" für Kleinanlagen gegenwärtig nicht unbedingt empfehlenswert.

Eine andere Situation ergibt sich dagegen für Großanlagen. Einmal werden diese aus wirtschaftlichen Gründen sowieso mit niedrigen solaren Deckungsanteilen von ca. 35 % bis 45 % betrieben (siehe Kapitel solarer Deckungsanteil). Besonders wichtig wird hier jedoch der Vorteil geringerer Rohrweiten, wenn z. B. statt 64 mm nur noch 35 mm Kupferrohr eingesetzt werden muss.

Druckverluste im Solarkreis

Der Druckverlust hängt wesentlich davon ab, ob im Solarkreis Wasser oder ein Wasser/Glykol-Gemisch verwendet wird. Darauf ist bei den folgenden Berechnungen unbedingt zu achten. Für ein Wasser/Glykol-Gemisch von 3:2 liegt der Druckverlust etwa bei dem 1,3 fachen des Wertes für reines Wasser.

Volumenstrom	Rohrdimensionierung/Durchfluss	Mittlere Kollektor-Temperatur
LowFlow	28 mm Cu-Rohr, 12 l/m²/h, 160 m²	Konstant 35° C (Vorlauf 55 °C / Rücklauf 15° C)
HighFlow	DN50 Stahlrohr, 50 l/m²/h, 160 m²	Variabel je nach Betriebszustand 25° C (Vorlauf 30° C / Rücklauf 20° C) 35° C (Vorlauf 40° C / Rücklauf 30° C) 45° C (Vorlauf 50° C / Rücklauf 40° C)

Tabelle 3.6 LowFlow- und HighFlow-Technik im Vergleich

● Druckverlust des Kollektorfeldes

Für Fertigkollektoren geben die Hersteller die entsprechenden Druckverluste an. Mehrere Kollektorelemente können entweder parallel oder in Reihe oder als Kombination beider Grundmuster angeordnet werden (Bild 3.10). In Bezug auf den Druckverlust ergeben sich daraus unterschiedliche Konsequenzen.

Bei Parallelschaltung zählt nur der Druckverlust eines Kollektors, da alle weiteren nicht zu einer Erhöhung des Druckverlustes führen. Durch jeden Kollektor fließt nur eine Teilmenge des Gesamtvolumenstroms. Nachteilig ist jedoch ein erhöhter Verrohrungsaufwand. Um bei paralleler Anordnung im ganzen Kollektorfeld die gleichen Strömungsverhältnisse zu erreichen, werden Vor- und Rücklauf wechselseitig angeschlossen (Tichelmannsche Rohrführung). Auf diese Weise ergeben sich für jeden Kollektor die gleichen Leitungswege und entsprechend auch die gleichen Strömungswiderstände. In der Regel ist dann eine Rohrschleife notwendig, die man vorzugsweise in den Rücklauf einbaut.

Die Reihenschaltung verursacht einen höheren Druckverlust, da einmal durch jeden Kollektor der Gesamtvolumenstrom fließt und zum anderen die Druckverluste der einzelnen Kollektoren addiert werden müssen.

In der Praxis wird bis zu einem Druckverlust von 150 – 200 mbar die Reihenschaltung bevorzugt, das entspricht zum Beispiel 4 EURO-Kollektoren (Tabelle 3.7). Kann der Solarregler die Drehzahl der Pumpe je nach Sonneneinstrahlung variieren, ist auch ein höherer Druckverlust akzeptabel.

Da der maximale Volumenstrom mit entsprechend hohem Druckverlust nur bei maximaler Sonneneinstrahlung auftritt, läuft die Pumpe die meiste Zeit des Jahres mit niedrigerer Drehzahl. Der Stromverbrauch wird sich daher nur geringfügig erhöhen.

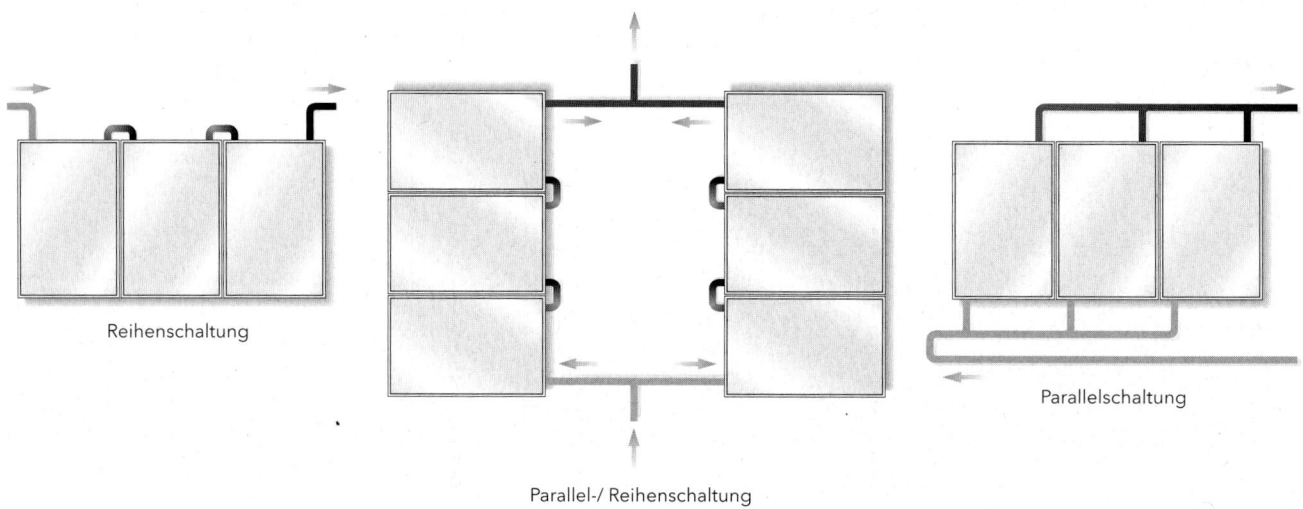

Bild 3.10 Parallel- und Reihenschaltung von Kollektoren

Verschaltungsweise von EURO-Kollektoren	1	2P	2R	3R	4R	2R/2P	3R/2P	4R/2P
Druckverlust (mbar)	8	8	30	80	160	30	80	160

P = Parallelschaltung, R = Reihenschaltung; Kollektordurchsatz 30l/m²/h; Wärmeträger: Wasser 60 %/Glykol 40 %; Temperatur 30 °C

Tabelle 3.7 Druckverlust von EURO-Kollektoren in Abhängigkeit von der Verschaltungsweise

In großen Anlagen kann auch eine darüber hinaus gehende Anzahl sinnvoll sein. Die Reihenschaltung erweist sich hier wegen der relativ geringen Anschlussverrohrung als sehr günstig.

Insbesondere bei LowFlow-Anlagen wird die Reihenschaltung sowohl von Kollektoren als auch der Rohrstrecke im Einzelkollektor bevorzugt, um die gewünschte Temperaturerhöhung von 40 K bis 50 K während des Durchlaufs des Wärmeträgers durch die Kollektoren zu begünstigen. Außerdem kann hier nur durch eine serielle Anordnung der für eine turbulente Strömung erforderliche Volumenstrom erreicht werden.

Wenn der Druckverlust durch Reihenschaltung zu hoch wird, werden Parallel- und Reihenschaltung kombiniert.

Für mehrere parallel geschaltete Absorber bzw. Kollektoren gilt, dass die Anzahl der Einzelelemente und der Querschnitt der zugehörigen Verteiler-/Sammelrohre aufeinander abgestimmt sein müssen: Je mehr Einzelelemente desto größer der Durchmesser der Verteiler-/Sammelrohre. Wird diese Regel nicht berücksichtigt, entsteht eine ungleichmäßige Durchströmung. Durch die äußeren Elemente fließt ein sehr hoher Volumenstrom, zur Mitte hin wird er immer geringer oder kommt sogar ganz zum Erliegen.

Grundsätzlich sollte der Druckverlust in den Verteiler- und Sammelrohren niedriger sein als derjenige in den Einzelelementen.

Empfohlene Vorgehensweise:
— Ermittlung des Druckverlustes eines Kollektors bei einem spezifischen Volumenstrom von circa 30 bis 40 l/m²h;
— Bestimmung des Volumenstroms abhängig von der gesamten Kollektorfläche;
— Ermittlung des Druckverlustes in den Verteiler-/Sammelrohren der parallel geschalteten Kollektoren bei verschiedenen Rohrquerschnitten.

Auf der sicheren Seite ist man, wenn dieser Druckverlust maximal 50 % bis 60 % desjenigen der Einzelkollektoren beträgt.

Werden relativ viele Kollektoren parallel geschaltet, sollte der Rohrquerschnitt des Vorlaufs abschnittsweise vergrößert und der des Rücklaufs verkleinert werden, sodass erst bei der letzten Untergruppe der größte Rohrquerschnitt erreicht wird. Auf diese Weise ergeben sich einmal erheblich geringere Materialkosten, außerdem reagiert die Anlage schneller auf wechselnde Solarstrahlung, da das Füllvolumen geringer ist.

Den Druckverlust von Selbstbauabsorbern, die aus einzelnen Absorberlamellen erstellt werden, können Sie Tabelle 3.8 entnehmen. Auch hier gilt, dass bei Parallelschaltung der Druckverlust eines Streifens für den ganzen Absorber steht.

Ebenso sollte für den einzelnen Absorber berücksichtigt werden, dass der Durchmesser der Verteiler-/Sammelrohre auf die Anzahl der parallel angebrachten Absorberlamellen abgestimmt werden muss (siehe Kapitel 4.1.2).

Ergibt sich für die Verteilerauslegung ein größerer Querschnitt, als für den Solarkreis nach der Druckverlustberechnung erforderlich ist (Fließgeschwindigkeit max. 1 m/s), so kann er außerhalb des Hauptverteilerbereichs auf das ausreichende Maß reduziert werden.

● Druckverlust von Rohren
Zunächst ermittelt man die gesamte Länge des Solarkreislaufs. Anhand von Nomogrammen können der Druckverlust für verschiedene Rohrdurchmesser pro Rohr und die entsprechende Strömungsgeschwindigkeit abgelesen werden.
Zu berücksichtigen ist, dass die Rohrnetzkennlinien in den Nomogrammen sich ändern je nach Viskosität und Dichte des Wärmeträgers. Das Nomogramm Bild 3.11 ist nur anzuwenden, wenn der Wärmeträger aus Wasser besteht. Das Nomogramm Bild 3.12 gilt nur für das Wasser/Glykol-Gemisch 3 : 2. Beide Nomogramme gelten für Kupferrohre.
Zur Auswahl eines angemessenen Rohrdurchmessers empfiehlt sich eine Orientierung an der Strömungsgeschwindigkeit im Rohr. Es sollten bestimmte Grenzwerte eingehalten werden (Tabelle 3.9).

● Druckverlust von Fittings und Armaturen
Der Einfachheit halber rechnet man hier den Druckverlust um auf ein gerades Stück Rohr, dessen Länge denselben Druckverlust aufweist wie der Fitting oder die Armatur. Diese „äquivalente Leitungslänge" kann Bild 3.13 entnommen werden. Man addiert sie zur tatsächlichen Rohrlänge.

Solarkreis/Rohr-Ø	Fließgeschwindigkeit
bis 32 mm	1 m/s
bis 50 mm	1,5 m/s
bis 80 mm	1,8 m/s

Tabelle 3.9 Fließgeschwindigkeit in Abhängigkeit vom Rohr-Ø

● Druckverlust des Wärmetauschers
Im Unterschied zum Rohrnetz ist im Wärmetauscher eine turbulente Strömung erwünscht, die den Wärmeübergang vom Wärmeträger auf die Wandung des Wärmetauschers begünstigt. Andererseits steigt damit auch der Druckverlust. Vor allem bei außen liegenden Plattenwärmetauschern sollte darauf geachtet werden, dass deren gute Wärmeübertragungsleistung nicht durch einen zu hohen Druckverlust erkauft wird.

Absoberlänge (m)	Parallelschaltung	Reihenschaltung		
	Sechs parallel	Zwei in Reihe	Drei in Reihe	Vier in Reihe
2	3	12	27	56
3,66	10	40	90	168
5,56	21	84	204	376

Druckverlust in mbar; Absorberdurchsatz: 35l/hm²; Wärmeträger: Wasser 60 %/Glykol 40 %; Temperatur 20°C

Tabelle 3.8 Druckverlust von SOLSTRIP-Absorbern

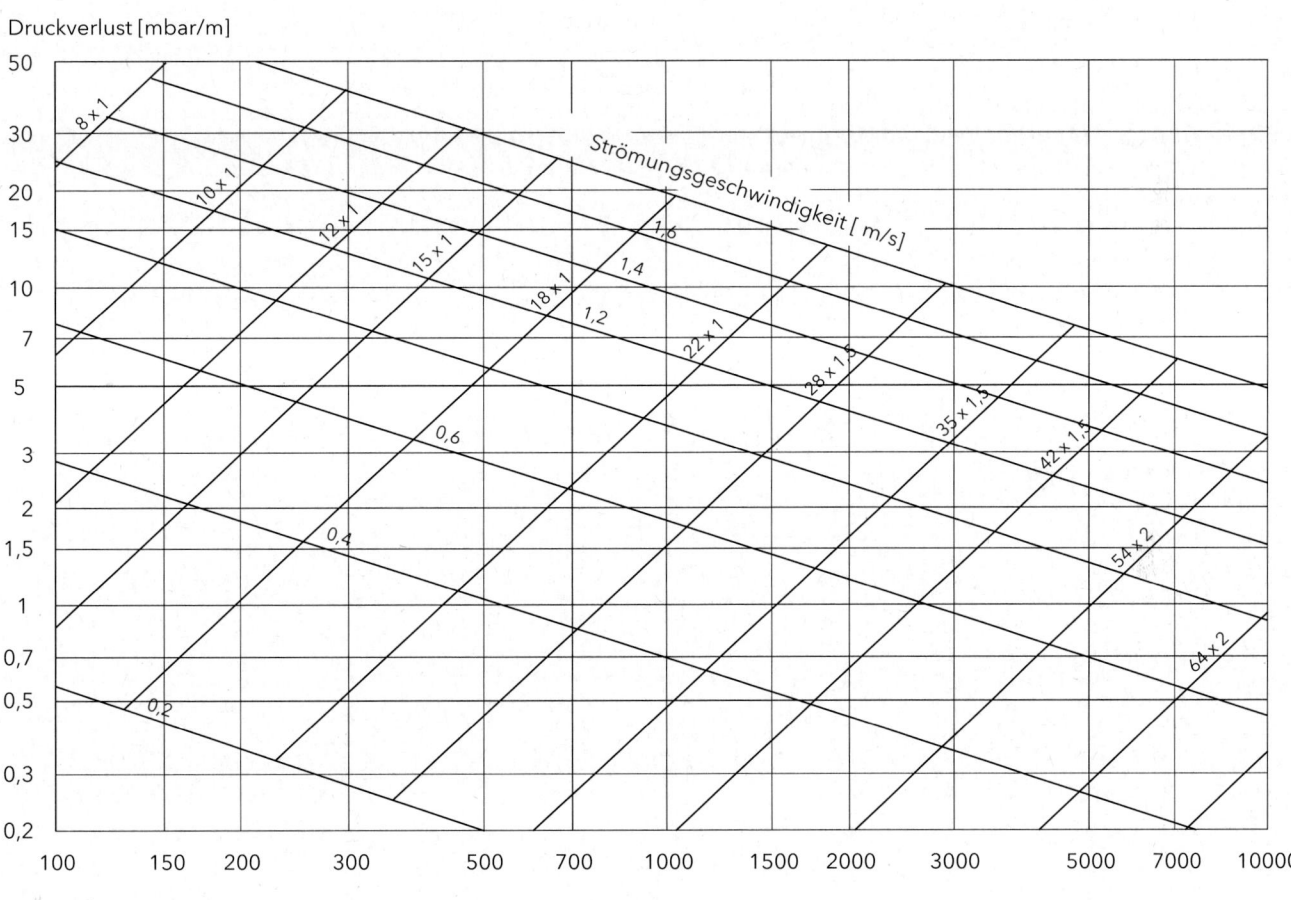

Bild 3.11 Druckverlust in Kupferrohr für Warmwasser 50°C (Quelle: 21)

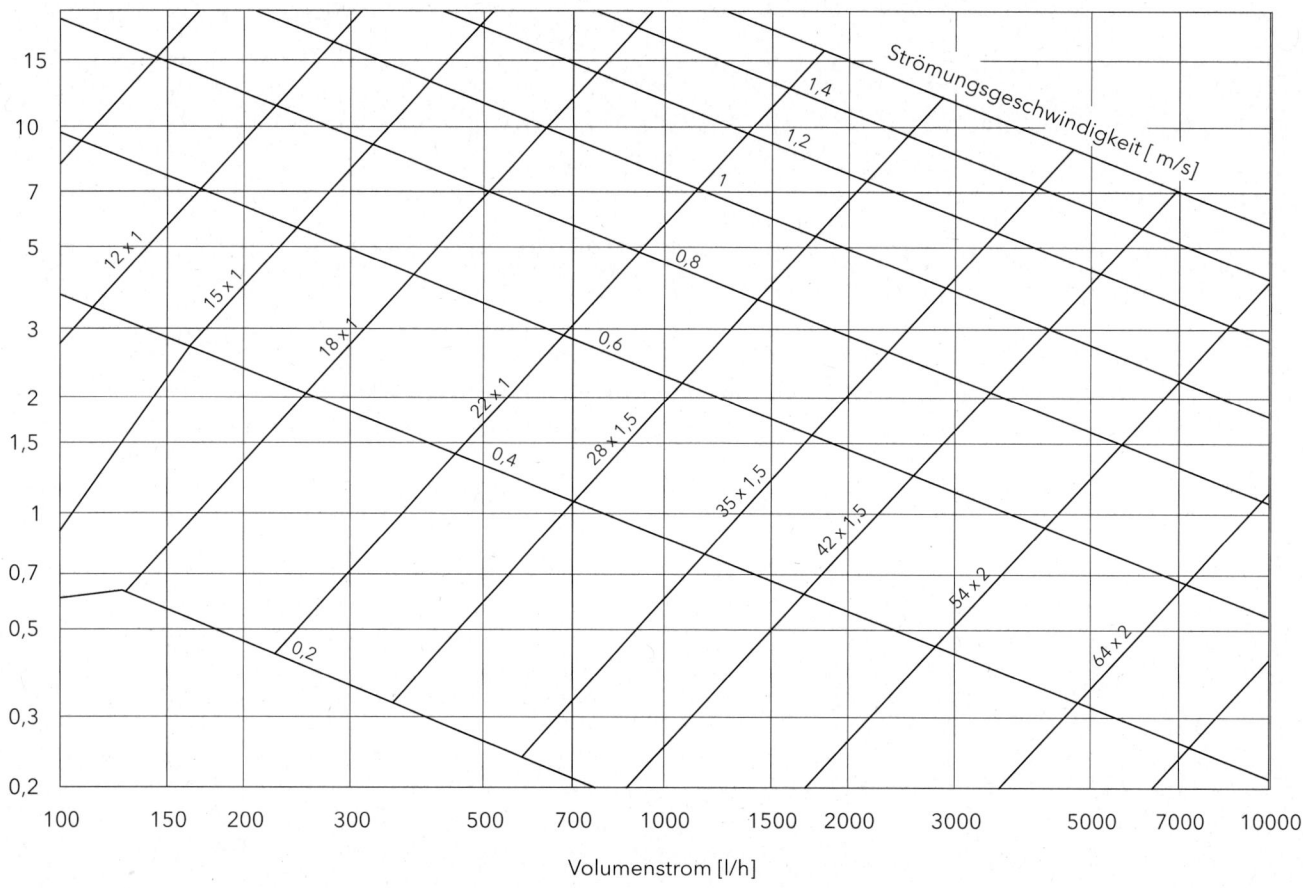

Bild 3.12 Druckverlust in Kupferrohr für Wasser/35%-Glykol; 50°C (Quelle: 21)

Die Druckverluste für gängige Glattrohrwärmetauscher finden Sie in Bild 3.14 und die für Rippenrohrwärmetauscher in Bild 3.15.

Welcher Druckverlust letztlich noch akzeptiert werden kann, hängt auch ab von der Höhe der übrigen Druckverluste sowie den verfügbaren Leistungsabstufungen der Pumpen.

Bei großen Anlagen akzeptiert man größere Pumpenleistungen bei geringen Rohrquerschnitten, weil dadurch die Kosten erheblich reduziert werden können.

In Kleinanlagen dagegen kann meist mit den kleinsten Heizungsumwälzpumpen und eher knappen Rohrdurchmessern gearbeitet werden, wenn der spezifische Volumenstrom je m² Kollektor mit 30-40 l/h gewählt wird.

Überschlägig sollten die Druckverluste von Kollektor, Verrohrung und Wärmetauscher je etwa ein Drittel des Gesamtverlustes ausmachen.

Pumpenleistung

Für jede Pumpe gibt es ein spezielles Kennliniendiagramm (Bild 3.16). Die dicken Linien bezeichnen die Kennlinien der Pumpe, für jede Förderstufe eine. Die dünnen Linien kennzeichnen die jeweilige Rohrnetzkennlinie einer Anlage.

In den Pumpendiagrammen wird der Förderdruck nicht in bar, sondern in Metern Förderhöhe (1 m WS = 0,1 bar) angegeben. Gemeint ist damit die senkrechte Wassersäule, die die Pumpe in einem offenen Rohr aufbauen würde. Diese Bezeichnung hat aber nichts mit der Gesamthöhe des Solarkreises zu tun. Da es sich um einen geschlossenen Kreis handelt, spielt die Höhe keine Rolle. Es zählen nur die Rohrreibungswiderstände.

Ein Beispiel veranschaulicht, wie eine Pumpe bei einem Volumenstrom von 260 l/h und einem Druckverlust für den gesamten Solarkreislauf von 180 mbar = 1,8 mWS ausgelegt wird. Im Diagramm (Bild 3.17) wird mit diesen Angaben der Punkt A ermittelt. Der tatsächliche Arbeitspunkt liegt jedoch am Schnittpunkt der Rohrnetzkennlinie (dünn) mit der nächsten Pumpenkennlinie (dick), also im Punkt B.

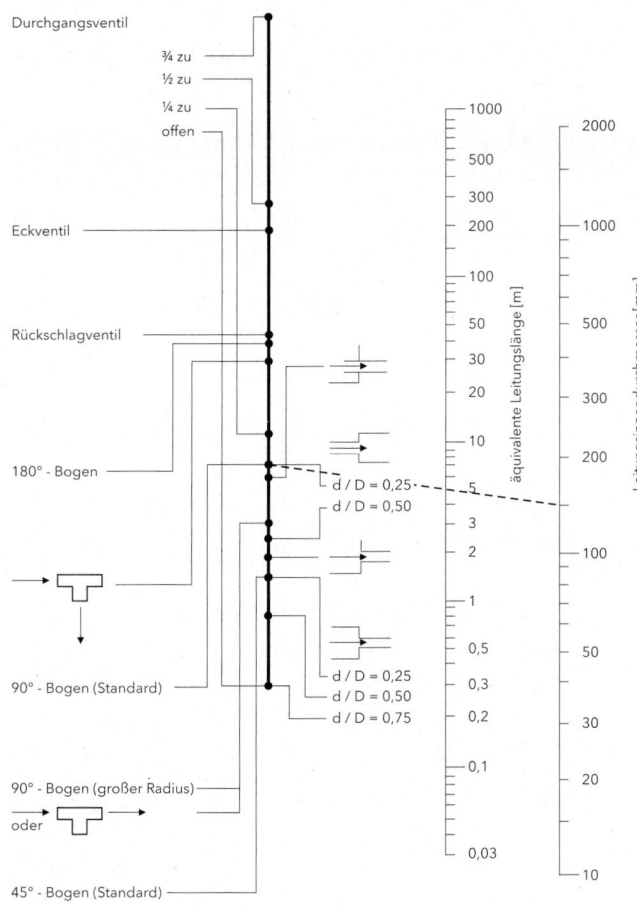

Bild 3.13 Äquivalente Leitungslänge für den Druckverlust verschiedener Solarkreislaufkomponenten (Quelle: 21)

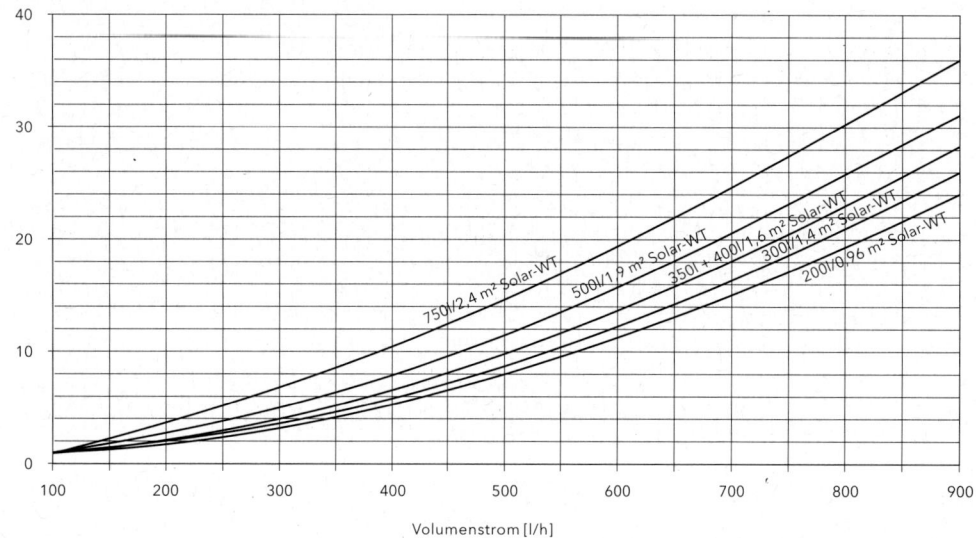

Bild 3.14 Druckverlust Glattrohrwärmetauscher in Abhängigkeit vom Volumenstrom und der Wärmetauscherfläche (Wärmeträger: Wasser/Glykol 60/40 Temperatur: 40°C)

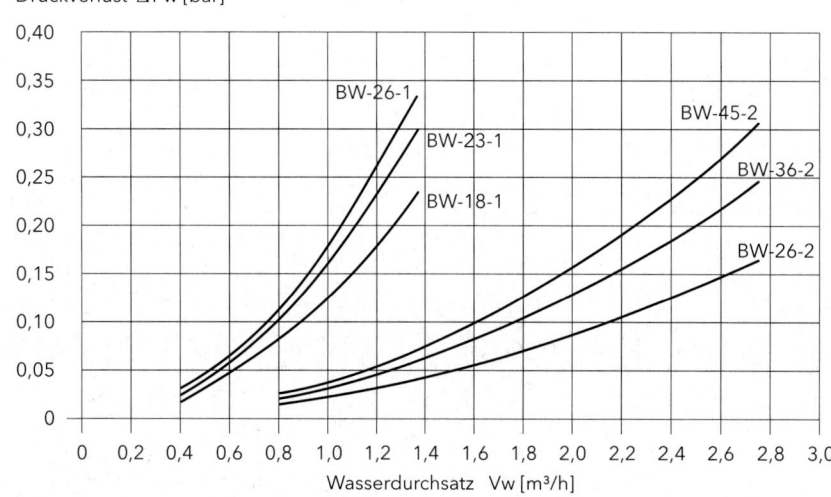

Bild 3.15 Druckverlust von Rippenrohrwärmetauschern in Abhängigkeit vom Wasserdurchsatz und der Wärmetauscherfläche (Quelle: Schmöle)

Befindet sich Punkt A zwischen zwei Pumpenkennlinien, sollte diejenige gewählt werden, welche Punkt A am Nächsten liegt, bei gleichem Abstand immer die untere. Der Arbeitspunkt wandert somit zur Pumpenkennlinie 2. Die Pumpe fördert hier ca 350 l/h bei einem Druckverlust von 2,3 mWS.

Mit dem besten Wirkungsgrad arbeitet die Pumpe, wenn sich Punkt B etwa im mittleren, dick hervorgehobenen Bereich einer Kennlinie befindet. In der vorliegenden Kennlinie einer häufig verwendeten kleinen Umwälzpumpe liegt Punkt B jedoch ganz am Anfang. Dies verweist auf das grundsätzliche Problem, dass die üblichen Heizungsumwälzpumpen nicht an die kleinen Umwälzmengen von Solaranlagen angepasst sind.

Kann über eine entsprechende Regelung die Pumpendrehzahl stufenlos variiert werden, gibt es natürlich keinen festen Arbeitspunkt. Man geht von einem spezifischen Volumenstrom bei hoher Einstrahlungsintensität (ca. 900 bis 1000 W/m²) aus, der bei ca. 50 bis 55 l/m²/h liegt. Mit dem berechneten Gesamtdruckverlust ergibt sich der maximale Arbeitspunkt, der von der höchsten Leistungsstufe (max. Drehzahl) der Umwälzpumpe noch abgedeckt werden muss. Von hier ab wandert der Arbeitspunkt im Pumpendiagramm stufenlos nach unten bis zu einem Punkt, der etwa 30 % der maximalen Leistung der Pumpe entspricht.

● Schwerkraftanlagen und hydraulische Besonderheiten
Erfolgt der Wärmetransport nach dem Schwerkraftprinzip, ist es besonders wichtig, den Druckverlust möglichst klein zu halten, da ansonsten das ganze System nicht oder nur unzureichend funktioniert. Die im Schwerkraftsystem wirksame Umtriebskraft ist schwächer als die von Pumpen erzeugbare Kraft. Daher sollten an Stelle von Winkeln und rechtwinkligen T-Stücken lieber Bögen und strömungsgerechte T-Stücke verwendet werden.
Wählen Sie bitte in Abhängigkeit von der Kollektorfläche die entsprechenden Rohrdurchmesser (Tabelle 3.10). Serpentinenabsorber sind wegen ihres höheren Druckverlustes weniger geeignet. Der Wärmetauscher im Speicher

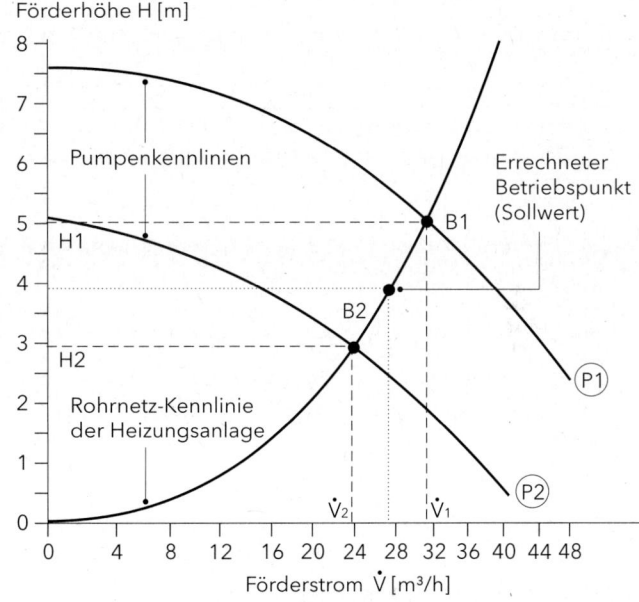

Bild 3.16 Rohrnetz- und Pumpenkennlinie (Quelle: WILO)

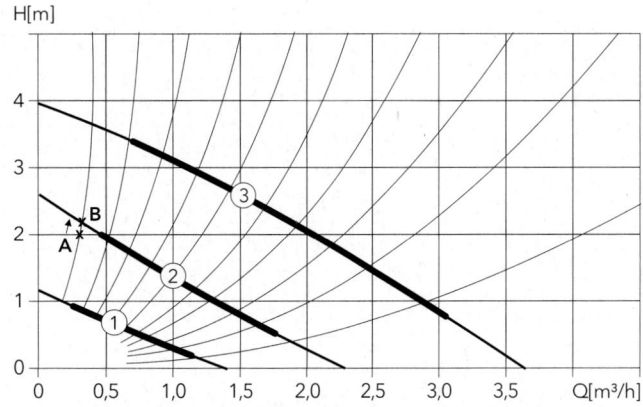

Bild 3.17 Kennlinie der GRUNDFOS-Umwälzpumpe UPS 25-40 (Quelle: GRUNDFOS)

Kollektorfläche	Solarkreis/Rohr-Ø
bis 3 m²	18 mm
4 - 7 m²	22 mm
8 - 12 m²	28 mm
13 - 20 m²	35 mm

Tabelle 3.10 Rohrdurchmesser in Abhängigkeit von der Kollektorfläche

muss aufsteigend gewendelt sein. Der Wärmeträger sollte möglichst einen geringen Glykolanteil aufweisen (ca. 30 - 35 %). Von der Kollektoroberkante bis zum Speichereintritt ist eine ständige Steigung von mindestens 2 % erforderlich. Der Speicher sollte möglichst hoch über dem Kollektor stehen, da mit der Höhe h die Umtriebskraft vergrößert wird (Bild 3.18). Ferner sind die Leitungswege möglichst kurz zu wählen.

Wenn die Höhendifferenz zwischen Kollektoroberkante und Speicherunterkante weniger als ca. 50 cm beträgt, kann sich während der Nacht der Schwerkrafteffekt umkehren. Im Kollektor kühlt sich die Wärmeträgerflüssigkeit stärker ab als in der Rücklaufleitung, die wärmegedämmt ist und meist innerhalb des Daches verläuft. Infolgedessen drückt die kalte Flüssigkeit im Kollektor nach unten und über die Rücklaufleitung in den Speicher zurück. Dort nimmt sie wieder Wärme auf, und der Kreislauf beginnt von vorne. Am nächsten Morgen ist der Speicher kalt.

Um diesen Negativeffekt bei geringem Höhenunterschied zu vermeiden, sollten die Rücklaufleitung im Kollektor und die Vorlaufleitung innerhalb der Solarspeicherdämmung verlegt werden. Wenn dies nicht möglich ist, kann eine Rückschlagklappe eingebaut werden. Sie erhöht allerdings den Durchflusswiderstand.

Die Leistungsfähigkeit von Schwerkraftanlagen ist durchaus vergleichbar mit der von Pumpensystemen. Den auf Grund größerer Rohrquerschnitte höheren Wärmeverlus-

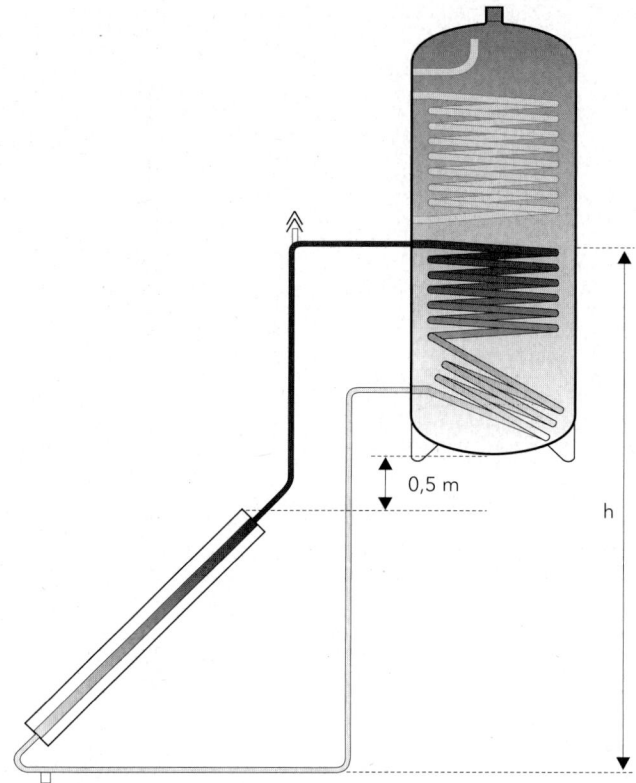

Bild 3.18 Funktion einer Schwerkraftanlage

ten im Rohrnetz und etwas schlechteren Wärmeübertragungswerten beim Betrieb mit Glykol steht ein optimales Regelverhalten gegenüber, das von keiner elektronischen Steuerung erreicht wird. Der Schwerkraftumtrieb setzt früher ein als die durch eine Regelung gesteuerte Pumpe und läuft so lange bis keine Übertemperatur im Kollektor mehr vorhanden ist.

Anlagen-volumen (l)	Koll.-fläche (m²)	Ausdehnungsgefäß-Volumen (l) für folgende Anlagenhöhen (m):					
		2,5	5	7,5	10	12,5	15
18	5	12	12	12	18	18	18
20	7,5	18	18	18	18	18	18
23	10	18	18	18	18	25	25
24	12,5	25	25	25	25	25	25
25	15	25	25	25	25	25	25
29	17,5	25	25	25	25	35	35
35	20	25	25	35	35	35	35
37	25	35	35	35	35	35	50
40	30	35	35	35	50	50	50

Tabelle 3.11 Auslegung des Ausdehnungsgefäß-Volumens für die Stillstands-Temperatursicherung in Abhängigkeit von Kollektorfläche und Anlagenhöhe (Ausdehnungsgefäß bis Kollektoroberkante).
Den Werten liegen Annahmen zu Grunde, dass die Anlage bei voller Sonneneinstrahlung stillsteht und der Kollektor ein Volumen von etwa 0,6 l/m² hat.

3.1.2.5 Ausdehnungsgefäß und Sicherheitsventil

Für kleine Solaranlagen kann die Dimensionierung überschlägig vorgenommen werden.
In Abhängigkeit von Kollektorfläche, Anlagenvolumen und Anlagenhöhe (Ausdehnungsgefäß bis Kollektoroberkante) lässt sich das Volumen des Ausdehnungsgefäßes in Litern bestimmen. Die Anlagenhöhe bedingt den nötigen Vordruck des Ausdehnungsgefäßes.

Wenn bei voller Sonneneinstrahlung die Anlage stillsteht und das Ausdehnungsgefäß zusätzlich das gesamte Kollektorvolumen aufnehmen soll, ist selbstverständlich das Ausdehnungsgefäß entsprechend größer zu dimensionieren (Tabelle 3.11). Damit bei größeren Kollektorflächen nicht zu große Ausdehnungsgefäße eingesetzt werden müssen, ist ein Sicherheitsventil mit einem Anprechdruck von 6 bar vorgesehen.

Einflussgrößen für eine exakte Berechnung des Ausdehnungsgefäß-Volumens:

- Vordruck po: Orientiert sich an der Höhendifferenz zwischen dem höchsten Punkt der Anlage und dem Ausdehnungsgefäß umgerechnet in bar zuzüglich 0,2 bar als Sicherheitsreserve.

$$po = \frac{H(m)}{10} + 0{,}2 \text{ bar}$$

- Anlagenfülldruck pa: po + 0,3 bar
  Mit dieser Maßnahme wird sichergestellt, daß der Solarkreis bis zum höchsten Punkt gefüllt ist, auch wenn nach Inbetriebnahme noch Luft aus der Anlage entweicht. Durch die Druckerhöhung wird Flüssigkeit im AG bevorratet, die bei Bedarf in den Solarkreis nachströmt (=Flüssigkeitsvorlage).
  Die Strategie, durch einen höheren Fülldruck(und Vordruck) die Verdampfungsphase im Kollektor erst bei sehr hohen Temperaturen (150° C bis 170° C) eintreten zu lasssen, führt nur zu einer vorzeitigen Alterung des Wärmeträgers. Außerdem werden unnötig große und teure Ausdehnungsgefäße erforderlich. Nicht die Verdampfung der Flüssigkeit ist das Problem sondern die hohe Temperaturbelastung. Wird dagegen nur der Mindestanlagenfülldruck eingestellt, erfolgt die Verdampfung einer kleinen Teilmenge schon bei ca. 130° C. Der Großteil der Flüssigkeit wird aus den Kollektor gedrückt und ist somit vor höheren Temperaturen geschützt.
- Flüssigkeitsvorlage Vv: 0,5 % des Anlagenvolumens, mind. 3 l
- Enddruck pe: max. 5,4 bar für Sicherheitsventil 6 bar (allgem. 10 % unter dem Ansprechdruck des Sicherheitsventils)
- Anlagenvolumen Va: Inhalt von Absorbern, Rohrnetz, Armaturen, Wärmetauscher
- Ausdehnungskoeffizient e: e = 0,085 bei einer Fülltemperatur von 10° C und einer Maximaltemperatur von 130° C (max. anzunehmende mittl. Temp. im Solarkreis vor Beginn der Verdampfungsphase im Kollektor)
- Ausdehnungsvolumen Ve: Va x e

Berechnung des Gesamt-Volumens Vg eines Ausdehnungsgefässes

Um ein Ausdehnungsgefäß für die Stillstandstemperatursicherung auszulegen, ist das Gesamtvolumen (Nennvolumen) Vg des Ausdehnungsgefäßes zu ermitteln. Es setzt sich zusammen aus Gas- und Flüssigkeitsvolumen.

Das **aufzunehmende Flüssigkeitsvolumen** setzt sich zusammen aus:

Ausdehnungsvolumen	Ve
Flüssigkeitsvorlage	Vv
Kollektorvolumen	Vk
Volumen der Anschlußverrohrung	Vr

Während der Verdampfungsphase wird die Kollektorflüssigkeit in das Ausdehnungsgefäß gedrückt. Sehr leistungsfähige Kollektoren (Flachkollektoren mit AR-Glas, Vakuumröhrenkollektoren) erreichen im Stillstand Temperaturen von 230° C bis 300° C.
Über Wärmeleitung und konvektive Strömungen kann sich der Verdampfungsbereich auch bis zu mehreren Metern in die Anschlussleitungen des Kollektors sowie in die Kollektorverbindungsleitungen erstrecken. Das entsprechende Rohrvolumen muss in die Berechnung eingehen.

Das **Gesamtvolumen Vg des Ausdehnungsgefäßes** berechnet sich nach:

$$Vg = (Ve + Vv + Vk + Vr) \times \frac{Pe}{(Pe - Pa)}$$

Da hier mit den absoluten Drücken gerechnet wird, muß der Umgebungsdruck von 1 bar berücksichtigt werden (z. B. Pe = 5,4 bar Überdruck + 1 bar Umgebungsdruck = 6,4 bar).

Beispielsrechnung
6 EURO C20 AR (Vk = 4 l), H = 10 m, 30 m Cu-Rohr 18 mm, Verdampfung über 2 m Anschlussverrohrung, 6 bar Sicherheitsventil,

V_a = 23 l, V_v = 3 l, V_e = 1,96 l, V_r = 0,4 l,
p_o = 1,2 bar, p_a = 1,5 bar, p_e = 5,4 bar

$$V_g = (1,96 l + 3 l + 4 l + 0 4 l) \times \frac{6,4 \text{ bar}}{(6,4 \text{ bar} - 2,5 \text{ bar})}$$

V_g = 15,36 l

Gewählt wird ein 18 l Ausdehnungsgefäß.

Ausdehnungsgefäße für kleine bis mittelgroße Solaranlagen werden in den Standardgrößen 12, 18, 25, 35, 50, 80 und 100 l angeboten.

3.1.3 Spezialanlagen für Warmwasserbereitung

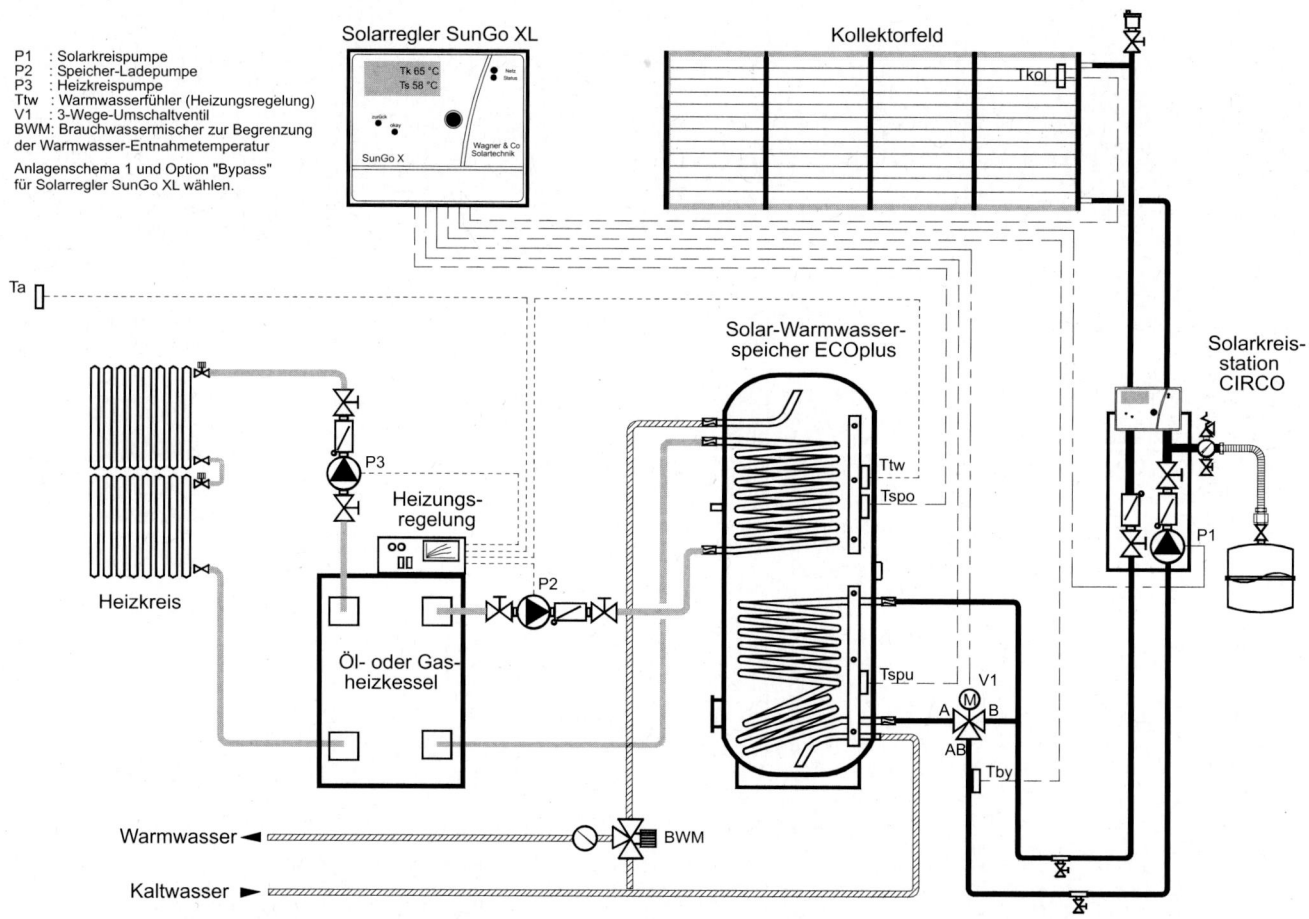

Bild 3.19 Ein-Speicher-Anlage mit Bypass-Regelung zur Vorwärmung bei langen Leitungswegen
Wird eine einstellbare Mindesttemperaturdifferenz zwischen Kollektor und unterem Speicherbereich erreicht, schaltet der Solarregler die Solarkreispumpe ein. Dadurch werden über den Bypass zunächst die Solarleitungen erwärmt. Erst wenn zwischen den Messstellen Tby und Tspu ein für die Speichererwärmung nutzbare Temperaturdifferenz gemessen wird (ca. 4K), schaltet der Solarregler das 3-Wege-Ventil zur Beladung des Speichers um.

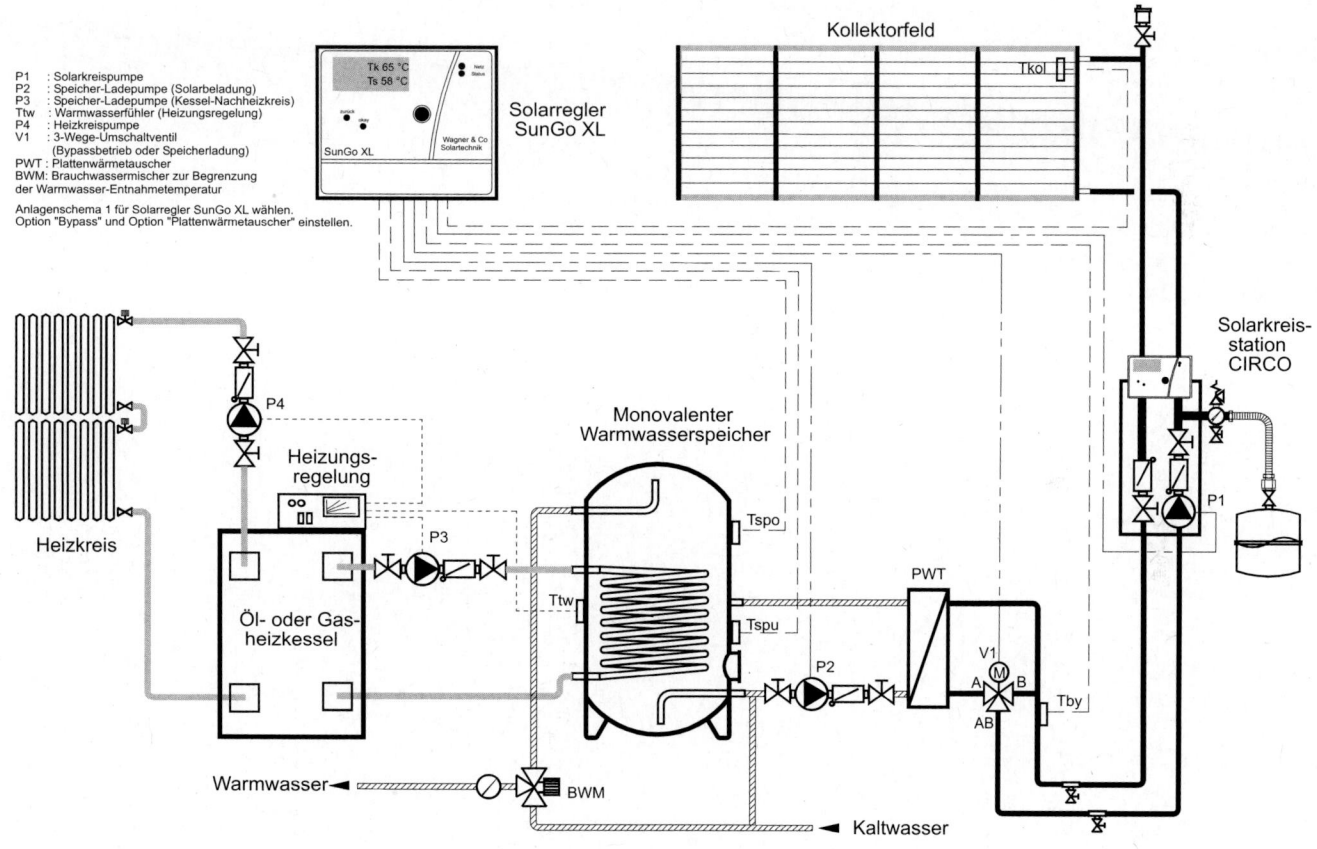

Bild 3.20 Ein-Speicher-Anlage mit Bypass-Regelung und externem Gegenstromwärmetauscher
Das Schaltschema funktioniert wie in Bild 3.19 beschrieben. Der Anschluss an den Speicher erfolgt mit einem externen Wärmetauscher und einer zusätzlichen Brauchwasserpumpe. Der finanzielle Aufwand für den externen Wärmetauscher und die zusätzliche Pumpe lohnt sich erst bei größeren Solaranlagen oder wenn im Speicher kein Wärmetauscher zu installieren ist.

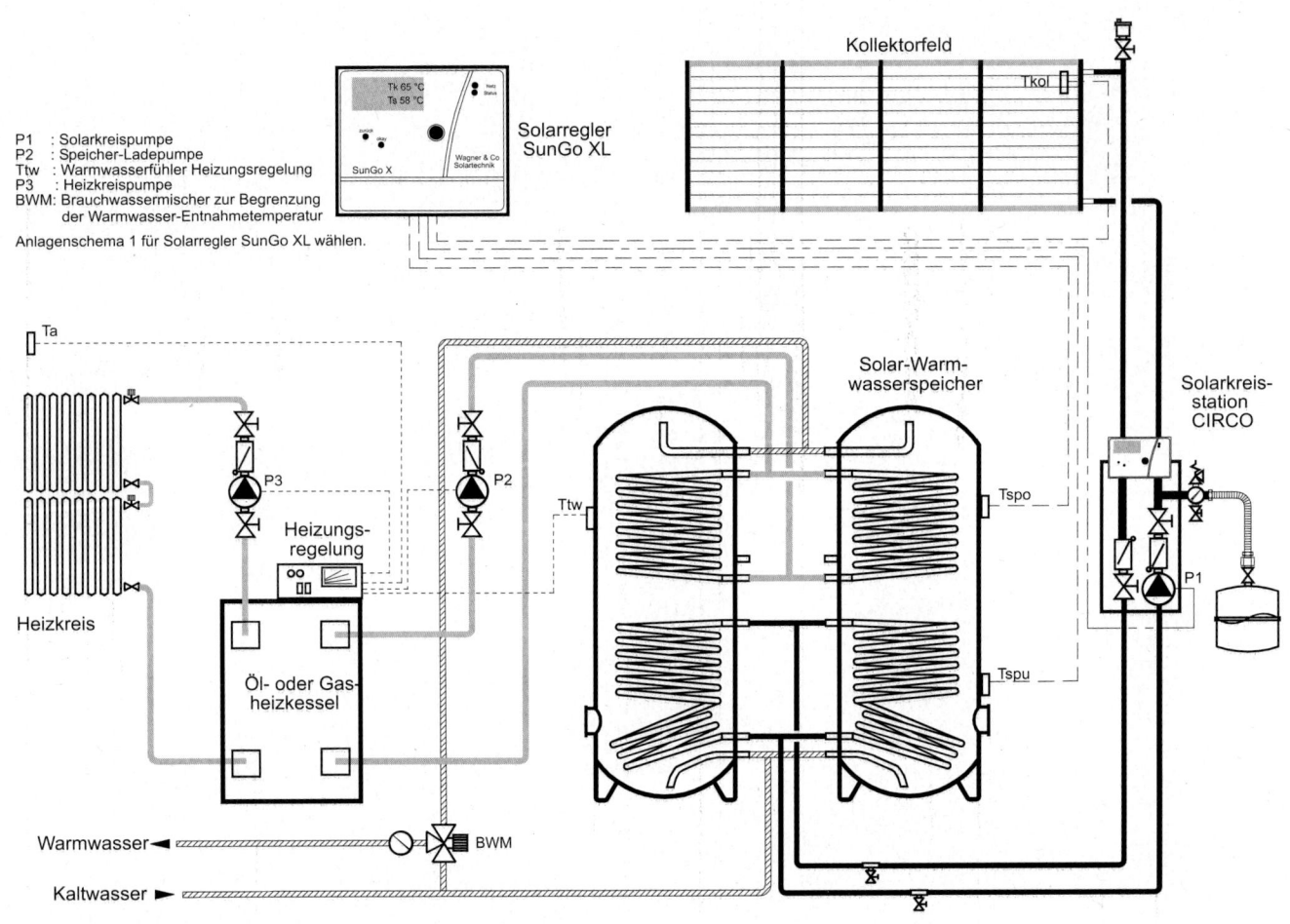

Bild 3.21 **Zwei-Speicher-Anlage mit Parallelbetrieb zweier Solar-Warmwasserspeicher**
Bei größerem Warmwasserbedarf oder z.B. eingeschränkter Deckenhöhe im Aufstellungsraum bietet sich diese Parallelschaltung zweier Solarspeicher an.

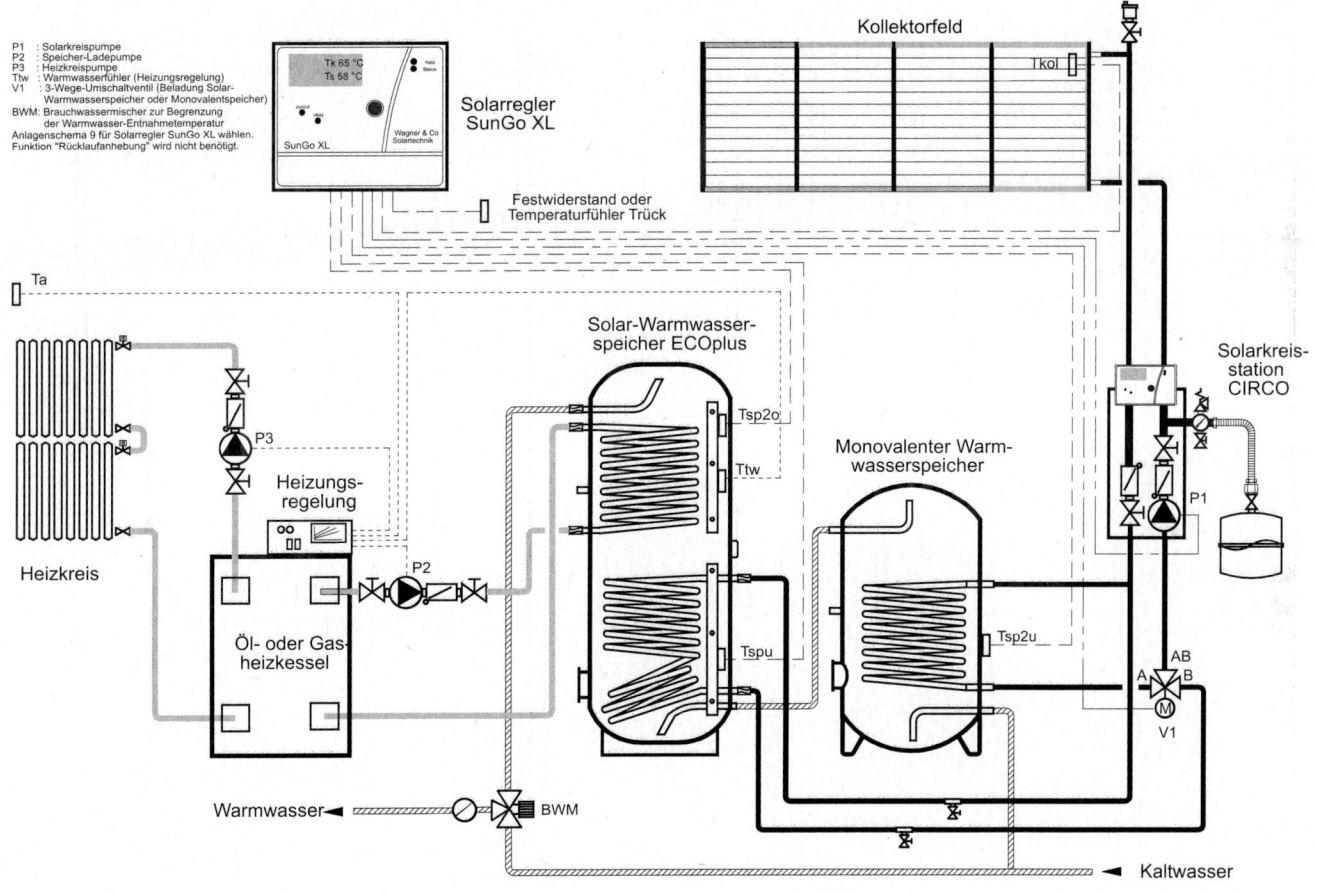

Bild 3.22 Zwei-Speicher-Anlage mit Speichervorrangschaltung über ein 3-Wege-Ventil
Für Solaranlagensysteme mit zwei Speichern bietet sich diese optimierte Regelung an. Hierbei wird zunächst nur einer der beiden Speicher (Vorrangspeicher) bis zur eingestellten Temperatur erwärmt. Reicht die momentane Sonneneinstrahlung zum Erreichen der Solltemperatur jedoch nicht aus, wird nur bis auf die maximal mögliche Temperatur erwärmt und dann auf den zweiten Speicher umgeschaltet. Vom Kessel wird immer der Vorrangspeicher nachgeheizt.

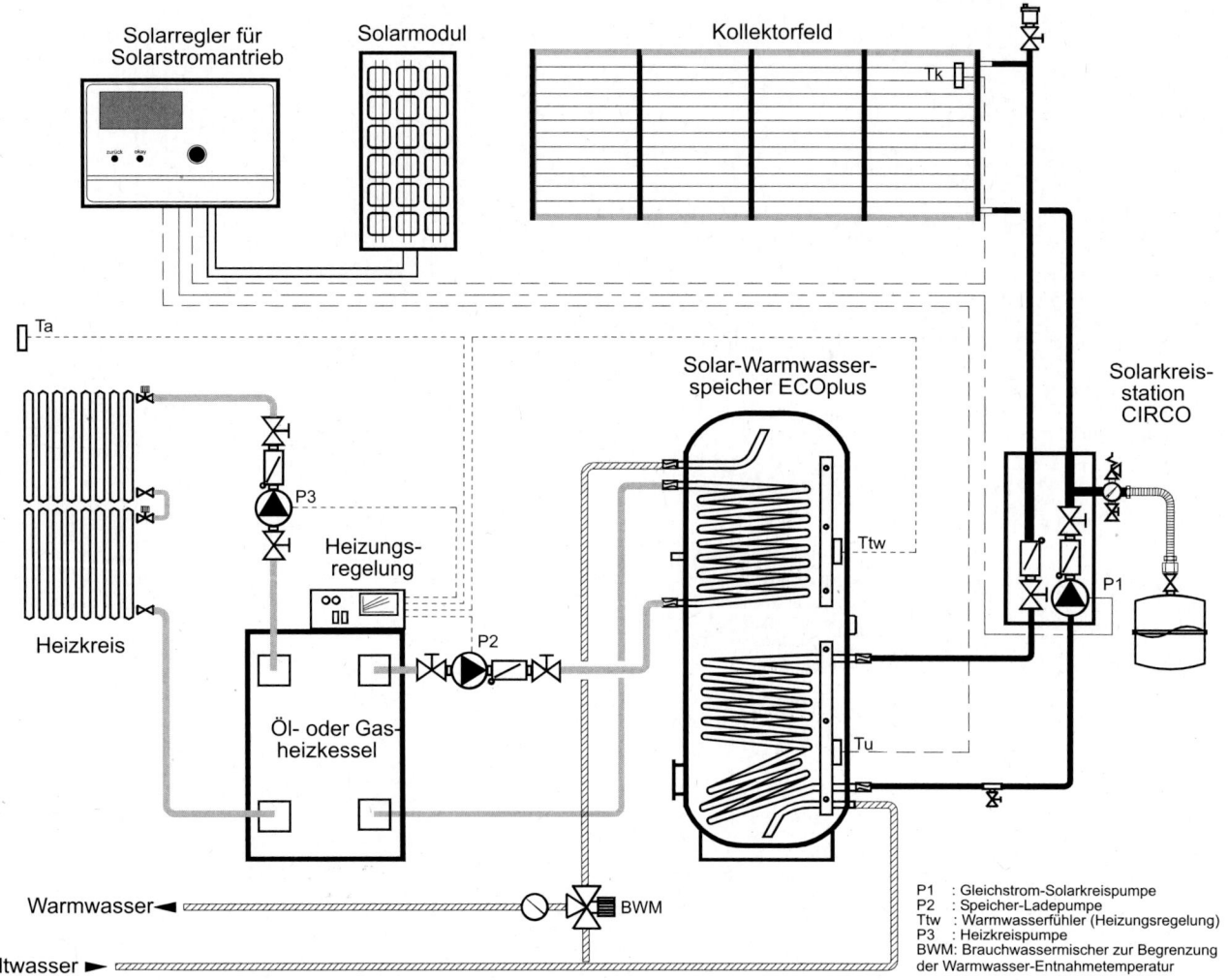

Bild 3.23 Autarke Ein-Speicher-Anlage mit Solarstrombetrieb
Die Gleichstromumwälzpumpe des Solarkreises wird direkt von einem PV-Modul betrieben. Ein Temperatur-Differenz-Regler vermeidet eine Wärmeverschleppung in den Abendstunden. Für kleinere Solaranlagen bis etwa 7 m² genügt eine Solarzellenleistung von 10 Watt. Die Betriebsspannung sollte über 16 Volt liegen. Die entsprechende Gleichstrompumpe (in 24 V, gegenüber 12 V-Ausführungen wird der Anlaufstrom halbiert) benötigt 8,5 W. Ein Anlaufregler in der Steuerung sorgt dafür, dass die Pumpe auch bei niedriger Einstrahlung mit der Mindeststromstärke versorgt wird. Bis zu einer Kollektorfläche von etwa 10 m² kann in Kombination mit einem 20 W Solarmodul noch dieselbe Umwälzpumpe eingesetzt werden.

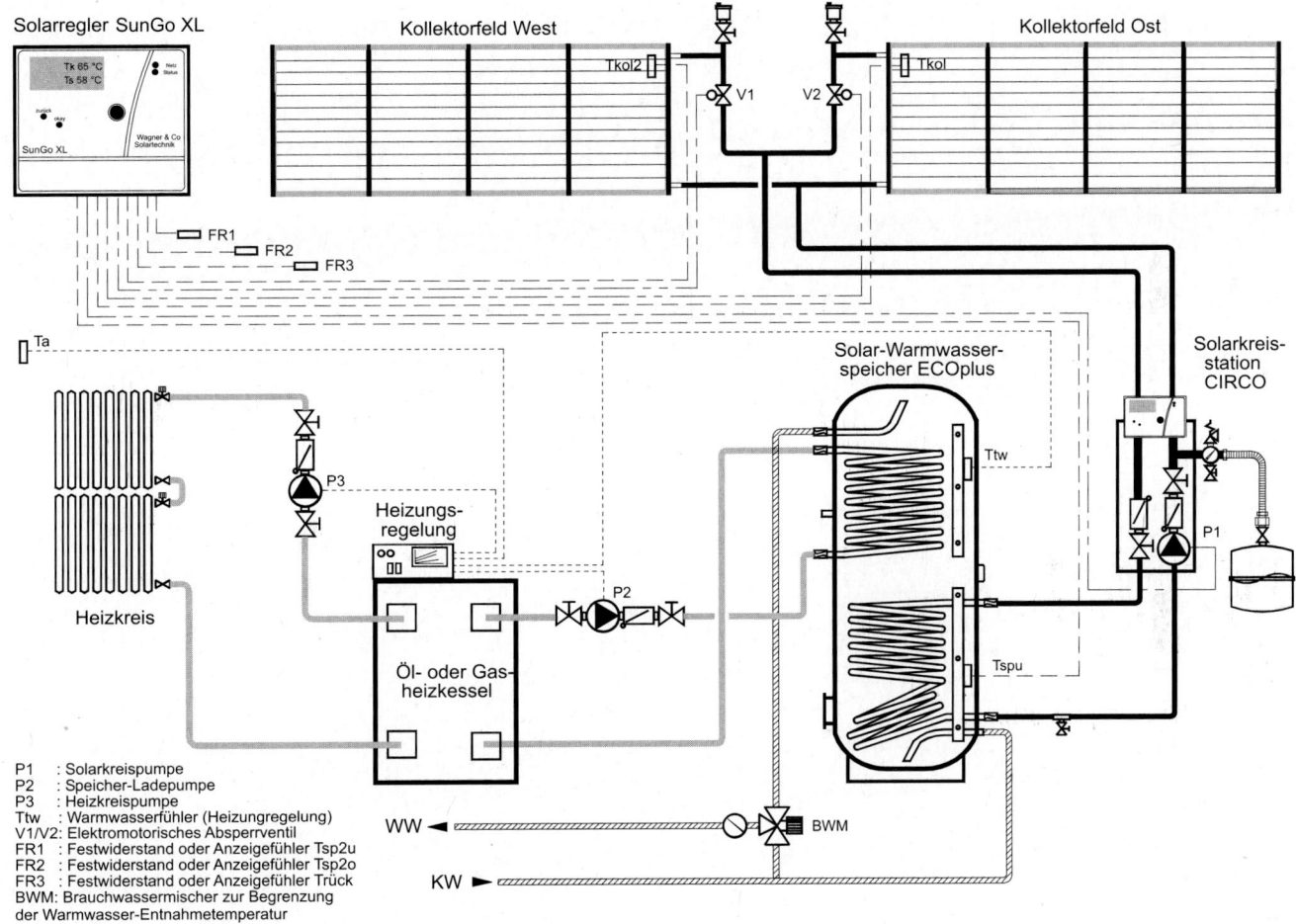

Bild 3.24 Ein-Speicher-Anlage mit zwei verschieden ausgerichteten Kollektorflächen
Über einen Temperaturfühler an jeder Kollektorfläche misst die Solarreglung, ob eine Wärmeabfuhr in den Speicher möglich ist. Entsprechend werden 2-Wege-Ventile angesteuert. Alternativ können auch zwei Pumpen eingesetzt werden. Grundsätzlich sollte die Kollektorfläche jedoch nur auf einer Dachfläche (vorzugsweise Westdach) untergebracht werden, da hier der Montage- und Kostenaufwand erheblich geringer ist. Nur wenn eine Dachfläche nicht ausreicht, ist eine Verteilung der Kollektorfläche sinnvoll.

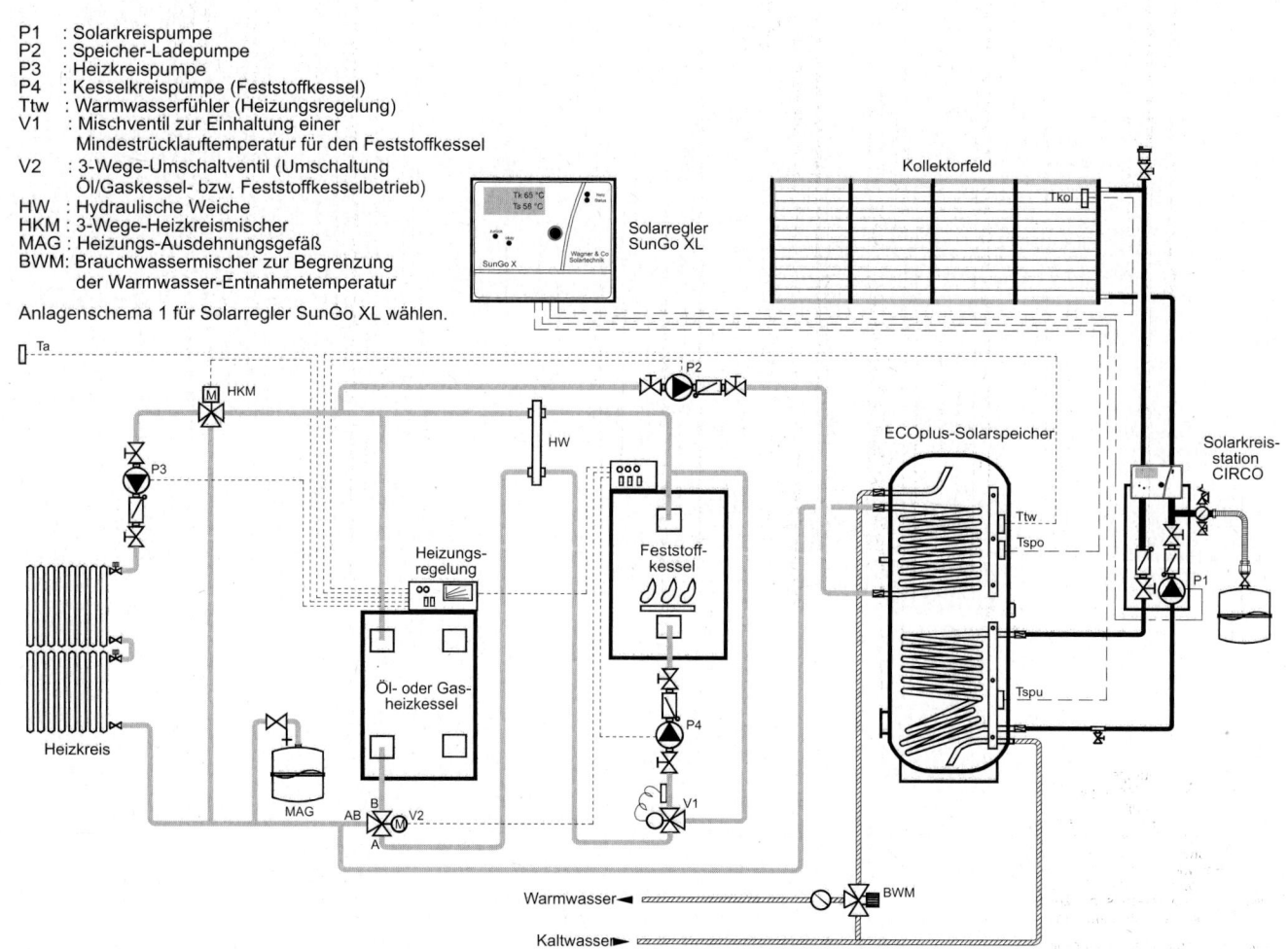

Bild 3.25 **Ein-Speicher-System mit Nachheizung durch Öl/Gaskessel und Feststoffkessel**
Trinkwasser-Nacherwärmung, Heizkreisbetrieb und Umschaltung zwischen Öl/Gaskessel- und Feststoffkesselbetrieb erfolgt über die Heizungsregelung.

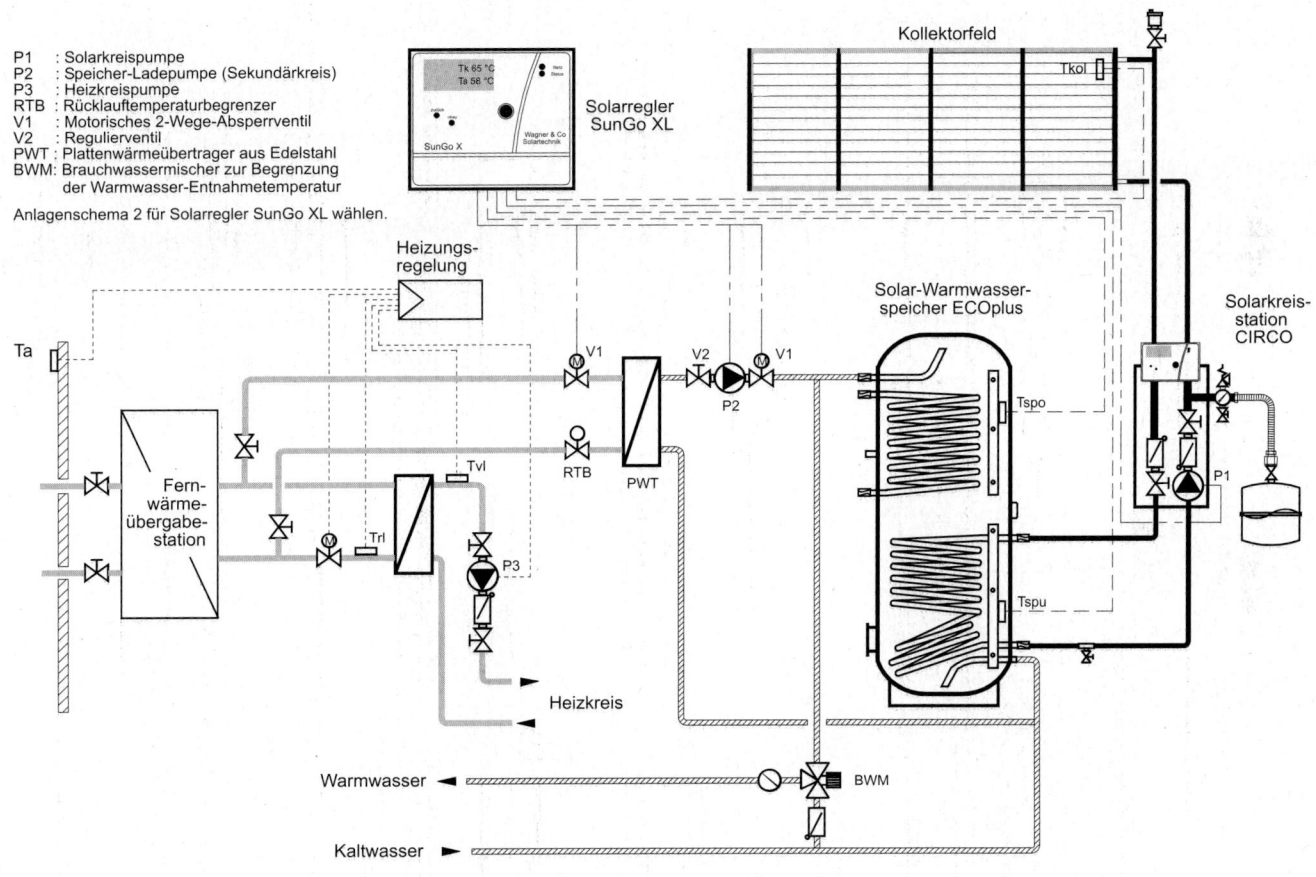

Bild 3.26 Ein-Speicher-Solaranlage für Warmwasserbereitung in Verbindung mit Fernwärmeanschluss für die Nachheizung
Bei Unterschreiten der Trinkwasser-Solltemperatur öffnet der Solarregler SunGo XL die Stellventile V1 und schaltet die Ladepumpe P2. Diese Systemlösung ist mit dem Fernwärmeversorgungsunternehmen abzuklären.

3.2 Auslegung für Warmwasserbereitung und Raumheizung

Solare Raumwärmeversorgung kann in unterschiedlichem Ausmaß erfolgen. Die Systempalette reicht von einfachen Anlagen mit geringem Deckungsanteil bis zu Solarsystemen mit fast vollständiger Deckung des Energiebedarfs. Die Planung sollte berücksichtigen, dass sich die Globalstrahlung und der Heizwärmebedarf im Verlauf des Jahres genau gegensätzlich verändern. Dem größten Heizwärmebedarf im Winter steht eine nur sehr geringe Globalstrahlung gegenüber und umgekehrt im Sommer (Bild 3.27). Generell ist solares Heizen dann zu empfehlen, wenn die zu beheizenden Häuser einen guten Dämmstandard aufweisen, das bedeutet einen maximalen Heizwärmebedarf von ca. 40-60 kWh/m² Wohnfläche sowie eine maximale Heizungsrücklauftemperatur im Auslegungspunkt von 30 °C. Günstig ist ein großflächiges Heizverteilungssystem (Fußboden-, Wandflächenheizung), das die niedrigsten Rücklauftemperaturen ermöglicht. Allerdings ist der Unterschied zur Radiatorenheizung relativ klein, da diese in der Übergangszeit, in der die größten solaren Energieerträge für die Raumheizung erreicht werden, auch mit relativ nied-

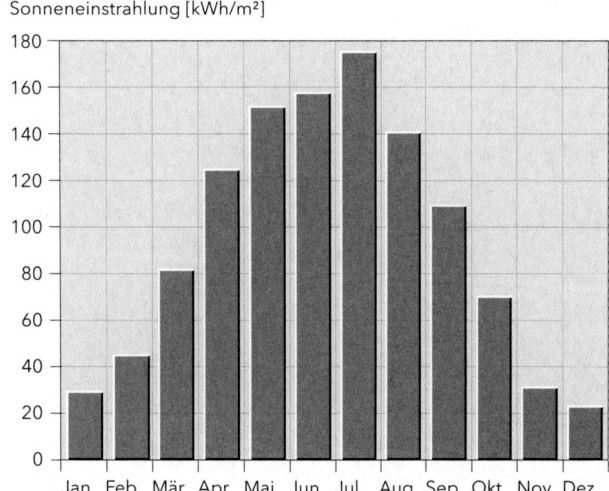
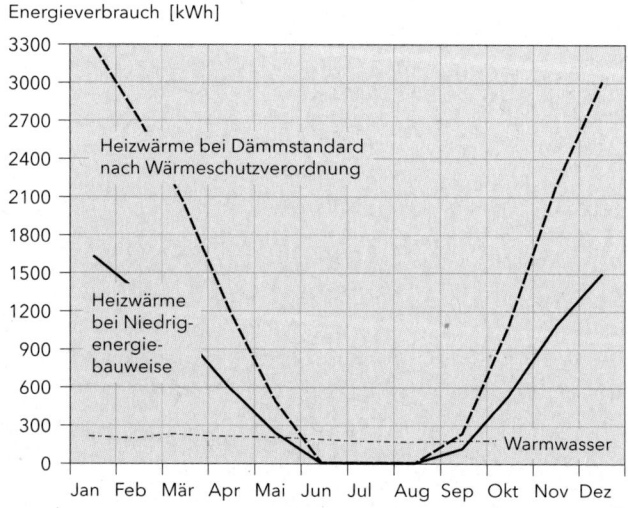

Bild 3.27 Sonneneinstrahlung und Heizwärmebedarf

rigen Heizkreistemperaturen arbeitet. Häufig wird in diesem Zusammenhang auch übersehen, dass Gebäude mit einem höheren Heizenergiebedarf einen größeren solaren Energieertrag erzielen als solche mit sehr niedrigem Heizenergiebedarf (bei gleicher Dimensionierung der Solaranlage).

Für erstere beginnt die Heizperiode früher und dem Pufferspeicher wird mehr Energie entnommen. Daher kann mehr Sonnenenergie genutzt werden. Der solare Deckungsanteil ist natürlich auf Grund des höheren Heizwärmebedarfes kleiner.

Dieser Hinweis sollte allerdings nicht dahingehend missverstanden werden, dass auf eine gute Wärmedämmung verzichtet werden kann. Vielmehr geht es darum zu zeigen, dass auch Gebäude mit geringerem Dämmstandard für die solare Beheizung geeignet sind. Außerdem wird hier deutlich, dass es nicht sinnvoll ist, die Bewertung einer Solaranlage ausschließlich vom solaren Deckungsanteil abhängig zu machen, der, wie gezeigt, auch noch ziemlich umständlich zu erfassen ist (siehe Kap 3.1.2).

3.2.1 Solare Warmwasseranlage mit Nutzung der Überschusswärme für die Raumheizung

Eine Solaranlage für die Warmwasserbereitung kann im Sommer und teilweise auch in der Übergangszeit wesentlich mehr Wärmeenergie produzieren als benötigt wird. Wenn in dieser Zeit ein zusätzlicher Heizenergiebedarf existiert, lässt sich diese Überschussenergie noch nutzen und muss nicht vernichtet werden.

Mögliche Anwendungsfälle wären z. B. ein zu kühles Badezimmer oder ein feuchter Keller etc.

Die bestehende Solaranlage kann ohne Veränderungen auch die Raumheizung übernehmen, wenn der Solarregler SunGo XL eingesetzt wird. Er regelt automatisch die Wärmeabfuhr aus dem Solarspeicher in die Heizungsanlage, wenn die Speichertemperatur einen bestimmten Wert überschreitet. Zu diesem Zweck werden Speicherlade- und Heizkreispumpe in Betrieb genommen, sodass über den Nachheizwärmetauscher dem Speicher Wärmeenergie entzogen und in den Heizkreis abgeführt wird (Bild 3.28). Da die von den Kollektoren erzeugte Wärmeenergie hier ohne Zusatzinvestitionen optimal genutzt wird, erzielt man natürlich auch ein besonders gutes Kosten/Nutzenverhältnis.

Allerdings kann der solare Beitrag zur Raumheizung naturgemäß nur bescheiden ausfallen und übersteigt im Allgemeinen nicht 5 % des gesamten jährlichen Heizenergiebedarfs.

3.2.2 Solare Raumheizung mit zusätzlichem Heizungspufferspeicher

Besonders in den Übergangszeiten kann mit diesem System ein deutlicher solarer Beitrag für die Raumheizung geleistet werden. Bei der Planung muss allerdings berücksichtigt werden, dass die Solaranlage im Sommer erhebliche Überschussenergie liefert, wenn in diesen Monaten kein zusätzlicher Heizenergiebedarf vorliegt. Ideal ist natürlich ein zusätzlicher Sommerwärmebedarf z.B. für die Schwimmbadbeheizung oder wenn Nachbarn und Freunde mit zum Baden eingeladen werden.

Ist das nicht der Fall, sollte die Anlage mit einer Übertemperatursicherung ausgestattet sein (Kapitel 2.3). Dazu gehört auch eine sorgfältige Anlagenauslegung, die sich am tatsächlichen Heizenergiebedarf orientiert.

Der Pufferspeicher wird in der Regel für den Tagesbedarf an Heizenergie ausgelegt. Um die Wärmeenergie des Speichers weitestgehend auszunutzen, sollte die Heizungsrücklauftemperatur in der Übergangszeit nicht über 25 °C liegen.

Die Einbindung des Pufferspeichers in die Solaranlage erfolgt entweder in Form einer 2-Speicher-Anlage oder eines Kombispeichersystems (siehe Kap. Speicher).

Bild 3.29 zeigt das typische Schaltbild einer Solaranlage

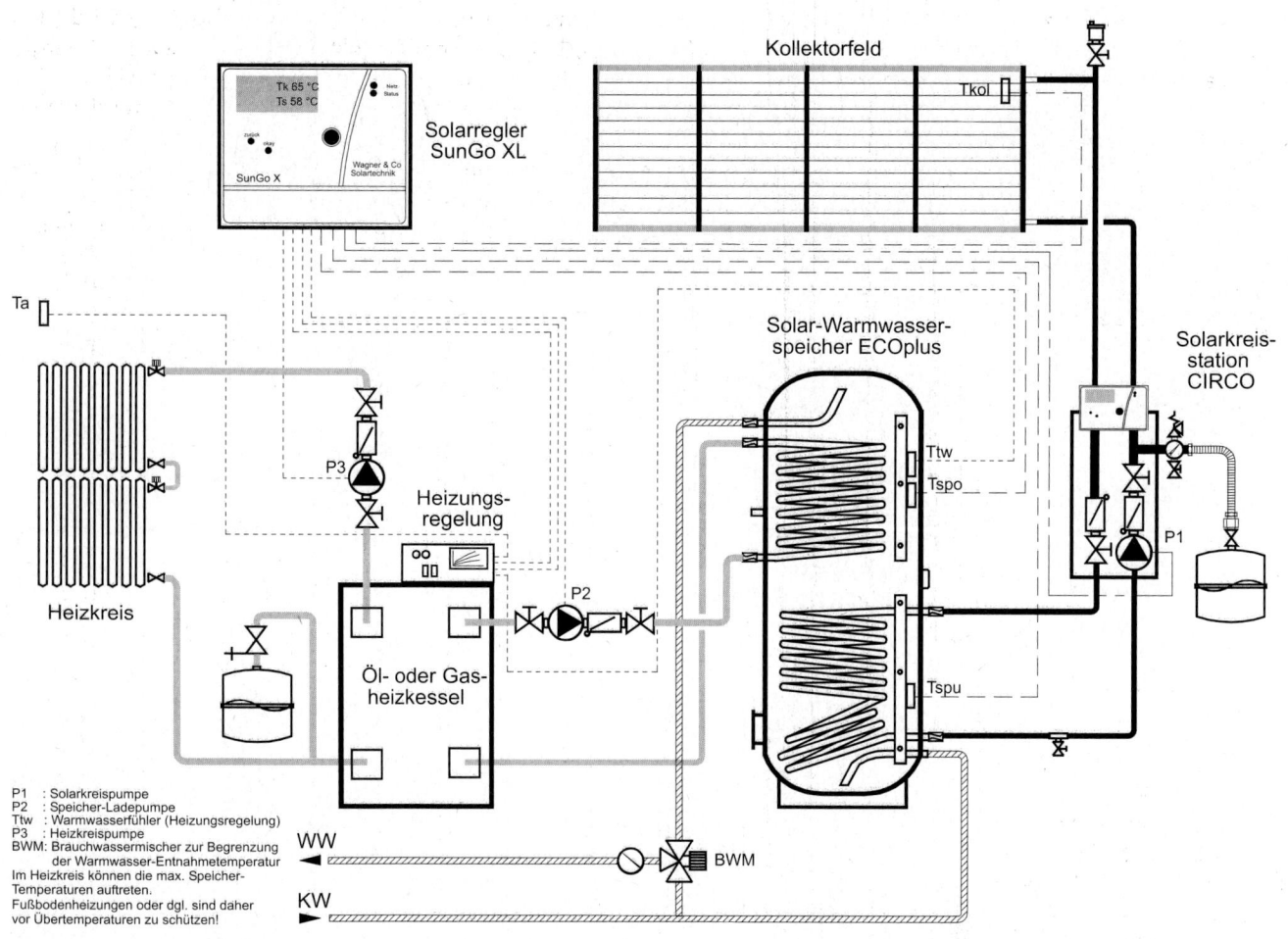

Bild 3.28 Solaranlage für Warmwasserbereitung mit Nutzung der Überschussenergie für die Raumheizung

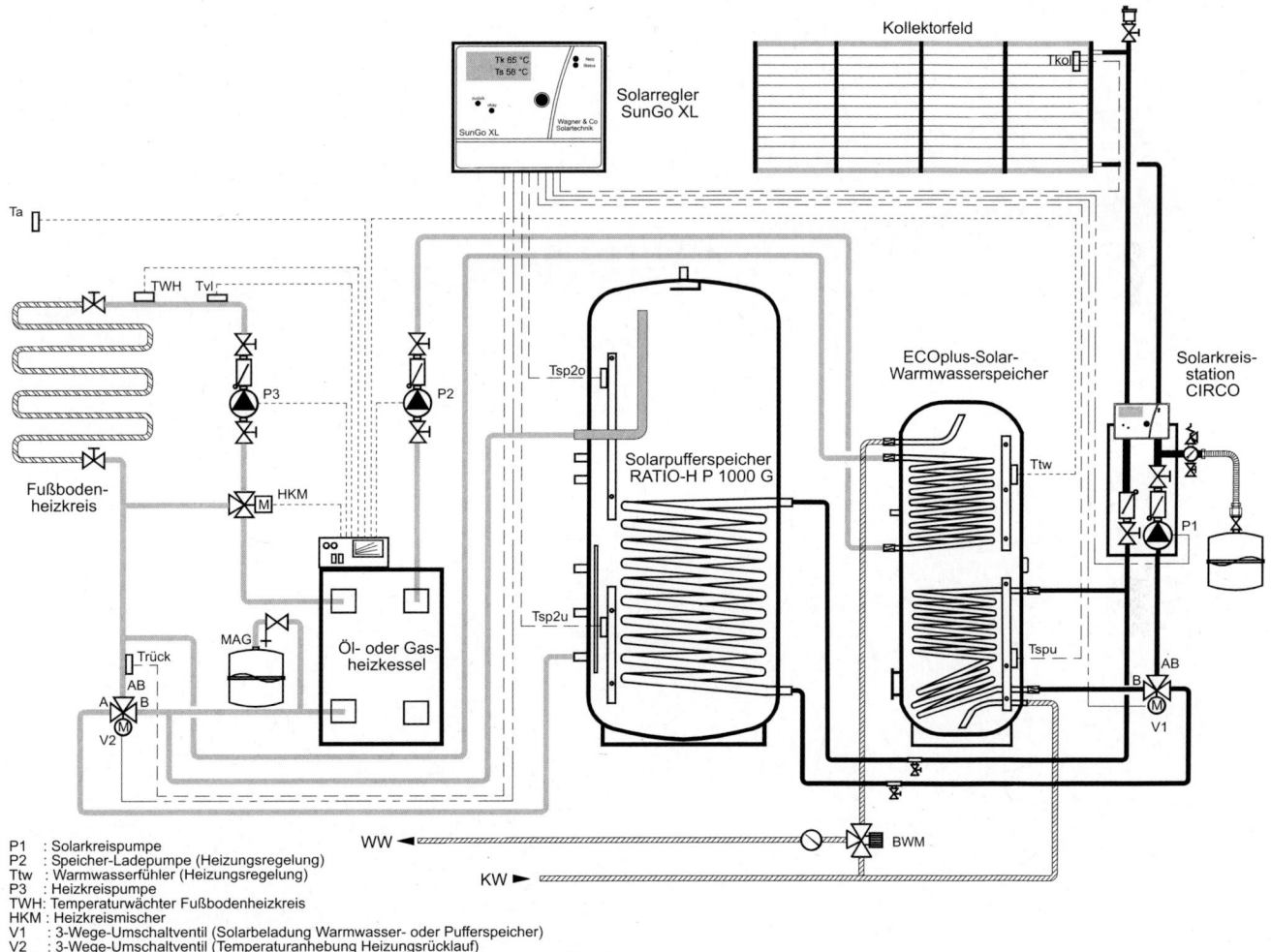

P1 : Solarkreispumpe
P2 : Speicher-Ladepumpe (Heizungsregelung)
Ttw : Warmwasserfühler (Heizungsregelung)
P3 : Heizkreispumpe
TWH: Temperaturwächter Fußbodenheizkreis
HKM : Heizkreismischer
V1 : 3-Wege-Umschaltventil (Solarbeladung Warmwasser- oder Pufferspeicher)
V2 : 3-Wege-Umschaltventil (Temperaturanhebung Heizungsrücklauf)
MAG : Ausdehnungsgefäß Heizkreis (bei Auslegung Pufferspeichervolumen berücksichtigen)
BWM: Brauchwassermischer zur Begrenzung der Warmwasser-Entnahmetemperatur

Anlagenschema 9 für Solarregler SunGo XL wählen.

Bild 3.29 Zwei-Speicher-Solaranlage für Warmwasserbereitung und Heizungsunterstützung mit Optimierung der Trinkwassernachheizung durch mögliche Einbindung des Pufferspeichers

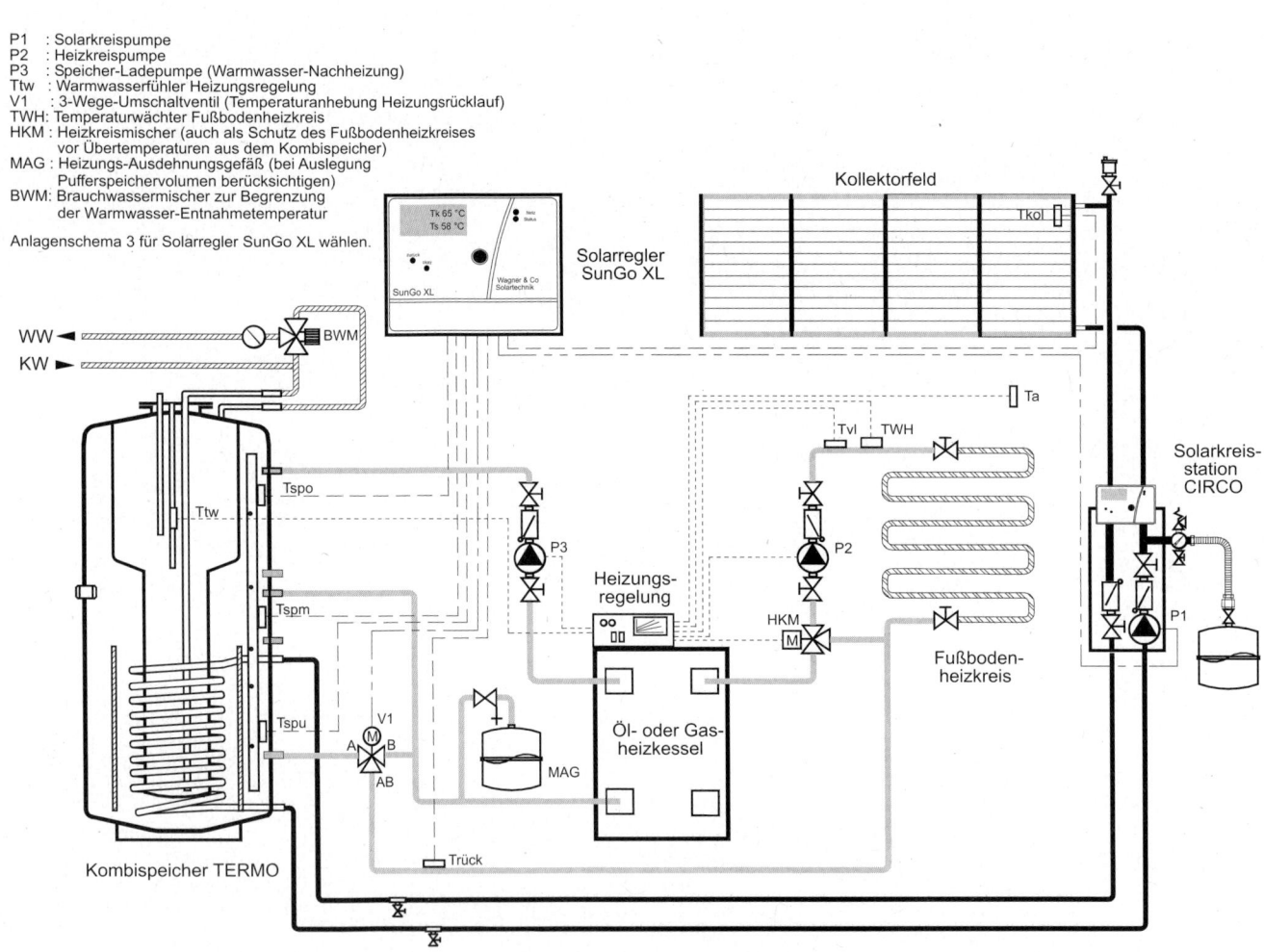

Bild 3.30 Solaranlage für Warmwasserbereitung und Heizungsunterstützung mit dem TERMO-Kombispeicher

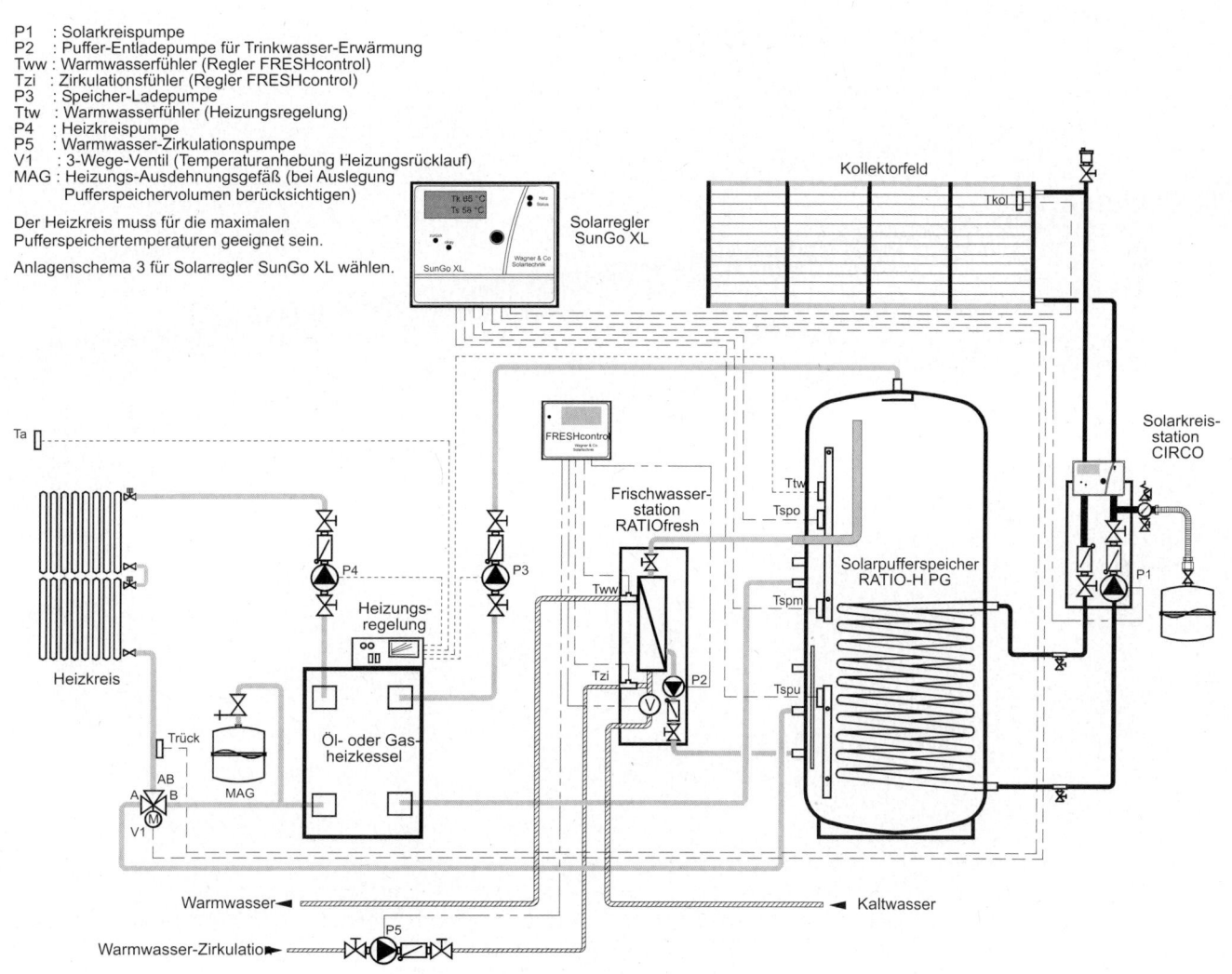

Bild 3.31 Solaranlage für Warmwasserbereitung und Heizungsunterstützung mit Pufferspeicher und Erwärmung des Trinkwassers im Durchlauf

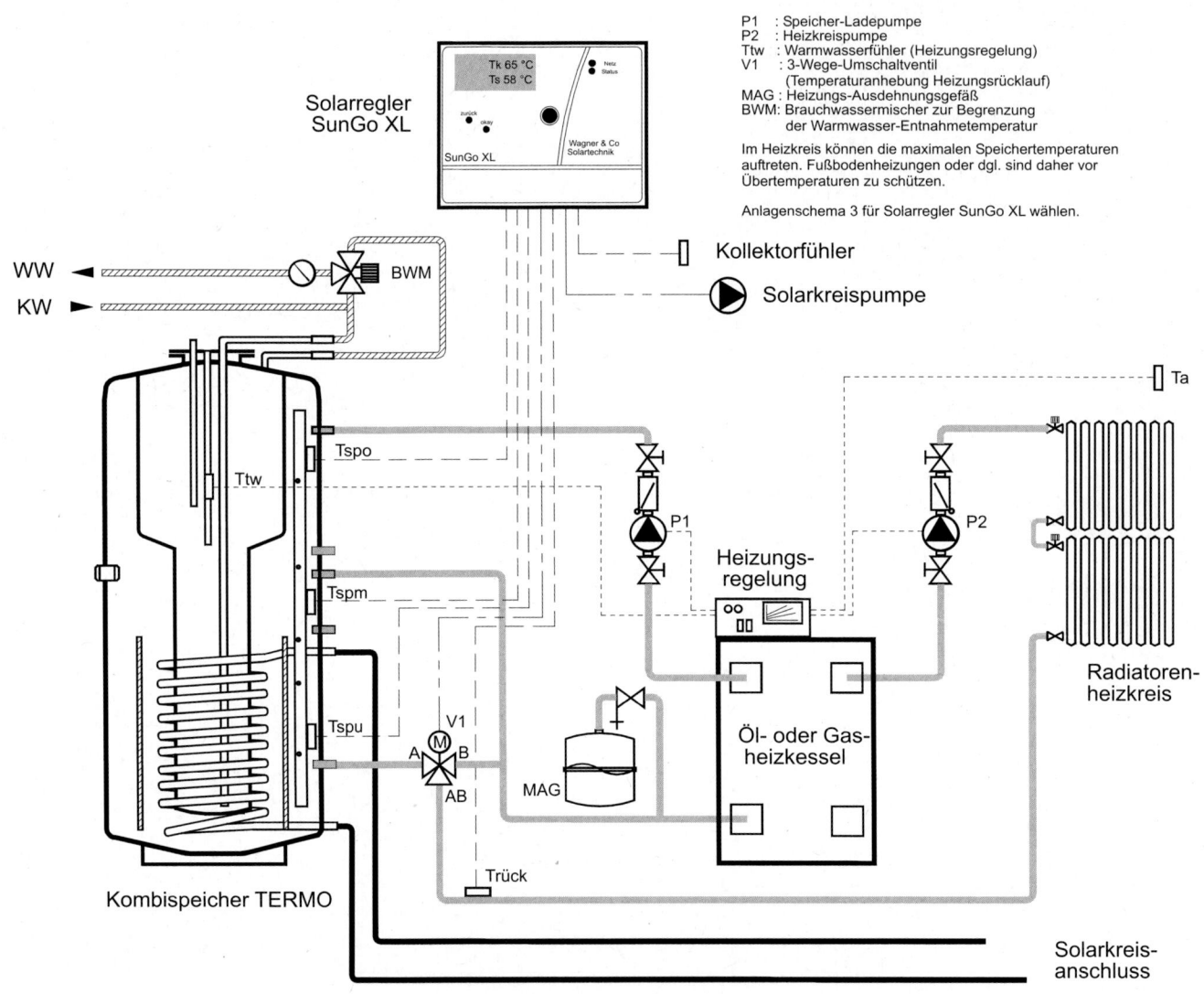

Bild 3.32 Solaranlage für Warmwasserbereitung und Heizungsunterstützung mit Rücklauftemperaturanhebung

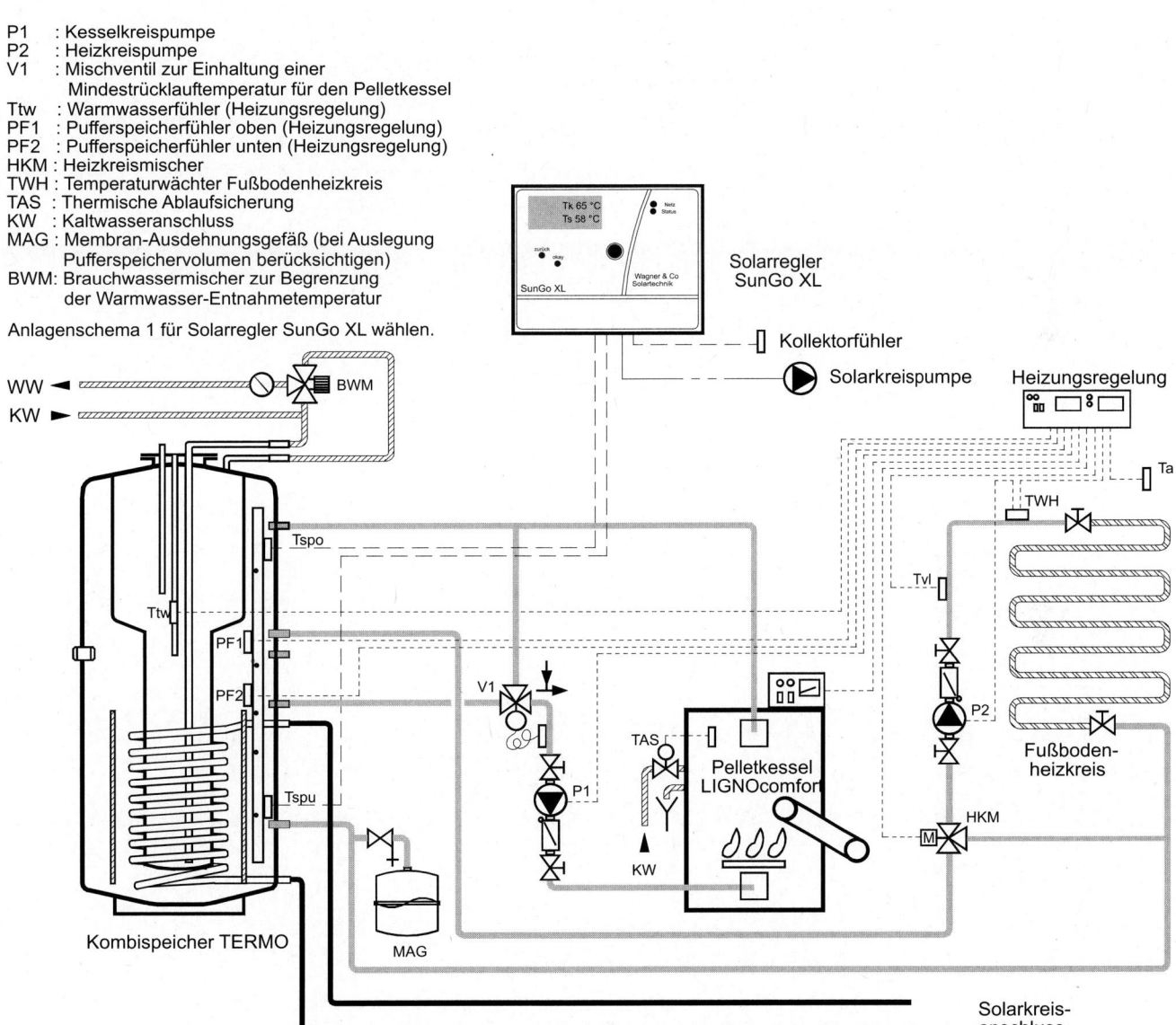

Bild 3.33 Solaranlage für Warmwasserbereitung und Heizungsunterstützung mit Beladung des Pufferspeichers durch den Heizkessel (Heizungspuffersystem)

mit Warmwasser- und Heizungspufferspeicher. Meist wird über eine entsprechende Schaltung des 3-Wege-Ventils zunächst der Warmwasserspeicher auf seine Solltemperatur gebracht und anschließend der Pufferspeicher aufgeheizt.

Eine Kombispeicheranlage vereinfacht den Aufwand für Verrohrung und Regelung, da nur noch der Pufferspeicher mit einem Wärmetauscher an die Solaranlage angeschlossen wird. Die Warmwasserbereitung erfolgt indirekt über das erwärmte Pufferwasser (Bild 3.30).

In Mehrfamilienhäusern sind Maßnahmen zum Legionellenschutz vorzusehen. Um unnötige Wärmeverluste durch thermische Desinfektionsmaßnahmen zu vermeiden, verzichtet man in der Regel bei Häusern bis zu etwa 10 Wohneinheiten auf die Speicherung von Warmwasser. Die Erwärmung des Trinkwassers erfolgt im Moment der Entnahme nach dem Durchlauferhitzerprinzip. Das Anlagenkonzept bietet auch die Möglichkeit der Einbindung des Pufferspeichervolumens zur Unterstützung der Raumheizung. (Bild 3.32) Zirkulationsleitungen können mit einer optimierten Regelung eingebunden werden.

Für die Einbindung in die Heizungsanlage stehen 2 Möglichkeiten zur Verfügung:
— Der Pufferspeicher wird in den Heizungsrücklauf eingekoppelt. Ist das Pufferwasser wärmer als der Heizungsrücklauf, schaltet die Regelung das 3-Wege-Ventil (2) auf den Pufferspeicher. Das Heizungswasser verlässt den Pufferspeicher mit einer entsprechenden Temperaturerhöhung und gelangt erst jetzt in den Heizkessel. Je nach der erforderlichen Vorlauftemperatur schaltet dieser zu oder nicht. Ist eine Aufheizung durch den Pufferspeicher nicht möglich, strömt der Heizungsrücklauf direkt in den Heizkessel.

Das obere Speicherdrittel wird bei Bedarf vom Heizkessel auf die für die Warmwasserbereitung erforderliche Bereitschaftstemperatur gebracht und nicht vom Heizkreis durchströmt.

Da Kombispeicher die unterste Speicherzone etwa auf Kaltwassertemperatur halten, sollte der wärmere Heizungsrücklauf etwas darüber angebracht sein. Eine niedrige Speichertemperatur im Bereich des Solarwärmetauschers erhöht den solaren Energieertrag (Bild 3.32).
— Der Heizkessel ist dem Pufferspeicher nicht nachgeschaltet, sondern beheizt diesen auf ein Temperaturniveau, das der geforderten Vorlauftemperatur entspricht. Etwa der mittlere Speicherabschnitt wird an Heizungsvor- und -rücklauf angeschlossen (Bild 3.33).

Erwärmt der Heizkessel ein Teilvolumen des Pufferspeichers, sinken die solaren Energieerträge. Nach einer Untersuchung des Instituts für Thermodynamik und Wärmetechnik in Stuttgart an einer Kombianlage zur Beheizung eines Einfamilienhauses ergab sich für die Anlagenvariante „Rücklaufanhebung" gegenüber der „Heizungspufferversion" mit 150 l von einem Brennwertgerät beheiztem Puffervolumen ein Mehrertrag von 5 bis 6 %.

Demgegenüber steht eine deutliche Reduzierung der Brennerstarts und damit der Schadstoffemission, wenn ein Heizgerät mit geringem Wasserinhalt (Brennwertthermen) auf einen Pufferbereich arbeitet.

Traditionell ist die Kesselpufferspeicher-Variante beim Einsatz von Feststoffkesseln üblich, da der Pufferspeicher den Betrieb bei maximaler Heizleistung ermöglicht und damit eine optimale Verbrennung garantiert.

Auch modulierende Pelletheizkessel sollten mit einem Pufferspeicher eingesetzt werden, da vor allem in der Übergangszeit ihre unterste Heizleistung noch deutlich über der Heizlast liegt.

Da in diesen Fällen der Pufferspeicher schon für die Heizungsanlage benötigt wird, sinken die Kosten des Solarsystems.

Wegen der speziell darauf abgestimmten Heizungsregelung eignet sich die Kombination mit einem Brennwertgerät vor allem für neu zu installierende Heizungsanlagen.

Bei allen Pufferspeicherkombinationen ist grundsätzlich zu beachten, dass das Volumen des Ausdehnungsgefäßes im Heizkreis entsprechend dem Pufferspeichervolumen deutlich größer gewählt werden muss (siehe Kapitel 3.1.2).

Dimensionierungsempfehlungen

Die genaue Ermittlung einer adäquaten Anlagengröße und des entsprechenden solaren Deckungsanteils ist sehr aufwändig und ohne Rechnerunterstützung nicht durchführbar. Für eine überschlägige Auslegung kann jedoch auch mit allgemeinen Richtwerten gearbeitet werden.

● Richtwerte

Eine Orientierungshilfe für die grobe Auslegung bietet Bild 3.34. Es zeigt die zu erwartenden solaren Deckungsanteile in Abhängigkeit von der Absorberfläche je kW Heizlast und dem Pufferspeichervolumen je kW Heizlast. Bei Kombispeichern wird das für die Warmwasserbereitung vorgehaltene Bereitschaftsvolumen hier nicht mit einbezogen. Die Berechnungen wurden durchgeführt für eine Solaranlage mit guten Flachkollektoren (EURO HT: η_o = 81%, ko = 3,5 W/m²K, k1 = 0,01 W/m²K²) und einem Kombispeicher. Mit Vakuumröhrenkollektoren kann bei gleichem solaren Deckungsanteil die Absorberfläche pro kW Heizlast um ca. 25% reduziert werden.

Die weiteren Annahmen sind:
— Warmwasserverbrauch　　　　　　200 l/45°C/Tag
— Standort　　　　　　　　　　　　　　　Würzburg
— Kollektorneigung　　　　　　　　　　　　45°
— Orientierung　　　　　　　　　　　　　Süden

Der solare Deckungsanteil bezieht sich auf Warmwasserbereitung und Raumheizung.

Voraussetzung ist die genaue Ermittlung des Heizwärmebedarfs eines Gebäudes. Als Anhaltswerte sind im Folgenden die spezifischen Heizwärmebedarfswerte pro m² beheizter Wohnfläche für Gebäude unterschiedlicher Dämmstandards angegeben.
— Standardhaus　　　　　　　　　　　100 kWh/m²a
— Gebäude mit verbesserter
　Wärmedämmung　　　　　　　　　　70 kWh/m²a

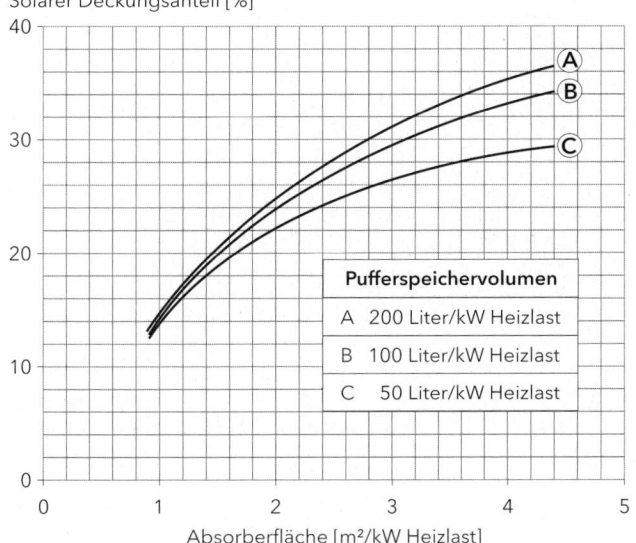

Bild 3.34 Auslegung zur Heizungsunterstützung

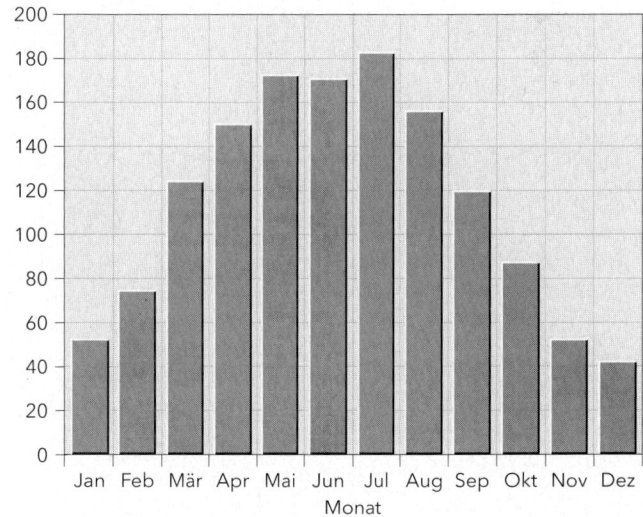

Bild 3.35 Sonneneinstrahlung in Davos

- Gebäude mit sehr gutem
  Dämmstandard 50 kWh/m²a

Wie aus dem Diagramm ersichtlich, wird der solare Deckungsanteil wesentlich beeinflusst von der Größe der Kollektorfläche.

Eine übermäßige Ausweitung des Speichervolumens bringt dagegen vor allem bei kleinen Kollektorflächen keine oder nur geringe Vorteile. Als Richtwert kann ein Verhältnis von 50 bis 60 l Puffervolumen je m² Kollektorfläche angesehen werden.

Wenn ein relativ gutes Kosten/Nutzen-Verhältnis angestrebt wird, sollte die Kollektorfläche 3 m²/kW Heizlast und das Puffervolumen 100 l/kW Heizlast nicht wesentlich übersteigen.

Von besonderer Bedeutung sind außerdem die regionalen Witterungsbedingungen im Winterhalbjahr. So verzeichnen z. B. Hochlagen im Alpenraum auch in den Wintermonaten noch eine relativ hohe Sonneneinstrahlung (Bild 3.35), während etwa in Kassel oder Hannover zu dieser Zeit überwiegend bedeckter Himmel vorherrscht (Bild 3.36).

Da die Sonne im Winterhalbjahr tiefer steht, begünstigt ein steilerer Neigungswinkel den solaren Deckungsanteil. Anzustreben wären Werte um 60°, wobei allerdings flachere Neigungswinkel bis ca. 40 ° und größere bis ca. 75 ° nur eine Verschlechterugn von max. 5 % bewirken (bei Südorientierung).

Eine senkrechte Montage (Fassaden) führt zu einer Verminderung von ca. 15 %.

Abweichungen aus der Südrichtung von +/- 20° sind unerheblich; bis +/- 40° reduziert sich der solare Deckungsanteil um ca. 10 % (Neigungswinkel 45° bis 60°).

Berechnung mit Computerprogrammen

Für die Auslegung von Solaranlagen zur Warmwasserbereitung und Heizungsunterstützung werden gegenwärtig meist die Simulationsprogramme T-Sol und Polysun verwendet.

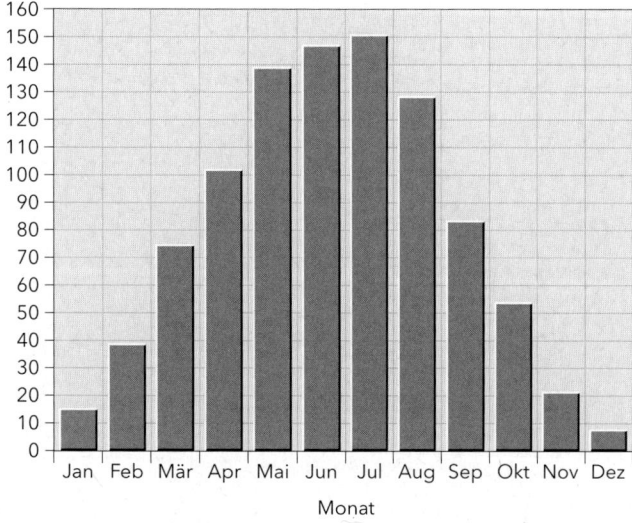

Bild 3.36 Sonneneinstrahlung in Kassel

T-Sol

Die Berechnung solarer Raumheizung ist zusätzlich zur reinen Warmwasserbereitung möglich.

Dabei kann der Einfluß einzelner Bauteile auf das Anlagenverhalten differenziert untersucht werden.

Mit 16 Anlagenvarianten können alle gängigen Systeme abgebildet werden.:
- Zwei-Speicher-Anlagen
- Tank in Tank Speicher
- Pufferspeicher mit Durchlaufwärmetauscher für die Warmwasserentnahme
- Warmwasserspeicher wahlweise auch mit Schichtenladevorrichtung

Ein zusätzlich angebotenes Schwimmbadmodul ermöglicht die Einbeziehung von Frei- und Hallenbädern.

Mit dem Zusatzmodul SysCat werden die bei Großanlagen gebräuchlichen Anlagenkonfigurationen verfügbar.

Das Programm bietet eine Vielzahl von Wetterdatensätzen, die vom Benutzer noch ergänzt werden können.

Die Kollektorbibliothek enthält alle wichtigen auf dem Markt angebotenen geprüften Fabrikate.

Die Wärmespeichervarianten sind abgsehen von wenigen Ausnahmen meist noch nicht herstellerspezifisch konfiguriert. Sie können aber nach Inhalt, Dämmstärke und Lambdawert variiert werden.

Geplant ist aber die Aufnahme neuer firmenspezifischer Speicher und auch ganzer Anlagenvarianten.

Berechnungsergebnisse

Die Berechnung basiert auf der Bilanzierung der Energieströme und liefert mit Hilfe von stündlichen meteorologischen Eingangsdaten die Ertragsprognosen. TSOL berechnet die vom Solarsystem zur Warmwasserbereitung, Heizung und Schwimmbaderwärmung abgegebenen Energien sowie die jeweiligen Deckungsanteile.

Die Berechnung des Heizwärmebedarfs erfolgt nach der max. Heizlast bei der Auslegungstemperatur, der entsprechenden Vor- und Rücklauftemperatur des Heizkreises sowie der Heizgrenztemperatur.

Passive Energiegewinne, Nachtabsenkung und Speichermassen werden berücksichtigt.

Der solare Deckungsanteil wird über einen Vergleich der in den Speicher eingespeisten Energien der Solaranlage und der konventionellen Zusatzheizung ermittelt.

$$\text{Solarer Deckungsanteil} = \frac{Q_{sol}}{Q_{sol} + Q_{zusatz}}$$

Die Ergebnisse fallen daher eher etwas zu günstig aus (siehe Kap 3.2.1).

Neben den Energieerträgen bietet T-Sol auch Daten zur:
— Wirtschaftlichkeit der jeweiligen Anlagen (solarer Wärmepreis und Amortisationszeit).
— Energieeinsparung und vermiedenen CO_2 Emissionen (je nach Art der konventionellen Zusatzheizung).

Sehr gut ist die grafische Darstellung der Ergebnisse. Sowohl Temperaturen, Energieströme, Leistungen als auch Deckungsanteile werden als Jahresgesamtwerte oder differenziert bis zu Stundenwerten angegeben (Bild 3.37).

Für Wagner & Co wurde eine eigene Firmenversion von TSOL erstellt mit 7 Anlagenvarianten entsprechend dem Produktprogramm von Wagner & Co.

Polysun

Neben Ein- und Zweispeicher-Anlagen zur solaren Warmwasserbereitung enthält das Programm drei Varianten für die Einbeziehung der Raumheizung.

Für die Berechnung stehen eine Vielzahl von deutschen und internationalen Wetterdatensätzen zur Verfügung (mit Option zur Erweiterung) sowie eine große Palette geprüfter Kollektorfabrikate.

Eine zeitweise Beschattung des Kollektors kann berücksichtigt werden.

Der Wärmespeicher ist relativ genau zu modellieren. Durch eine detaillierte Berücksichtigung der Zusatzwärmeverluste der Anschlussleitungen sind die Wärmeverluste gut darstellbar.

Für die Berechnung des Heizwärmebedarfs stehen 18 verschieden gedämmte Haustypen zur Verfügung, wobei passive Energiegewinne, mechanische Lüftung und Speichermassen berücksichtigt werden können. Je nach gewähltem Haustyp, Wohnfläche, max. Vor- und Rücklauftemperatur, Nachtabsenkung und Heizgrenztemperatur wird der entsprechende Heizwärmebedarf ermittelt.

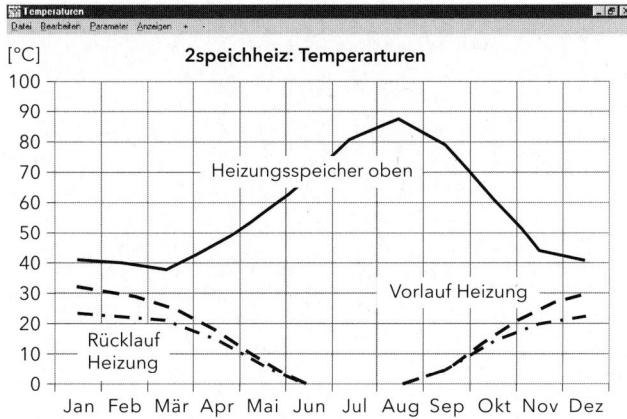

Bild 3.37 TSOL-Ergebnisse

Der solare Deckungsanteil wird wie bei T-Sol berechnet und liegt daher ebenfalls etwas zu hoch.

Die etwas nüchterne grafische Darstellung konzentriert sich auf die Energieströme, Deckungsanteile (Monats- und Jahreswerte), Bild 3.39. Mit einem speziellen Grafik-Tool können die Temperaturverläufe im Kollektor und den einzelnen Speicherschichten verfolgt werden.

Besonders ausführlich erfolgt die Darstellung der erzeugten und vermiedenen Emissionen.

Wie bei T-Sol kann die Wirtschaftlichkeit der Anlagen untersucht werden.

3.2.3 Solaranlage mit Saisonspeicher

Die im vorhergehenden Kapitel dargestellten Solaranlagen für die Raumheizung produzieren im Sommer sehr viel nicht nutzbare Überschussenergie.

Wenn man diese für Heizungszwecke nutzen möchte, muss der Wärmespeicher erheblich größer ausgelegt werden. Da hier die im Sommer eingestrahlte Energie für den Verbrauch im Winter gespeichert wird, spricht man auch von Saisonspeicher.

Die solaren Deckungsanteile sind für diese Anlagen entsprechend höher und reichen in der Regel von ca. 50 % bis in Sonderfällen auch zu 100 %.

Um den Aufwand an Kollektorfläche und Speichervolumen in noch vertretbaren Grenzen zu halten, ist ein sehr guter Dämmstandard des Hauses unerlässlich. Er sollte mindestens dem eines sog. Niedrigenergiehauses entsprechen mit einer spezifischen Heizlast kleiner als 50 W/m² beheizter Wohnfläche.

Für einen solaren Deckungsanteil von 50 % sollte die spezifische Kollektorfläche je kW Heizlast bei etwa 5 m² liegen und das spez. Speichervolumen bei ca. 5 m³. Mit 10 m² und 10 m³ ist ein Deckungsanteil von 80 % zu erreichen.

Beispielhaft hierfür kann das Haus Baumgarten in Beelen angesehen werden (Bild 3.40):
– Beheizte Wohnfläche: 136 m²
– Heizungssystem: Fußbodenheizung, Heizkörper
– Heizkessel: geschlossener Kamin mit Holz beheizt
– Wärmeleistung über Strahlung und Konvektion 7 kW und im Heizwasserkreis 7 kW
– Heizlast 5 kW

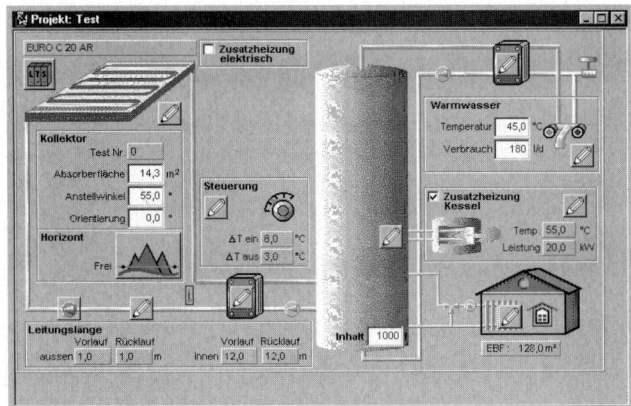

Bild 3.38 Polysun/Anlagenschema

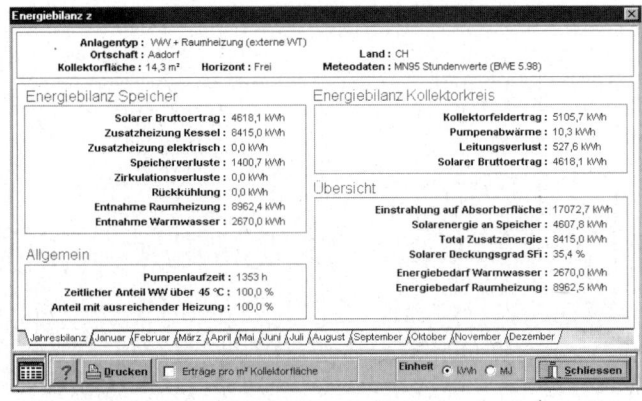

Bild 3.39 Polysun/Ergebnisblatt

- Pufferspeichervolumen 25.000 l
- Warmwasserspeichervolumen 2 x 150 l
- Kollektorfläche SB-Kollektor 35 m²
- Maximaltemperatur des Pufferspeichers ca. 90 °C

Bild 3.41 zeigt den Aufbau der Anlage. Die in 2 Felder unterteilte Kollektorfläche beheizt entweder den Pufferspeicher (1) oder speist bei Bedarf direkt in das Heizungssystem ein (2). Bei aktuell nicht ausreichender Sonneneinstrahlung wird die benötigte Heizenergie aus dem Pufferspeicher entnommen (3).

Kann das Temperaturniveau im Pufferspeicher durch die Solaranlage nicht ausreichend hoch gehalten werden, wird mit dem Kamin die erforderliche Nachheizung vorgenommen (4).

Die Warmwasserbereitung für Dusche, Spül- und Waschmaschine erfolgt mit einem im Pufferspeicher angebrachten Warmwasserspeicher (I) und einem nachgeschalteten Warmwasserspeicher, der außerhalb angebracht ist (II).

Die Nachheizung des Warmwassers übernimmt der Kamin. Primär wird der außen liegende Speicher aufgeheizt. Die verbleibende Restwärme wird zur Beheizung des Pufferspeicherwassers im Bereich des innenliegenden Warmwasserspeichers verwendet. Dieser wird von dem umgebenden Pufferwasser durch Wärmeleitung aufgeheizt.

Die für das Jahr 1997 gemessenen Temperaturen im Pufferspeicher zeigt Bild 3.42. Man kann hier durchaus von einem für Saisonspeicher typischen Temperaturverlauf sprechen. Im Frühjahr und Sommer wird der Speicher durch die

Bild 3.40 Solares Heizen im Einfamilienhaus der Familie Baumgarten (Bild: Baumgarten)

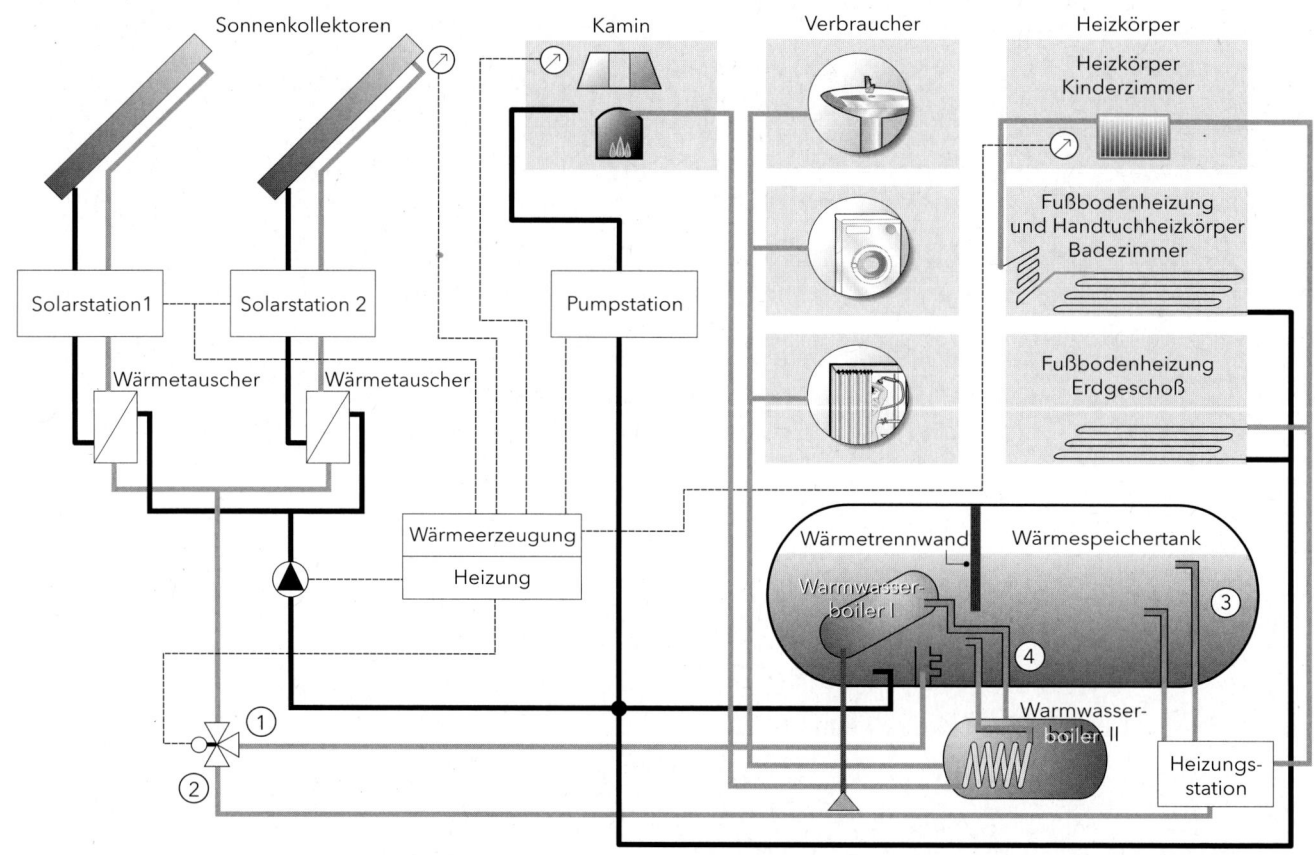

Bild 3.41 Solares Heizen mit Saisonspeicher im Einfamilienhaus der Familie Baumgarten/Anlagenschema

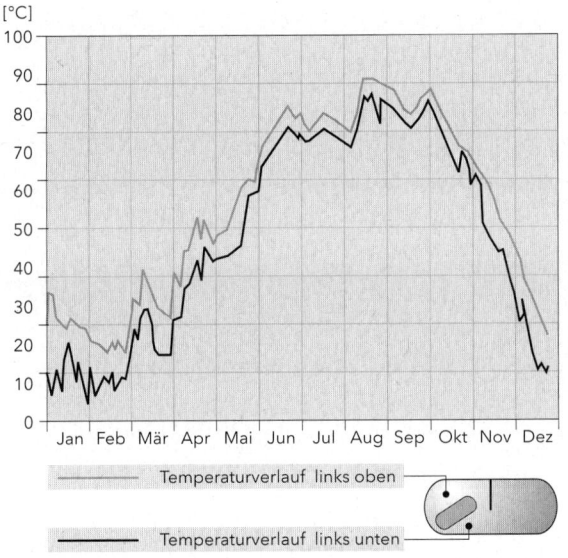

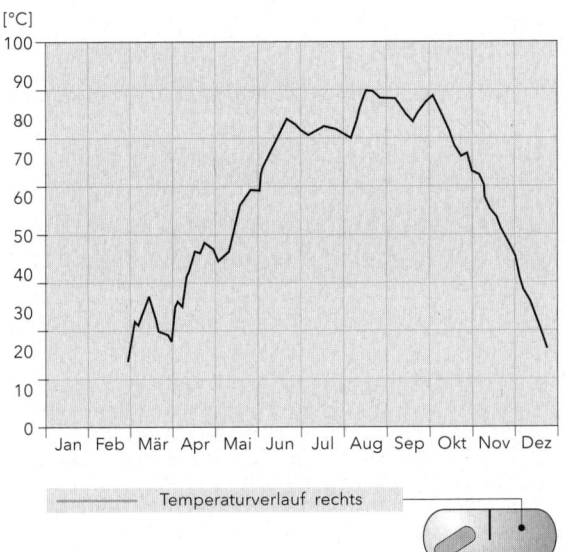

Bild 3.42 Solares Heizen im Einfamilienhaus der Familie Baumgarten/Temperatur im Saisonspeicher

Kollektoren aufgeheizt und erreicht etwa Ende August seine Maximaltemperatur. Mit Beginn der Heizperiode nimmt diese mehr oder weniger stark ab, je nach Heizwärmebedarf. Etwa ab Mitte Dezember bis Ende Februar muss zusätzlich die konventionelle Heizungsanlage in Betrieb genommen werden.

Im Jahr 1997 beispielsweise mussten im Kamin 800 kg Holz verfeuert werden. Bei einem Heizwert von 4 kWh/kg und einem Kesselwirkungsgrad von 70 % entspricht dies 2.240 kWh.

In Bild 3.43 sind der gesamte Heizwärmeverbrauch, der Energiebedarf für die Warmwasserbereitung, der Solarertrag sowie die Energieerzeugung durch den Holzheizkessel dargestellt.

Eine noch weitere Reduzierung des Heizwärmebedarfs weisen die so genannten Passivenergiehäuser auf. Der spezifische Heizwärmebedarf pro Jahr liegt hier unter 15 kWh/m² Wohnfläche. Die Beheizung der Räume erfolgt lediglich durch eine leichte Anhebung der Zulufttemperatur.

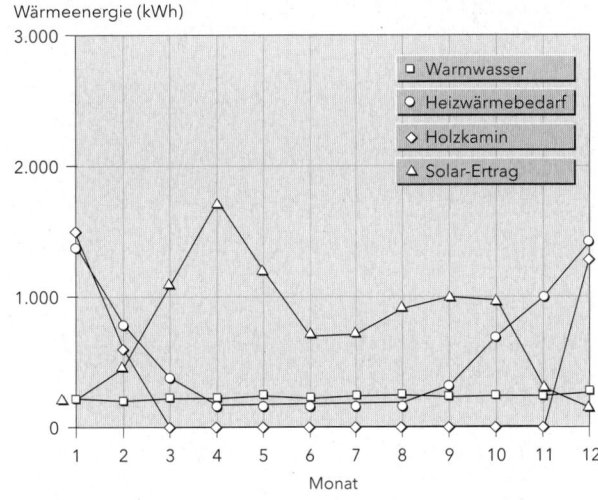

Bild 3.43 Solares Heizen im Einfamilienhaus der Familie Baumgarten/Energiebilanz

Ein beeindruckendes Beispiel ist das neue Büro- und Kundenzentrum der Firma Wagner & Co Solartechnik in Cölbe (Bilder 3.45, 3.46 und 3.47).
Wärmedämmung der Gebäudehülle (k-Wert 0,15W/m²k), Dreifach-Wärmeschutzverglasung (k-Wert 0,5W/m²k), kontrollierte Lüftung und Wärmerückgewinnung reduzieren den Wärmebedarf auf 10 % desjenigen von konventionellen Gebäuden. Der verbleibende Wärmebedarf von 10 kWh/m²/Jahr wird weit gehend durch eine Solaranlage mit Saisonspeicher gedeckt.

Die zweifellos konsequenteste Umsetzung des Konzepts solarer Raumheizung erfolgt in den so genannten Nullenergiehäusern. Der Begriff Nullenergie meint in diesem Zusammenhang, dass keine oder sehr wenig Fremdenergie benötigt wird. Sowohl die erforderliche thermische als auch elektrische Energie werden durch Kollektoren und Solarzellen im Haus selbst erzeugt.
Die Kollektorflächen und Speichervolumina müssen hier noch deutlich höher liegen als bei Niedrigenergiehäusern. Es muss mit mindestens 15 m³/kW Heizlast gerechnet werden. Eine genaue Einzelfallauslegung ist jedoch unerlässlich.
Solaranlagen mit großen Saisonspeichern werden für Einfamilienhäuser sicher nicht zum Standardsystem werden. Wirtschaftliche Überlegungen, aber auch der hohe Material- und Platzbedarf des Pufferspeichers sprechen dagegen.
Der besondere Wert dieser Solarsysteme liegt jedoch darin, dass sie demonstrieren, was heute bereits mit Solarenergie und Wärmedämmaßnahmen machbar ist und in welche Richtung der Weg führen muss.

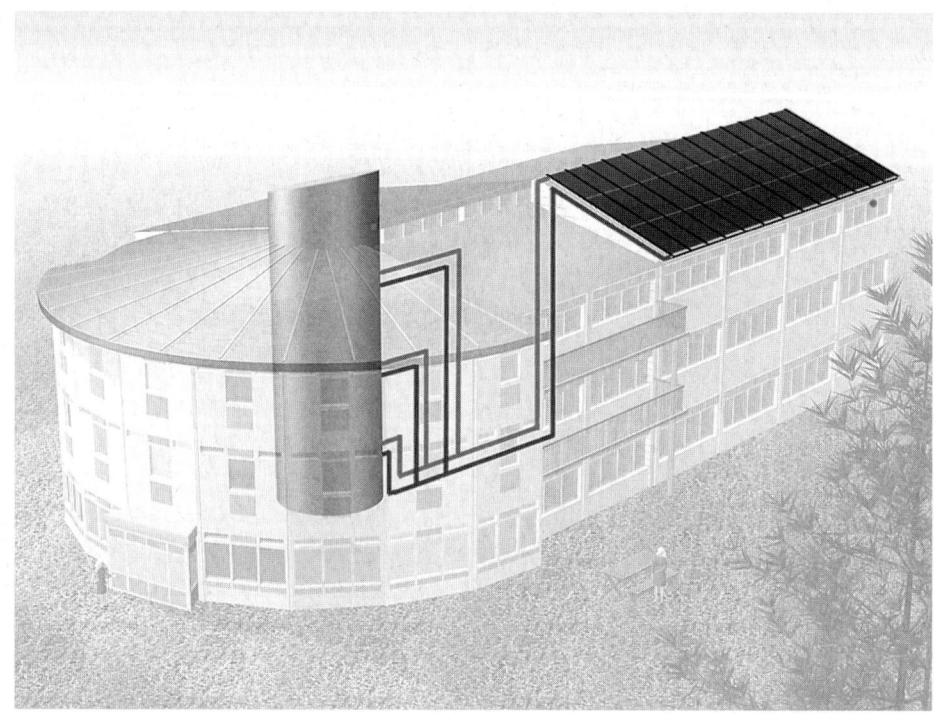

Bild 3.44 Das neue Büro- und Kundenzentrum der Firma Wagner & Co ist das erste Passivenergiehaus Europas. Der Heizenergiebedarf wird weitgehend durch eine Solaranlage mit Saisonspeicher gedeckt.

Bild 3.45 Das neue Bürohaus der Firma Wagner & Co mit 65 m² Sonnenkollektor und Drei-Scheiben-Wärmeschutzverglasung mit einem k-Wert von 0,5 W/mK

Bild 3.46 Der 85 m³ große Saisonspeicher im Bürohaus der Firma Wagner & Co wird noch mit 50 cm Mineralwolle gedämmt.

3.2.4. Solaranlagen in der Energieeinsparverordnung 2002 (ENEV)

Ziel der ENEV ist die Senkung des Heizenergiebedarfs um 30 % gegenüber einem Referenzgebäude, gebaut nach WSCHVO `95 und mit einem Jahresnutzungrad der Heizanlage von 80 %.
Dazu erfolgt eine ganzheitliche Betrachtung von Gebäudetechnik (DIN V 4108-6) und Anlagentechnik (DIN V 4701-10).
Zentrales Kriterium ist der **Jahresprimärenergiebedarf**, für den Grenzwerte in Abhängigkeit vom A/V-Verhältnis eines Gebäudes und der Art der Trinkwarmwasserbereitung festgelegt werden (Bild 3.47).
Eine zusätzliche Anforderung bilden die Grenzwerte für den Spez. **Transmissionswärmeverlust (U-Wert)**, wiederum abhängig vom A/V-Verhältnis (1,05 W/qm K bis 0,52 W/qm K).

Bei Beachtung eines Mindestwärmeschutzes, der in etwa den Anforderungen der WschVO `95 entspricht, ist freigestellt, mit welchen Maßnahmen aus dem Bereich der Gebäude- bzw. der Anlagentechnik die Grenzwerte für den Jahresprimärenergiebedarf eingehalten werden.
Der grundsätzliche Berechnungsweg ist in Bild 3.48 dargestellt.

Da Solaranlagen keine Primärenergie verbrauchen, ist für sie auch kein Primärenergienachweis erforderlich. Der solare Deckungsanteil am Wärmebedarf führt zu einer entsprechenden Reduzierung des Primärenergiebedarfs. Durch den Einsatz von Solaranlagen erhält der Planer somit einen größeren Gestaltungsspielraum bei der Gebäudekonzeption.

ENEV-Berechnungsverfahren
„Solaranlagen zur Trinkwassererwärmung"
Bild 3.49 zeigt zunächst die Energieverluste, welche auf dem Weg von der Primärenergieumwandlung bis zur Bereitstellung von warmem Wasser berücksichtigt werden. Zusätzlich wird auch die elektrische Hilfsenergie einbezogen. Der Berechnungsgang verläuft allerdings umgekehrt. Beginnend beim Nutzwärmebedarf (pauschal 12,5 kWh/qm Gebäudenutzfläche) werden die Energieverluste durch Speicherung, Verteilung und Übergabe addiert und

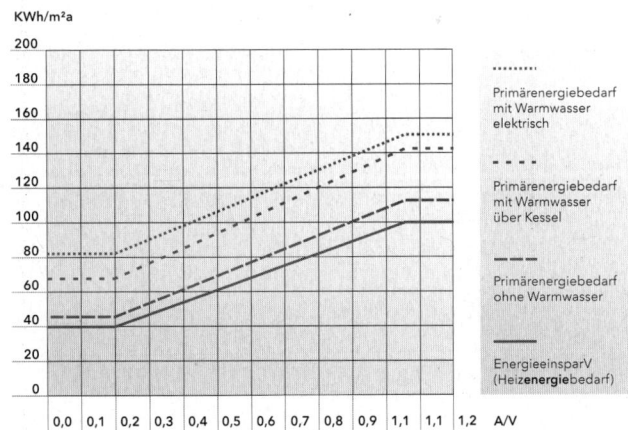

Bild 3.47 Primärenergiebedarf

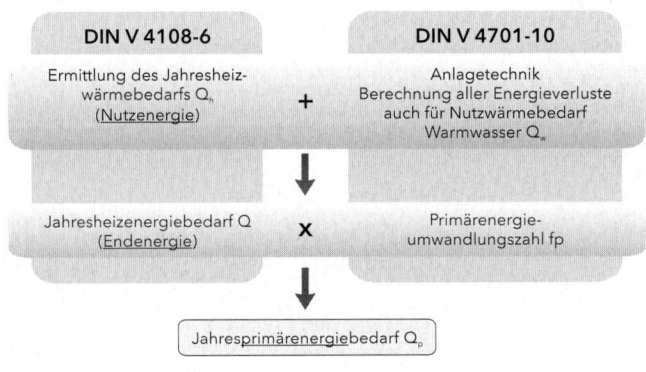

Bild 3.48 ENEV

so der Gesamtwärmebedarf Trinkwasser ermittelt. Werden zusätzlich die Energieverluste bei der Erzeugung sowie durch Umwandlung und Transport berücksichtigt (im Primärenergiefaktor f_p enthalten), ergibt sich der Primärenergiebedarf.

Die Vorgaben für die rechnerische Ermittlung des Primärenergiebedarfs von Heizungs-, Trinkwassererwärmungs- und Lüftungsanlagen sind in der DIN V 4701-10 enthalten. Diese Norm stellt 3 Verfahren zur Wahl: Das Diagrammverfahren, das Tabellen- und das Detailverfahren.

a) Diagrammverfahren

Es ermöglicht eine einfache und schnelle Bewertung einer heizungstechnischen Anlage. Dabei werden sog. Anlagenaufwandszahlen ep verwendet. Multipliziert mit dem Heizwärmebedarf (Q_h) und Trinkwarmwasserbedarf (Q_{tw}) eines Gebäudes liefern sie unmittelbar den entsprechenden Primärenergiebedarf (Q_P).

$$Q_P = (Q_h + Q_{tw}) \cdot ep$$

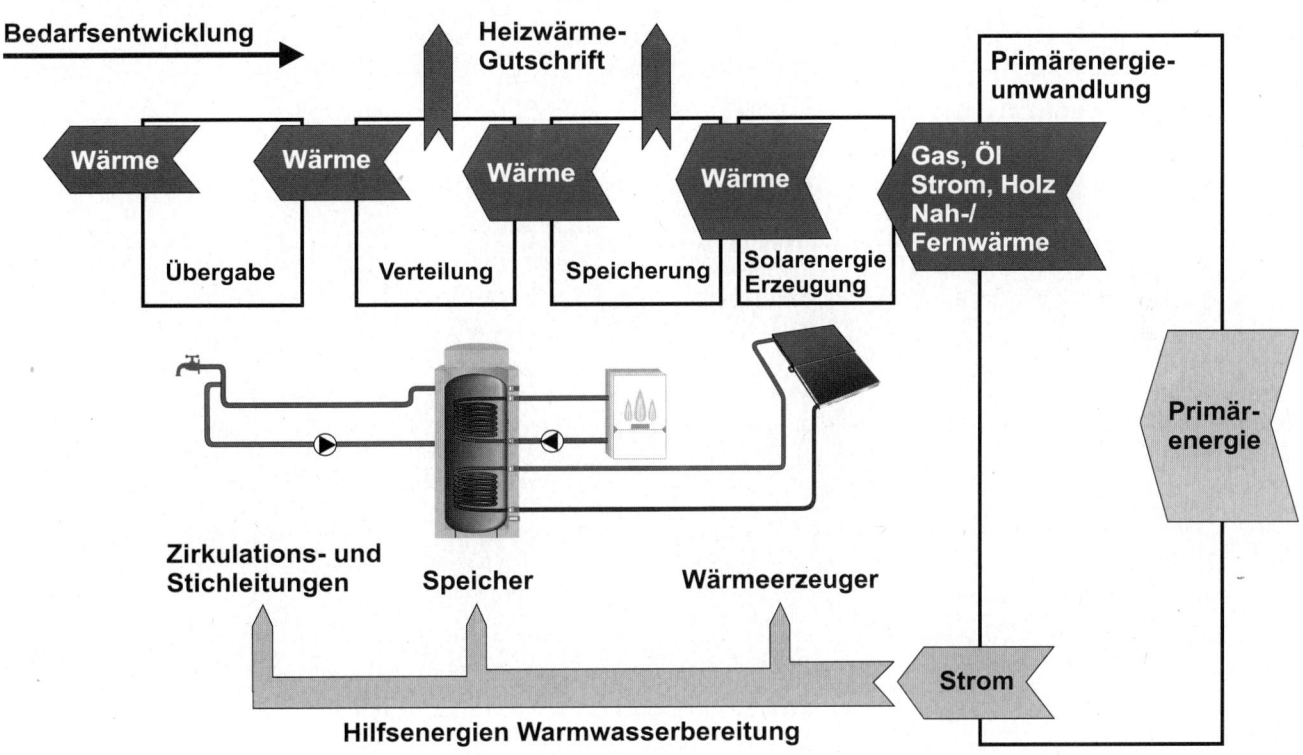

Bild 3.49 Energieverluste von der Primärenergie bis zur Nutzenergie

Sie enthalten somit alle Energieverluste und den Zusatzenergieaufwand, die zur Bereitstellung einer Nutzenergie zu berücksichtigen sind.

Die Anlagenaufwandszahlen werden aus Diagrammen entnommen in Abhängigkeit vom spezifischen Heizwärmebedarf eines Gebäudes und der Gebäudenutzfläche. Im Anhang der Norm sind Aufwandszahldiagramme für 6 standardisierte Anlagenkombinationen enthalten, darunter auch die Variante „Brennwertkessel und solar unterstützte Trinkwassererwärmung". Weitere 20 Varianten sind in einem Beiblatt veröffentlicht worden.

b) Tabellenverfahren

Wegen der Vielzahl möglicher Anlagenvariationen können nicht für jede die Anlagenaufwandszahlen und die entsprechenden Diagramme angegeben werden. Für abweichende Gerätekombinationen enthält die Norm Berechnungsblätter für den Primärenergienachweis, in die die verschiedenen Energieverlustwerte eingetragen werden können. Für standardisierte Komponenten und Installationen können diese aus Tabellen entnommen werden.

Kommen mehrere Wärmeerzeuger zum Einsatz, muß zunächst für jeden der Deckungsanteil am Wärmebedarf ermittelt werden. Für Solaranlagen zur Trinkwarmwasserbereitung kann der jeweilige Deckungsanteil aus einer Tabelle entnommen werden, deren Werte a2nhand einer allgemeinen Referenz-Solaranlage berechnet wurden.

A_N	Kollektorfläche	Solarer Deckungsanteil *
150 m²	5 m²	0,61
200 m²	6,2 m²	0,59
300 m²	8,6 m²	0,57

* ohne Zirkulationsleitung, Speicheraufstellung außerhalb der thermischen Hülle

Tabelle 3.12 Solarer Deckungsanteil nach DIN 4701 Teil 10 Tabellenverfahren

Der solare Deckungsanteil und die entsprechende Kollektorfläche sind in Abhängigkeit von der Gebäudenutzfläche A_N angegeben (Beispiele siehe Tabelle 3.12).

Für dieses Verfahren sind die inzwischen angebotenen Excel-Programme sehr hilfreich.

c) Detailliertes Verfahren

Die für das Tabellenverfahren verwendete Referenz-Solaranlage entspricht einem durchschnittlichen Qualitätsniveau. Liegen die Leistungsdaten der tatsächlich eingesetzten Kollektoren und Wärmespeicher deutlich darüber, ergibt eine genaue Berechnung wesentlich höhere solare Deckungsanteile und damit einen niedrigeren Primärenergiebedarf.

Allerdings ist dieses Verfahren relativ aufwendig, da alle Kennwerte einer Solaranlage nachgewiesen und in die Berechnung einbezogen werden müssen.

Der solare Deckungsanteil wird nach folgender Formel ermittelt:

$$\alpha_{TW,sol} = \frac{Q_{TW,sol}}{(Q^*_{TW})} = \frac{Q_{TW,sol}}{(q_{tw} + q_{TW,ce} + q_{TW,d} + q_{TW,s}) \cdot A_N}$$

mit:

$\alpha_{TW,sol}$ Deckungsanteil der Solaranlage am Wärmebedarf der Trinkwassererwärmung-Anlage

$Q_{TW,sol}$ Energieertrag der Solaranlage, in [kWh/a]

Q^*_{TW} Wärmebedarf der Trinkwassererwärmung-Anlage, in [kWh/a]

q_{tw} spez. Trinkwasserwärmebedarf pro qm Gebäudenutzfläche AN

$q_{TW,ce}$ spez. Wärmeverluste pro qm AN durch Übergabe

$q_{TW,d}$ Verteilung

$q_{TW,s}$ Speicherung

Der solare Energieertrag $Q_{TW,sol}$ berechnet sich nach der Gleichung

$$Q_{TW,sol} = Q_{sys} \cdot f_{NA} \cdot f_{slr} \cdot f_{d,sol} \cdot f_{S,Vsol} \cdot f_{S,Vaux} \cdot f_{S,loss} + Q_{TW,s} \cdot f_{S,\vartheta} \cdot f_{S,t} \cdot f_{S,an}$$

mit:

$Q_{TW,sol}$ Energieertrag der Solaranlage, in [kWh/a]

Q_{sys}	Referenz-Jahresenergieertrag der Solarkollektoren für, in [kWh/a]
f_{NA}	Korrekturfaktor für Neigung und Ausrichtung
f_{slr}	Korrekturfaktor für die Auslastung der Solaranlage
$f_{d,sol}$	Korrekturfaktor für Wärmeverluste des Solarkreises
$f_{S,Vsol}$	Korrekturfaktor für das Volumen des Solarteils des Speichers,
$f_{S,Vaux}$	Korrekturfaktor für das Volumen des Bereitschaftsteils,
$f_{S,loss}$	Korrekturfaktor für die Wärmeverlustrate des Speichers,
$Q_{TW,s}$	Bereitschafts-Wärmeverlust des Trinkwasserspeichers, in [kWh/m²a] Gleichung (5.1.3-1)
$f_{S,\vartheta}$	Korrekturfaktor Speichertemperatur,
$f_{S,t}$	Korrekturfaktor Betriebszeit,
$f_{S,an}$	Korrekturfaktor Speicheranschlüsse,

Der **Referenz-Jahresenergieertrag Qsys** wird mit den Leistungskennwerten des Kollektors (η_o, k_1, k_2, IAM(50°), bei Röhrenkollektoren $IAMl_L(40°)$ x $IAM_T(40°)$, der Wärmekapazität C und der Kollektor-Aperturfläche Ac ermittelt. Um eine Vergleichbarkeit der Ergebnisse zu gewährleisten, wird in der Berechnung einheitlich der Wetterdatensatz von Würzburg verwendet.
Weichen die tatsächlich verwendeten Randbedingungen für Neigung, Ausrichtung etc. von den hier angesetzten ab, ist Qsys mit den oben dargestellten Korrekturfaktoren zu verändern.

Kleine Anlagen

$$Q_{sys} = (271 \cdot \eta_0 - 18{,}8 \cdot k_1 - 653 \cdot k_2 + 172 \cdot IAM(50°) - 0{,}792 \cdot C - 20{,}7) \cdot A_c$$

Große Anlagen

$$Q_{sys} = (355 \cdot \eta_0 - 26{,}8 \cdot k_1 - 992 \cdot k_2 + 221 \cdot IAM(50°) - 0{,}655 \cdot C) \cdot A_c$$

Das Detailverfahren für eine Wagner & Co Solaranlage mit EURO AR Kollektoren und ECOplus Solarspeicher führt im Vergleich zum Tabellenverfahren bei gleicher Kollektorfläche und gleichem Speichervolumen zu einem um etwa 10 Prozentpunkte (!) besseren solaren Deckungsanteil αTW,sol.
Um die detaillierte Berechnung des solaren Deckungsanteils mit individuellen Anlagenkomponenten zu erleichtern, bietet die Firma Wagner & Co mit „**ENEVsolar**" ein benutzerfreundliches Berechnungsprogramm auf Excel-Basis an, in dem alle relevanten Kennwerte für Solaranlagen von Wagner & Co hinterlegt sind.

ENEV-Berechnungsverfahren
„Berechnung des solaren Deckungsanteils für Solaranlagen zur Heizungsunterstützung (Kombianlagen) αH,g,sol"

Die DIN V 4701-10 bietet hierfür 2 Verfahren an:
a) Ermittlung des solaren Deckungsanteils anhand anerkannter Regeln der Technik bzw. unter Hinzuziehung anerkannter Simulationsprogramme.
b) Pauschales Verfahren
Solarer Deckungsanteil aSolar,HU = 0,10, wenn Kollektorfläche mind. das 1,8 fache der berechneten Fläche für die Trinkwassererwärmung beträgt.

„Anerkannte Simulationsprogramme" sind u.a. Die erwähnten Programme T-Sol und Polysun, die für dieses Verfahren allerdings eine besondere Zertifizierung besitzen müssen.

3.3 Solare Großanlagen

Die Entwicklung großer Solarsysteme hat sich in den letzten Jahren stark beschleunigt. Mit viel Engagement wurden von planerischer Seite Konzepte für große solare Warmwasserbereitungssysteme entwickelt sowie Anlagen, welche neben der Warmwasserbereitung auch einen Teil des Energiebedarfs für die Raumheizung ganzer Wohnsiedlungen liefern.

So wurden 1992/93 die ersten „solaren Großanlagen" mit 115 m² und 200 m² in Ravensburg errichtet. Nach den durchweg positiven Erfahrungen schnellten die Systemgrößen in die Höhe. Nach Anlagen in Göttingen und Ilmenau zur Unterstützung eines Nahwärmenetzes mit je 700 m² und weiteren Projekten in Köngen und Neckarsulm wurde 1995 mit dem Bau der bis dahin größten Solaranlage Deutschlands in Hamburg-Bramfeld begonnen, die eine Kollektorfläche von rund 3000 m² umfasst (Bild 3.50).

3.3.1 Anlagencharakteristika

Von der Herstellerseite wurden große Anstrengungen unternommen, um den technischen Anforderungen dieser Anlagen gerecht zu werden und leistungsstarke, kostenoptimierte Solarsysteme anzubieten.

Gegenüber Systempreisen von bis zu 1.250 €/m² Kollektorfläche bei fertig montierten Solaranlagen für Einfamilienhäuser konnten hier Preise von 460 und 530 €)/m² erreicht werden. Besonderheiten der Anlagen sind die Kollektorfelder, die zu großen Solardächern zusammengefasst und somit vom Erstellungs- und Materialaufwand optimiert sind, aber auch deutliche energetische Vorteile auf Grund der kompakten Bauart aufweisen.

Hauptentwicklungsziele im Kollektorbereich waren:
− Variable Verschaltungsmöglichkeiten der Kollektorfelder zur Reduzierung der Anschlussverrohrung
− Einsatz der Kollektorfläche als Dacheindeckung auch bei geringen Dachneigungen
− Individuelle Anschließbarkeit an die bauseitige Dacheindeckung
− Berücksichtigung architektonischer Belange.

Die Dachintegration der Kollektorsysteme war schon früh ein Thema. Neben der allerdings geringen Kostenreduzierung durch die eingesparte standardmäßige Dacheindeckung war die architektonische Gestaltungsmöglichkeit des Daches durch die Einbindung der Kollektoren in die Dacheindeckung von besonderer Bedeutung. Die Kollektoren stellen die äußere Dichtebene, das Unterdach mit Dichtbahn die zweite Ebene. Wenn das Solarsystem von einem Wärmelieferanten betrieben wird, gilt das dichte Unterdach auch als Eigentumsgrenze.

Vorteile bietet die Dachintegration auch dann, wenn die Anschlussleitungen ohne großen Aufwand geschützt unter den Eindeckrahmen verlegt werden können.

Große Solaranlagen für die Unterstützung der Warmwasserbereitung werden meist als Vorwärmsysteme konzipiert. Das bedeutet, dass im Gegensatz zu den Solarsystemen im Ein- und Zweifamilienhaus auch im Hochsommer nur selten die vollständige solare Deckung des Wärmebedarfs erreicht wird. Diese Anlagendimensionierung erfolgt

Bild 3.50 Solarsiedlung Hamburg-Bramfeld
Solarwärme für 600 Menschen aus 3.000 m² Kollektoren und einem 4.500 m³ großen Langzeitspeicher sind die faszinierenden Eckdaten dieses Meilensteins auf dem Weg ins Solarzeitalter.

bewusst, da so ein höherer spezifischer Ertrag pro m² Kollektorfläche erreicht werden kann. Ein durchgehender Sommerbetrieb der konventionellen Nachheizung ist hier vertretbar, da die Bereitschaftsverluste bedingt durch die Systemtechnik bei Großanlagen deutlich geringer ausfallen als bei Anlagen im Einfamilienhaus.
Diese Dimensionierung ermöglicht zudem, die gesamte Technik der Solaranlage einfacher zu gestalten. Das Speichervolumen entspricht maximal dem Tageswarmwasserbedarf. Dem Speicher kommt die Funktion zu, den kurzen Zeitversatz zwischen Solarangebot, z.B. am Vormittag, und dem Bedarf um die Mittagszeit zu gewährleisten. Näherungsweise kann man von einem Flächen/Personen-Verhältnis von 0,7 m² Kollektorfläche pro Nutzer ausgehen.
Die solaren Deckungsanteile dieser Systeme liegen bei 30-50 %. Nutzbare Wärmemengen von z.T. über 500 kWh/m² Kollektorfläche werden pro Jahr erreicht.
Auch die Regeltechnik der Systeme vereinfacht sich. Da durch die Dimensionierung das gesamte Solarangebot unabhängig vom Temperaturniveau genutzt werden kann und die konventionelle Nachheizung zusätzlich in Bereitschaft ist, kann auf eine aufwändige Schichteinspeisung in den Speichern verzichtet werden. Typischerweise wird bei Großspeichern nur eine Zwei-Zonen-Ladung und bei mehreren kleineren Speichern eine Speicherkaskade vorgesehen.

Die Erfahrung aus den realisierten Anlagen zeigt, wie wichtig es ist, eine genaue Kenntnis über den tatsächlichen Warmwasserbedarf zu erhalten und eine möglichst effektive Einbindung der Solarwärme in die Warmwasserbereitung unter Berücksichtigung bestehender Systeme zu planen.
Handelt es sich um eine bestehende Anlage und sind keine Verbrauchsdaten bekannt, kann sich die Investition in den Einbau eines einfachen Kaltwassermengenmessers im Zulauf zum Warmwasserspeicher schnell amortisieren. Oftmals liegen die Berechnungen des Warmwasserbedarfs anhand von Planungsvorgaben höher als der tatsächliche Bedarf.

Zurzeit wird eine Datenbank gemessener Systeme in unterschiedlichen Bereichen und Dimensionen erstellt, die dem Planer projektspezifischere Berechnungsgrundlagen bietet.

Zunehmend werden große Solaranlagen heute mit einer vom Ersteller abverlangten Leistungsgarantie vergeben. Werden keine 90 % der garantierten Leistung erreicht, ist vertraglich eine Rückerstattung der Investitionskosten im Verhältnis der geringeren Leistung vorgesehen.
Dies macht im Vorfeld eine genaue Simulation der Anlage unter der Berücksichtigung folgender Parameter notwendig:
— Tageswarmwasserverbrauch in ½-Stundenwerten
— gewünschte Warmwassertemperatur
— Wochenprofil
— Jahresprofil
— Solarkreis
— Leitungsdimension
— Dämmstärke
— Speicherausführung und Dämmstandard
— Kaltwassertemperatur im Jahresgang
— Zirkulationsleitungswärmeverlust / Laufzeiten
— Kollektorfeld
— Kollektortyp
— Neigung und Ausrichtung
— Verschattung
Neben der richtigen Bedienung spezieller Simulationsprogramme bedarf es einer Portion Erfahrung im Bereich der Projektabwicklung, um das Zusammenwirken der beteiligten Gewerke zu koordinieren und die Solaranlage mit dem garantierten Ertrag realisieren zu können.
Die Auslegung und Erarbeitung von leistungsstarken Systemen wird in Teilbereichen von Solaranlagenherstellern mit angeboten. Verfügt der Hersteller nicht über entsprechende Kenntnisse oder Erfahrung, sollte auf die Mitarbeit eines erfahrenen Planungsbüros nicht verzichtet werden.

Das günstige Konzept großer Kollektorfelder drückt sich auch in den erreichbaren Wärmegestehungskosten aus.

Unter der Berücksichtigung einer Betriebsdauer von 20 Jahren, einem Kapitalzins von 8 % und Betriebs- und Wartungskosten von 1,5 % der Investitionskosten ergibt sich ein Wärmepreis von 0,08 bis 0,13 €/kWh, ohne dass staatliche Fördermittel oder steuerliche Abschreibungsmöglichkeiten berücksichtigt sind.

3.3.2 Fassadenkollektoren – eine attraktive Anwendung bei der Gebäudesanierung

In den letzten Jahren wurden zunehmend auch Fassadenkollektoranlagen installiert. Dies nicht nur in Neubauten, wo Kollektoren z.B. direkt bei der Fertigung von Wandelementen mit elementierter Bauweise eingebunden werden können, sondern auch im Bereich der Altbausanierung und nachträglichen Installation eines Vollwärmeschutzes. In Bielefeld wurde von der Wohnbaugesellschaft BGW im Rahmen der Gebäudesanierung eine 660 m² große Fassadenkollektoranlage errichtet (Bild 3.51), die vorrangig direkt die Warmwasserbereitung und Raumheizung unterstützt und im Sommer Überschussenergie in einen Erdspeicher einspeist. Der Einsatz der Fassadenkollektoren in diesem Sanierungsprojekt steht exemplarisch für die Verwendung von Fassadenkollektoren im Gebäudebestand von Mehrgeschoßwohnbauten. Gerade viele zu sanierende Plattenbauten bieten hier Einsatzmöglichkeiten. In Lübbenau wurde z.B. eine Pilotanlage an einem in den 70 èr Jahren erstellten Plattenbau installiert.

Wandflächen mit einer Ausrichtung von SSW bis SSO sind für die Installation nutzbar. Vorteilhaft ist meist die Möglichkeit, Anschlussleitungen in die Kollektoren einzubinden und so nur im Kellerbereich ein Durchgang durch die Gebäudewand notwendig wird.
Abhängig von der Flächengröße und der Gebäudekonstruktion kann der Kollektor auch direkt die Gebäudewärmedämmung ersetzen, indem er ohne Hinterlüftung montiert wird. Der Kollektoraufbau ersetzt in etwa eine 100 mm Mineralwolledämmung. Dies beeinflußt bei Sanierungsprojekten die Investitionskosten günstig, da pro m² bis zu 90 € an Wärmedämmung und Außenputz eingespart werden können.

Bild 3.51 Hauswand vor der Sanierung (unten) und danach mit 110 m² Solar-Roof-Fassadenkollektor (oben)

Bei Systemen für die Warmwasserbereitung muss die Kollektorfläche in etwa 25 % größer dimensioniert werden, um den gleichen Ertrag wie bei einer auf dem Dach installierten Kollektoranlage zu erreichen. Mehrkosten für die größere Fassadenkollektorfläche werden aber durch die Kosteneinsparung bei einer aufwändigen Kollektoraufständerung zur windsicheren Montage auf z.B. einem Flachdach in der Regel kompensiert. Solaranlgen für die Raumheizungsunterstützung bieten dagegen günstigere Bedingungen für Fassadenkollektoren.

Die für die Unterstützung der Raumheizung meist größer ausgelegten Kollektorflächen erzeugen bei dachinstallierten Anlagen im Sommer deutliche Übertemperaturen, die systemtechnisch berücksichtigt werden müssen.

Beim Fassadenkollektor ist die Fläche im Hochsommer ungünstig ausgerichtet. Sie bringt dennoch ausreichend viel Leistung, um die Warmwasserbereitung sicher zu stellen. Stangnationszeiten mit Anlagenstillstand wegen zu hoher Speichertemperaturen treten kaum auf. Jedoch In der Übergangszeit, wenn Solarwärme für die Raumheizungsunterstützung genutzt werden soll, wird die Fassadenfläche bei niederem Sonnenstand optimal erreicht.

Untersuchungen des ISFH Emmertahl von 1999 an einem Niedrigenergieeinfamilienhaus zeigen, dass bei Kollektorflächen über 12 m² , die Fassadenkollektoranlage höhere Erträge erzielt als eine vergleichbare Kollektorfläche auf einem 30° geneigten Süddach.

3.3.3 Systemvarianten für die Unterstützung der Warmwasserbereitung

In diesem Bereich kann man zwei Hauptsysteme unterscheiden:

- **TDS-System** für Solaranlagen mit solaren Deckungsanteilen von 30-50 % bei überwiegend kontinuierlichem Bedarf wie z.B. im Wohnungsbereich (Bild 3.52).
Der Anlagenaufbau beinhaltet in der Regel einen Solarpufferspeicher mit nachgeschaltetem Durchlaufwärmetauscher, über den eine Vorwärmung des dem konventionellen Warmwasserbereiter zuströmenden kalten Trinkwassers erfolgt.
Die bei TDS-Systemen eingesetzte Reglung für die Durchflusswarmwasserbereitung steuert die Ladepumpe (3) des Wärmetauscherkreises drehzahlgeregelt. So können bei einer auskühlungsoptimierten Regelcharakteristik immer ein kalter Rückfluss zum Solarpufferspeicher und eine Begrenzung der maximalen Trinkwasservorwärmung erreicht werden. Der kalte Rücklauf ist entscheidend für den Solarertrag des Systems.

Grundsätzlich hat dieses System den Vorteil, dass im gesamten Jahr immer auf das Kaltwassertemperaturniveau gearbeitet wird. Probleme können auftreten, wenn keine ausreichende Warmwasserzapfung erfolgt, da nur während der Zapfung Solarwärme übertragen werden kann. Systemvarianten sehen für diesen Zweck eine Wärmeübertragung auf den Zirkulationskreis und somit auch auf den konventionellen Brauchwasserspeicher vor.

- **Vorwärmsystem** für Solaranlagen mit höheren Deckungsanteilen und starken Verbrauchsspitzen wie z.B. Sportstätten und gewerbliche Dusch- und Wascheinrichtungen (Bild 3.53).
Hier werden meist Kombinationen von Solarpufferspeichern und Warmwasserladespeichern (Vorwärmspeicher) eingesetzt, um die Verbrauchsspitzen besser abdecken zu können.

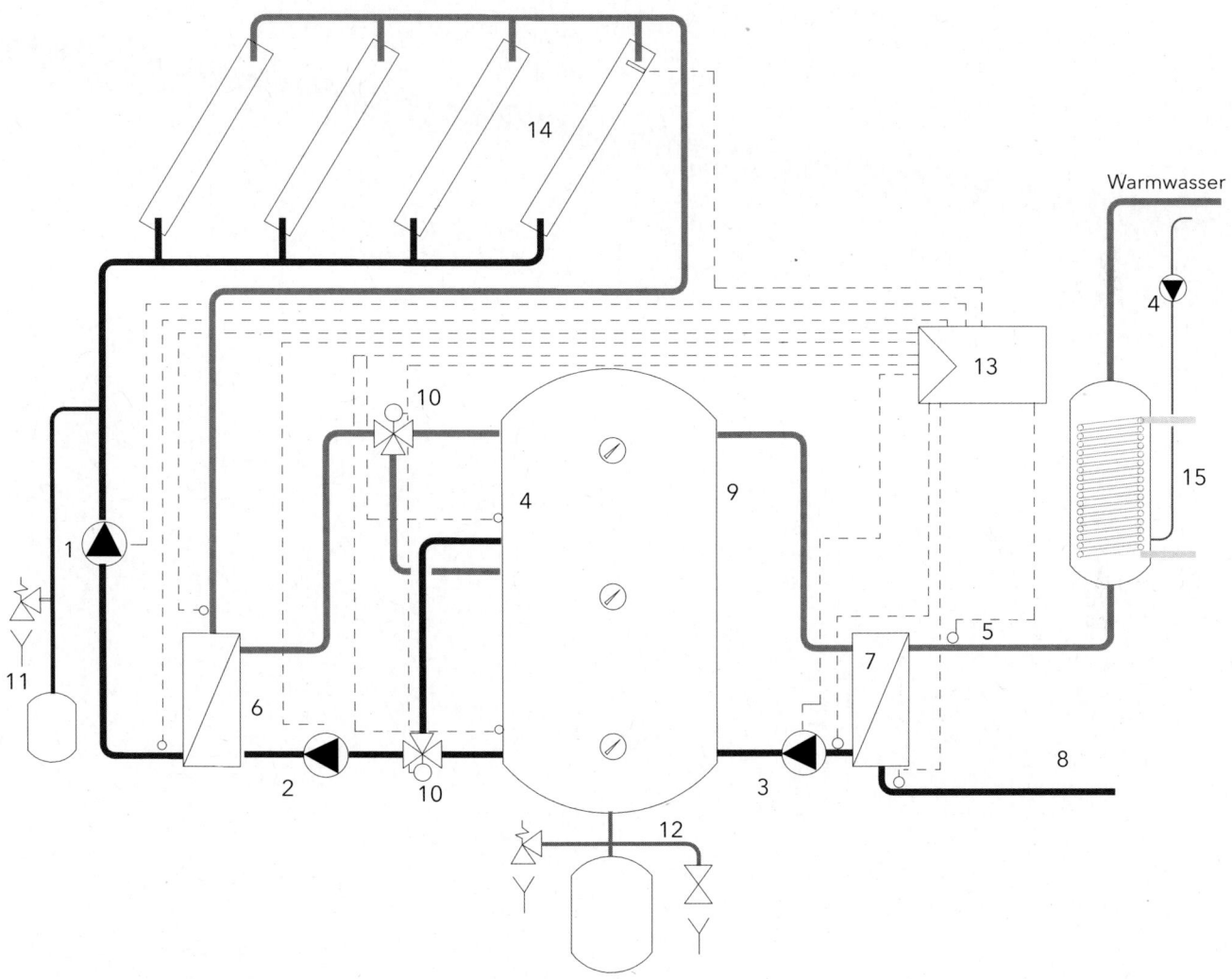

Bild 3.52 **Großanlagen/Grundschema TDS**
1 Solarkreispumpe, 2 Pufferspeicherladepumpe, 3 Ladepumpe/Wärmetauscher, 4 Messstelle/Temperatur, 5 Durchflusserfassung, 6 Solarkreiswärmetauscher, 7 Ladewärmetauscher, 8 Durchlauferhitzerkreis, 9 Solarpufferspeicher, 10 Umschaltventile/Schichtenbeladung, 11 Sicherheitsgruppe/Solar, 12 Sicherheitsgruppe/Puffer, 13 Solar- und Ladereglung, 14 Kollektorfeld 15 Konventionelle Nachheizung

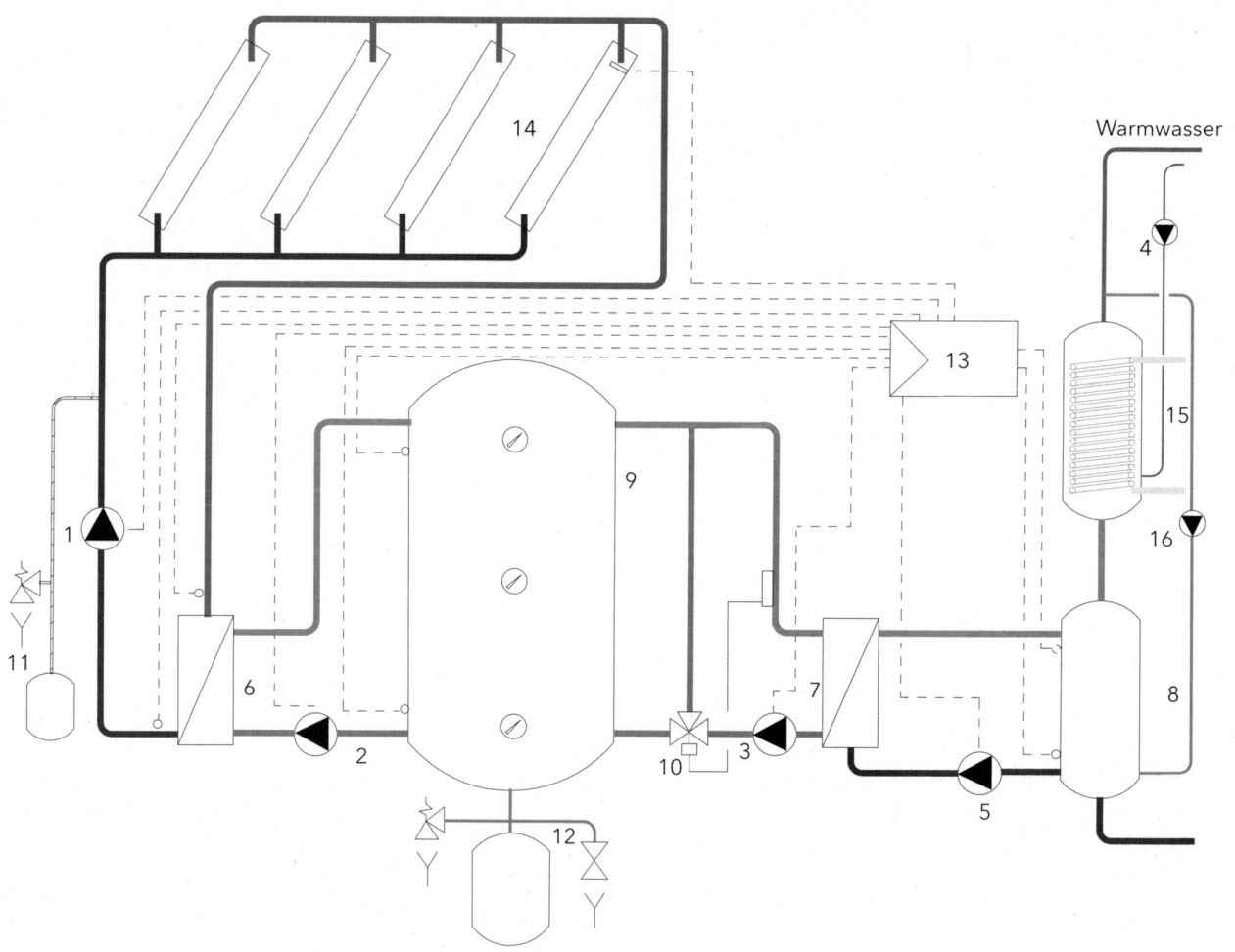

Bild 3.53 **Großanlagen/Grundschema Vorwärm-System**
1 Solarkreispumpe, 2 Pufferspeicherladepumpe, 3 Ladepumpe/Wärmetauscher, 4 Zirkulationspumpe, 5 Ladepumpe, 6 Solarkreiswärmetauscher, 7 Ladewärmetauscher, 8 Vorwärmspeicher, 9 Solarpufferspeicher, 10 Mischventil Vorlauftemperaturbegrenzung 11 Sicherheitsgruppe/Solar, 12 Sicherheitsgruppe/Solarpuffer, 13 Solar- und Laderegelung, 14 Kollektorfeld, 15 Konventionelle Nachheizung, 16 Umwälzpumpe Gesamtaufheizung

Der entsprechend ausgelegte Ladewärmetauscher erwärmt den Vorwärmspeicher, der der konventionellen Warmwasserbereitung vorgeschaltet ist. Durch die Vorratshaltung im Vorwärmspeicher können Zapfspitzen abgefangen werden. Dies ist systemtechnisch wichtig, um die Solarwärme vollständig übertragen zu können und betriebswirtschaftlich sinnvoll, da die Ausführung mit kleinerem Wärmetauscher, Pumpen und Speicher in der Regel kostengünstiger ist als ein auf größere Zapfspitzen ausgelegter Durchlaufwärmetauscher.

Um den Vorwärmspeicher in die zyklische Gesamtaufheizung nach DVGW 551 einbinden zu können, ist ein Zirkulationskreis zum konventionellen Speicher mit einer Brauchwasserumwälzpumpe vorzusehen. Die Aufheizung sollte gegen Abend, nach der Hauptbetriebsphase der Solaranlage, erfolgen.

Intelligente Regelungstechnik aktiviert die Aufheizung nur dann, wenn die erforderliche Temperatur von 60° C im unteren Speicherbereich in den vergangenen 24 h nicht durch die Solaranlage erreicht wurde.

In beiden Fällen werden also Pufferspeicher als Solarspeicher eingesetzt. Aus dem Solarpufferspeicher wird die gespeicherte Wärme auf das zu erwärmende Trinkwasser übertragen. Diese Systemtrennung trägt den Anforderungen an eine verbesserte Wasserhygiene (DVGW 551) Rechnung und hat den Vorteil geringerer Investitionskosten.

3.3.4 Solarsysteme im Siedlungsbau für die Warmwasserbereitung und Raumheizung

In der Vergangenheit sind bereits mehrere Solaranlagen zur Unterstützung der Warmwasserbereitung und der Raumheizung in Deutschland realisiert worden. Die eingesetzten Systeme unterscheiden sich in Bezug auf die Verteilung der Kollektorflächen und die Art der Wärmeverteilung.

Kann das Kollektorfeld zentral realisiert werden, werden deutliche Kostenvorteile erreicht. Vom Kollektorfeld wird die zentrale Solarpufferspeichereinheit erwärmt. Dezentrale Kollektorfelder müssen über eine Sammelleitung zusammengeführt werden. Notwendig sind dann Solarvor- und Rücklauf bei 4-Leiter-Netzen oder bei einem 3-Leiter-Netz ein kalter Solarrücklauf (Zulauf zum Kollektorfeld). Die Solarwärme wird als Rücklaufanhebung über den Heizkreis geführt. Zu diesem Zweck ist aber eine Wärmetauscherübergabestation am Feld notwendig. Je nach Auslegung wird dann die Solarwärme in einen Kurzzeitspeicher mit einem anteiligen Solarspeichervolumen, das in etwa dem Tageswarmwasserbedarf entspricht (bei solaren Deckungsanteilen von 30-45 %), oder in einen Saisonspeicher eingeladen.

Neben den baulichen Voraussetzungen für die Installation der Kollektorfelder werden bei der Planung von Großanlagen Fragen nach den Eigentumsrechten der Flächen, auf denen die Kollektoren installiert sind, die Kosten für die Wärmeverteilung (erdverlegte Leitungen, Verlegung im Kellerbereich oder in gebäudeverbindenden Tiefgaragenbereichen etc.) berücksichtigt.

Die Erfahrungen aus den bereits ausgeführten Projekten ist durchweg positiv. Auch die angewendeten Konzepte für die Systemabsicherung mit nur einem zentralen Sicherheitsventil, wie in Hamburg Bramfeld und in Friedrichshafen realisiert, funktionieren. Selbst der Bau gigantischer Solarpufferspeicher mit bis zu 15.000 m³ Speichervolumen ist heute zu Preisen von ca. 100-130 €/m³ möglich.

Für kleinere Siedlungen mit eigenem Nahwärmenetz sind mehrere Anlagenkonzepte realisiert worden, die im Einzelnen hier kurz vorgestellt werden.

Grundsätzlich ist es sinnvoll, die Heizkreise zur Raumheizung der Gebäude direkt am Nahwärmenetz anzuschließen. Dies bietet nicht nur Kostenvorteile durch den Wegfall der Übergabestation, sondern gerade bei einer solaren Unterstützung der Raumheizung kann so die notwendige Vorlauftemperatur des Heizkreises um 5-10° C gesenkt werden. Außerdem sollte bei der Auslegung der Heizflächen grundsätzlich auf möglichst geringe Vorlauftemperaturen und eine große Spreizung geachtet werden. Dementsprechend sind z.B. in Hamburg die Heizflächen auf 60/30° C hin dimensioniert worden.

Kollektorfeld und Warmwasserbereitung zentral
Auf einem geeigneten Dach einer Reihenhauszeile oder einer Garagenanlage wird eine großes Kollektorfeld realisiert (näherungsweise etwa 0,7-1 m²/Person bei ca. 40 % solarer Deckung). Das Feld arbeitet auf einen Pufferspeicher, aus dem ein Brauchwasserspeicher erwärmt wird, der ebenfalls konventionell nachgeheizt werden kann. Für die Beheizung der angeschlossenen Gebäude sind ein Heizkreis mit Vor- und Rücklauf sowie eine Warmwasserverteilung und Rezirkulationsleitung notwendig (Bild 3.54).

Vorteil: In den Gebäuden können Heizkörper und die Warmwasserversorgung direkt angeschlossen werden. Es ist keine Wärmeübergabestation notwendig. Im zentralen Brauchwasserspeicher kann die Solaranlage aus dem Pufferspeicher auch in strahlungsarmen Zeiten auf das niedrige Temperaturniveau des Kaltwasserzulaufs arbeiten. Dies erhöht die solare Nutzung.
Nachteil: Aus Gründen der Wasserhygiene ist die Warmwasserversorgung mit 60° C zu betreiben. Die Rezirkulation muss mit 55° C zum Speicher zurückkommen (nach DVGW 551). Die Bereitschaftsverluste sind hoch, da die Zir-

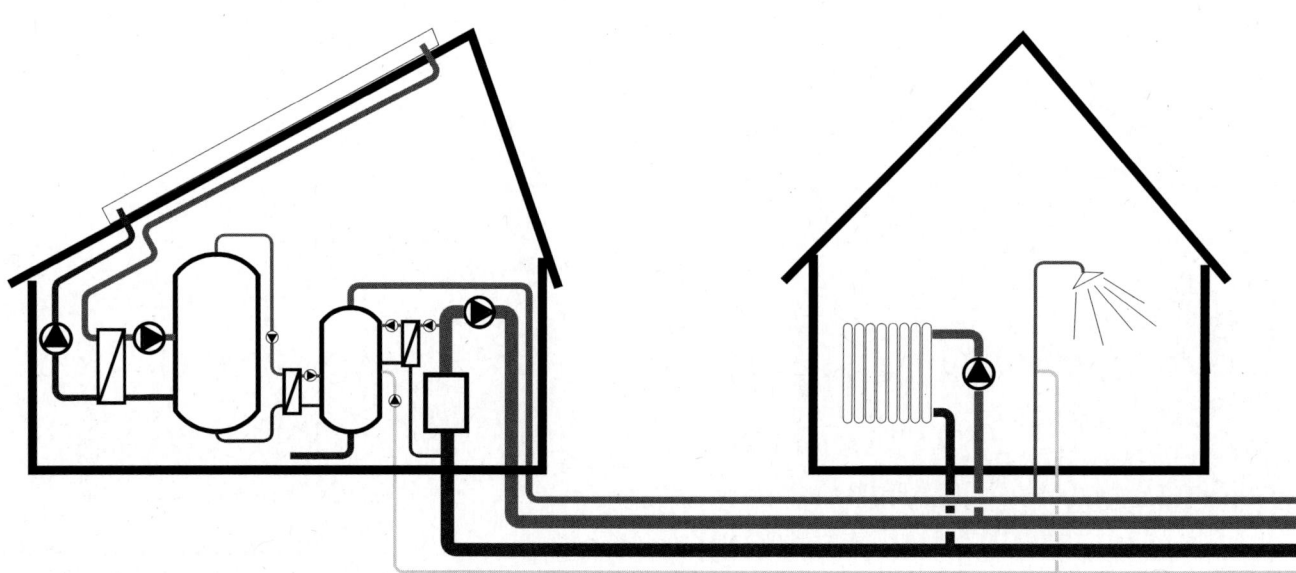

Bild 3.54 Schaltschema: Kollektorfeld zentral/Warmwasserbereitung zentral

kulation fast immer in Betrieb sein muss. Hohe Kosten für die Leitungsverlegung.

Mögliche Fehler: Wenn eine falsch angeschlossene Rezirkulationsleitung am Brauchwasserspeicher den Solarladebereich unten erwärmt oder eine zeitlich ungünstig eingestellte Gesamtaufheizung (nach DVGW 551) z.B. morgens erfolgt, kann die solare Nutzung deutlich reduziert werden.

**Kollektorfeld zentral /
Warmwasserbereitung dezentral**

● Variante I Wärmeübergabestation
Bei einem zentralen Kollektorfeld und zentralem Pufferspeicher kann auch die Solarwärme über das aus Vorlauf und Rücklauf bestehend Heiznetz verteilt werden. Die Nachheizung bei nicht ausreichender Solareinstrahlung erfolgt im Pufferspeicher oder durch die Beimischung am Vorlaufverteiler.

In den Gebäuden können die Heizkörper direkt angeschlossen werden. Die Warmwasserbereitung erfolgt über Durchlaufwarmwasserbereiter (Bild 3.55).

Vorteil: Es kann mit einem 2-Leiter-Netz gearbeitet werden. Die Systemtemperatur kann auf die Warmwasserbereitung von 45° in den Gebäuden ausgelegt werden. Im Sommer sollten somit Vorlauftemperaturen von 60-65° C ausreichend sein.

Nachteil: Die Rücklauftemperatur zum Solarpufferspeicher ist auf Grund der notwendigen Zirkulationsströmung zur Aufrechterhaltung der Bereitschaft der Durchlaufwarmwasserbereitung höher. Im Mittel werden 35-40° C Rücklauftemperatur zu erwarten sein. Der Anschluss von Zirkulationsleitungen an den Durchlaufwarmwasserbereitern ist problematisch. Pro Wohneinheit ist je eine Übergabestation vorzusehen.

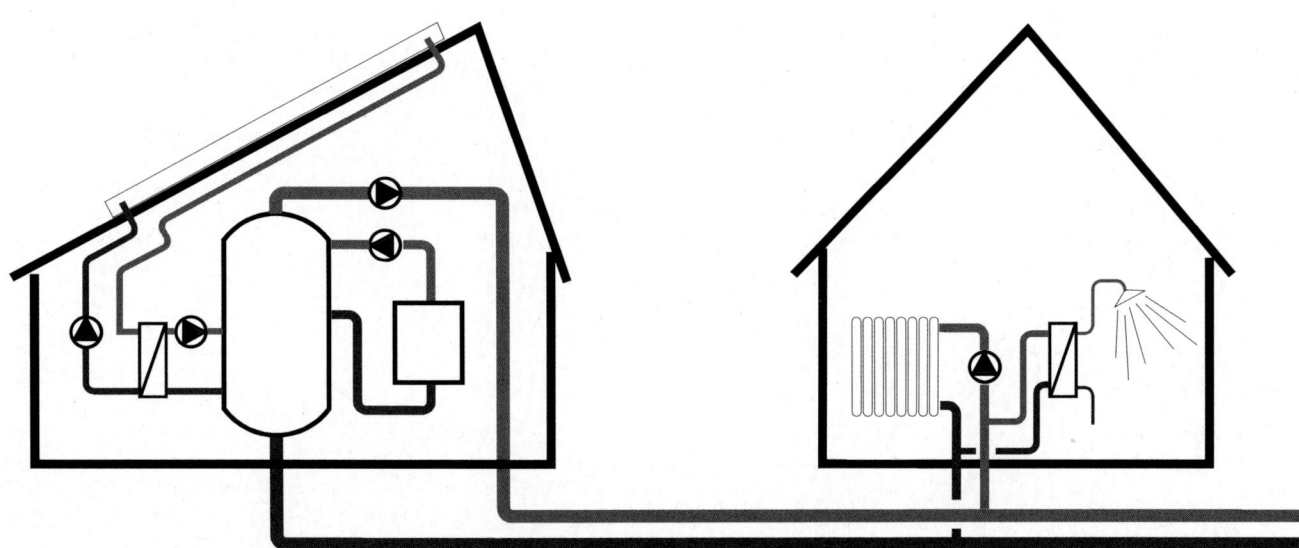

Bild 3.55 Schaltschema: Kollektorfeld zentral/dezentrale Warmwasserbereitung im Durchlauf

● Variante II Dezentraler Warmwasserspeicher
Wie bei Variante I mit zentralem Pufferspeicher und Nachheizung. Die Heizkörper in den Gebäuden sind ebenfalls direkt angeschlossen. Zur Warmwasserbereitung dient allerdings ein monovalenter Speicher (Bild 3.56).

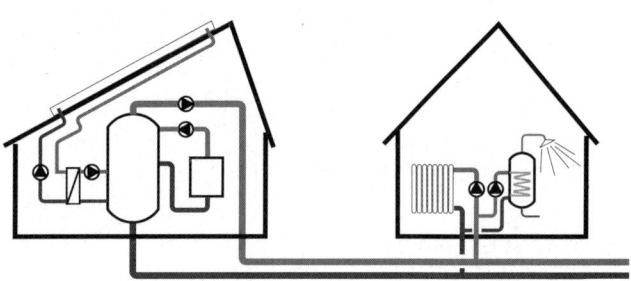

Bild 3.56 Schaltschema: Kollektorfeld zentral/dezentrale Warmwasserspeicher

Vorteil: Im Winter vergleichbarer Betrieb wie bei der Durchflusswarmwasserbereitung. Außerhalb der Heizperiode können aber die Verteilungsverluste durch die Nutzung von Ladezeiten (2- Ladezeiten pro Tag, Speicherdimensionierung standardmäßig) reduziert werden.

Nachteil: Erhöhter Platzbedarf in den Gebäuden. Versorgungsengpass bei ungewöhnlichem Nutzerverhalten. Hier kann eine dezentrale elektrische Nachheizung eventuell sinnvoll sein, um unnötig hohe Zirkulationsverluste zu vermeiden.

Kollektorfeld dezentral / Nachheizung zentral
Die Heiztechnik ist zentral untergebracht und versorgt über ein 2-Leiter-Netz die angeschlossenen Gebäude. Dezentrale Solaranlagen unterstützen die Warmwasserbereitung in bivalenten Brauchwasserspeichern, die in den Gebäuden untergebracht sind. Die Heizkörper sind direkt angeschlossen (Bild 3.57).

Vorteil: Der Hauseigentümer kann sich individuell zur Installation einer Solaranlage entschließen. Werden hohe solare Deckungsanteile erreicht, können die Verteilungsverluste deutlich reduziert werden. Dies aber nur, wenn die solare Unterstützung für alle angeschlossenen Gebäude gilt.

Nachteil: Höhere Systemkosten für die Solaranlage durch größeren Materialaufwand (viele Regelungen und Pumpen, Verrohrung) sowie zusätzlichen Montageeinsatz. Vermehrter Platzbedarf für einen bivalenten Speicher (Volumen etwa 2-facher Tageswarmwasserbedarf).
Ist die solare Unterstützung der Raumheizung einer Siedlung in größerem Umfang geplant, stellen zentrale Saisonspeicher die sinnvollste Lösung dar.
Neben den bereits genannten Betonspeichern mit Edelstahlauskleidung, wie in Hamburg und Friedrichshafen installiert, finden auch Erdbeckenspeicher als Wärmetauscher Anwendung, die aus einer isolierten Folienwanne mit Kies/Wasserfüllung und eingelegten Kunststoffschläuchen bestehen. Erdsondenspeicher oder die Nutzung natürlicher Kavenen im Feld bieten ebenfalls Möglichkeiten, die aber in Deutschland auf Grund der Gegebenheiten noch nicht eingesetzt wurden. Hierzu gibt es bereits einige Pro-

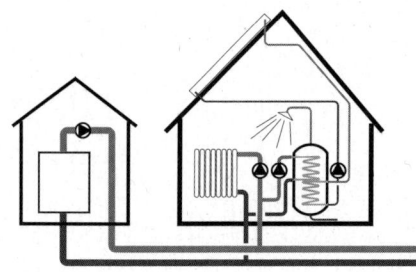

Bild 3.57 Schaltschema: Kollektorfeld dezentral/Nachheizung zentral

jekte, die in den letzten Jahrzehnten in Skandinavien realisiert wurden. Eine Kostenreduzierung soll noch einmal durch die Verwendung von Hochleistungsbeton erreicht werden, der auch bei hohen Speicherwassertemperaturen nur geringste Leckverluste aufweist.

3.3.5 Kosten verschiedener Solarsysteme

Im Folgenden sind für eine thermische Solaranlage die absoluten und die spezifischen Mehrkosten pro m² Wohnfläche bei Neubauten für die verschiedenen Ausführungsmöglichkeiten anhand realisierter Projekte aufgeführt (Tabelle 3.13).

Haustyp/Größe der Solaranlage		Mehrkosten für Solarwärme	
		pro Wohneinheit	pro m² Wohnfläche
Einfamilienhaus (5 m² Solaranlage, 300 l Speicher) Solare Deckung 15 % des Gesamtwärmebedarfs des Geäudes		3.300 - 4.100 €	27 - 34 €/m² bei 120 m²
Gemeinschaftsanlage > 100 m² Kollektorfläche Nutzbare Wärmemenge 400 kWh/m²/Jahr Solare Deckung 20% des Gesamtwärmebedarfs	Wohneinheit	1.280 - 1.540 €	16 - 19 €/m² bei 80 m²
	Einfamilienreihenhaus	1.540 - 2.560 €	13 - 22 €/m² bei 120 m²
Gemeinschaftsanlage zur Raumheizung bei Niedrigenergiehäusern mit Saisonspeichern (> 500 m² Kollektorfläche) Nutzbare Wärmemenge 360 kWh/m²/Jahr Solare Deckung 50% des Gesamtwärmebedarfs	Wohneinheit	5.100 - 7.700 €	64 - 96 €/m² bei 80 m²
	Einfamilienreihenhaus	10.200 - 15.400 €	85 - 130 €/m² bei 120 m²

Tabelle 3.13 Mehrkosten für Solarwärme in Abhängigkeit vom Haustyp und der Anlagengröße

3.4 Schwimmbadbeheizung

Auf Grund des niedrigen Temperaturniveaus von 22° C bis 25° C bei Freibädern und 26° C bis 30° C bei Hallenbädern bieten Schwimmbäder die günstigsten Voraussetzungen für den Einsatz der Solartechnik.
Der Energiebedarf der nur im Sommer betriebenen Bäder fällt darüber hinaus genau zusammen mit dem jahreszeitlich größten Energieangebot der Sonne (Bild 3.58).
Da für Frei- und Hallenbäder der Anlagenaufbau, die verwendeten Kollektorsysteme und die Dimensionierungsstrategien unterschiedlich sind, werden beide Anwendungsfälle im Folgenden getrennt behandelt.

Bild 3.58 Solarbeheiztes Schwimmbad in Marburg

3.4.1 Freibäder

Technik einer solaren Freibadbeheizung

Da für die entsprechenden Solarsysteme in der Regel chlorwasserresistente Kunststoffabsorber (siehe Kap. 2.2.1) eingesetzt werden, können sie als Einkreisanlagen betrieben werden. Das Beckenwasser wird direkt durch die Absorber gepumpt und aufgeheizt, ohne den Einsatz kostenträchtiger und wirkungsgradmindernder Wärmetauscher. Die Entnahme des Beckenwassers erfolgt hinter der Filteranlage, damit nur sauberes Wasser durch die Absorber strömt. Danach wird es dem Filterkreis wieder zugeführt (Bild 3.59).

Da während des Zeitraums der Freibaderwärmung (Mai bis September) die Lufttemperatur häufig nicht mehr als 10 Grad unter der mittleren Absorbertemperatur (24-28° C) liegt, ist eine Abdeckung des Absorbers nicht nötig. In diesem Niedertemperaturbereich steht der nicht abgedeckte Absorber dem mit einer Eindeckung versehenen Kollektor

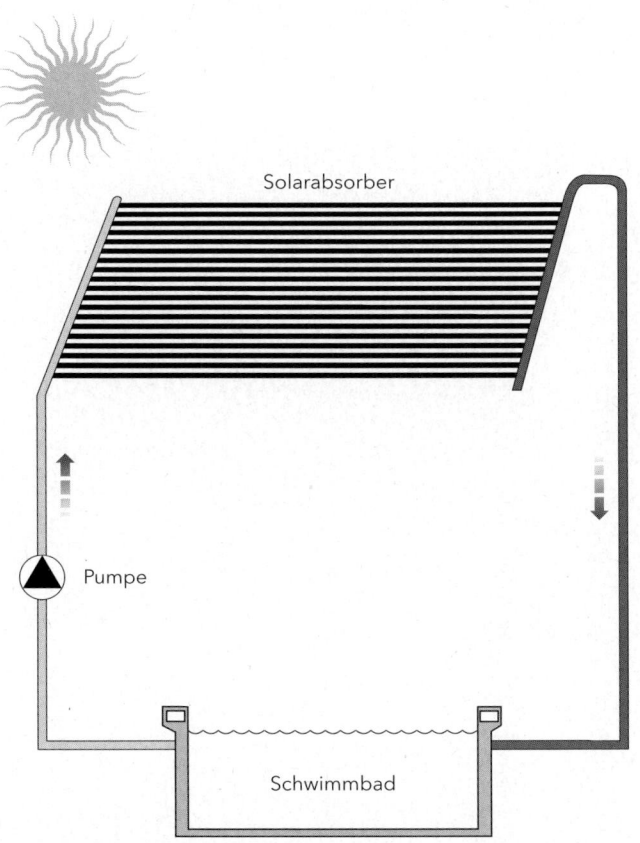

Bild 3.59 Allgemeines Schema Schwimmbaderwärmung

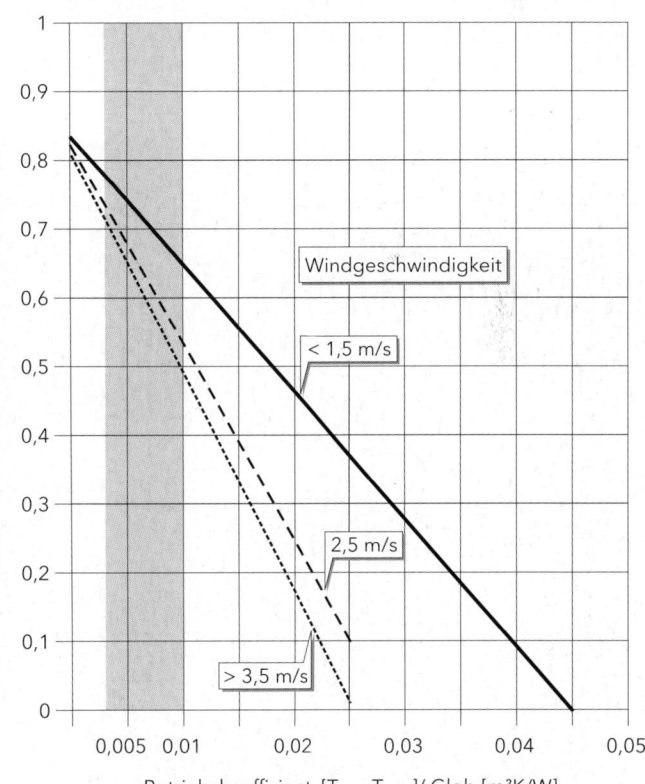

Bild 3.60 Wirkungsgradkennlinie Schwimmbadabsorber

im Allgemeinen nicht nach, weil die Eindeckung auch einen Teil der einfallenden Sonnenstrahlung reflektiert und der einzusetzende Wärmetauscher zu Übertragungsverlusten führt. Nur bei Windbelastung liegt die Leistung des Kollektors höher (Bild 2.20).

Die Wirkungsgradkennlinie eines EPDM-Absorbers ist in Bild 3.60 dargestellt. Der typische Betriebsbereich für die Schwimmbadbeheizung ist schraffiert.

Für die Regelung einer solaren Schwimmbadbeheizung werden im Wesentlichen 2 Regelsysteme eingesetzt:

● Temperaturdifferenzregelung

Sie findet vor allem in den kleineren privaten Schwimmbädern Anwendung. Die Funktionsweise entspricht der bereits in Kapitel 2.3 geschilderten Regelung. Über je einen Temperaturfühler werden sowohl Absorber- als auch Beckenwassertemperatur erfasst.

Misst der Absorberfühler eine Temperatur, die um 4 bis 5° C über der des Beckenwassers liegt, schaltet die Regelung die Umwälzpumpe ein. Ist keine Temperaturdifferenz mehr gegeben, wird die Pumpe wieder ausgeschaltet und das 3-Wege-Ventil umgestellt. Damit die Filterpumpe auch unabhängig vom Solarbetrieb in Gang gesetzt werden kann, wird die Regelung mit einer zusätzlichen elektrischen Leitung und einem Ein/Aus-Schalter überbrückt.

Die Ausschaltung erfolgt, wenn nur noch eine geringe Temperaturdifferenz von etwa 2° C gemessen wird (Bild 3.61).

Der Absorberfühler kann entweder als Anlegefühler auf

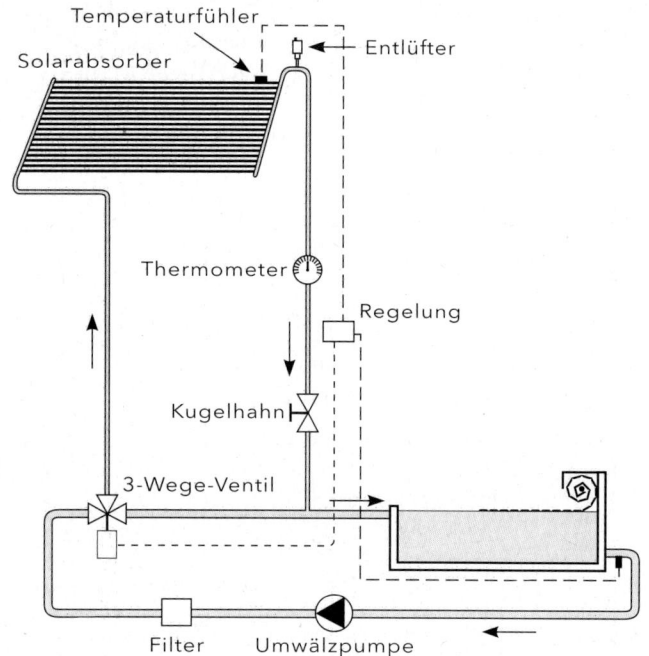

Bild 3.61 Schaltschema mit 3-Wege-Ventil

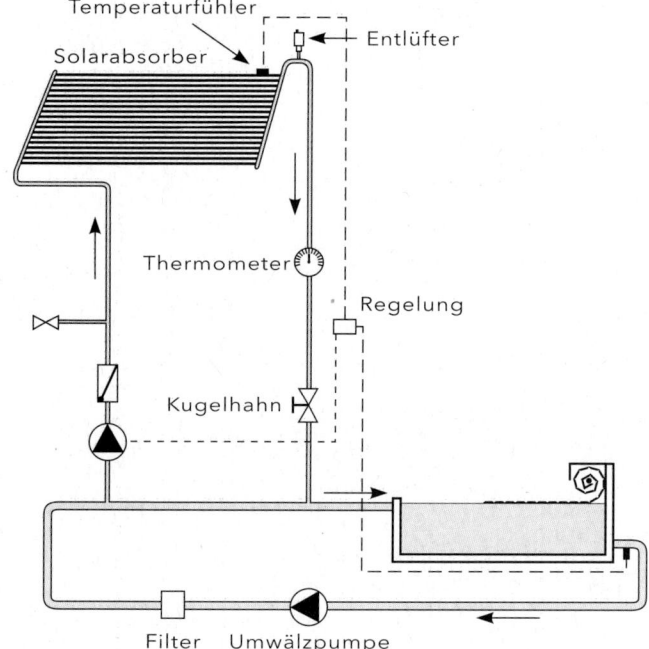

Bild 3.62 Schaltschema mit zusätzlicher Pumpe

dem Absorber angebracht oder als Tauchfühler in ein Sammelrohr eingeschraubt werden.

Das Beckenwasser wird über einen Tauchfühler in der Rücklaufleitung nahe beim Schwimmbecken gemessen. Reicht die Leistung der Filterpumpe nicht aus, kommt eine zweite Pumpe zum Einsatz (Bild 3.62).

● Einstrahlungs-Schwellwert-Steuerung

Als Einschaltsignal wird hier die Intensität der Solarstrahlung verwendet (Mindestwert etwa 350 W/m²), gemessen durch eine Solarzelle. Für die Abschaltung ist die Temperaturdifferenz zwischen Solarvorlauf und -rücklauf maßgebend, ca. 0,5 K (Bild 3.63). Zur Temperaturmessung werden Platinwiderstandsfühler PT1000 eingesetzt.

Diese aufwändigere und teurere Steuerung verwendet man meist bei größeren kommunalen Anlagen. Ihr besonderer Vorteil liegt in der exakten Anpassung des Anlagenbetriebs (Ein-/Abschaltung) an die jeweiligen Witterungsbedingungen. Verspätetes Einschalten bzw. zu frühes Abschalten kann bei Großanlagen den Energiegewinn wesentlich beeinflussen.

Das Beckenwasser sollte in größeren kommunalen Anlagen durch eine Zusatzpumpe zu den Absorbern befördert werden. Die Abzweigung eines Teilstroms über Ventile oder Klappen kann ungünstige Auswirkungen auf die Hydraulik des Filterkreises haben.

● Pumpen

Liegt bei Privatbädern die Höhendifferenz zwischen Becken und Absorberoberkante nicht über 7 m, genügt in der Regel die vorhandene Filterpumpe. Reicht die Pumpenleistung nicht aus, genügen als Zusatzpumpen die kleinsten Schwimmbadpumpen aus Kunststoff, mit einer Stromaufnahme-Leistung von etwa 500 W. Auch Brauchwasserpumpen aus Edelstahl oder Bronze können verwendet werden.

In kommunalen Anlagen werden die dort üblichen Filterpumpen aus Grauguss eingesetzt. Je nach Größe der Anlage werden meist Leistungen von etwa 2 kW bis 5 kW benötigt.

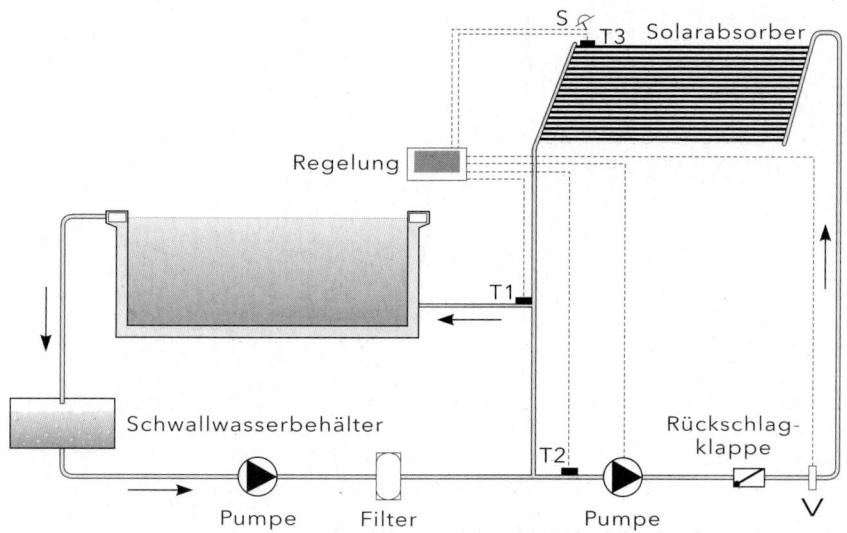

Bild 3.63 Schaltschema mit Schwellwertsteuerung
T1 Beckenvorlauffühler, T2 Beckenrücklauffühler, T3 Kollektorfühler, S Strahlungsfühler
V Volumenmessteil)

● Entlüfter
Wegen der Schwimmbadchemikalien kommen nur Geräte aus Kunststoff, Rotguss oder Edelstahl in Frage, die an allen Hochpunkten der Anlage und an Leitungsenden montiert werden. Bei kleinen Anlagen kann unter Umständen auf Entlüfter verzichtet werden, da eine starke Pumpe die Luftbläschen mit ins Becken reißt. Doch treten dann gewisse Blubbergeräusche in der Leitung auf. Bei größeren Höhendifferenzen zwischen Absorber und Becken und geringen Pumpenleistungen kann im Absorber ein Unterdruck entstehen, als dessen Folge Luft durch den Entlüfter angesaugt wird. Ein Drosselhahn oder eine Drosselklappe, in die Vorlaufleitung eingebaut, wirken dem entgegen.

● Entleerung
Alle starren Leitungen müssen vor Beginn der Frostperiode entleert werden können. Dazu werden Kunststoffkugelhähne oder KFE-Hähne aus Rotguss eingesetzt.

● Rückschlagklappe
Sie wird in Fließrichtung hinter der Pumpe eingebaut und verhindert ein Leerlaufen der Leitung und eventuell des Absorbers. Dies ist vor allem wünschenswert, wenn nur niedrige Pumpenleistungen zur Verfügung stehen.
Ein Großteil der Pumpenleistung ist nur dafür erforderlich, das Wasser bis zum höchsten Punkt der Anlage zu fördern. Durch die Rückschlagklappe muss die Pumpe diese Leistung nur zu Beginn der Badesaison erbringen.
Wenn sich die Anlage nicht entleeren kann, muss auch nicht immer wieder von neuem entlüftet werden, was bei großen Anlagen doch manche Probleme verursachen kann.
Wenn sich die Anlage allerdings nachts nicht entleert, kühlt das Wasser hier stärker ab als im Becken. Demzufolge dauert es am nächsten Morgen auch etwas länger, bis die Solarabsorber ein nutzbares Temperaturniveau liefern. Dieser Nachteil ist jedoch gegenüber den Vorteilen geringer zu bewerten.
Vor der Rückschlagklappe ist eine Entleerungsvorrichtung anzubringen.

● Verrohrung
Für kleinere Solaranlagen finden Kunststoffrohre aus PVC, PP und PE Verwendung. PVC-Rohre werden verklebt, PE- und PP-Rohre verschweißt, für PP-Rohre gibt es noch Klemmringverschraubungen. Auf PVC-Rohre sollte möglichst verzichtet werden, da vom Reiniger und Kleber gesundheitliche Gefahren ausgehen können.
In Großanlagen werden fast nur noch PE-Rohre eingesetzt. Bei langen geraden Rohrstrecken darf die Längenausdehnung infolge Erwärmung bzw. Kontraktion durch Abkühlung nicht unterschätzt werden. Gerade PE-Rohr besitzt einen sehr großen Temperaturausdehnungskoeffizienten. Es sind daher gegebenenfalls entsprechende Dehnungsbögen oder Kompensatoren vorzusehen, um Schäden an der Rohrbefestigung bzw. den Rohren zu vermeiden.

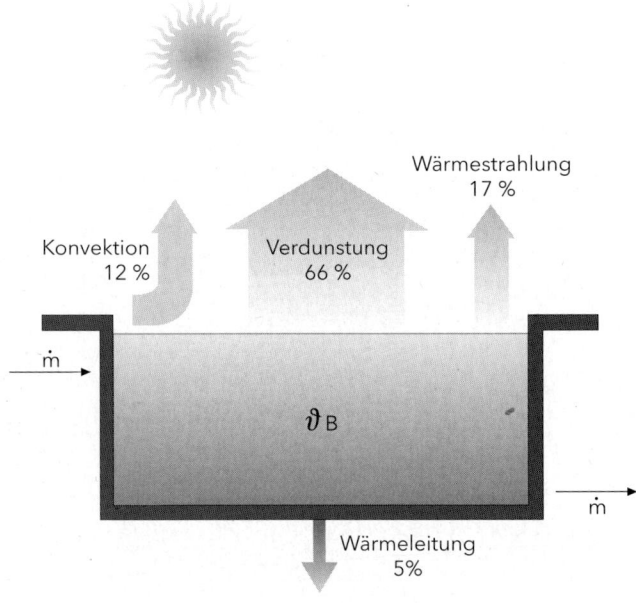

Bild 3.64 Wärmeverluste eines Freibades (Quelle: 13)

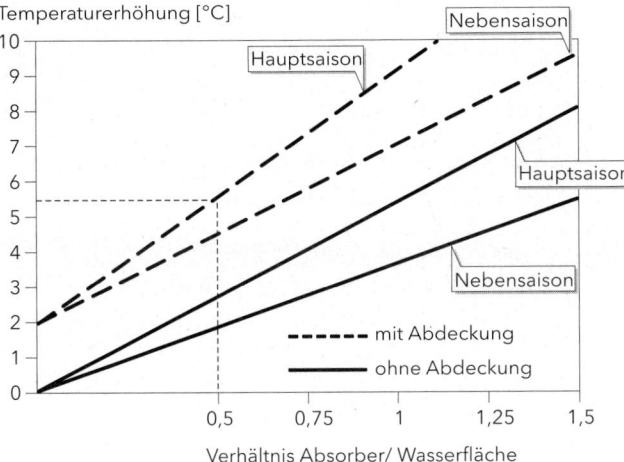

Bild 3.65 Verhältnis Absorber/Wasserfläche in Abhängigkeit von der gewünschten Wassertemperatur

Dimensionierung von Absorberfläche, Verrohrung und Pumpe

● Absorberfläche

Sie richtet sich in erster Linie nach der Größe des Schwimmbeckens und den gewünschten Wassertemperaturen.

Art und Größenverhältnisse der Wärmeverluste eines Schwimmbeckens gibt Bild 3.64 wieder. Da die weitaus größten Verluste an der Beckenoberfläche entstehen, wird diese und nicht das Volumen zur Dimensionierung der Absorberfläche herangezogen.

Das Diagramm im Bild 3.65 zeigt die durch einen unverglasten Solarabsorber zu erwartende mittlere Temperaturerhöhung im Vergleich zur installierten Fläche. Die Erhöhung bezieht sich auf die Durchschnittstemperatur, welche ohne eine Zusatzheizung je nach Jahreszeit 17 bis 19 °C betragen würde. Nur in wenigen Wochen im Hochsommer steigt sie über 20° C an.

Für reine Sommeranwendungen liegt der optimale Neigungswinkel bei 15° bis 25°. Abweichungen bis 0° und 40°

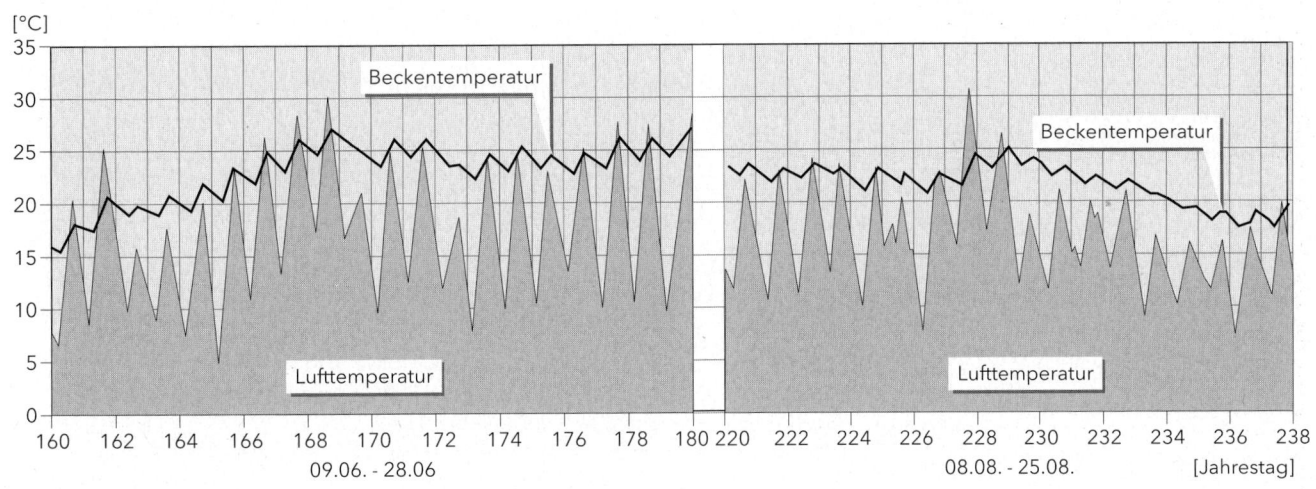

Bild 3.66 Beispielhafte Luft- und Wassertemperaturen bei einem Freibad

181

(bei Südausrichtung) reduzieren den Energieertrag nur um ca. 5 %.
Private Freibäder sollten grundsätzlich mit den hier relativ preisgünstigen Abdeckungen für die nicht genutzten Zeiträume versehen werden. Die Absorberfläche kann dann mit etwa 50 % der Beckenoberfläche angesetzt werden.
Öffentliche Freibäder werden in der Regel auf einem Temperaturniveau von 22-23° C gehalten, wenn es sich nicht gerade um ausgesprochene Freizeitbäder mit anderen Komforteinrichtungen handelt. Auf diesem Temperaturniveau lohnt sich die für große Anlagen sehr teure Beckenabdeckung nicht. Da deren Kosten etwa doppelt so hoch liegen wie die der Absorberfläche, ist es günstiger, Letztere zu vergrößern (soweit möglich). Empfehlenswert ist eine Absorberfläche zwischen 50 % und 75 % der Beckenoberfläche.
Auf eine Nachheizung sollte in diesen Bädern möglichst verzichtet werden, so dass die Wassertemperatur entsprechend den jeweiligen Witterungsbedingungen gleitet. Erfahrungsgemäß kommt der größte Teil der Besucher nur bei schönem Wetter. Dann liefert die Solaranlage auch Temperaturen von 23-26° C. Nur bei längerem schlechtem Wetter sinkt die Wassertemperatur unter 20 °C. Dann geht aber auch kaum jemand zum Baden. Für die wenigen Besucher das ganze Schwimmbecken hochzuheizen, bedeutet einen enormen Luxus, der angesichts unserer hohen Umweltbelastung nicht mehr angebracht erscheint.
Bild 3.66 zeigt einen typischen Verlauf der Luft- und Beckenwassertemperatur im Juni und August bei einem Verhältnis von Absorber- und Beckenfläche von 0,75 ohne Abdeckung und Nachheizung.
Zusätzlich sind die zu erwartenden Betriebsergebnisse für den Zeitraum 15. 5. bis 15. 9. am Standort Uelzen berechnet mit Hilfe des Schwimmbadsimulationsprogramms SWSIU der IST Energietechnik GmbH (Tabelle 3.14).

● Verrohrung und Pumpe
Die Dimensionierung des Solarkreislaufs orientiert sich an einem spezifischen Volumenstrom von 75 l/hm² bis 100 l/hm² Absorberfläche.
Nach den bisherigen Praxiserfahrungen führt dieser Durchsatz zu einer optimalen Wärmeabfuhr aus den Absorbern bei vergleichsweise niedrigen Pumpenleistungen. Die Temperaturerhöhung des Beckenwassers liegt bei 2-4 K. Eine gleichmäßige Durchströmung des Absorberfeldes wird gewährleistet, wenn der Druckabfall in den Absorberkanälen erheblich größer ist als in der anschließenden Verteiler-/Sammelverrohrung. Am einfachsten kann diese Be-

Betriebsergebnisse eines Freibads im Zeitraum vom 15.5. bis 15.9. (Standort: Uelzen)	
Globalstrahlung	590 kWh/m²
Globalstrahlung auf Becken	589.527 kWh
Globalstrahlung auf Absorber	450.787 kWh
Solargewinn direkt	521.433 kWh
Energie Solaranlage	245.684 kWh
Frischwassermenge	2.318 m³
Frischwasserenergie	29.616 kWh
Verdampfungsverlust	424.389 kWh
Emissionsverlust	234.744 kWh
Konvektionsverlust	100.130 kWh
Verluste aus dem Erdreich	29.110 kWh
Anlagenkapazität	20 kWh
Mittlere Beckentemperatur	22,1 °C
Minimale Beckentemperatur	14,4 °C
Maximale Beckentemperatur	28,9 °C
Wirkungsgrad Solaranlage	55 %

Tabelle 3.14 Solarbilanz eines Schwimmbads

dingung mit sehr langen Absorbereinheiten (20-50 m) erfüllt werden. Die Verlegung von EPDM-Absorbermatten kann mit beidseitig angebrachtem Verteiler/Sammelrohr, mit einer Schlaufe und Verteiler/Sammelrohr auf einer Seite oder mäanderförmig in mehreren Schlaufen erfolgen (Bild 3.67).

Der Druckverlust im Solarkreis setzt sich im Wesentlichen zusammen aus dem Druckverlust des Absorberfeldes, dem Druckverlust der Verrohrung und der Förderhöhe bis Absorberoberkante.
Die Förderhöhe beeinflusst den Druckverlust maßgebend. Sie muss aber bei nicht entleerenden Anlagen nur einmal pro Saison von der Pumpe erbracht werden. Deshalb sollte geprüft werden, ob eine leistungsschwächere Pumpe einzusetzen ist, die die notwendige Förderhöhe mit geringerem Volumenstrom erbringt. Danach reicht die kleinere Pumpenleistung ohne weiteres aus, wieder den ganzen Volumenstrom durchzusetzen.

● Energieertrag und Kosten
Solarabsorbersysteme bringen einen Energiegewinn pro Badesaison (15.5. bis 15.9.) von etwa 200-350 kWh/m². Dabei liegt der Energieertrag grundsätzlich höher, wenn das Becken nicht durch eine konventionelle Heizanlage auf einer Mindesttemperatur gehalten wird. Für diesen Fall ergibt sich auch die günstigste Wirtschaftlichkeitsberechnung. Bei einer angenommenen Lebensdauer der Anlage

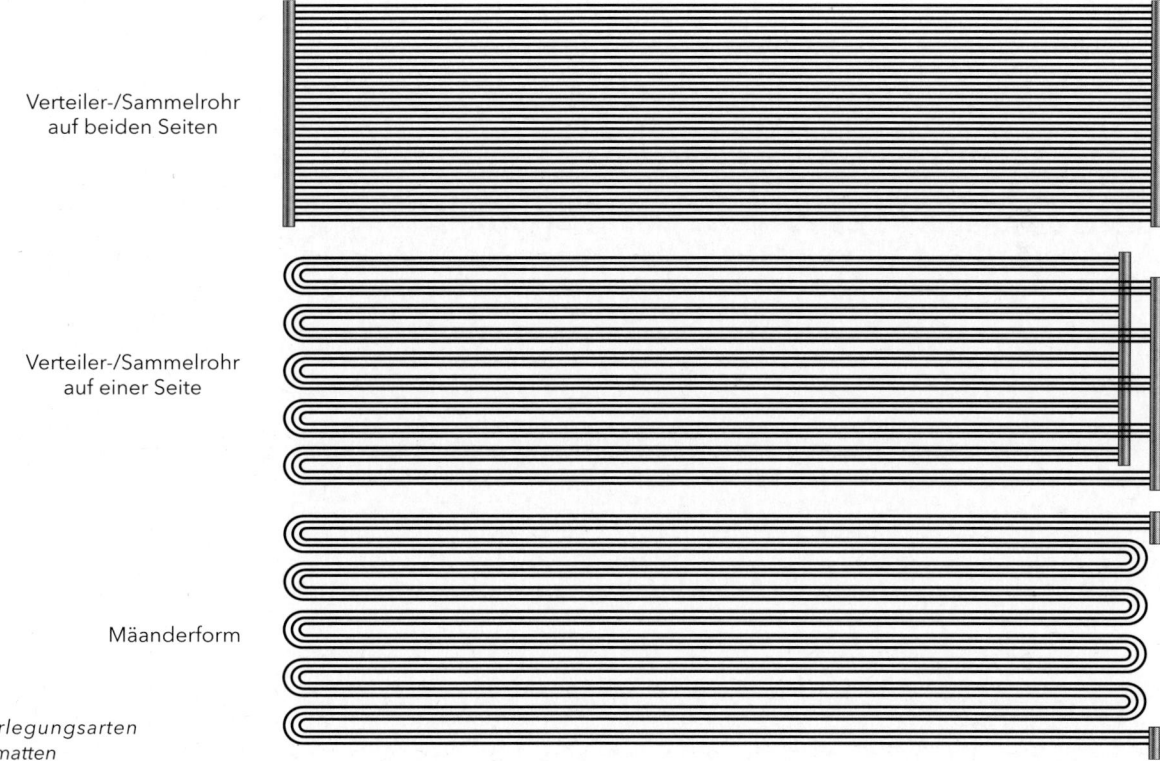

Verteiler-/Sammelrohr auf beiden Seiten

Verteiler-/Sammelrohr auf einer Seite

Mäanderform

Bild 3.67 Verlegungsarten von Absorbermatten

von etwa 20 Jahren liegt der Preis für die erzeugte kWh Energie noch unter demjenigen einer konventionellen Ölheizungsanlage.
Die Amortisationszeiten liegen bei 5 bis 7 Jahren.

Freibadbeheizung und Warmwasserbereitung
Soll zusätzlich zur Freibaderwärmung auch eine solare Warmwasserbereitung erfolgen, kann der Einsatz von Kollektoren an Stelle von Kunststoffabsorbern günstiger sein. Vorteilhaft gestaltet sich hier die Möglichkeit, für beide Verbraucher bei Bedarf die gesamte Kollektorfläche zur Verfügung zu stellen und somit eine bessere Auslastung der gesamten Kollektorfläche zu gewährleisten. Außerdem kann dasselbe Rohrnetz für beide Verbraucher genutzt werden. Von Nachteil ist neben dem deutlich höheren Preis der Kollektoren auch der Umstand, dass die Beheizung des Beckenwassers über einen Wärmetauscher erfolgen muss.
Welche Systemvariante in Bezug auf Kosten und Energieertrag günstiger ist, muss jeweils im Einzelfall geprüft werden.
Allgemein gilt: Ist die für das Schwimmbad benötigte Kollektorfläche sehr groß im Vergleich zu jener für die Warmwasserbereitung (z.B. 20 m² Kollektorfläche für das Schwimmbad und 5 m² für Warmwasser), sind Kunststoffabsorber für die Schwimmbadbeheizung vorzuziehen.

3.4.2 Hallenbäder

Wegen der höheren Wassertemperaturen (26° C bis 30° C) und der meist ganzjährigen Nutzungsweise werden hier statt der unverglasten Kunststoffabsorber die leistungsfähigeren Kollektoren eingesetzt.
Aus den Diagrammen 3.60 (s. S. 177) und 2.21 (s. S. 40) kann der Wirkungsgrad von Kunststoffabsorbern und Kollektoren ermittelt werden. Nach Diagramm 3.60 zeigt sich, dass der Kunststoffabsorber unter typischen Sommerbedingungen (Einstrahlung 800 W/m², Wassertemp. 23° C, Lufttemperatur 18° C bei einer mittleren Absorbertemperatur von 24° C einen Wirkungsgrad von 0,67 oder 67 % erreichen kann.
Eine andere Situation ergibt sich, wenn man die Beheizung eines Hallenbades auf 28° C unter den schlechteren Witterungsverhältnissen im Winterhalbjahr (z.B. Einstrahlung 600 W/m², Lufttemperatur 13° C) betrachtet. Bei einer mittleren Absorbertemperatur von 30° C beträgt der Wirkungsgrad nur noch 30 %. Muss noch Wind berücksichtigt werden, ist kein Energieertrag mehr zu erwarten.
Kollektoren erzielen hier deutlich bessere Wirkungsgrade. Da die Absorber der Kollektoren meist aus Aluminium oder Kupfer gefertigt sind und die Anlagen auch während der Frostperiode betrieben werden, muss hier der Solarkreis durch einen Wärmetauscher vom Schwimmbadkreis getrennt werden. Deshalb liegt die mittlere Absorbertemperatur um ca. 5 K höher, in unserem Fall also bei 35K. Trotz dieser ungünstigeren Ausgangsbedingung ergibt sich nach Diagramm 2.2.15 ein Kollektorwirkungsgrad von 68 %.

Anlagentechnik
Die Kollektoren beheizen das Beckenwasser über einen externen Platten- oder Rohrbündelwärmetauscher, der sich im Filterkreis befindet. Rohrbündelwärmetauscher werden direkt in den Filterkreis integriert, während Plattenwärmetauscher sich in einem Bypass befinden. Gechlortes Schwimmbadwasser erfordert eine Ausführung in Edelstahl oder speziellen Kupferlegierungen. Üblicherweise wird eine konventionelle Nachheizung vorgesehen, die über einen zusätzlichen Wärmetauscher bei Bedarf das Beckenwasser auf die Solltemperatur aufheizt (Bild 3.68). Ist der Kollektor ca. 5 bis 7 K wärmer als das Beckenwasser, schaltet der Solarregler sowohl die Solarkreis- als auch die Filterpumpe. In der entsprechenden Elektroleitung zur Filterpumpe ist dabei ein Schaltschütz vorzusehen, da deren Stromaufnahme über der maximal zulässigen Schaltleistung des Reglers liegt.
Ist eine solare Schwimmbadbeheizung geplant, sollte auch die Warmwasserbereitung durch die Solaranlage erfolgen.

Dies kann hier kostengünstig erreicht werden, da nur die Kollektorfläche etwas vergrößert werden muss (Bild 3.69). Durch eine entsprechende Schaltung des 3-Wege-Ventils im Solarkreis kann mit dem Solarregler SunGo XL wahlweise die Warmwasserbereitung oder die Schwimbadbeheizung vorrangig erfolgen.

● Dimensionierung Kollektorfläche
Maßgebend für die Auslegung des Kollektors sind die Wärmeverluste des Schwimmbeckens. Deren Höhe ist in erster Linie abhängig von
– der Wassertemperatur
– der Lufttemperatur; in der Regel 1 K bis 3 K über der Wassertemperatur

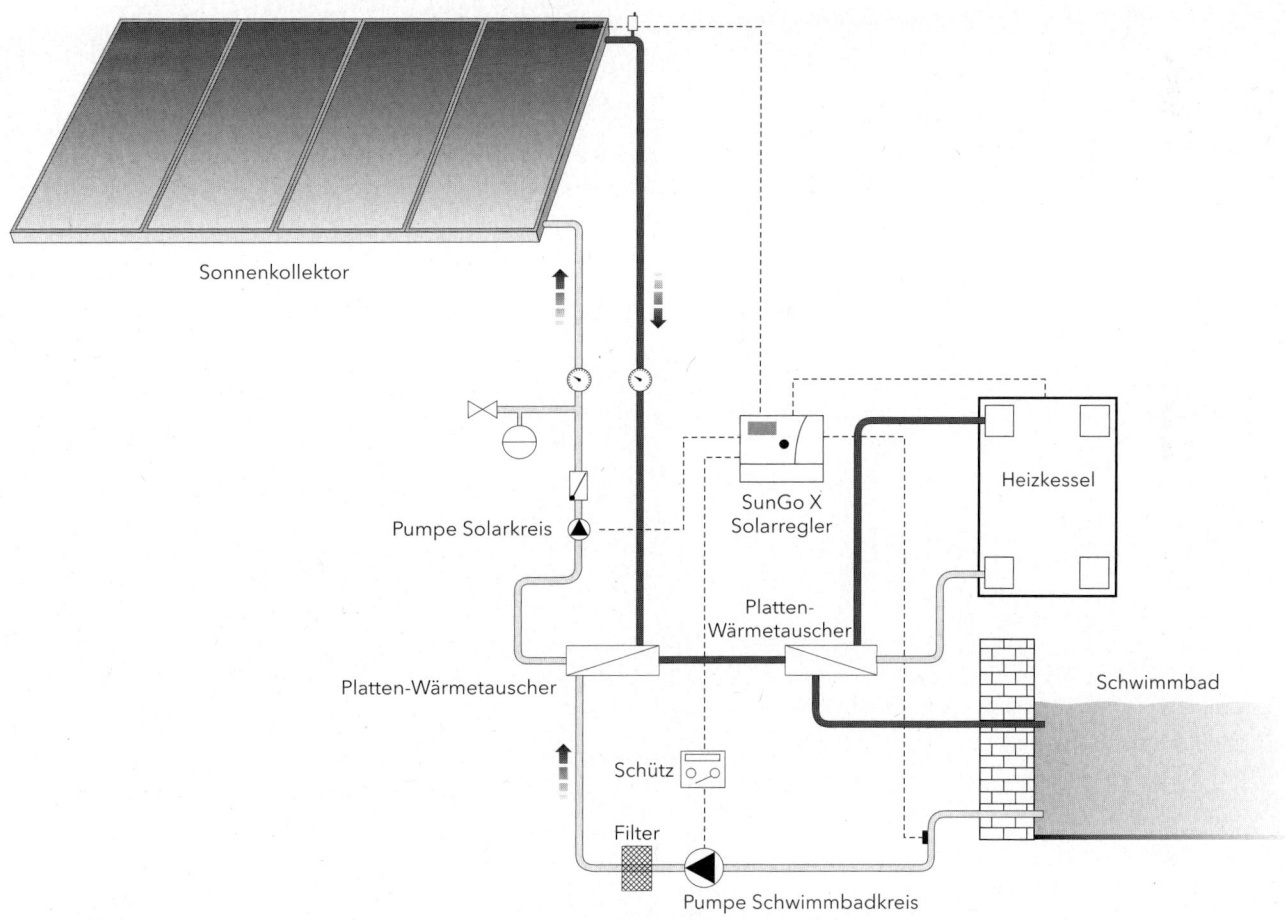

Bild 3.68 Schaltschema Schwimmbadbeheizung über Wärmetauscher

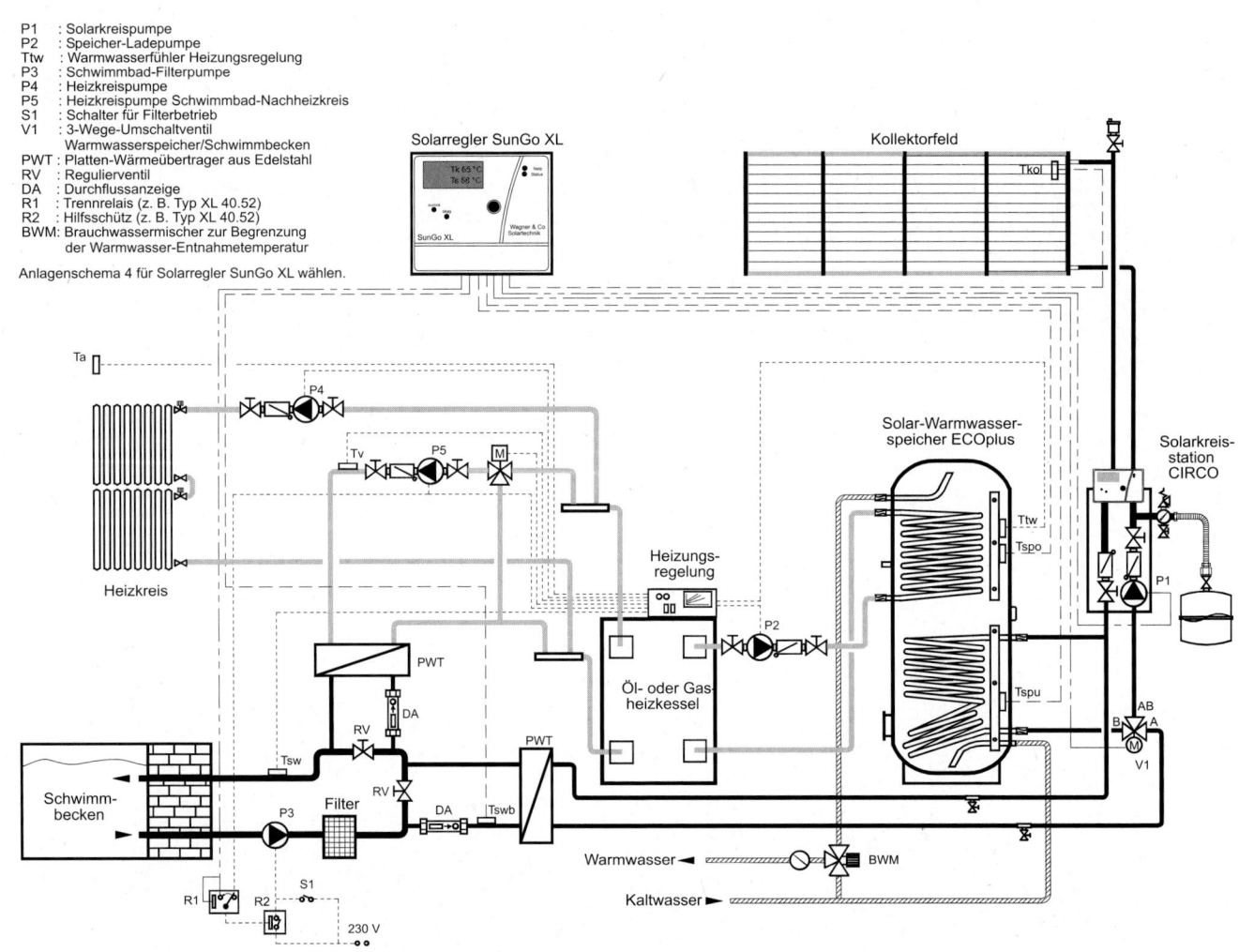

Bild 3.69 Schaltschema Schwimmbadbeheizung und Warmwasserbereitung

- der relativen Luftfeuchte; üblich sind Werte von 55 % bis 65 %; je höher die relative Luftfeuchte, desto geringer die Verdunstungsverluste.
- der Beckenfläche; der Hauptwärmeverlust findet über Verdunstung an der Wasseroberfläche statt. Daher führt eine Beckenabdeckung zu einer erheblichen Reduzierung der Wärmeverluste während der nichtbenutzten Zeit. Außerdem kann die Raumlufttemperatur niedriger gehalten werden.

Für eine überschlägige Auslegung der Kollektorfläche können folgende Faustwerte verwendet werden (Tabelle 3.15). Diagranmm Bild 3.70 zeigt das für eine bestimmte Wassertemperatur erforderliche Verhältnis von Kollektor- zu Beckenfläche für Schwimmbecken mit und ohne Abdeckung. Zugrunde gelegt ist eine Raumluftfeuchte von 60 % und eine Lufttemperatur, die um 3 K über der Wassertemperatur liegt.

Bei Schwimmbecken mit Abdeckung wurde ein Badebetrieb von täglich 4 h angesetzt.

Die Berechnung erfolgte für Standorte mit mittlerer Einstrahlung, Kollektorneigung 40°, Südorientierung.

Die Auslegungsstrategie sollte sich wie bei der Warmwasserbreitung an dem Ziel orientieren, in den Sommermonaten einen Deckungsanteil von annähernd 100 % zu erreichen. Dies bedingt einen ganzjährigen solaren Deckungsanteil von ca. 65 %.

Ohne Beckenabdeckung ist im Sommer allerdings mit vertretbarem Aufwand nur ein Deckungsanteil von ca. 90 % zu erreichen. Bild 3.71 zeigt die solaren Deckungsanteile für die einzelnen Monate bei einem jährlichen solaren Deckungsanteil von 66 %.

Kollektorfläche in Prozent der Beckenoberfläche		
Abdeckung	Wassertemperatur	
	26 °C	28 °C
ohne	80 %	100 %
mit	40 %	50 %

Tabelle 3.15 Kollektorfläche in Prozent der Beckenoberfläche in Abhängigkeit von der Abdeckung

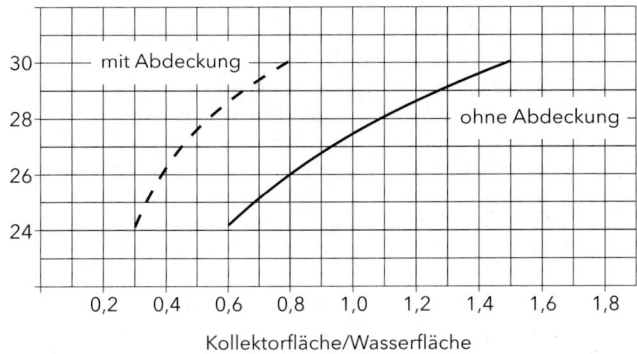

Bild 3.70 Verhältnis Kollektor-/Wasserfläche bei Hallenbädern

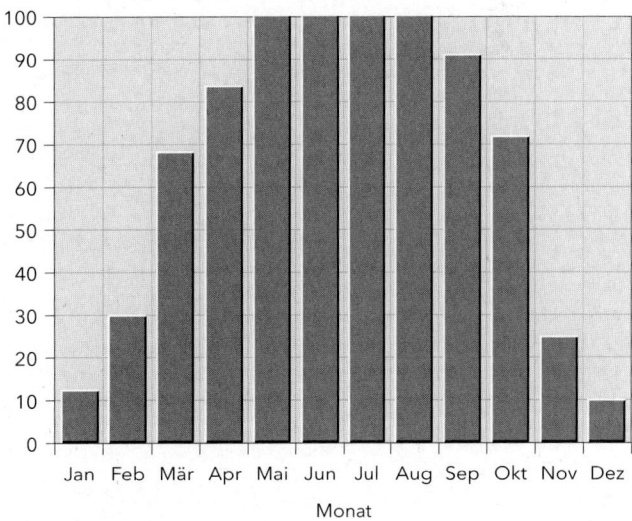

Bild 3.71 Solare Deckungsanteile

● Wärmetauscher

Die Auslegung des Schwimmbadwärmetauschers hat folgende Erfordernisse zu berücksichtigen:
- möglichst verlustarme Übertragung der erzeugten Solarenergie an das Beckenwasser. Dazu sollte eine kleine mittlere logarithmische Temperaturdifferenz zwischen Solarkreis und Filterkreis angestrebt werden. Als Richtwerte können 5 K bis 7 K angenommen werden. Der Volumenstrom des Solarkreises sollte im Bereich von 40 bis 50 l/m² Kollektorfläche liegen. Einen typischen Tagesverlauf der Eintritts- und Austrittstemperatur auf der Solarkreisseite des Wärmetauschers bei einer Beckentemperatur von 26° C stellt Bild 3.72 dar.
- geringer Druckverlust auf der Schwimmbadseite.

Um die Filterwirkung nicht zu beeinträchtigen, sollte beim nachträglichen Einbau der Solaranlage der zusätzliche Druckverlust durch den Solar-WT relativ klein sein und möglichst 50 mbar nicht übersteigen.

Die direkt in den Filterkreis eingebauten Rohrbündelwärmetauscher werden dabei dem Gesamtvolumenstrom des Filterkreises ausgesetzt. Für die in einem Bypass befindlichen Plattenwärmetauscher wird ein Teilvolumenstrom eingestellt, der mindestens dem Volumenstrom im Solarkreis entsprechen sollte.

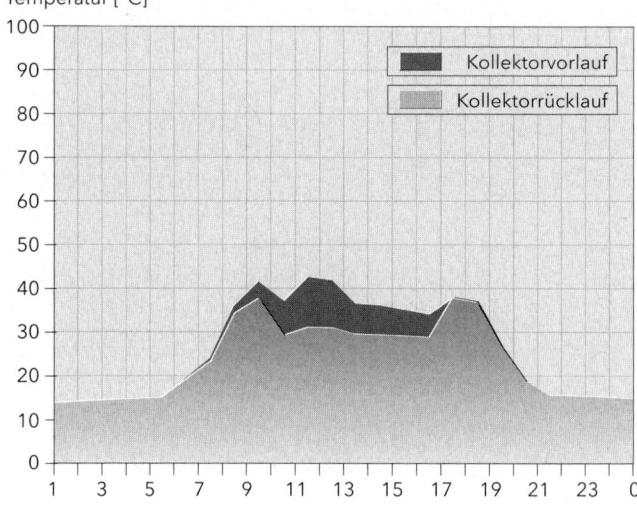

Bild 3.72 Solarkreisseitige Ein- und Austrittstemperaturen an einem Wärmetauscher

4. Die Montage einer Solaranlage

4.1 Sonnenkollektoren montieren

Um einen Einblick in die Montage der Sonnenkollektoren zu geben, stellen wir Ihnen in Grundzügen den Bau von zwei Bausatzkollektoren und die Montage anhand von drei Aufstellungsarten für Fertigkollektoren in Fotoreihen vor:

- SB-Bausystem – der Bausatzkollektor im Dach
- LB-Bausystem – der Bausatzkollektor für alle Montagearten
- Aufdachmontage eines EURO-Kollektors
- Indachmontage eines EURO-Kollektors
- Freiaufstellung eines EURO-Kollektors

Die Auswahl der Systeme zeigt, wie gut Sonnenkollektoren den Gegebenheiten vor Ort angepasst werden können und in welch unterschiedlichem Maß Sie Eigenleistung einbringen und damit auch Kosten senken können.

4.1.1 Sicherheitshinweise zur Kollektormontage

Wenn Sie lange Freude an der umweltfreundlichen Energienutzung haben wollen, sollten Sie bei der Installation einer Solaranlage einige Spielregeln in Bezug auf Mensch und Technik beachten.

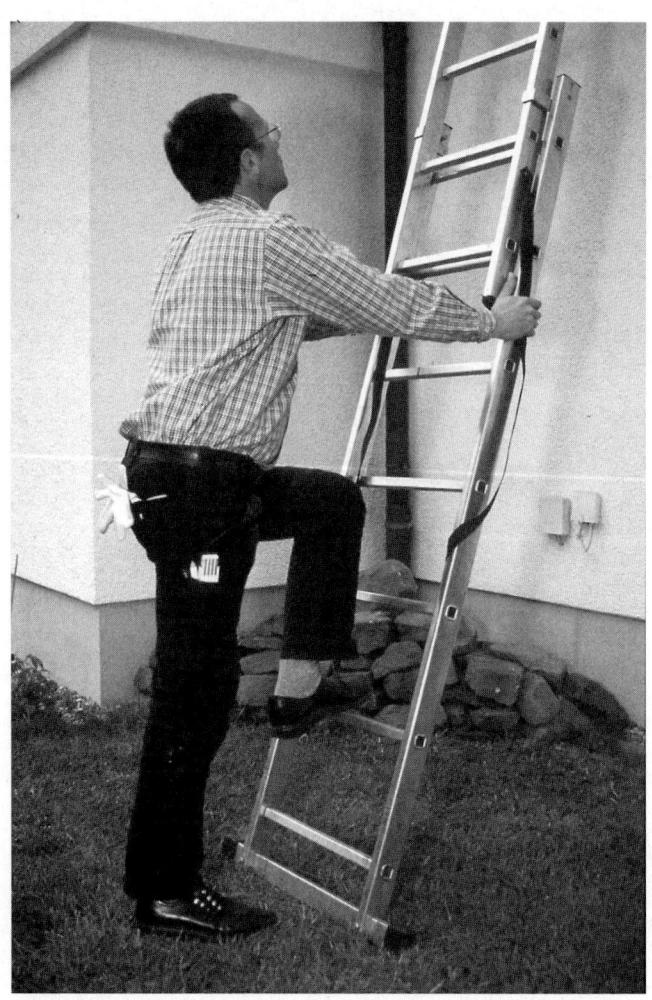

Bild 4.1 Rat nach der Tat kommt zu spät. Lesen Sie bitte deshalb die Sicherheitshinweise zur Kollektormontage vor der Montage.

4.1.1.1 Regeln der Technik

Die Montage sollte den bauseitigen Bedingungen, den örtlichen Vorschriften und nicht zuletzt den Regeln der Technik entsprechen. Hier sind insbesondere zu nennen:
— Montage auf Dächern DIN 18338 Dachdeckungs- und Dachdichtungsarbeiten, DIN 18339 Klempnerarbeiten, DIN 18451 Gerüstarbeiten
— Anschluss von thermischen Solaranlagen DIN 4757 Teil 1 und 3
— Elektrischer Anschluss VDE 0100 Errichtung elektrischer Betriebsmittel, VDE 0185 Allgemeines für das Errichten von Blitzschutzanlagen, VDE 0190 Hauptpotenzialausgleich von elektrischen Anlagen, DIN 18382 Elektrische Kabel- und Leitungsanlage in Gebäuden

4.1.1.2 Unfallverhütungsvorschriften

Im eigenen Interesse sollten Sie vor der Montage die folgenden Hinweise lesen, um die Arbeiten sicher auszuführen (Bild 4.1). Wir geben die wichtigsten Aussagen aus den einschlägigen Unfallverhütungsvorschriften sinngemäß wieder. Ausführliche Informationen stellen Ihnen die Bauberufsgenossenschaften (z.B. in Frankfurt/Main, Tel. 069/4705-0) gerne zur Verfügung.

Anlegeleiter richtig nutzen

Anlegeleitern sollten im Winkel von 65-75° an sichere Stützpunkte angelehnt werden und die Austrittsstelle um mindestens 1 m überragen. Außerdem sollten sie gegen Ausgleiten, Umfallen, Umkanten, Abrutschen und Einsin-

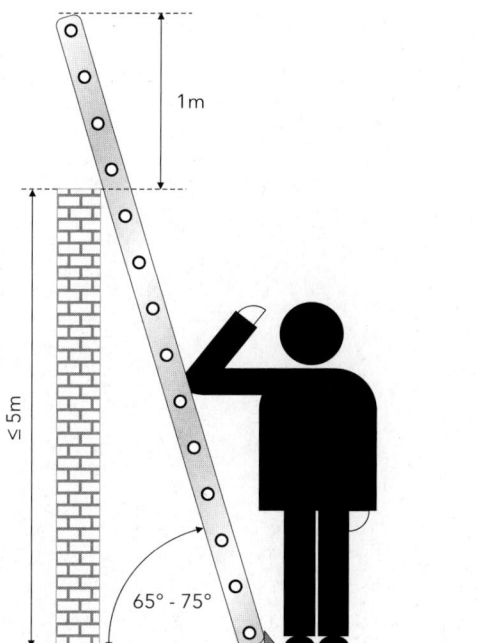

Bild 4.2 Anlegeleiter sicher aufstellen. Wenn Sie mit den Füßen an der Leiter stehen und der ausgestreckte Ellbogen die Leiter berührt, stimmt der Aufstellwinkel.

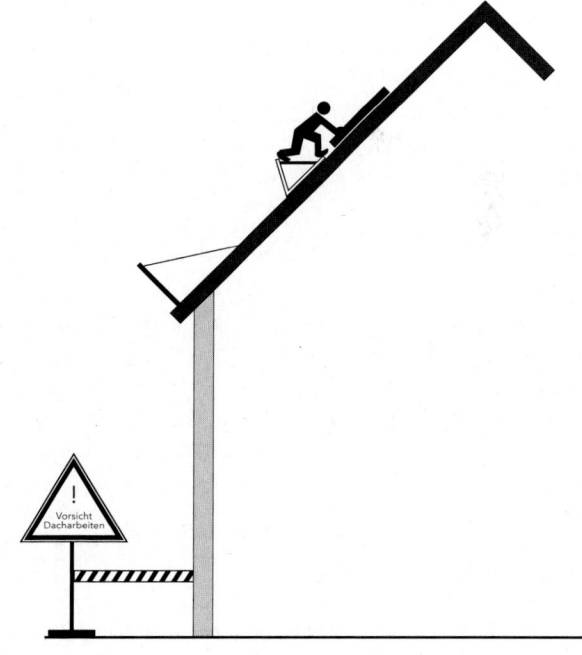

Bild 4.3 Schutz vor herabfallenden Gegenständen durch Absperren. Verkehrswege mit Band und Hinweisschild sichern

ken gesichert werden. Schließlich sind Leitern als Aufstiege nur bei einem zu überbrückenden Höhenunterschied von bis zu 5 m einzusetzen (Bild 4.2).

Schutz vor herabfallenden Gegenständen
Unten liegende Verkehrswege und Arbeitsplätze sollten gegen herabfallende, umstürzende, abgleitende oder abrollende Gegenstände geschützt werden. Die Bereiche, in denen Personen gefährdet werden können, sind zu kennzeichnen und abzusperren (Bild 4.3).

Dachfanggerüst als Absturzsicherung Nr. 1
Ab einer Absturzhöhe von 3 m sind für Arbeiten auf geneigten Dächern von mehr als 20° bis 60° Absturzsicherungen erforderlich (VBG 37, § 8). Eine Möglichkeit sind Dachfanggerüste. Der senkrechte Abstand zwischen Arbeitsplatz und der Auffangvorrichtung darf höchstens 5 m betragen (Bild 4.4).
Bei mehr als 45° Dachneigung sind besondere Arbeitsplätze zu schaffen (z.B. Dachdeckerstühle, Dachdecker-Auflegeleitern, Lattungen).

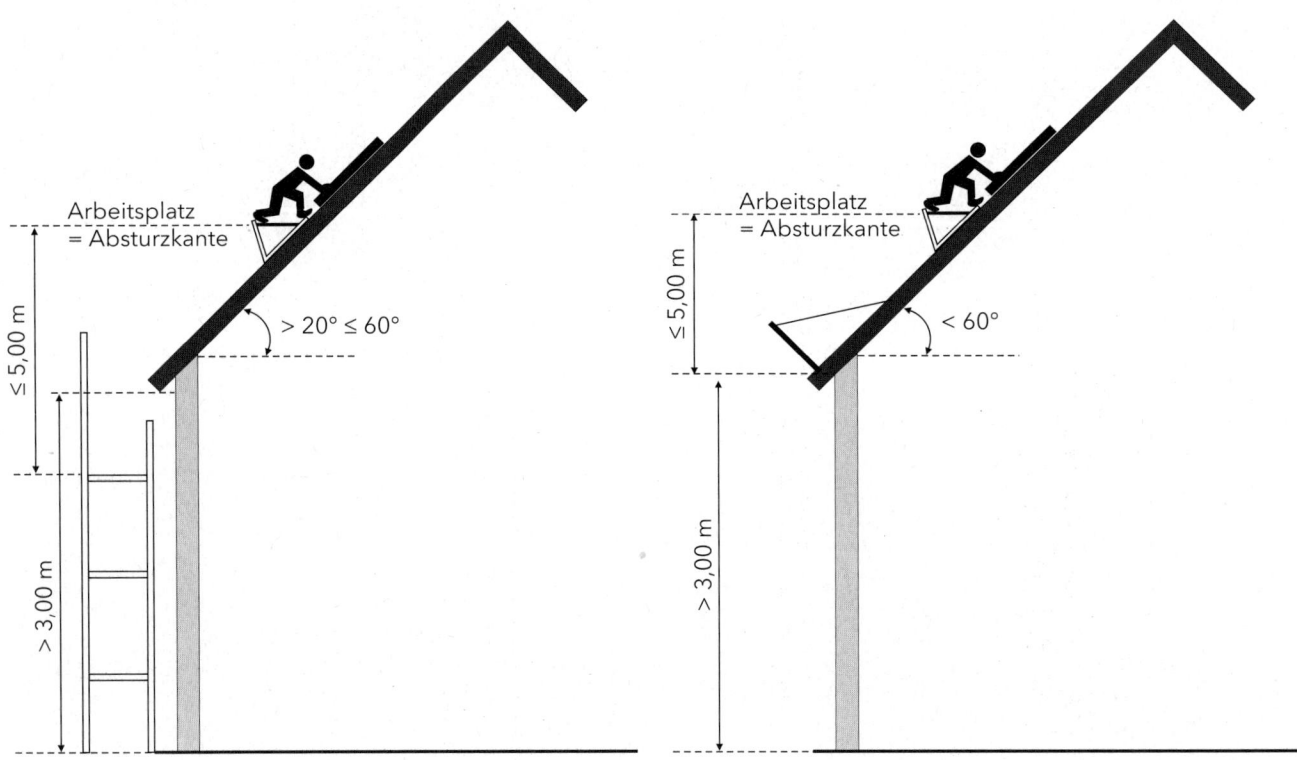

Bild 4.4 Dachfanggerüste für Arbeiten auf geneigten Dachflächen.

Bild 4.5 Dachschutzwände für Arbeiten auf geneigten Dächern.

Dachschutzwand als Absturzsicherung Nr. 2
Eine weitere Möglichkeit der Absturzsicherung für Arbeiten auf geneigten Dächern bis 60° sind Dachschutzwände (Bild 4.5). Auch sie sind ab einer Absturzhöhe von 3 m erforderlich und der senkrechte Abstand zwischen Arbeitsplatz und der Auffangvorrichtung darf höchstens 5 m betragen. Schutzwände müssen die zu sichernden Arbeitsplätze seitlich um mindestens 2 m überragen.

Sicherheitsgeschirr als Absturzsicherung Nr. 3
Wenn Dachfanggerüst oder Dachschutzwand unzweckmäßig sind, kann als Absturzsicherung auch Sicherheitsgeschirr eingesetzt werden. Den Sicherheits-Dachhaken möglichst oberhalb des Benutzers an tragfähigen Bauteilen anschlagen (Bild 4.6).
Keine Leiterhaken benutzen!

4.1.2 Dachkonstruktion

Wenn Sonnenkollektoren in das Dach montiert werden, muss an der entsprechenden Stelle die Dacheindeckung entfernt werden. Der Kollektor übernimmt die Dachabdichtung. Um eine dauerhaft dichte Verbindung zwischen Kollektor und Dach zu erreichen und Bauschäden zu vermeiden, müssen einige grundsätzliche Dinge des Dachaufbaus beachtet werden.

Das Dachgebälk bilden die Dachsparren (oder Dachbalken, Binder), die auf Trägerbalken (Pfetten) aufliegen. Im rechten Winkel zu den Sparren verlaufen die Dachlatten (Bild 4.7). Bei Schindelabdeckung wird eine geschlossene Bretterschalung mit Dachpappe aufgenagelt. Die Dachab-

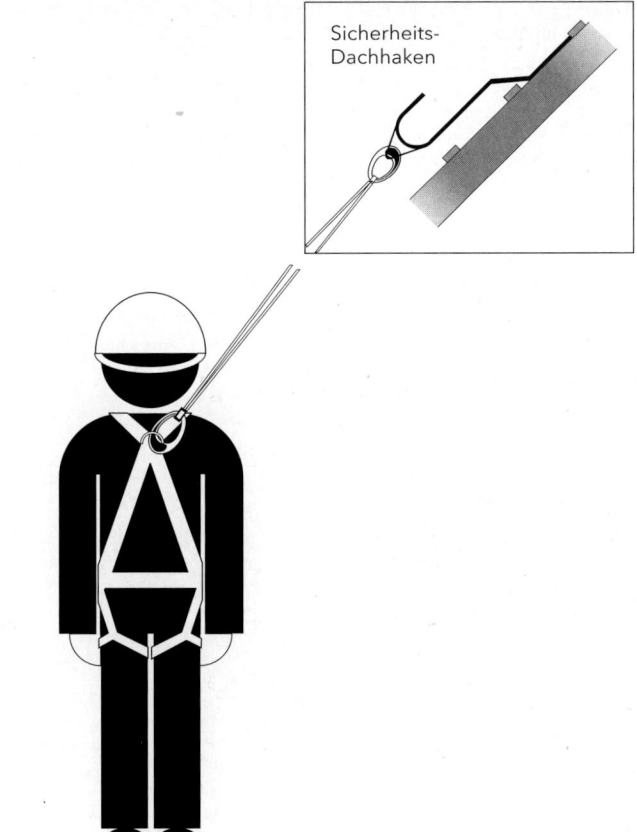

Bild 4.6 Sicherheitsgeschirr als Absturzsicherung.

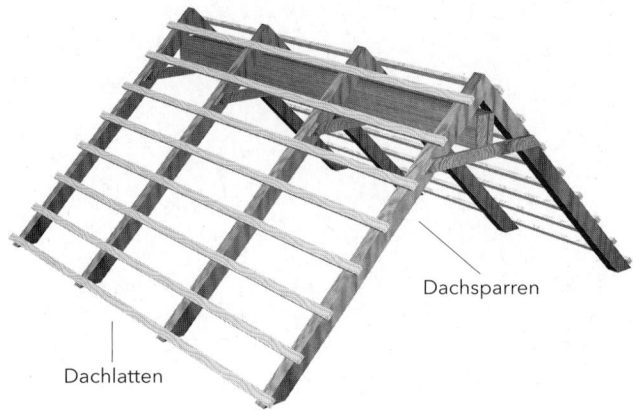

Bild 4.7 Dachstuhl

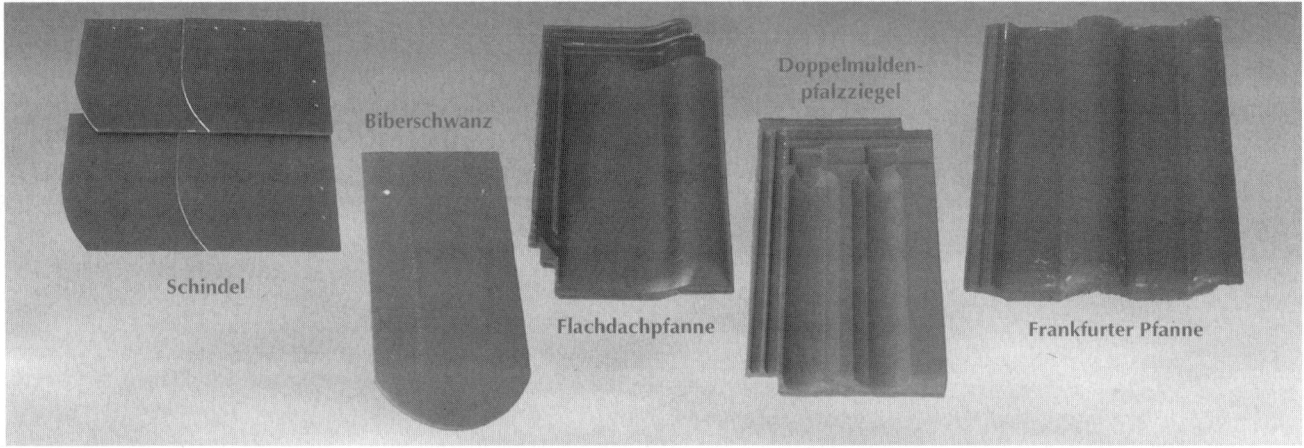

Bild 4.8 Dachziegelformen

deckung ist bei Schrägdächern stets in überlappender Weise als ableitende Dachdeckung angeordnet, sodass auf Dichtmaterialien verzichtet werden kann. Für die Abdeckung steht eine Vielzahl von Ziegeln, Pfannen und Schindeln zur Verfügung, zwischen die der Kollektor regensicher eingepasst werden muss (Bild 4.8).

Ist der Dachstuhl zwischen den Sparren mit einer Wärmedämmung versehen, oder ist eine Unterspannbahn vorhanden, dann darf der Kollektor eine ausreichende Dachhinterlüftung nicht unterbinden.

Zwischen Dachlatten und Unterspannbahn entsteht durch die zusätzliche Längslattung auf den Sparren ein Zwischenraum. Durch Luftlöcher im unteren Dachbereich eingeführt, strömt die Luft in diesem Zwischenraum allmählich nach oben und tritt durch die im oberen Dachbereich eingesetzten Lüftungsziegel wieder aus (Bild 4.9).

Damit der Luftstrom durch den Einsatz der Kollektoren nicht unterbrochen wird, müssen unter- und oberhalb der Kollektoren Lüftungsziegel eingebaut werden. Sie sollten versetzt zum unteren Lufteintritt im Abstand von 1,5 bis 2 m eingesetzt werden (Bild 4.10). Eine zwischen den Sparren angebrachte Isolierung sollte zum oberen Sparrenende hin einen Abstand von mindestens 4 cm besitzen. Unter dem Kollektor selbst ist keine Hinterlüftung erforderlich. Wegen der hohen Kollektortemperaturen kann in der Dämmung kein Tauwasser auftreten. Luftbewegung ist hier sogar schädlich, da sie den darüber liegenden Absorber

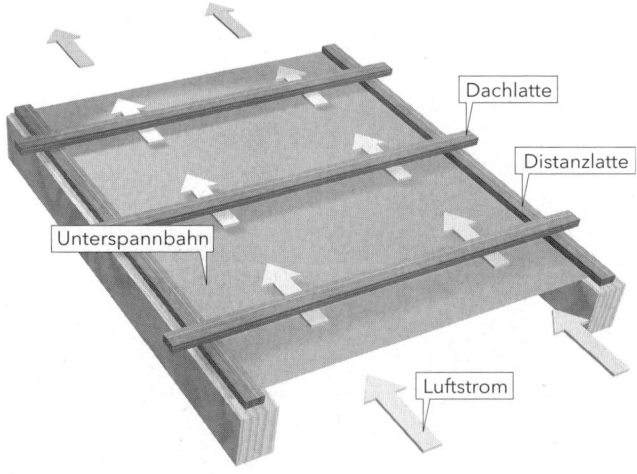

Bild 4.9 Hinterlüftung enes Dachs

kühlt. Der Raum zwischen Unterspannbahn und Absorber muss mit Dämmmaterial versehen werden, um auch die Unterspannbahn vor zu hohen Temperaturen zu schützen. Gleiches gilt auch für mit Dachpappe versehene Schalung. Der Dacheinbau des Kollektors beeinträchtigt in der Regel die Dachstatik nicht, da er meist leichter ist als die betreffenden Dachziegel.

Besondere Sorgfalt erfordert die Kollektormontage auf einem mit Dachpappe und Kies gesicherten Flachdach. Auf keinen Fall darf die Dachpappe beschädigt werden. Außerdem muss eine windsichere Verankerung gewährleistet sein (siehe Kapitel 4.1.5).

4.1.3 Montage des SB-Kollektorsystems

Im Unterschied zu anderen Bausystemen werden hier die Bauteile des Kollektors Stück für Stück vom Absorber bis zur Glasscheibe direkt in das Dach eingebaut. Sparren, Latten und evtl. vorhandene Dämmung bilden praktisch Bestandteile des Kollektors. So zeigen wir Ihnen zunächst in einer Fotoreihe wie der Absorber gelötet wird und anschließend die Montageschritte auf dem Dach.

Solarabsorber löten

Die Fertigung eines Absorbers aus einzelnen Streifen oder Lamellen bietet besondere Vorteile.

Es können viele verschiedene Absorberdimensionen erstellt werden. Die Breite ist variabel, je nachdem, wieviele Streifen parallel angeordnet werden. Außerdem sind verschiedene Längen standardmäßig erhältlich. Unabhängig hiervon können die Streifen selbst zu größeren Längen aneinander gefügt werden. Sowohl waagerechte als auch senkrechte Montage der Streifen ist möglich.

Durch Eigenmontage wird ein preisgünstiger und qualitativ hochwertiger Absorber verfügbar.

Es ist kostengünstiger, einen langen Absorber (im Bereich zwischen ca. 2 bis 6 m Länge) einzusetzen. Einmal verringern sich hier die Kosten für den Verteiler, zum anderen der Lötaufwand. Ganz allgemein sind größere Kollektoren preisgünstiger als kleine. Der Absorber kann sowohl waagerecht als auch senkrecht angeordnet werden; je nachdem, in welche Richtung sich eine größere Länge ergibt. Für Schwerkraftbetrieb sind senkrecht montierte Absorber besser geeignet.

Die Absorberbreite und das Verteiler/Sammelrohr müssen aufeinander abgestimmt werden. Bei Überbreite kann eine ungleichmäßige Durchströmung entstehen. Es bildet sich derselbe Negativeffekt, der bereits beim Parallelbetrieb mehrerer Kollektoren dargestellt wurde (siehe Kapitel 3.1.2). Um das zu vermeiden, vergrößert man mit zunehmender Streifenzahl den Verteiler/Sammelrohrquerschnitt. Er kann dann genauso oder gar größer als der notwendige Rohrdurchmesser für Vor- und Rücklaufleitung ausfallen.

Als grobe Faustregel gilt, dass die lichte Querschnittsfläche des Verteiler/Sammelrohres etwa 80 % der Summe der Querschnittsflächen aller dazugehörigen Absorberstreifenrohre betragen sollte.

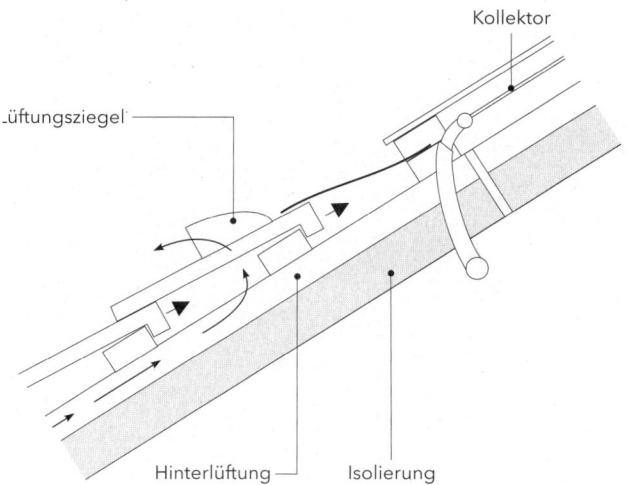

Bild 4.10 Hinterlüftung eines Dachs mit Kollektor

Der Zusammenhang zwischen Streifenzahl (Rohrquerschnitt ca. 40 mm²) und Rohrdurchmesser stellt sich folgendermaßen dar:

Absorberstreifenanzahl	Durchmesser Verteilerrohr
bis zu 8 Stück	22 mm
bis zu 16 Stück	28 mm

Die Faustregel gilt vor allem für kürzere Streifen bis 2 m Länge. Bei längeren Streifen kann von dieser Regel stärker nach unten abgewichen werden.

Die gesamte Absorberlänge ergibt sich aus der Streifenlänge zuzüglich den Abmessungen der beiden Sammler/Verteileranschlüsse.
Die Absorberbreite errechnet sich aus der Streifenbreite x Anzahl der Streifen abzüglich evtl. Streifenüberlappungen. Genauso wie für die Kollektoranlage schließt man die Absorber wechselseitig an die Verteiler/Sammelrohre an (Bild 4.11). Die in Bild 4.12 gezeigte Variante ermöglicht den Anschluss von Vor- und Rücklauf auf einer Seite. Das bringt eine leichte Verbesserung des Wärmeübergangs und vereinfacht die Anbindung an den Solarkreislauf.

Die Abgänge des Absorbers werden direkt nach hinten ins Dach geführt. Bei Dachneigungen ab 45° werden 45°-Bögen an den Absorber angelötet. Ist die Dachneigung geringer, lötet man ein weiches Kupferrohr an und biegt es so weit, dass das Rohr mit einer leichten Steigung ins Dach führt (Bild 4.13).
In der nachfolgenden Bilderserie ist der Bau eines Absorbers aus einzelnen Streifen dargestellt (Bild 4.14).

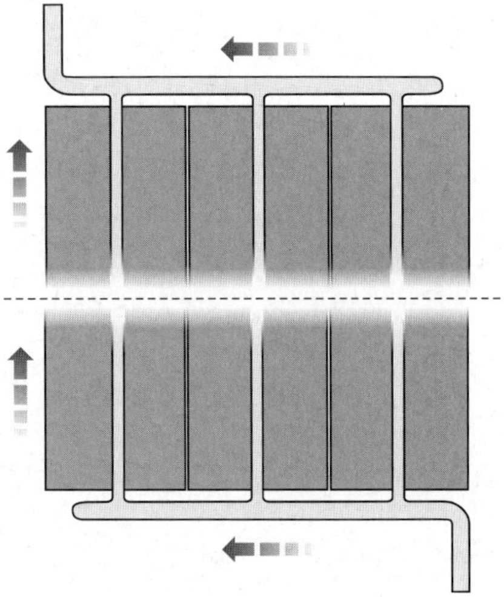

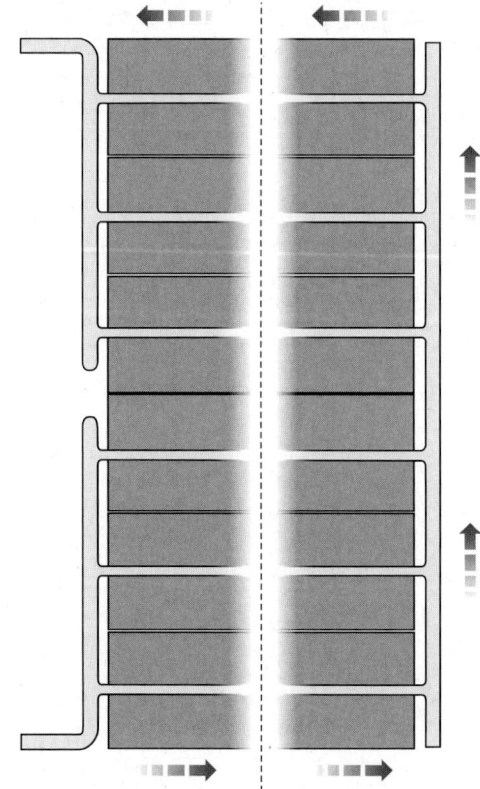

Bild 4.11 Absorberstreifen in senkrechter Anordnung werden parallel verbunden.

Bild 4.12 Absorberstreifen in waagrechter Anordnung werden parallel und in Reihe verbunden.

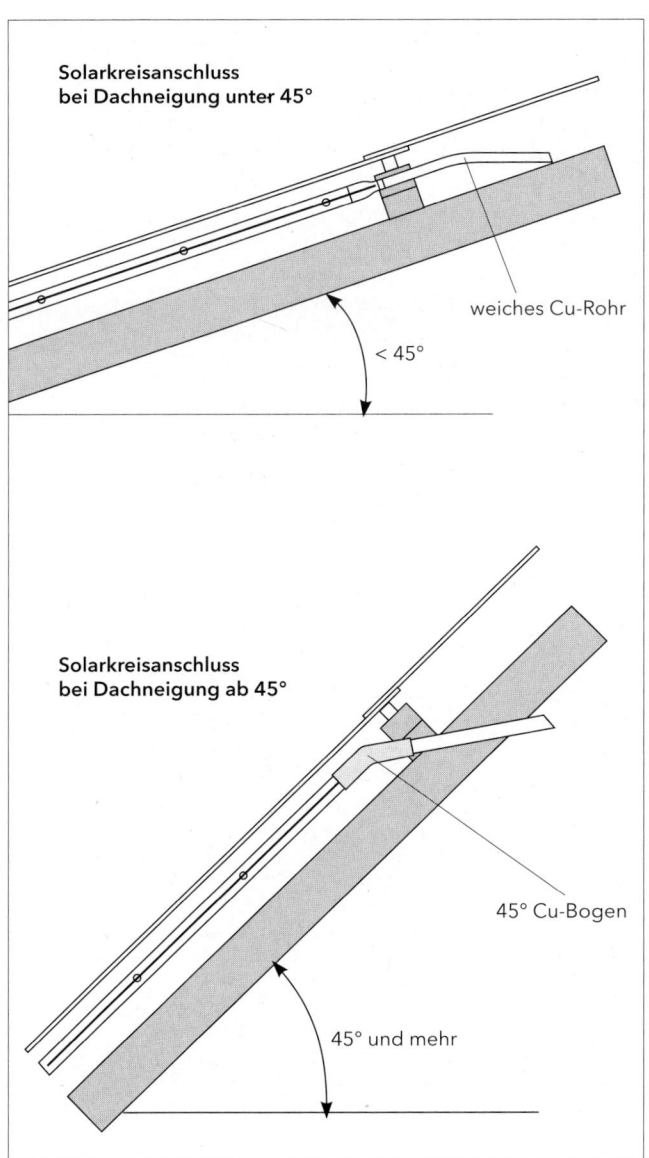

Bild 4.13 Anschluss des SB-Kollektors an den Solarkreis in Abhängigkeit von der Dachneigung

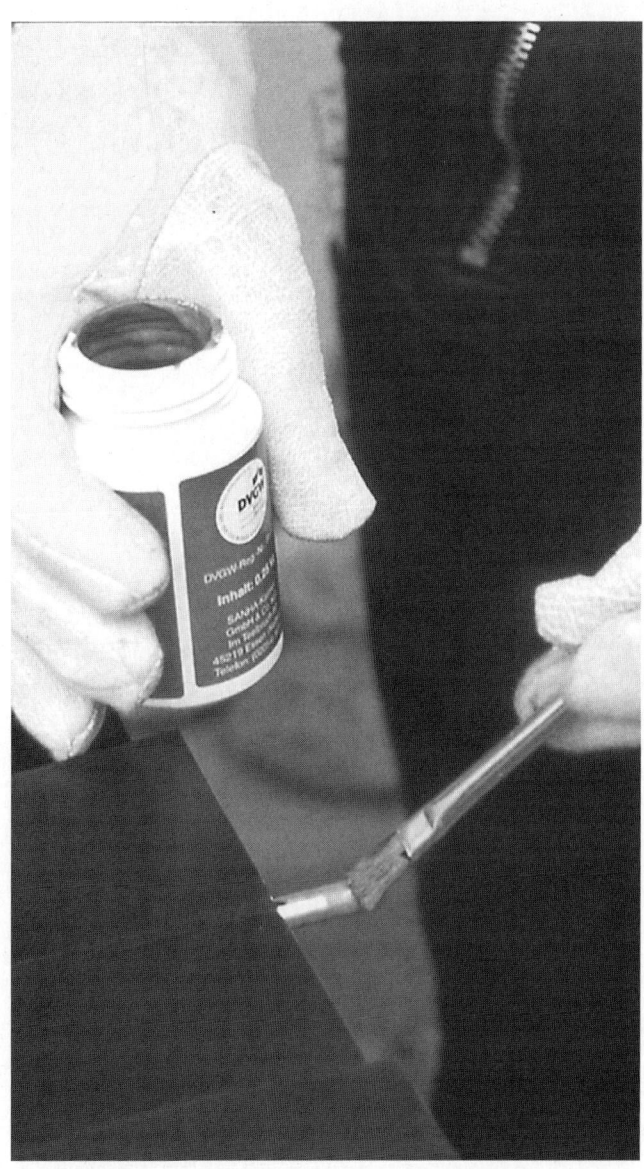

Bild 4.14 **Absorber löten**
– eine Bauanleitung in zwölf Schritten

1. Neben handelsüblichem Werkzeug brauchen wir zum Löten: Lötbrenner zum Weichlöten, Lötpaste mit Pinsel, eine Rolle Lötzinn und ein Putzvlies.

2. Absorberstreifen auf drei Arbeitsböcken nebeneinander legen.

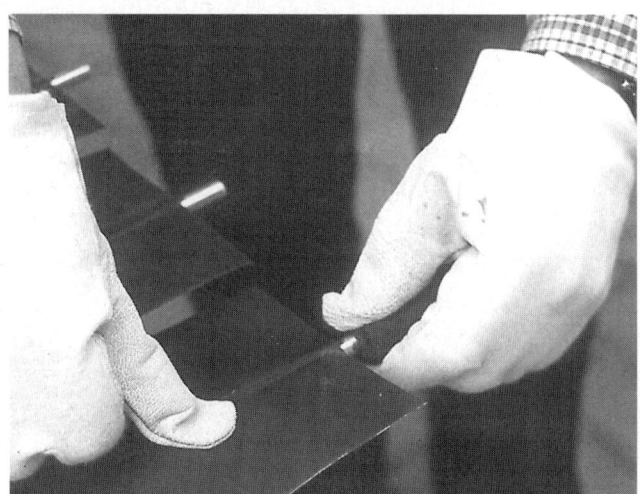

3. Absorbernippel mit Vlies blank reiben.

4. Lötpaste mit Pinsel dünn auf Rohrenden auftragen.

5. Verteiler aufstecken.

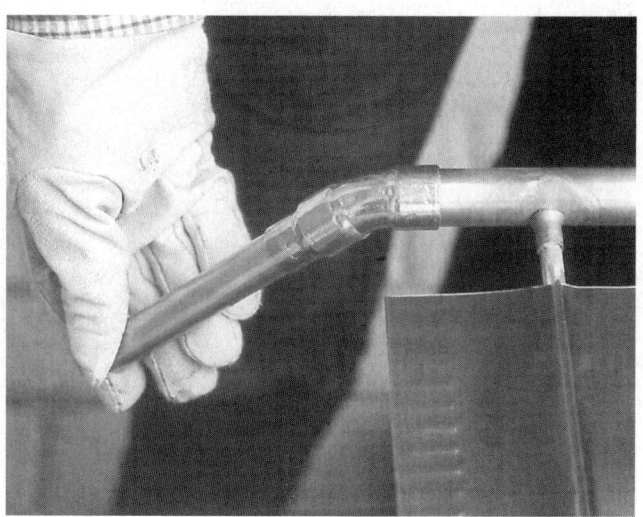

6. Anschlussstutzen aufschieben.

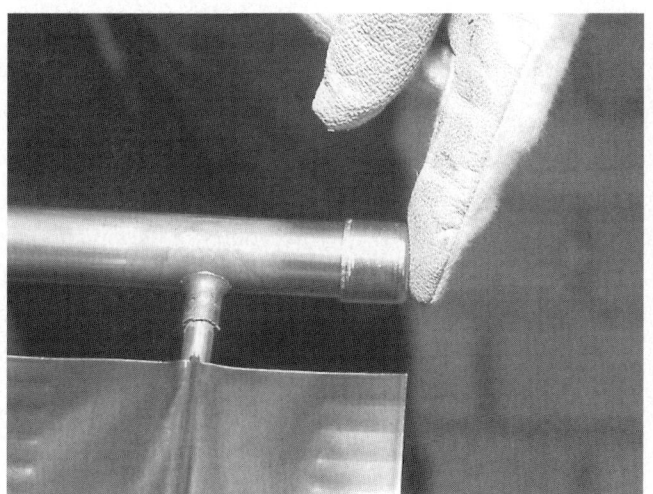

7. Verbleibende Öffnungen mit Kappen verschließen.

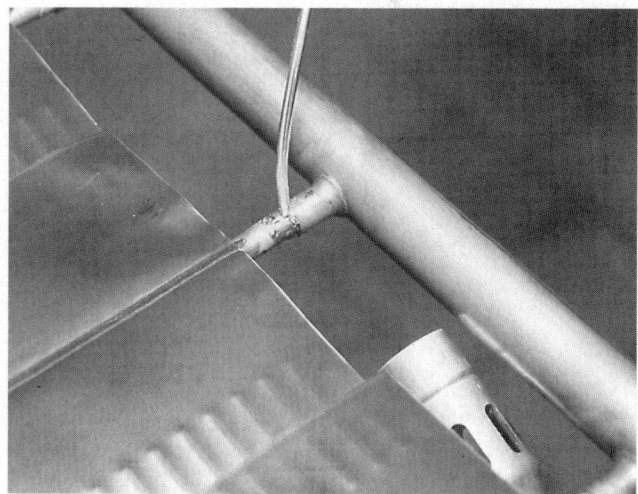

8. Lötstelle erhitzen und Lot abschmelzen.

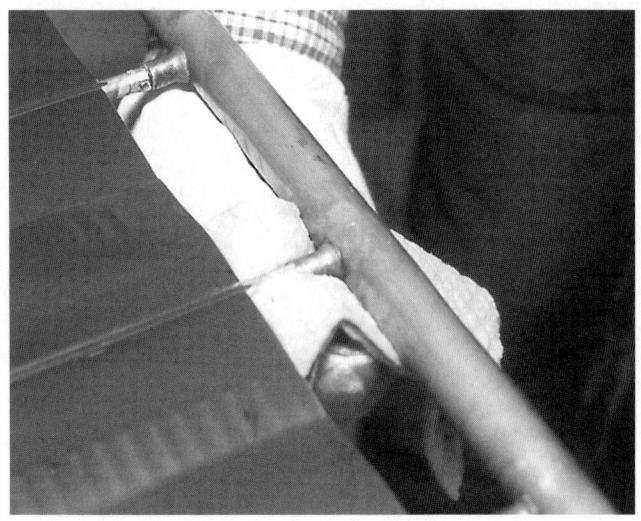

9. Nach dem Abkühlen Lötstellen mit feuchtem Lappen säubern.

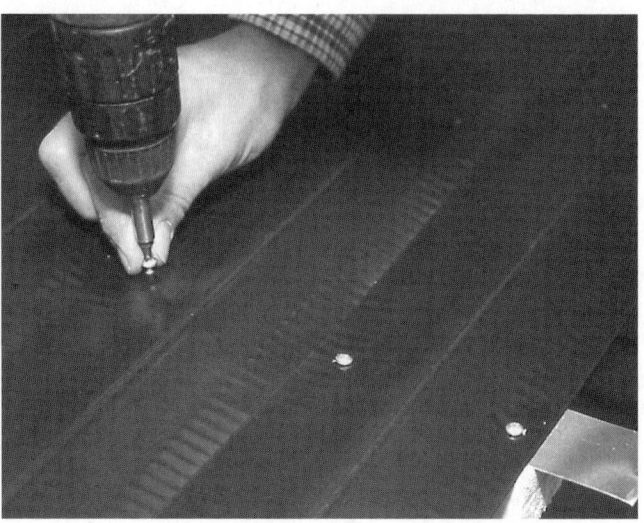

10. Zur Versteifung des Absorbers quer laufende Blechstreifen anbringen.

11. Auf Dichtigkeit prüfen. Einen Anschluss über einen Schlauch mit der Wasserleitung verbinden. Absorber füllen. Anderen Anschluss mit einem Stück Schlauch und einem Stopfen absperren.

12. Jetzt ist der Absorber fertig für den Einbau ins Dach.

Montage der Kollektorbauteile
Vor dem Einbau sollte zunächst anhand der Material- und Werkzeugliste geprüft werden, ob alle Teile vorhanden sind.
Die Montagearbeiten auf dem Dach möchte man verständlicherweise zügig durchführen. Dem dient zunächst ein Überblick über den Ablauf der einzelnen Arbeitsschritte.
Je nach Vorbereitung und Geschicklichkeit muss man mit 2 bis 4 Stunden Montagezeit pro m² Kollektorfläche rechnen. Damit das Dach nicht zu lange offen bleiben muss, sollten möglichst viele Arbeiten vorab ausgeführt werden. Hierzu gehören die Bearbeitung der Alu-T-Profile (Vorbohren, Haltewinkel anbringen), das Zuschneiden der Profilgummis und der Dichtstreifen, das Ablängen der Glasscheiben.
Bei plötzlich einsetzendem Regen lässt sich schnell eine Kunststofffolie zusammen mit dem Gummiprofilband auf die Alu-T-Schienen klemmen; diese Konstruktion ist selbst bei stärkerem Wind stabil. Wenn die Folie nicht eingefärbt (schwarz) ist, achte man darauf, dass sie bei Sonnenschein sofort wieder entfernt wird, da sie sonst auf dem Absorber schmilzt.

● Kollektorfeld für Einbau vorbereiten
Um das Kollektorfeld für den Einbau vorzubereiten, sind folgende Gesichtspunkte zu beachten:
1. Nach dem Abnehmen der Ziegel prüfen Sie, ob das Dach eben und das Holz in einem guten Zustand ist. Eventuell Latten oder Sparren austauschen. Liegen die Sparren nicht in einer Ebene, können starke Abweichungen korrigiert werden, indem man die Dachlatten unterfüttert. Wenn viele solcher Ausgleichsmaßnahmen anfallen, sollte man gleich eine ganze Spanplatte (ca. 10 mm) auf der Dachlattung anbringen, um eine ebene Unterlage zu bekommen. Trifft man diese Ausgleichsmaßnahmen nicht, werden sich die Dachunebenheiten im Verlauf der Glasabdeckung widerspiegeln. In ungünstigen Fällen können Spannungen in der Scheibe verursacht werden.
2. Über dem Absorber muss genügend Platz zur Verrohrung bleiben. Dabei ist zu beachten, dass die Sammelleitungen in einer permanenten Steigung (1% genügt) verlegt werden müssen. Am höchsten Punkt der Leitung müssen zusätzlich 15 cm Platz für einen Entlüfter vorhanden sein.
3. Auch für die unten liegende Verteilerleitung muss genügend Spielraum vorhanden sein. Zur oberen Ziegelreihe sollte der Holzrahmen um den Absorber mindestens 6 cm Abstand haben und zur unteren mindestens 8 cm.
4. Die Kollektorsammelleitung kann über den Dachsparren parallel zu den Latten und dann unter den Latten unter der Dacheinbindung ins Dachinnere geführt werden. Dies bietet sich an, wenn mehrere Absorberanschlüsse genau über den Sparren zu liegen kommen. Es ist aber auch möglich, die Sammelleitung unter den Sparren im Dachinnern verlaufen zu lassen. Gegebenenfalls die Sparren mit zwei zusätzlichen Rohrwinkeln umgehen. Hier lassen sich die Rohre einfach isolieren und thermische Spannungen können besser aufgefangen werden.
5. Der seitliche Abstand zu den Ziegeln sollte mindestens 5 cm und höchstens 10-12 cm betragen, damit später die Zinkblecheinbindung richtig eingebaut werden kann.
Zum Ausmessen rechter Winkel bietet sich der Satz des Pythagoras an. Danach entsteht ein exakt rechtwinkliges Dreieck bei den Kantenlängen 3, 4, 5 m oder entsprechende Teilungen z.B. 1,5 m, 2 m und 2,5 m.

● Senkrechte Absorberanordnung
Als Unterlage für den Kollektorrahmen oben und unten bündig Dachlatten A und B auf die Dachsparren nageln (Bild 4.15). Direkt daneben nach innen gesetzt Dachlatten C und D für Absorberauflage befestigen.
Jetzt Dachlatten E und F des Kollektorrahmens auf A und B nageln. Anschließend die seitlichen Teile des Rahmens G und H anbringen. Im Rahmen liegende Dachlatten I und J als Unterlage der Alu-T-Profile mit Innenmaß von 70 cm setzen. Bitte Maß genau einhalten wegen geringer Toleranzen von 2-4 mm bei der Glasabdeckung. Zur Kontrolle gesamte Kollektorbreite prüfen.
Die oberhalb des Kollektors bereits vorhandene Latte mit einer zweiten (K) aufstocken, damit die Ziegelreihe in diesem Bereich wegen der fehlenden Auflageziegel nicht

durchhängt. Diese Latte muss bis zu den rechts und links anschließenden Ziegeln reichen.
Um die Absorberausgänge durch den Kollektorrahmen führen zu können, in die Latten A und B sowie E und F an den entsprechenden Stellen jeweils eine Fuge sägen. Sie sollte nicht zu knapp bemessen sein. Später wird der Zwischenraum mit Silikon abgedichtet.

● Waagrechte Absorberanordnung
Als Unterlage für den Kollektorrahmen oben und unten bündig Dachlatten A und B auf die Dachsparren nageln (Bild 4.16). Jetzt Dachlatten C und D des Kollektorrahmens auf A und B nageln. Anschließend die seitlichen Teile des Rahmens E und F anbringen.
Die Alu-T-Profile zur Einbindung der Glasabdeckung werden wie im Gewächshausbau freitragend über der Absorberfläche bis zu einer Spannweite von ca. 1,80 m montiert. Bei größerer Spannweite als mittige Auflage eine Stützlatte G anbringen, die zu den Latten E und F jeweils einen Abstand von ca. 3 cm aufweisen muss. In diesem Fall Verteilerrohre des Absorbers um die Breite der Stützlatte G (ca. 5 cm) verlängern.

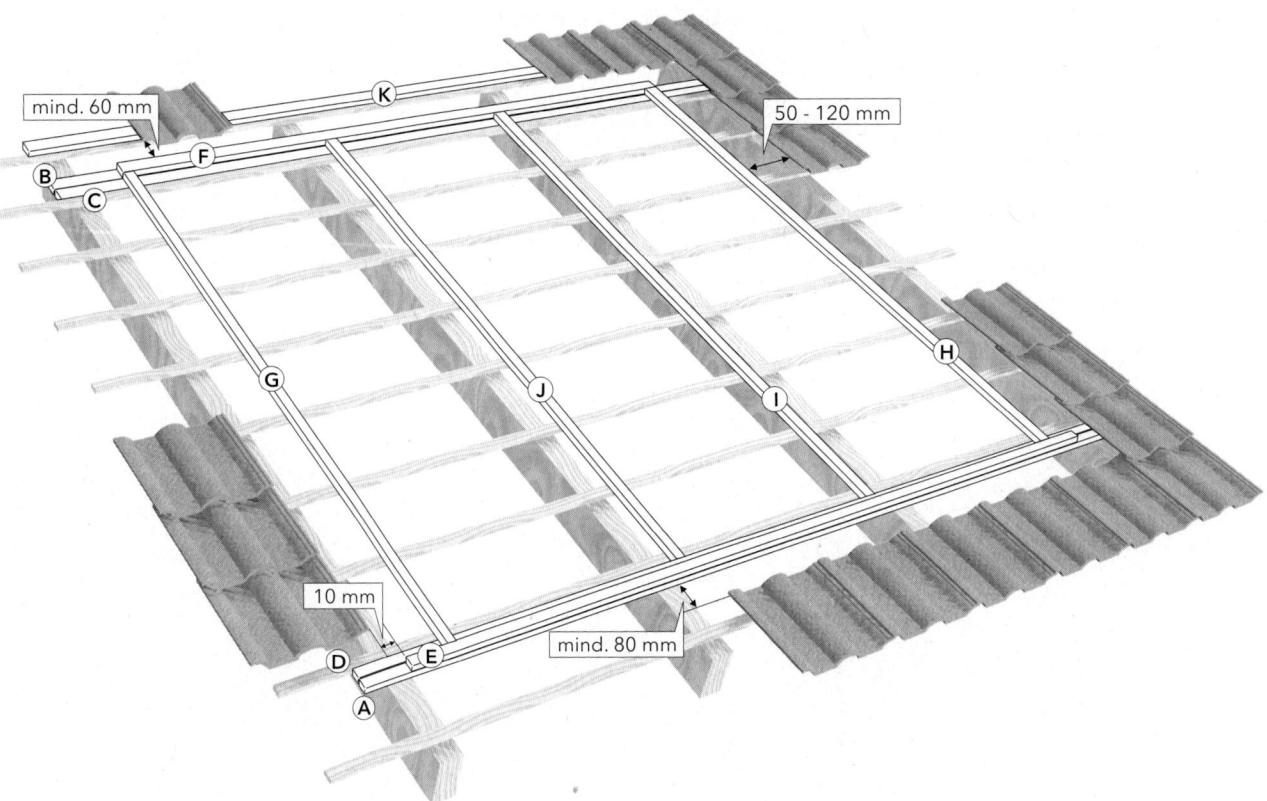

Bild 4.15 Einbaufeld für senkrechte Absorberanordnung

Um Glasscheiben später passgenau einsetzen zu können, Alu-T-Profile genau rechtwinklig zur oberen und unteren Querlatte anbringen und die Haltewinkel am unteren Ende der Glashalteprofile in eine Flucht bringen.

Der Absorber sollte eine leichte Steigung zum oberen Abgang hin aufweisen, zumindest aber waagrecht liegen. Auf keinen Fall darf in dieser Richtung ein Gefälle vorhanden sein. Daher ist die Lage der unteren Querlatte besonders sorgfältig auszumessen. Am besten richtet man sie mit einer Schlauchwaage aus.

Um die Absorberausgänge durch den Kollektorrahmen führen zu können, in die Latten B und evtl. C an den entsprechenden Stellen jeweils eine Fuge sägen. Sie sollte nicht zu knapp bemessen sein. Später wird der Zwischenraum mit Silikon abgedichtet.

Der untere Absorberausgang kann direkt im 90°-Winkel in den Dachinnenraum erfolgen.

Die oberhalb des Kollektors bereits vorhandene Latte mit einer zweiten (H) aufstocken, damit die Ziegelreihe in diesem Bereich wegen der fehlenden Auflageziegel nicht durchhängt. Diese Latte muss bis zu den rechts und links anschließenden Ziegeln reichen.

Die folgende Fotoreihe veranschaulicht die Montage des SB-Kollektors (Bild 4.17).

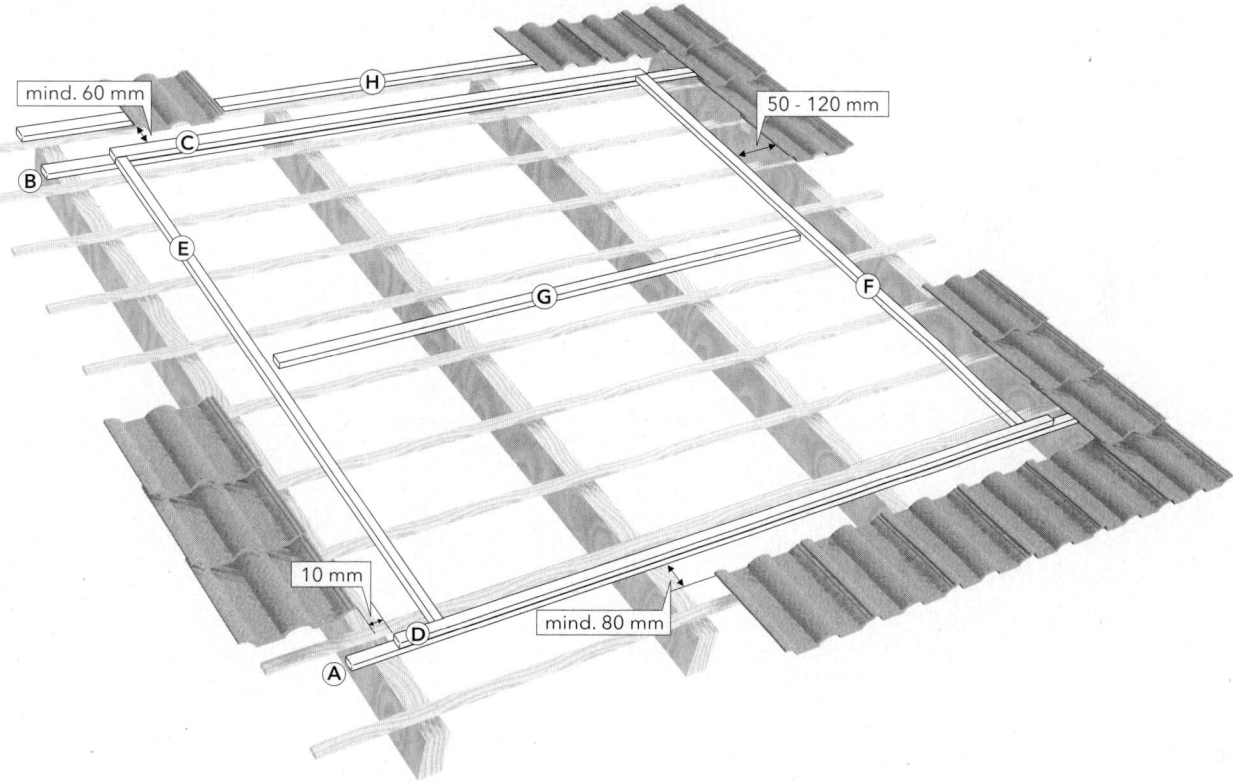

Bild 4.16 Einbaufeld für waagrechte Absorberanordnung

Bild 4.17 **Montage des SB-Kollektors ins Dach**
1. Kollektorposition festlegen und äußeren Kollektor-Lattenrahmen festnageln.

2. Oberhalb des Rahmens zusätzliche Latte für Dachziegelauflage befestigen.

3. Mineralwolle zwischen den Dachlatten einlegen und schwarze Alu-Wärmeschutzfolie ausrollen.

4. Solarabsorber einlegen und Rohranschlüsse durch das Dach führen.

5. Untere Bleiblecheinbindung ausrollen und festnageln.

7. Zinkblechprofil bündig mit der Innenkante des Holzrahmens befestigen.

6. Seitliches Zinkblechprofil je nach Ziegelabstand zuschneiden.

8. Stege der Glasauflageprofile durchbohren.

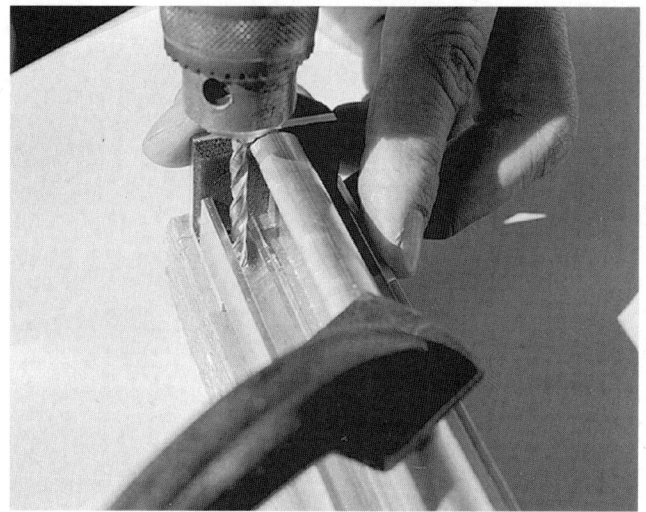

9. Haltewinkel fixieren.

10. Haltewinkel mit Edelstahlschrauben festschrauben.

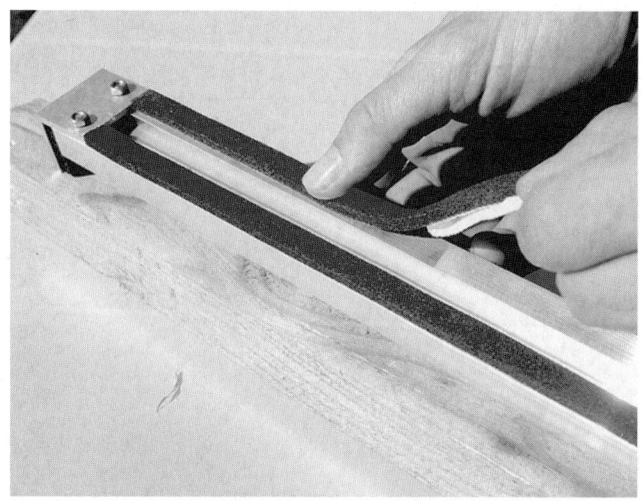

11. Zwei Streifen Zellgummi auf die Rückseite der Profile kleben.

12. Glasauflageprofile auf dem Kollektorrahmen festschrauben.

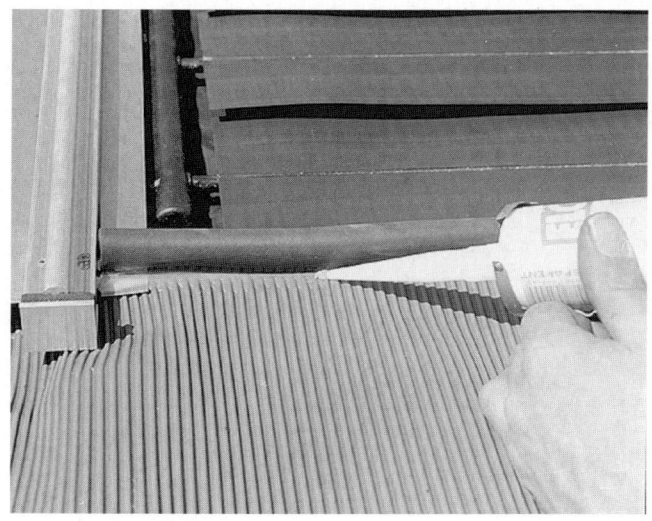

13. Hohlprofil mit Pattex aufkleben und Fugen zwischen Bleiblech und Profil mit Silikon abdichten.

14. Glasscheiben zwischen Profile legen.

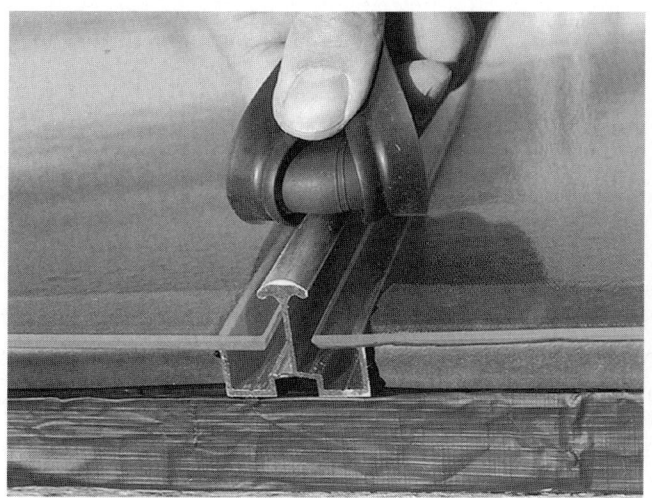

15. Gummidichtung über die Glasauflageprofile stülpen.

16. Bleiblech der Ziegelform anpassen, fertig.

4.1.4 LB-Sonnenkollektor selber bauen

Der LB-Kollektor als Bausatz bietet Ihnen die Möglichkeit, einen großflächigen Sonnenkollektor – wahlweise 5 m², 6,4 m² oder 7,6 m² – in einer Einheit zusammenzusetzen.
Die Montage gliedert sich in drei wesentliche Schritte: Kollektorgehäuse bauen, Absorber löten und Glasabdeckung aufsetzen.

Trotz seiner Größe ist der fertige LB-Kollektor erstaunlich leicht und von zwei Personen gut zu tragen, weil erst nach der Installation vor Ort die Glasscheiben eingelegt werden. Die wetterfeste Ausstattung des LB-Kollektorgehäuses lässt Ihnen die Wahl zwischen Indach-, Aufdach- oder Freiaufstellungs-Montage.
In einer Fotoreihe zeigen wir Ihnen die grundlegenden Arbeitsschritte (Bild 4.18).

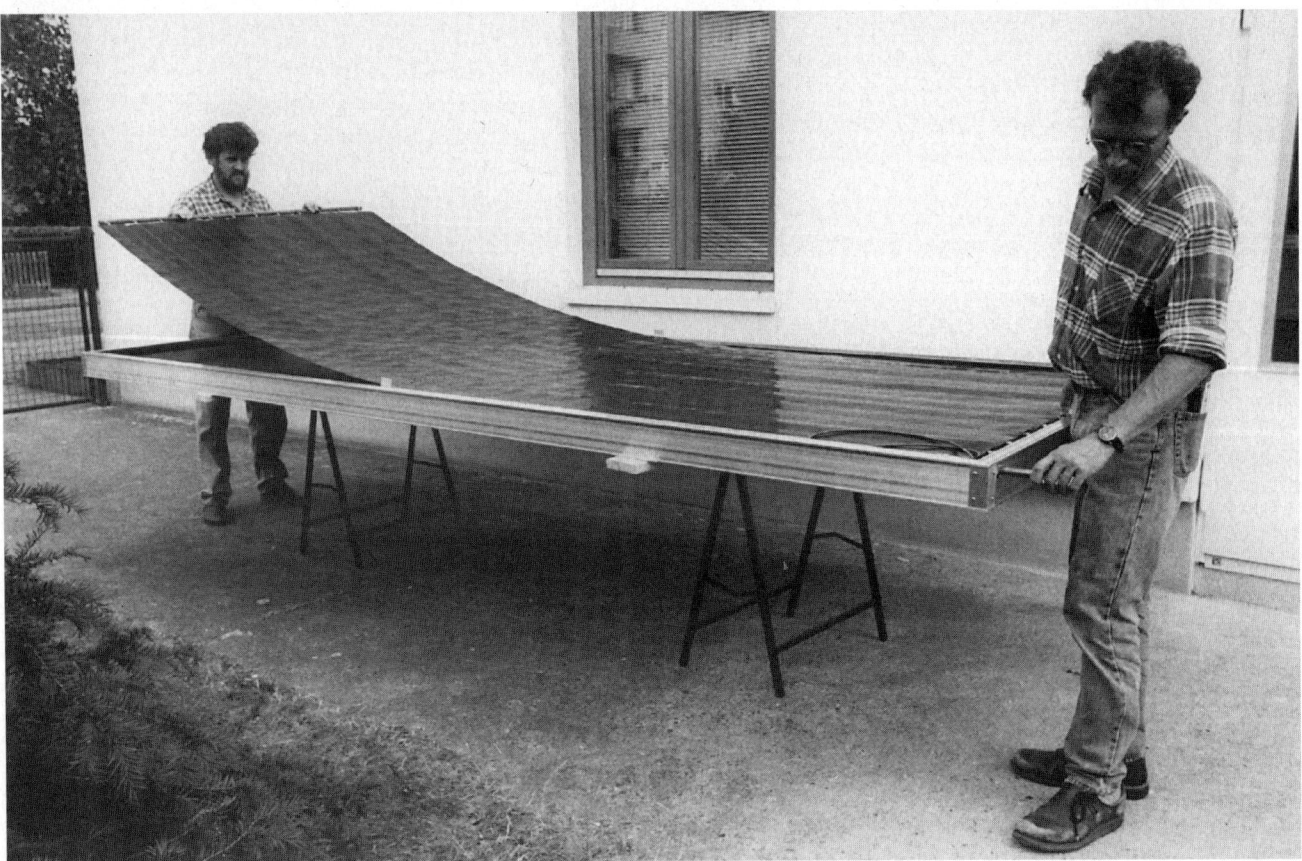

Bild 4.18 *Bau eines LB-Kollektors in 12 Schritten*

1. Auf zwei verbreiterten Arbeitsböcken zwei lange Rahmenprofile und ein kurzes mit der Unterseite nach oben in U-Form zusammenlegen. Gehrungsschnitte dünn mit Silikon bestreichen.

2. Mit LB-Eckverbindern Rahmenprofile zusammenstecken, an Lochstellen Kollektorrahmen mit 3,5 mm Ø durchbohren und Blechschrauben 4,2x16 mm eindrehen.

3. Hartschaumplatten (letzte Platte zuschneiden) in oben liegende Nut des Rahmens einlegen und hierbei T-Profile als Plattenverbindung zwischenschieben.

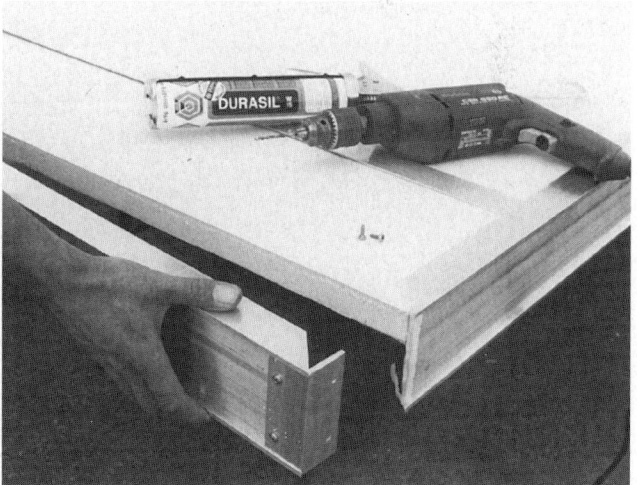

4. Kollektor mit letztem Rahmenprofil wie oben beschrieben schließen.

5. Zweite Dämmschicht aus Mineralwolleplatten (letzte Platte zuschneiden) einlegen und in Kollektorrahmen rundum schmale Dämmstreifen schieben.

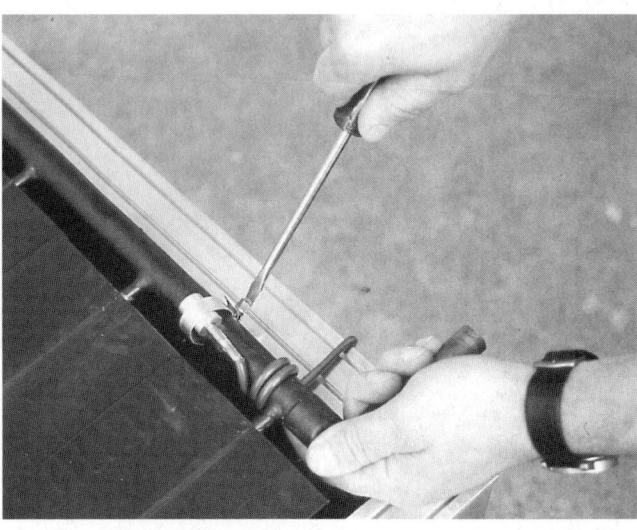

6. Absorber löten und Temperaturfühler mit Rohranlege-Adapter am Sammelrohr in der Nähe des Ausgangs befestigen.

7. Absorberausgänge durch Rahmenbohrungen schieben und Absorber einlegen.

8. LB-Rahmendichtgummis montieren. An Enden Gumminase und Isolierlippe auf Rahmenbreite abschneiden.

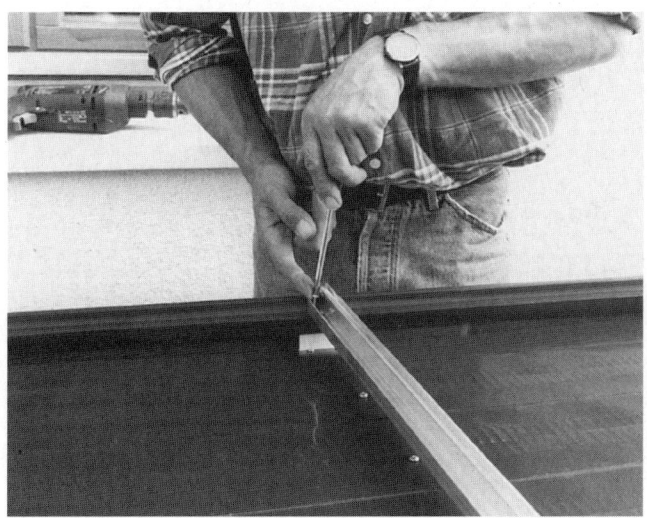

9. Innen liegende Glasauflageprofile beidseitig 4 mm vom Ende vorbohren (5 mm ø), mit einem Abstand von 915 mm auflegen und mit Blechschrauben 4,8x13 in Rahmennut befestigen.

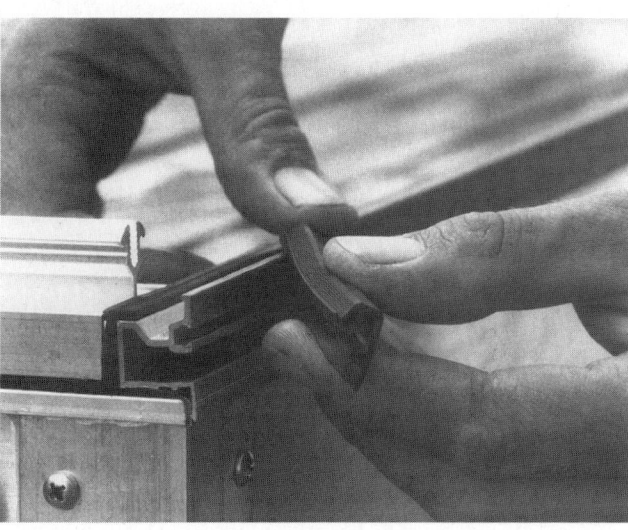

10. An der unteren Längsseite LB-Glasstoßprofil aufklipsen und LB-Glasstoßgummi aufdrücken (Seifenwasser hilft).

11. Der LB-Kollektor ist erstaunlich leicht und gut von zwei Personen zu tragen, weil die Glasscheiben erst nach der Installation vor Ort eingelegt werden.

12. Wenn Kollektor vor Ort installiert ist, Scheiben einlegen, Profilgummi scharf um 180° umbiegen und über Glasauflageprofile stülpen. Hierbei etwas stauchen, da Dichtung bei Kälte schrumpft.

4.1.5 EURO-Kollektor montieren (Aufdach, Indach oder Freiaufstellung)

Im Unterschied zum SB- und LB-Bausystem besteht das EURO-Bausystem aus einem Fertigkollektor als kompakter Einheit. So können Sie schnell einbauen und haben noch dazu die Wahl zwischen drei Aufstellungsarten (Bild 4.19). Anlagen mit bis zur vier Einheiten können Sie gut zu zweit ausführen – mit üblichem Werkzeug und ohne auf dem Dach zu löten.
An ausgewählten Arbeitsschritten können Sie die Montage für Aufdach (Bild 4.20), Indach (Bild 4.21) und Freiaufstellung (Bild 4.22) verfolgen.

Bild 4.19 Aufdachmontage, Indachmontage und Freiaufstellung eines EURO-Kollektors

Aufdachmontage eines EURO-Kollektors

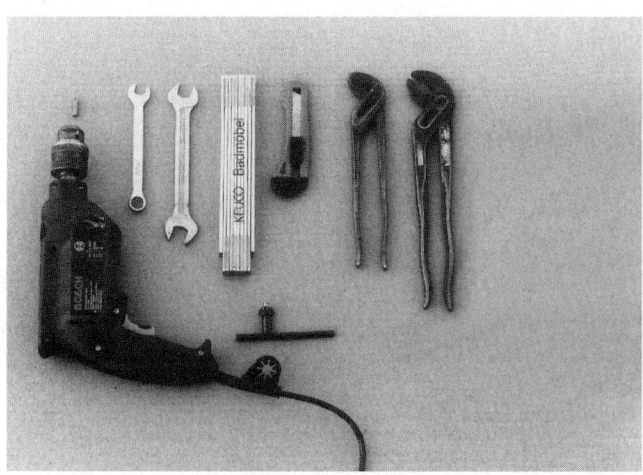

Bild 4.20 **Aufdachmontage eines EURO-Kollektors in 16 Schritten**
1. Montage-Werkzeug: Zollstock, Bohrmaschine, Kreuzschlitz-Bit PZ3, Maulschlüssel Nummer 13 und 17 sowie zwei Rohrzangen.

2. Kollektorfeld auf dem Dach ausmessen und entsprechende Befestigungspunkte auf den Dachsparren freilegen.

3. Sparrenanker mit Spax-Schrauben (6x80) befestigen. Wenn die Dachlatten stärker als 30 mm sind, dann die Sparrenanker entsprechend unterfüttern.

4. Hammerkopfschrauben (M10x30) so in die Montageschienen stecken, daß Kopf und Kerbe am Schraubenfuß rechtwinklig zur Schiene stehen.

5. Montageschienen mit Hammerkopfschrauben (M10x30) auf gleicher Höhe an Sparrenankern festschrauben.

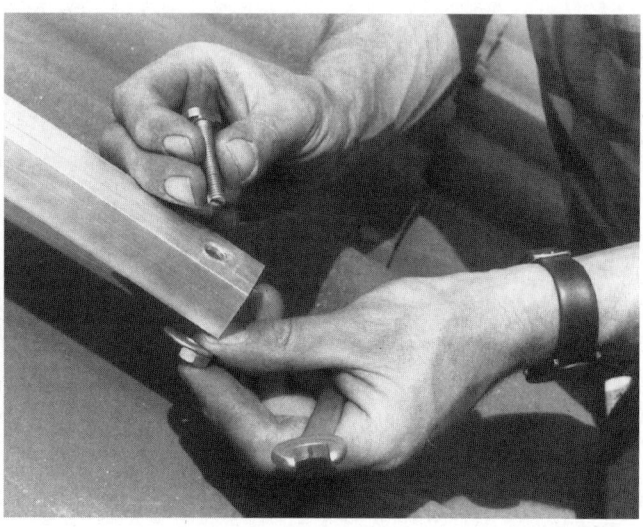

6. Hammerkopfschrauben für Kollektorbefestigung (M8x50) in die Bohrungen der Montageschienen stecken und Mutter mit Unterlegscheibe locker aufschrauben.

7. Tragegriffe liefern wir auf Wunsch. An beiden Seiten des Kollektors mit Hammerkopfschrauben in der Nut befestigen. Hierbei muss Hammerkopf rechtwinklig zur Kollektornut sitzen!

8. Kollektor an den unteren beiden Hammerkopfschrauben der Montageschienen absetzen.

9. Kollektor mit Nut auf Hammerkopfschrauben stecken. Schrauben rechtwinklig zur Schiene drehen und mit Muttern festziehen.

10. In die Spalte zwischen zwei Kollektoren Silikon-T-Profil einschieben. Abwechselnd ziehen und drücken erleichtert die Arbeit.

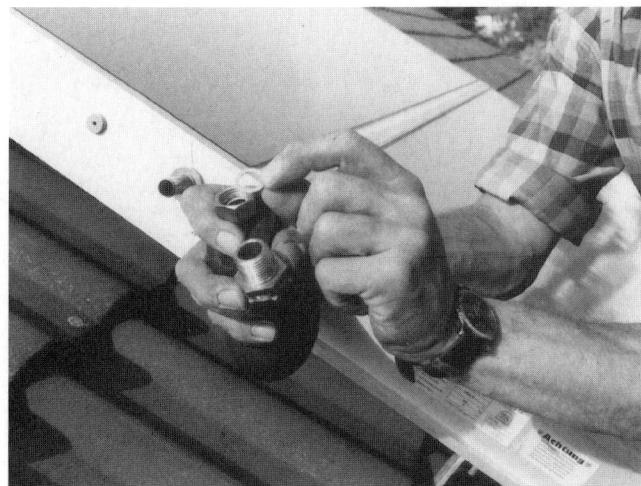

11. Kollektoren mit Edelstahlwellschläuchen verbinden. Auf Dichtungsringe achten! Gegenhalten beim Festziehen schützt Kollektoranschluss vor Schäden.

12. Lüfterziegel nahe Vor- und Rücklauf des Kollektorfelds einsetzen. Wellschläuche an Vor- und Rücklauf sowie unter dem Dach mit Lötnippeln (1/2"-18) an die Cu-Rohre des Solarkreises anschließen.

13. Nach Abdrücken des Solarkreises Rohrisolierungen über Verschraubungen bis an Kollektor ziehen. Ein Schuss Spülmittel zwischen Isolierung und Wellschlauch hilft.

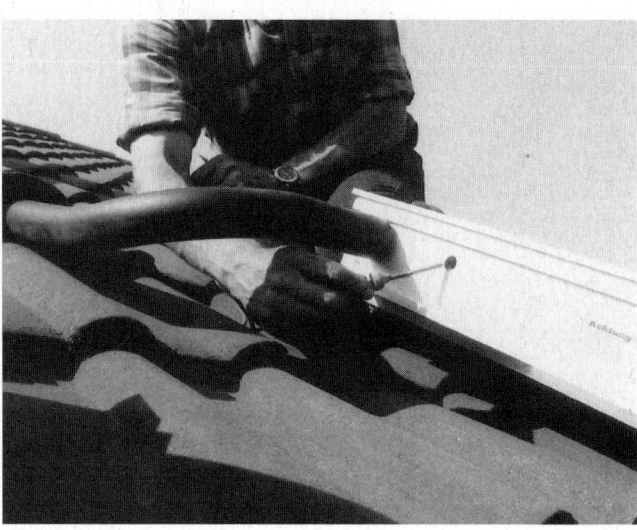

14. Stopfen aus Fühlerhülse nahe Kollektor-Austritt ziehen und auf Fühler schieben. Fühler in Hülse stecken und mit Stopfen verschließen. Kabel durch Lüfterziegel zur Fühleranschlussdose legen.

15. Nach erfolgreicher Montage können Sie jetzt endlich die Sonnenwärme vom Dach holen und im Haus nutzen.

Indachmontage eines EURO-Kollektors

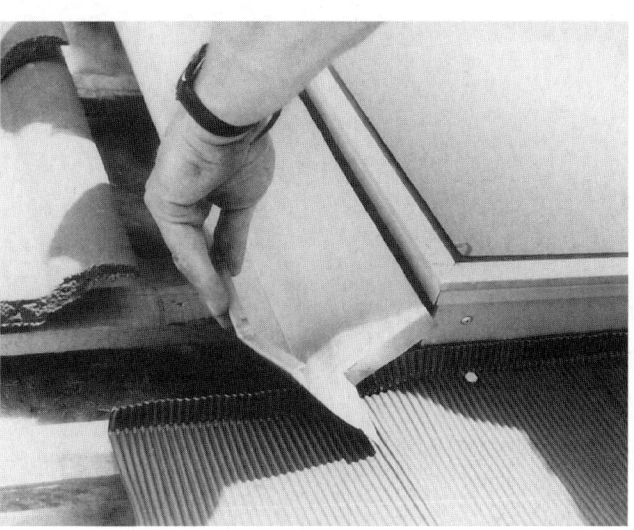

*Bild 4.21 **Indachmontage eines EURO-Kollektors in 4 Schritten***
1. Einbaufeld festlegen, Ziegel abdecken, unten Haltelatten positionieren und Kollektoren auflegen.

2. Kollektoren mit Edelstahlwellschläuchen verbinden, Bleischürze unten aufnageln und dann Seitenbleche befestigen.

3. Eindeckecken oben links und rechts auflegen und mit oberem Abdeckblech verbinden.

4. Zum Schluss Bleischürze an Ziegel anpassen. So sind die Kollektoren ansprechend ins Dach eingebunden.

Freiaufstellung eines EURO-Kollektors

Bild 4.22 **Freiaufstellung eines EURO-Kollektors in 4 Schritten**
1. Kiesbleche positionieren und Traggestell aus Alu-Winkelprofilen zusammenbauen.

2. An geneigten Winkelprofilen Kollektor mit Hammerkopfschrauben befestigen. Achten Sie bitte darauf, dass Schrauben rechtwinklig zur Schiene in der Nut sitzen.

3. Kollektoranschlüsse über Lötverschraubungen mit Solarkreis verbinden.

4. Zum Abschluss Kiesbleche mit einer Kiesschicht von mindestens 10 cm überdecken (über 8 m Gebäudehöhe mindestens 15 cm).

4.2 Solarkreislauf mit Solarkreisstation installieren

Die Installation des Solarkreises umfasst den Anschluss an den Sonnenkollektor und den Speicher, die Montage des Rohrnetzes sowie der Solarkreisstation mit dem Solarregler (Bild 4.23). In diesem Zusammenhang steht auch der elektrische Anschluss der Solaranlage an das Stromnetz.

4.2.1 Hinweise zur Rohrinstallation

Um einen sicheren und störungsfreien Wärmetransport zu erreichen, beachten sie bitte einige Hinweise zur Verlegung der Rohre.
Vor- und Rücklaufleitung sowie das Fühlerkabel lassen sich am einfachsten durch einen Lüftungsschacht des Schornsteins oder einen unbenutzten Rauchgaszug zum Warmwasserspeicher im Keller verlegen. In vielen Fällen ist für den Betrieb des Heizkessels der Lüftungsschacht nicht erforderlich, sodass er für die Verlegung der Solarkreisleitung genutzt werden kann. So ist z.B. bei raumluftunabhängigen Kesseln wie Brennwertgeräten der Schacht nicht nötig. In anderen Fällen ist ggf. die HeizAnlV oder die DIN 18017-1 (Abluftschächte) zu Rate zu ziehen. Im Zweifel Schornsteinfeger fragen.
Der Edelstahlwellschlauch eignet sich gut zur Verlegung, da nicht kontrollierbare Rohrverbindungen im Schornsteinbereich entfallen. Für längere waagrechte Rohrstrecken ist es dagegen weniger geeignet, da sich leicht Wellen ergeben mit der Gefahr von Luftsackbildung.
Ist die Verrohrung im Kamin nicht möglich, können die Rohre auch an der Außenwand des Hauses nach unten geführt werden. Da die Rohre im Außenbereich verlaufen, sollte die Rohrdämmung besonders gut ausgeführt werden (Dämmstärke mindestens so groß wie Rohrdurchmesser). Wird die Rohrverlegung im Wohnbereich vorgenommen, müssen in der Regel Decken durchbrochen werden. Die Tragfähigkeit der Decke darf dabei nicht beeinträchtigt werden. Betondecken werden mit einem Bohrhammer durchbohrt.
Bei senkrecht verlaufenden Rohren genügt es, sie einmal etwa in Stockwerksmitte zu befestigen.
Waagrechte Kupferrohre müssen öfter befestigt werden, wobei sich der ungefähre Abstand der Befestigungspunkte nach dem Rohrdurchmesser richtet: 15 mm/1,20 m, 18 mm/1,30 m, 22 mm/1,40 m, 28 mm/1,70 m (Rohrdurchmesser/Abstand).
Halter aus Metall müssen mit Filz oder Gummi ausgelegt sein, damit das Rohr im Halter arbeiten kann.
Man unterscheidet Rohrhalter zum Einschlagen und solche zum Eindübeln. Letztere empfehlen sich bei Beton und harten Steinwänden. Die einfachen, verzinkten Rohrhalter können allerdings auch einigermaßen fest in Dübel eingeschlagen werden. Vor dem Einschlagen in Holz mit ca. 6 mm Bohrer vorbohren.
Beim Verlegen der Rohre sollte man folgende Dinge beachten: Für die Rohrisolierung des Vor- und Rücklaufs immer genügend Platz vorsehen.
Bei waagrechter Leitungsführung Warmwasserrohre nicht unter Kaltwasserrohren installieren.
Wasser- und Luftsäcke möglichst vermeiden. Vor allem das obere Absorberanschlussrohr sollte zur Sammelleitung hin eine permanente Steigung aufweisen. Die Sammelleitung selbst sollte in Fließrichtung ansteigen. Besonders

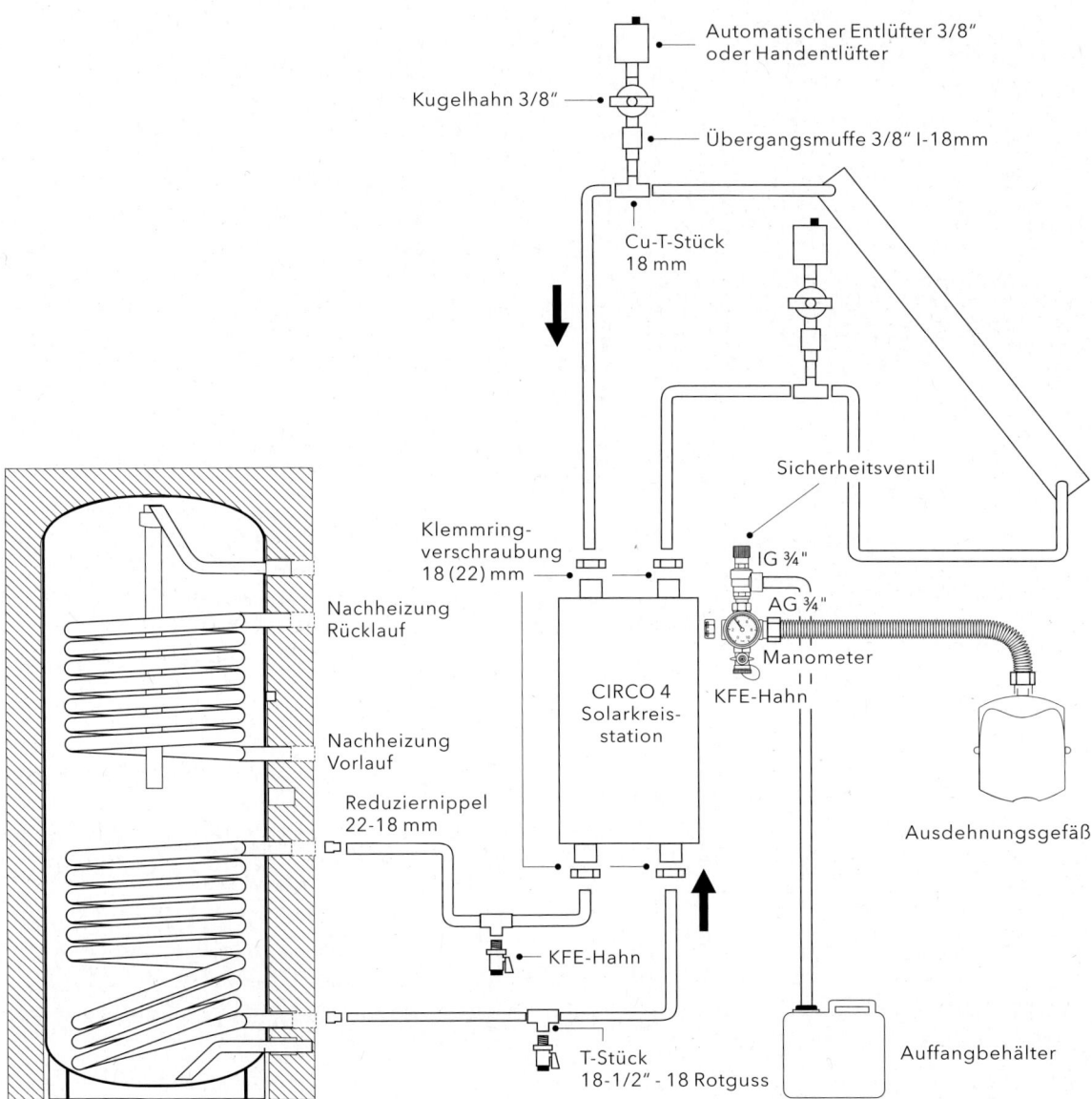

Bild 4.23 Solarkreis mit Bauteilen

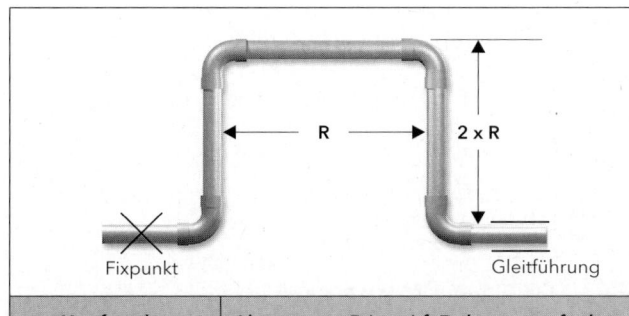

Kupferrohr-durchmesser in mm	Abmessung R (mm) f. Dehnungsaufnahme	
	12 mm	25 mm
18	240	350
22	263	382
28	299	431

Tabelle 4.1 Auslegung eines Dehnungsbogens

bei Kupferrohren macht sich die Wärmeausdehnung stark bemerkbar. Auf 10 m Länge kann sich Kupferrohr bei einer Temperaturerhöhung von 80 °C um 13 mm ausdehnen. Deshalb die Rohrhalter so anbringen, dass eine Ausdehnung möglich ist. Bei senkrechter Absorberanordnung die obere Sammelleitung am besten gar nicht befestigen, stattdessen die Vorlaufleitung zunächst etwa im rechten Winkel weiterführen und erst nach etwa 1 m mit einem Rohrhalter befestigen. Bei sehr langen geraden Rohrstrecken, etwa ab 15 m, Ausdehnungsbögen (Lyrabögen) oder relativ teure Dehnungsmuffen einbauen. Die Auslegung des Dehnungsbogens können Sie in Tabelle 4.1 ablesen.

4.2.2 Lötverbindung

Man unterscheidet grundsätzlich 2 Lötverfahren: das Hart- und das Weichlöten. Bis zu einer Arbeitstemperatur von 450° C spricht man vom Weich-, über dieser Temperatur vom Hartlöten.

In 2 Fällen ist das Hartlöten zwingend vorgeschrieben: bei Gasinstallationen und bei einer Warmwasserinstallation mit einer Vorlauftemperatur von über 110° C.
In allen anderen Fällen kann man sowohl hart- als auch weichlöten. Solaranlagen können nach DIN 4757 weichgelötet werden.
Bei Vakuumröhrenkollektoren sollten allerdings zumindest die Anschlussleitungen hart gelötet werden.

Weichlöten

Alle Weichlote für die Rohrinstallation enthalten Zinn als Hauptbestandteil. Das erkennt man daran, dass Zinn (Sn) jeweils als erstes Metall nach dem Kennbuchstaben L- (Lot) genannt wird. Die Zahlen hinter den chemischen Zeichen geben den ungefähren Anteil des jeweiligen Materials an (Tabelle 4.2).
Die Zusammensetzung von Weichloten hat sich in der letzten Zeit geändert. Aus gesundheitlichen Gründen in Bezug auf Verarbeitung und Trinkwasserhygiene sollte man auf cadmium-, antimon- und bleifreie Lote ausweichen.
Zum Weichlöten von Trinkwasser-, Heiz- und Solarkreis ist das Lot „L-SnCu3" zu empfehlen. Es setzt sich zusammen aus 97 % Zinn und 3 % Kupfer. Möglich wäre auch das Silberlot L-SnAg5.
Kupfer kann nur verlötet werden, wenn die außenliegende Oxidschicht entfernt worden ist. Erwärmt man das Rohr zum Löten, tritt eine verstärkte Oxidierung der Kupferober-

Metall	Chem. Zeichen	Lateinisches Wort
Zinn	Sn	Stannum
Silber	Ag	Argentum
Phosphor	P	Phosphorus (r.)
Kupfer	Cu	Cuprum

Tabelle 4.2 Weichlot und seine chemische Zusammensezung

fläche auf. Zweck des Flussmittels ist es nun, die Lötflächen während des Lötvorgangs oxidfrei zu halten.

Man unterscheidet einfache Flussmittel und sogenannte Lötpasten, die bereits eine gewisse Menge Lötzinn-Pulver enthalten und mit einem Pinsel aufgetragen werden. In beiden Fällen handelt es sich um Flussmittel, die kaltwasserlöslich sind.

Die zulässigen Flussmittel tragen folgende Kurzzeichen: „F-SW 21", „F-SW 22" und „F-SW 25". Hierbei bedeutet „F-SW": Flussmittel-Schwermetall-Weichlöten.

Lötpasten sind zwar teurer, sie erleichtern jedoch den Lötvorgang. Durch die Beimengung des Zinnpulvers ist eher sichergestellt, dass das angehaltene Lot die Fuge voll ausfüllt. Die Lotmenge in der Paste ist in keinem Fall ausreichend, um den Lötspalt abzudichten. Es ist darauf zu achten, dass Lötpaste und Zinn die gleiche Zusammensetzung haben.

Abgesehen von diesen Lötpasten sollte man auf sonstige Flussmittel verzichten, bei denen das Blankputzen der Rohre entfällt (wie z.B. „S 39"). Sie sind größtenteils aggressiver und können Korrosion auslösen.

Flussmittel sollten ein DVGW-Kennzeichen tragen.

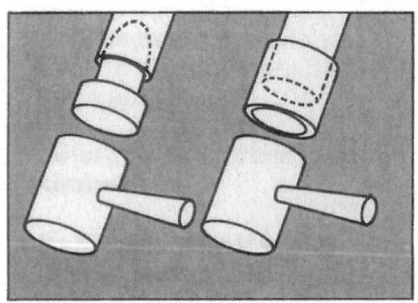

1. Rohrende bei weichen Kupferrohren kalibrieren: Voraussetzung für Kapillarlötspalt!

2. Rohrende außen und Fitting innen mit Kunststoffvlies metallisch blank machen.

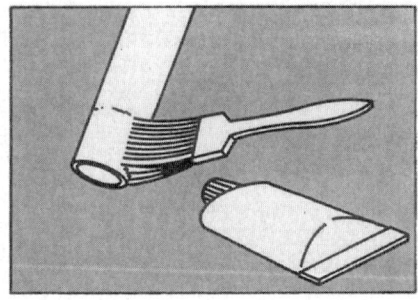

3. Nur Rohrende mit Flussmittel bestreichen. So gelangt kein unverbrauchtes Flussmittel in das Rohrinnere.

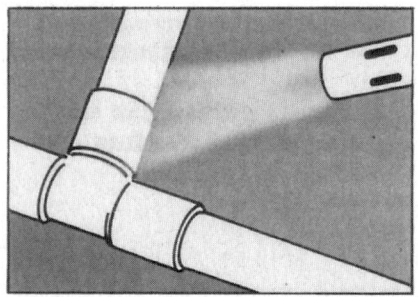

4. Rohrende bis zum Anschlag in das Fitting schieben und in der Streuflamme gleichmäßig erwärmen.

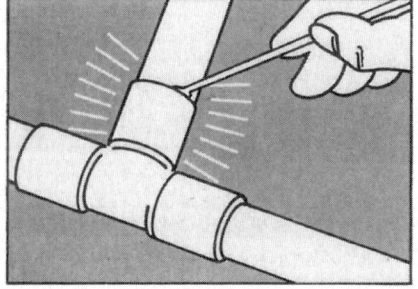

5. Ohne direkte Flammeneinwirkung Lot so lange am Lötspalt abschmelzen, bis Lötring sichtbar wird.

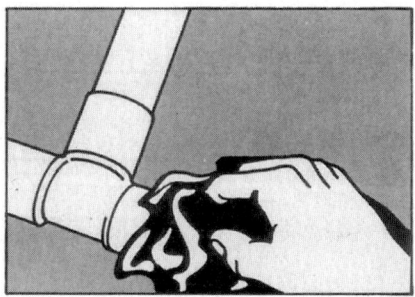

6. Mit feuchtem Lappen säubern; d.h. Flussmittelreste entfernen.

Bild 4.24 In sechs Schritten Kupferrohr weichlöten.

Die einzelnen Arbeitsgänge beim Weichlöten werden in einer Bildreihe dargestellt (Bild 4.24).

Hartlöten
Neben dem Weichlöten ist das Hartlöten bei Kupferrohrinstallationen üblich. Für den Solarkreislauf ist es aber nicht vorgeschrieben. Trinkwasserleitungen sollten aus Korrosionsschutzgründen grundsätzlich weichgelötet werden. Wegen der hohen Arbeitstemperaturen etwa 730° C benötigt man spezielle Brenner: Schweißbrenner, Acetylen-Luft-Brenner oder leistungsstarke Propangas-Brenner. Aus diesem Grunde kommt das Hartlöten für den Heimwerker selten in Frage.
Wer dennoch über solch einen Brenner verfügt, hat beim Hartlöten folgende Vorteile: Die Lötstellen sind temperaturbeständiger und Hartlötungen können auch ohne Fittings, z.B. durch Rohraushalsung ausgeführt werden.
Als Hartlot werden am häufigsten das Kupfer-Silber-Phosphor-Lot „L-Ag 2P" und das Kupfer-Phosphor-Lot „L-Cu P6" verwendet. Diese Hartlote sind relativ preiswert und benötigen bei Kupferlötungen kein Flussmittel. Bei Arbeitstemperaturen von 710° C bzw. 730° C sind sie zähflüssig und eignen sich deshalb auch für selbst hergestellte Muffenverbindungen.
Bei Kupfer-Rotguss-Verbindungen muss mit Flussmittel gearbeitet werden. Als Hartlot-Flussmittel geeignet ist das „F-SH1".

4.2.3 Edelstahl-Wellschläuche verlegen

Mit dem Edelstahlwellschlauch können Sie auch schwierige Leitungsführungen schnell und zuverlässig ausführen. In einer Bildreihe sehen Sie, wie Verbindungen mit Edelstahlwellschlauch hergestellt werden (Bild 4.25).

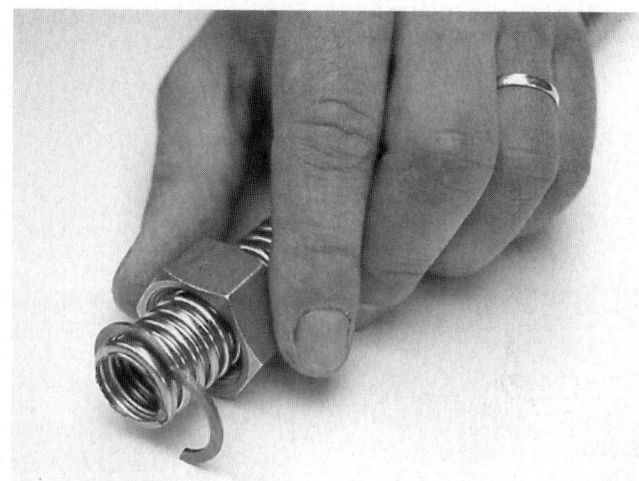

Bild 4.25 Edelstahl-Wellschläuche verlegen.
1. Schlauch in einem Wellental ablängen, Überwurfmutter auf Schlauch schieben und dann Klemmring in das erste Wellental einlegen und zusammendrücken.

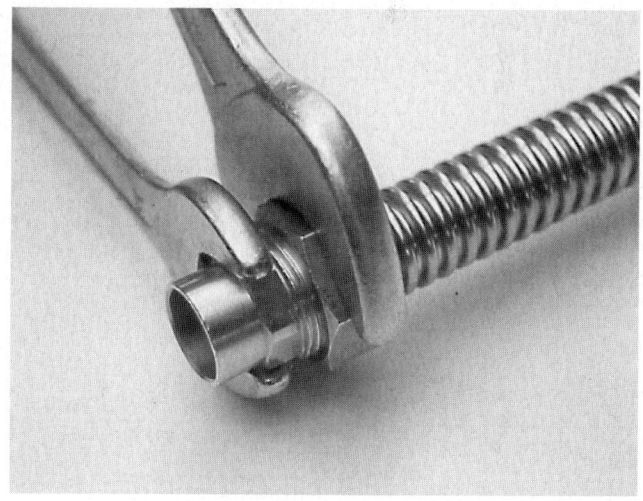

2. Jetzt wird die Welle am Rohrende zu einer Dichtfläche zusammengestaucht. Hierzu dient ein 1DM-Stück oder eine 24mm-Unterlegscheibe, die in die Überwurfmutter eingelegt wird.

4.2.4 Rohrdämmung

Geschlitzte Rohrschalen lassen sich nach der fertigen Rohrinstallation überstülpen und werden mit einem Klemmverschluss wieder verschlossen. Als Dämmaterial sollte nur das witterungs- und temperaturbeständige, synthetische Kautschuk EPDM (Aeroflex, Permatube) verwendet werden.

Der geschlossene Isolierschlauch schließt absolut dicht ab und lässt sich in vielen Fällen einfacher verarbeiten. Er muss vor dem Löten der Rohre aufgeschoben und zusammengedrückt werden (Bild 4.26). Erst nach dem Abdrücken der Rohrleitung und dem Entfernen der Flussmittelreste zieht man den Isolierschlauch wieder auseinander. Auf diese Weise können auch Winkelstücke völlig dicht wärmeisoliert werden.

Die Abstände der Klebeverschlüsse müssen so eng sein, dass sich im Rohrschlitz keine Fuge bildet, durch die Wärme entweichen könnte.

Selbstverständlich müssen auch T-Stücke und Winkel isoliert werden.

3. Dann Überwurfmutter mit einem 30er Schraubenschlüssel halten und Übergangsnippel mit einem 24er Schlüssel fest einschrauben. Anschließend Übergangsnippel wieder herausdrehen.

4. Wenn Sie die Verbindung endgültig zusammenschrauben, bitte Dichtung einlegen!

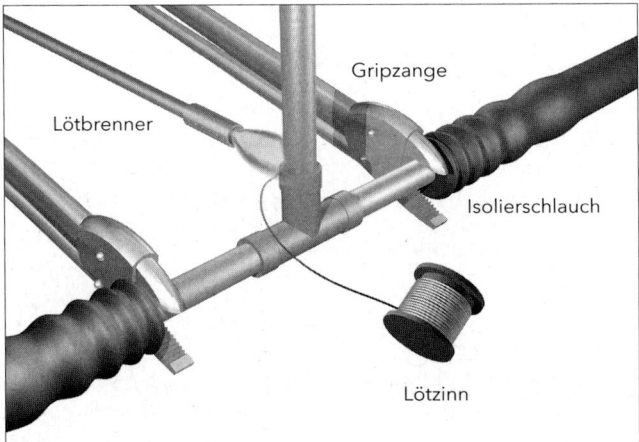

Bild 4.26 Löten von Rohren mit Isolierschlauch

Auf Hartschalen aus Polyurethan sollte wegen der unzureichenden Temperaturbeständigkeit verzichtet werden.

4.2.5 Hinweise für die Elektroinstallation

Unsachgemäße Elektroinstallationen sind häufig Ursache für Brände und gefährden Personen durch elektrischen Schlag. Elektroinstallationen sollen deshalb nur vom Elektrofachmann durchgeführt werden. Wer trotzdem Elektroinstallationen selbst ausführen will, sollte sie vor Inbetriebnahme vom Elektriker überprüfen lassen.
Wichtigster Grundsatz: Stromkreis am Sicherungsautomaten ausschalten und so stromlos machen bzw. Gerätestecker ziehen. Vergewissern Sie sich mit dem Phasenprüfer, dass keine Leitung unter Spannung steht.
Die Strom führende Ader, Phase genannt, ist bei fester Installation mit schwarzem, bei Gerätekabeln mit braunem Kunststoff ummantelt. Der blaue Nullleiter schließt den Stromkreis. Die gelbgrüne Schutzerdleitung fehlt bei schutzisolierten Geräten wie Lampen, Rasierapparat, Radio etc. (Zeichen für schutzisolierte Geräte: zwei ineinanderliegende Quadrate). Bei allen anderen Geräten ist die Schutzerdleitung über die Federkontakte an Stecker und Steckdose mit dem Metallgehäuse des Gerätes verbunden. Dadurch fließt bei Kontakt einer defekten Phasenleitung mit dem Gehäuse ein Kurzschlussstrom, der die Sicherung durchschmelzen bzw. herausspringen lässt.

Hoher Stromfluss in Kabeln mit geringem Querschnitt der Kupferleiter führt zu Überhitzung des Kabels und damit zu Brandgefahr. Bis 10 Ampere (A) genügen Kabelquerschnitte von 1 mm^2, bis 16 A 1,5 mm^2, bis 20 A 2,5 mm^2 (vgl. DIN VDE 0298). Zur Berechnung der Stromstärke eines Gerätes teilt man die elektrische Leistung in Watt (W) durch die Spannung in Volt (V). Ein elektrischer Heizlüfter von z.B. 2 kW elektrischer Leistung hat 2000 W/220 V = 9 A Stromfluss. Für feste Installationen werden nur starre, dreiadrige Kabel mit solider Kupferseele (z.B. NYM 3 x 1,5 mm^2), für bewegliche Geräteanschlüsse nur Litzen mit Seelen aus vielen dünnen Kupferdrähtchen verwendet (z.B. NYMHY). Die Sicherungen dürfen keinesfalls für höhere Ströme ausgelegt sein als die elektrischen Leitungen, die abgesichert werden sollen.
Kabelverbindungen müssen immer in Auf- bzw. Unterputzdosen mit Lüsterklemmen oder Klemmsteinen durchgeführt werden. Die Kabel werden gradlinig verlegt und mit Kabelschellen befestigt; nur Schutzkontaktdosen und Stecker verwenden.

4.2.6 Montage der Solarkreisstation

Die grundlegenden Arbeitsschritte stellen wir Ihnen in einer Fotoreihe dar (Bild 4.27).

Bild 4.27 **Solarkreisstation in 16 Schritten installieren**

1. Werkzeug: Bleistift, Zollstock, Wasserwaage, Bohrmaschine, 8/10/12er Steinbohrer, 2 Rohrzangen, Lötbrenner, kl./gr. Schraubendreher, Metallsäge, Messer.

2. Hintere Isolierschale auf Montageplatte aufschieben und Rohrstränge mit der Adapteröffnung (Rückseite Kugelhähne) in die Befestigungsbolzen der Montageplatte eindrücken.

3. Rohre des Solartkreises mit Klemmringschrauben an CIRCO 4 montieren!

4. Rohrhalter f. Solarkreis mit 10er Bohrer im Abstand von 125 mm andübeln und Solarkreisrohr mit Schraubendreher festklemmen. Abstand von ca. 100 mm zwischen Rohrmitte und Wand einhalten!

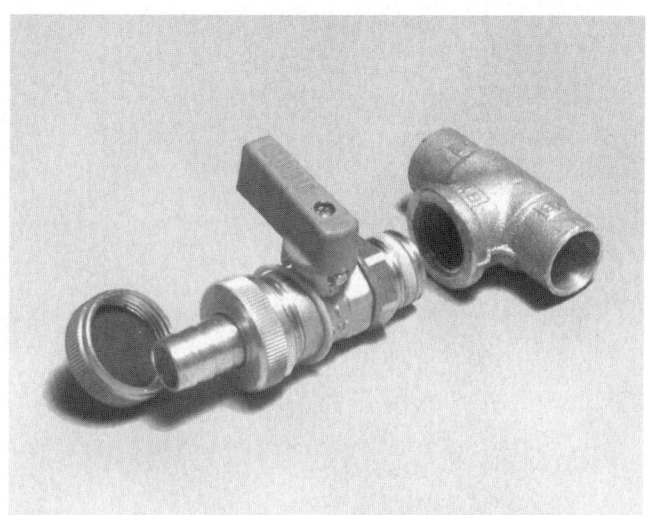

5. KFE-Hähne (**K**essel-**F**üll- und **E**ntleer) an allen Tiefpunkten im Solarkreis installieren und dort, wo Flüssigkeit beim Entleeren nicht ablaufen kann (Wassersäcke).

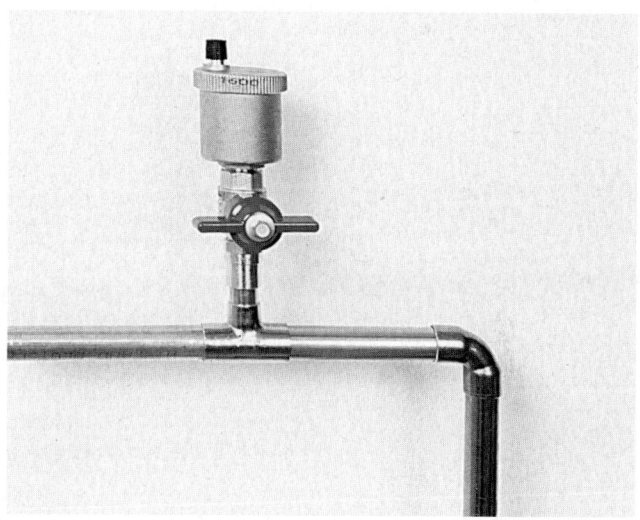

6. Kollektor über Edelstahlwellschlauch mit Solarkreis verbinden. An allen Hochpunkten Entlüfter mit Absperrhahn einbauen. Statt automatischem Entlüfter mit Kugelhahn auch Handentlüfter möglich.

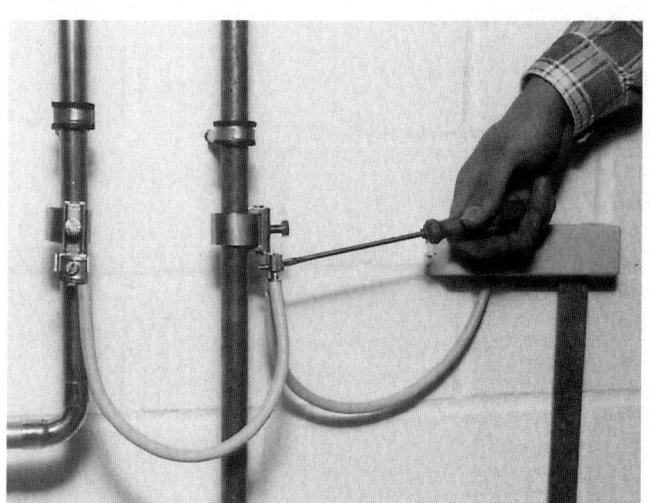

7. Solarkreis erden. Hierzu Erdungsrohrschellen an beiden Solarkreisrohren anbringen und über 6 mm² -Kabel mit Potenzialschiene verbinden.

8. Sicherheitsgruppe an Solarkreisstation montieren.

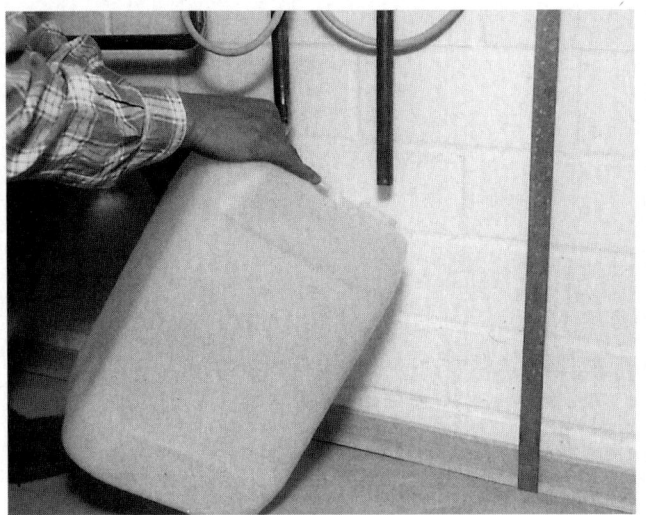

9. Abblaseleitung am Sicherheitsventil installieren und leeren DC20-Kanister zum Auffangen der Solarflüssigkeit unterstellen.

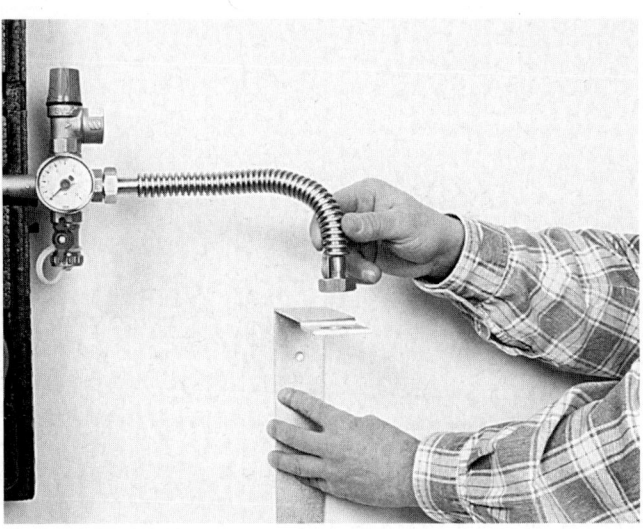

10. Lage des Ausdehnungsgefäßes bestimmen, Löcher für Befestigungswinkel im senkrechten Abstand von 210 mm mit 12er Steinbohrer anbringen und Halterung mit Schrauben 8x60 montieren.

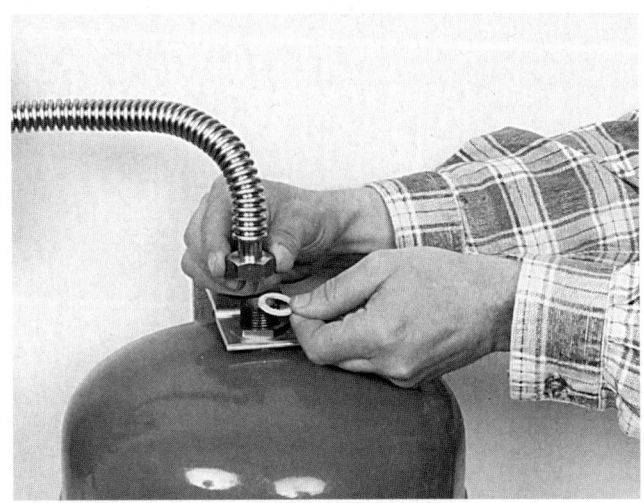

11. Ausdehnungsgefäß am Halter festschrauben und mit Wellrohr flachdichtend verbinden.

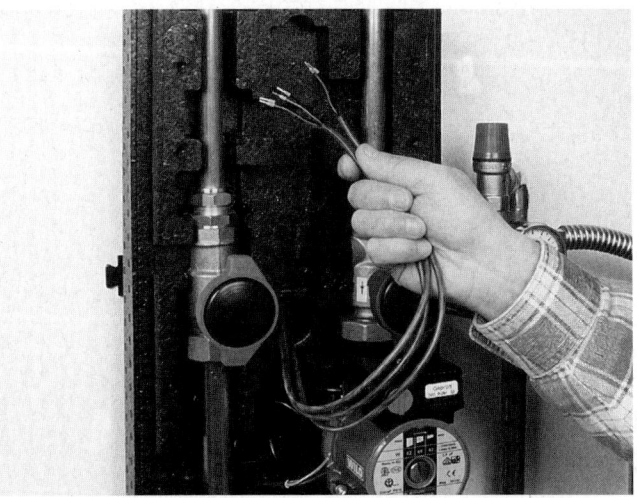

12. Fühlerkabel im Kabelkanal zur Solarkreisstation legen und durch Öffnung in der unteren Isolierschale nach vorne führen.

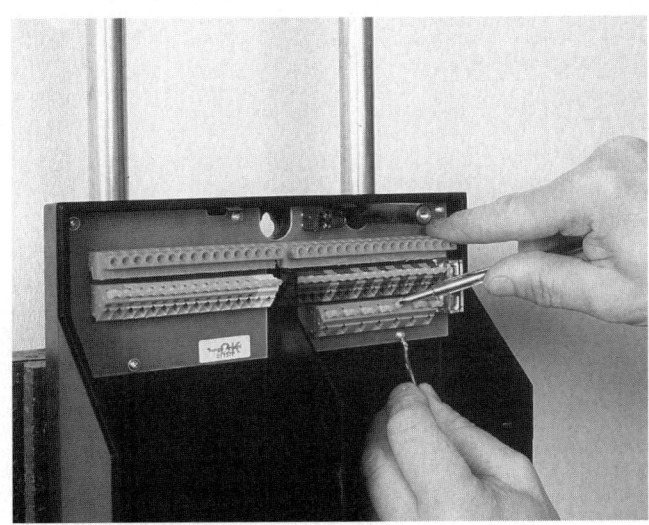

13. Solarkreispumpe und Temperaturfühler am Klemmblock des Reglers anschließen. Hierzu Kabel abisolieren, Kipphebel nach hinten drücken, Kabel in Klemme schieben und loslassen.

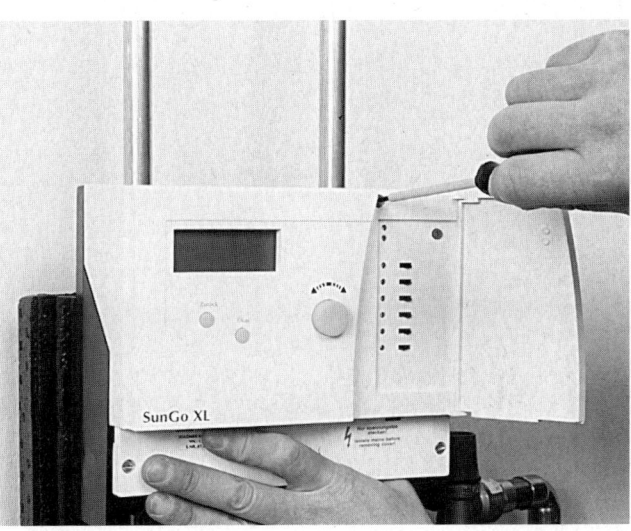

14. Nach kompletter Verdrahtung Oberteil des SunGo XL aufstecken und mit drei Schrauben befestigen.

15. Zum Schluss Rohre des Solarkreises isolieren.

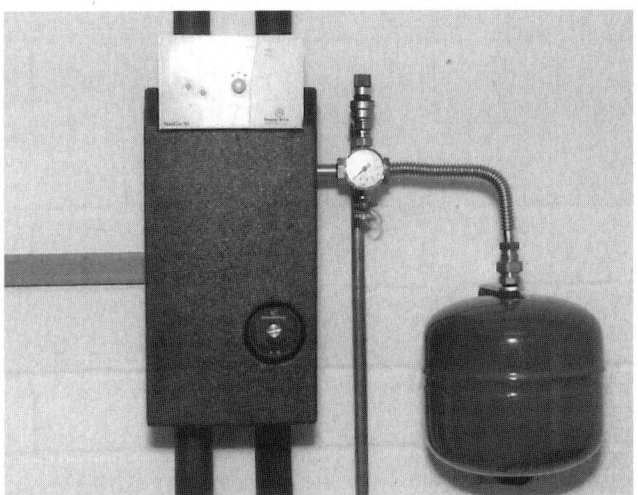

16. Die Solarkreisstation CIRCO 4 ist betriebsbereit.

4.3 Solarspeicher anschließen

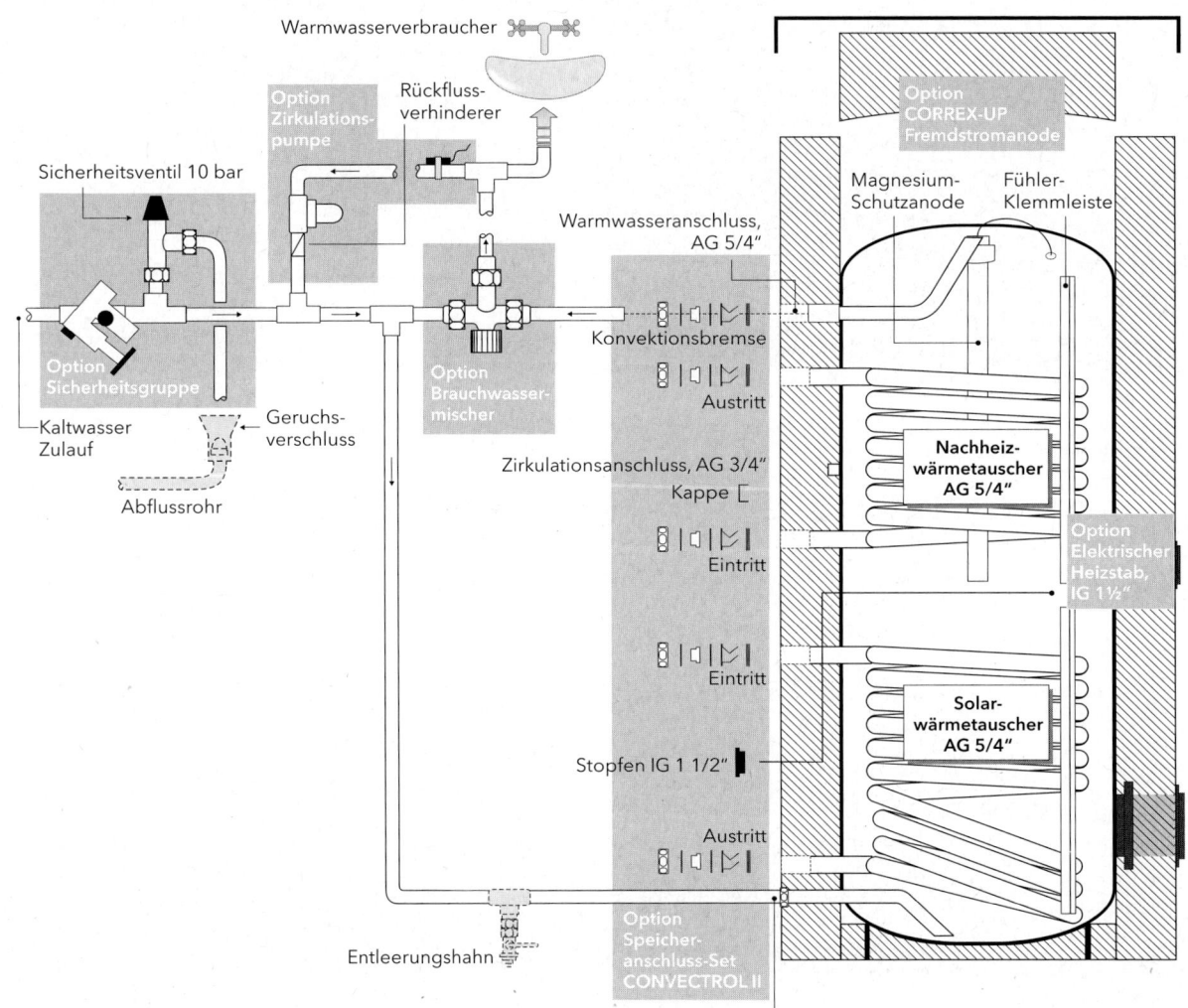

Bild 4.28 Anschlussplan ECOplus-Solarspeicher

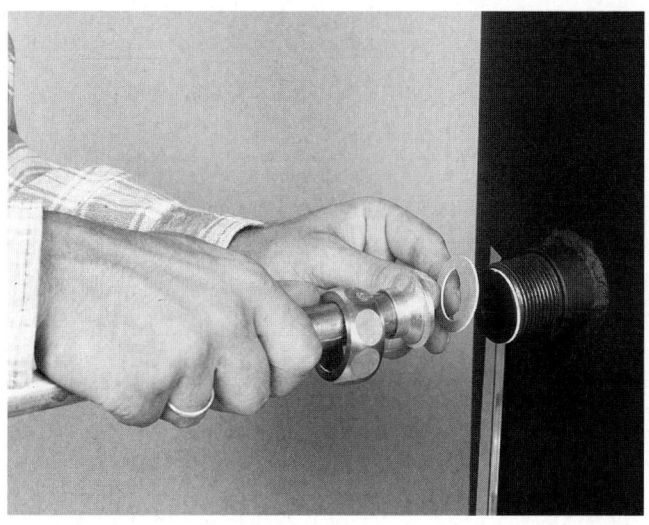

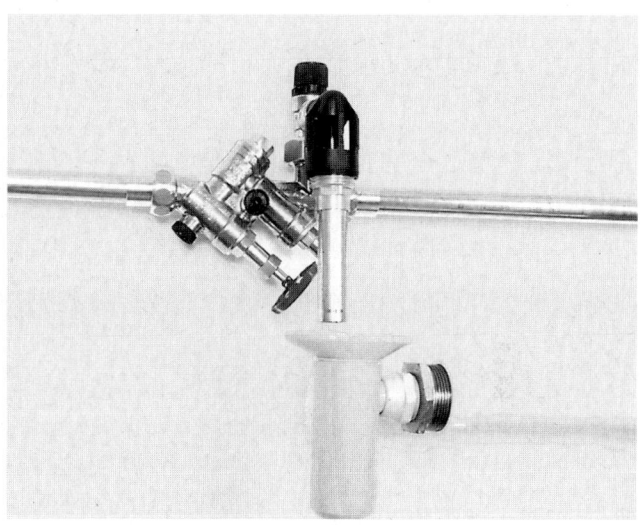

Bild 4.29 **Solarspeicher installieren:**
1. Solarkreis, Nachheizung, Kalt- und Warmwasser an den entsprechenden Öffnungen anschließen.

2. In Kaltwasserleitung oberhalb des Speichers die Sicherheitsgruppe alt. zu Absperr-, Rückschlag- u. Sicherheitsventil einbauen. Keine Absperrung zwischen Sicherheitsgruppe u. Spreicher!.

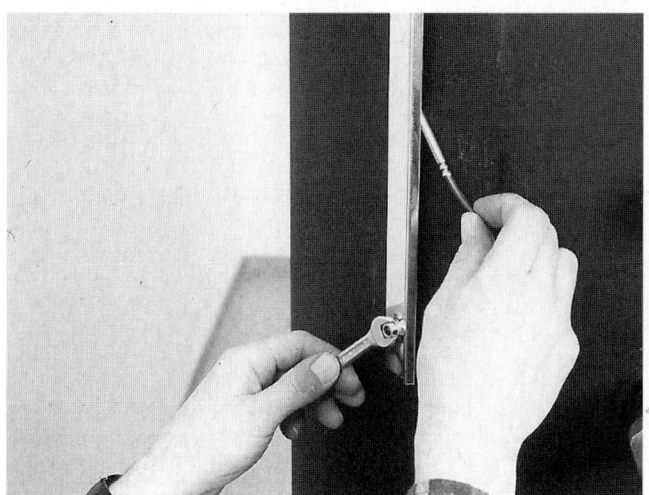

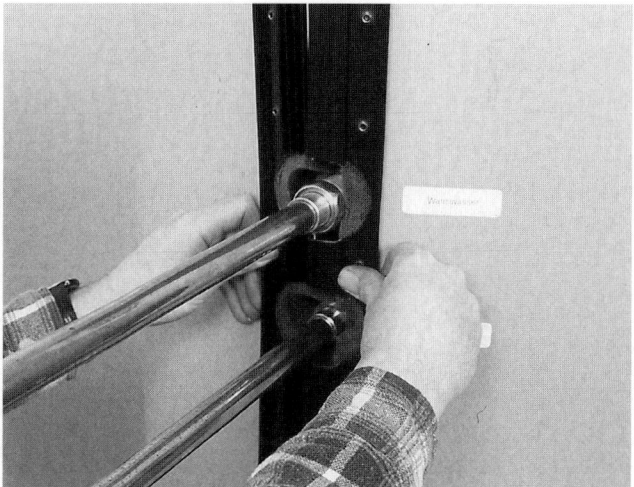

3. Temperaturfühler für Solarregler unter der Klemmleiste an Speicher festschrauben.

4. Isolierung mit Hakenleiste schließen. Zunächst in die schwächste Nutposition einrasten und dann im Wechsel nachspannen.

Am Beispiel eines emaillierten Solarspeichers mit zwei eingebauten Wärmetauschern (Bild 4.28) beschreiben wir die Montageschritte: Aufstellen, Kalt- und Warmwasserleitung anschließen, Warmwasser-Zirkulationsleitung installieren, Solar- und Heizkreis anschließen und Temperaturfühler befestigen (Bild 4.29).

Nach den gültigen Verordnungen sollen Trinkwasserleitungen nur von Fachbetrieben installiert werden. Wer es trotzdem selbst ausführen will, sollte vor Inbetriebnahme die Anlage von einem Fachbetrieb prüfen lassen.

Speicher aufstellen
In der Regel werden die Warmwasser-Solarspeicher im Heizungskeller, manchmal auch auf dem Dachboden aufgestellt. Bei der Dachbodenaufstellung sollte die Geschossdecke auf die entsprechende Belastungsmöglichkeit hin untersucht werden. Durch Auflegen dicker Balken kann die Last verteilt werden

Generell ist als Speicherunterlage ein Speicherpodest zu empfehlen. Es verhindert, dass Bodenfeuchtigkeit (umgekippter Putzeimer o.ä.) in der Wärmedämmung aufsteigen kann.

Entweder beim Estrichlegen gleich eine Erhöhung im Speicherbereich vorsehen oder eine Isolierplatte verwenden. Sie besteht aus einer PU-Platte mit Zinkblechummantelung. Mit dem Podest muss allerdings noch genügend Platz bleiben, um unterhalb der Decke Installationen vornehmen zu können.

Der Transport des Speichers zum Aufstellort im Haus führt oft durch Gänge oder enge Türen. Mit 2-3 Personen lässt er sich dabei am besten tragen. Liegend an der einen Seite an den Standfüßen packen, auf der anderen Seite an einer Öse, am Fabrikschild oder am Entnahmestutzen. Muss er um Ecken hochkant transportiert werden, um jeden der drei Standfüße einen Gurt oder ein Seil schlingen, das mit einer Schlinge über der Schulter liegt, und zu dritt den Speicher gleichmäßig anheben. Mit emaillierten Speichern muss man behutsam umgehen, da sonst die Emaille abplatzen kann.

Befindet sich im Speicher eine Opferanode, darauf achten, dass diese ausgetauscht werden kann. Sie steckt entweder seitlich oder oben im Speicher und ist etwa 60 cm lang. Die volle Länge muss aber nicht unbedingt berücksichtigt werden, da es zum Austausch Kettengliedanoden gibt, die man auch um Ecken herum einführen kann.

Kalt- und Warmwasserleitung anschließen
Kalt- und Warmwasser nach Zeichnung anschließen. Achten Sie darauf, dass zwischen Sicherheitsventil und Speicher keine Absperrung vorhanden ist.

Das Ventil muss für einen Abblasedruck ausgelegt sein, der dem zulässigen Betriebsüberdruck des Speichers entspricht. Bei höherem Wasserleitungsdruck hinter dem Wasserzähler Druckminderer einbauen.

Wenn der Speicher aufgeheizt wird, tropft Wasser aus dem Sicherheitsventil. Dieses Wasser über einen Syphontrichter auffangen und ableiten. Das Tröpfeln kann vermieden werden, wenn ein Trinkwasserausdehnungsgefäß montiert wird.

Zur Begrenzung der Warmwasser-Zapftemperatur Warmwassermischer einbauen – Fließrichtung beachten. Die gewünschte Zapftemperatur kann direkt am Drehknopf des Mischers eingestellt werden.

Warmwasser-Zirkulationsleitung installieren
Wenn eine Warmwasser-Zirkulationsleitung eingebaut werden soll, empfehlen wir das in der Zeichnung dargestellte Schema. Hierdurch wird nicht nur die Temperaturschichtung im Speicher erhalten, sondern auch der Wärmeverlust in der Zirkulationsleitung minimiert.

Achten Sie darauf, den Zirkulationsleitungsanschluss am Speicher mit einem Blindstopfen zu schließen.

Ein Thermostat reduziert die Laufzeit der Pumpe. Er misst die Warmwasser-Rücklauftemperatur und schaltet die Pumpe ab, sobald eine Temperatur von 30°C überschritten wird. Zusätzlich sollte eine Zeitschaltuhr dafür sorgen, dass die Zirkulationspumpe nur zu Zeiten betrieben wird, in denen Warmwasser gebraucht wird.

Der Solarregler SunGo XL verfügt über eine Schaltuhr und

einen Thermostat. Alternativ gibt es einzelne Anlege- oder Tauchthermostatschalter.

Die Zirkulationspumpe sollte nur einen minimalen Durchsatz haben bzw. entsprechend gedrosselt werden. Hier eignet sich unsere Zirkulationspumpe BW152 mit integriertem Absperrventil und Rückflussverhinderer. Sollte die vorgeschlagene Zirkulationsregelung mit Thermostat und Schaltuhr im Einzelfall nicht zu realisieren sein, Zirkulationsleitung an den am Speicher vorhandenen Anschluss legen.

Solar- und Heizkreis anschließen
Auf die Anschlüsse der fest eingebauten Wärmetauscher die CU-Rohre mit angelöteten Tüllen, Überwurfmutter und Flachdichtung schrauben. Anschließend Verbindung zum Solar- und Heizkreis herstellen.
Beim Solar-Wärmetauscher wird der Vorlauf oben angeschlossen, um eine Temperatur-Schichtung bei der Ladung zu unterstützen. Beim Nachheiz-Wärmetauscher wird der Vorlauf unten angeschlossen, um eine gleichmäßige Temperaturverteilung im oberen Speicherbereich zu erreichen.
Rohre vom Anschluss möglichst zunächst nach unten führen, um Wärmeverluste durch Konvektion zu vermeiden. Am tiefsten Punkt der Anschlussleitungen einen Entleerungshahn installieren.

Eine weitere Möglichkeit, Wärmetauscher in einen Speicher einzubauen, bietet der Flansch. Dies ist eine große Öffnung im Speicher, durch die man den Speicher reinigen kann. In größere Flansche (mind. 180 mm) können auch Rippenrohrwärmetauscher eingebaut werden.
Der Bohrungsabstand für die Wärmetauscher ist genormt und beträgt 70 mm für 3/4"-Wärmetauscher und 100 mm für solche mit 1"-Anschluss. Dagegen ist der Deckeldurchmesser selber sowie die Größe und Anzahl der Flanschschrauben nicht genormt.
In der Regel wird er mit etwa 8 bis 12 Schrauben und einer Dichtscheibe oder einen Gummiring befestigt. Die Schrauben immer wechselseitig festziehen, also: Schrauben immer um ca. 180° versetzt reihum anziehen. Wenn die Dichtfläche sehr breit ist (mehr als 1 cm), nach einiger Zeit die Schrauben nachziehen.

Temperaturfühler befestigen
Temperaturfühler von Solar- und Nachheizreglung nach Vorgabe unter die Fühlerklemmleiste stecken und festschrauben.

4.4 Solaranlage in Betrieb nehmen

Die notwendigen Schritte zur Inbetriebnahme und bis zum ersten solaren Wärmegewinn führen wir im Folgenden auf. Zur Orientierung dient der Solarkreislauf mit den Bauteilen zum Füllen und Entleeren (Bild 4.33).

Solarkreis spülen
Die Spülung verläuft von der Solarkreisstation über den Kollektor in Richtung Speicher.
1. Zum Spülen der Solaranlage KFE-Hahn **1** öffnen und über Schlauch mit einem Wasserhahn verbinden.
2. KFE-Hahn **9** öffnen und Schlauch zum Abfluss legen.
3. Kugelhahn **7** an Solarkreisstation auf 45° stellen (Durchfluss auf, Schwerkraftbremse außer Funktion) und Absperrhähne unterhalb der Automatik-Entlüfter **5** und **6** öffnen.
4. Kugelhahn **11** an Solarkreisstation auf waagrecht stellen (Durchfluss geschlossen).
5. Jetzt Wasserhahn öffnen und Schmutzreste ausspülen.
6. Zum Ende hin Kugelhahn **11** an Solarkreisstation auf 45° stellen. So wird auch der Solarkreis von hier bis zum KFE-Hahn **9** gereinigt.
NUR BEI FROSTFREIER WITTERUNG SPÜLEN, SONST BESTEHT GEFAHR DES AUFFRIERENS!

Auf Dichtigkeit prüfen
KFE-Hahn **9** schließen und Druck bis max. 6 bar ansteigen lassen. Die Umwälzpumpe über Solarregler einschalten und Solarkreis (einschl. Wärmetauscher) entlüften. Jetzt Rohre und Verbindungen durch Sichtkontrolle auf Dichtigkeit prüfen.

Solarkreis entleeren
Wasserhahn zudrehen, Schlauch abnehmen und ebenfalls zum Abfluss legen.
Die KFE-Hähne **8** und **9** öffnen und Anlage entleeren. Messen Sie die Menge des ausfließenden Wassers, um nachher für die Füllung den Anteil Frostschutz DC 20 bestimmen zu können.
Das tatsächlich erforderliche Volumen liegt ggf. etwas höher, da etwas Wasser in der Anlage zurückbleiben kann. Bei senkrecht installierten EURO-Kollektoren bleiben nach dem Spülen etwa 1,3 l pro Kollektor zurück.

Wärmeträger mischen
Frostschutzkonzentrat entsprechend dem gewünschten Frostschutz nach Herstellerangaben mit Wasser mischen. Wir empfehlen 40 % Frostschutzanteil (vgl. hierzu Kap. 2.3.4). Nach dem Befüllen Wärmeträger mit dem Frostschutzprüfer messen.

Solarkreis füllen
Zum Füllen der Anlage mit dem Wärmeträger ist eine Pumpe erforderlich z.B. eine Bohrmaschinenpumpe (Bild 4.31) oder eine spezielle Befüllpumpe (Bild 4.32).

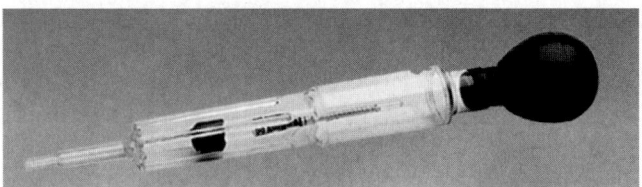

Bild 4.30 Frostschutzprüfer

Die Bohrmaschinenpumpe sollte einen Druck von 2-3 bar erzeugen können. Ihre Antriebswelle wird im Bohrfutter befestigt. Achten Sie darauf, dass sie nur kurz trockenläuft!
1. Zunächst KFE-Hähne **8** und **9** schließen.
2. Anschließend die Kugelhähne **7** und **11** auf 45° stellen (Durchfluss auf und Schwerkraftbremse außer Funktion).
3. Solarflüssigkeit über KFE-Hahn **1** einströmen lassen.
4. Umwälzpumpe durch kurzes Aufdrehen der großen Messingschraube an der Stirnseite entlüften.
5. Anlagenfülldruck = statische Wassersäule bis Kollektoroberkante (10 mWS = 1 bar) + 0,5 bar
Wenn der erforderliche Druck erreicht ist, Umwälzpumpe anschalten, um Luftblasen zu den Entlüftern zu befördern.
6. Wenn die Entlüftung schwierig ist, Umwälzpumpe in 10 Minuten-Abständen öfter ein- und ausschalten. Neuralgische Stellen für Luftblasenbildung sind in Bild 4.33 mit Kreisen gekennzeichnet.
7. Jetzt Kugelhähne **7** und **11** senkrecht stellen (Durchfluss auf und Schwerkraftbremse in Funktion).
8. Abschließend Solarflüssigkeit mit einem Frostschutzprüfer (Bild 4.30) kontrollieren. Hierzu drücken Sie den Gummibalg zusammen, halten das Plastikröhrchen in die Flüssigkeit, Gummibalg entspannen und so viel aufsaugen, dass die Skala frei schwimmt. Die Skala zeigt Ihnen die Temperatur an, bis zu der die Flüssigkeit geschützt ist. Zu prüfende Flüssigkeit muss ca. 20° C haben, sonst stimmt die Gefrierpunkt-Angabe nicht!
9. Nach einigen Tagen auch Absperrhähne **5** und **6** unter den Entlüftern zudrehen. Der Manometer der Solarkreisstation **3** sollte jetzt einen Fülldruck anzeigen, der ca. 0,3 bar über der statischen Wassersäule liegt.
Mit dem Anschalten der Pumpe stellt sich der Betriebsdruck ein, der ca. 0,2-0,3 bar über dem Fülldruck liegt.

Füllen, Spülen, Entlüften in einem Arbeitsgang
Mit der speziellen Befüllpumpe KS und einem Schmutzfilter wird der Solarkreis mit der Wärmeträgerflüssigkeit gefüllt und anschließend gespült. Schmutzreste werden durch den Filter im Entleerungsschlauch beseitigt.
Die hohe Förderleistung der Pumpe ermöglicht eine Schnellentlüftung der Anlage innerhalb weniger Minuten. Die Bildung von Luftsäcken wird zuverlässig verhindert.

Umwälzpumpe einstellen
Bei Einsatz der Solarregler SunGo X und XL, die drehzahlgeregelt sind, die Pumpe auf höchste Leistungsstufe stellen.

Regler kontrollieren
Bitte beachten Sie Bedienungsanleitung des Reglers.

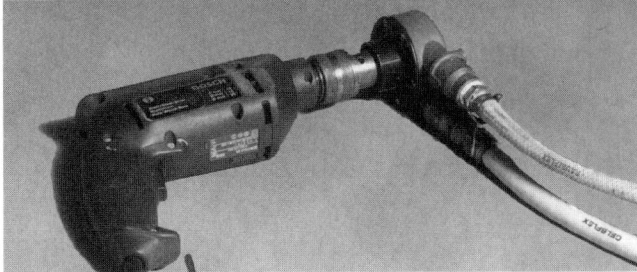

Bild 4.31 Bohrmaschinenpumpe

Bild 4.32 Befüllpumpe KS mit Entleerungs- und Druckschlauch sowie eingebautem Filter

Solarspeicher füllen

Zunächst KFE-Hahn **15** schließen. Öffnen Sie dann einen Warmwasserhahn im Haus und drehen Sie den Absperrhahn **12** auf. Wenn Wasser ohne Luft ausströmt, Warmwasserhahn wieder schließen. Sicherheitsventil kurz öffnen bis Wasser fließt. Abschließend Speicher und Anschlussleitungen auf Dichtigkeit prüfen.

Brauchwassermischer einstellen

Das heiße Wasser aus dem Speicher wird durch Mischen mit kaltem auf eine gewünschte Maximaltemperatur zwischen 38° C und 65° C eingestellt. Regulieren Sie den Brauchwassermischer **16** über den Stellknopf so, dass die von Ihnen gewünschte Temperatur (z.B. 45° C) an den Warmwasserhähnen eingehalten wird.

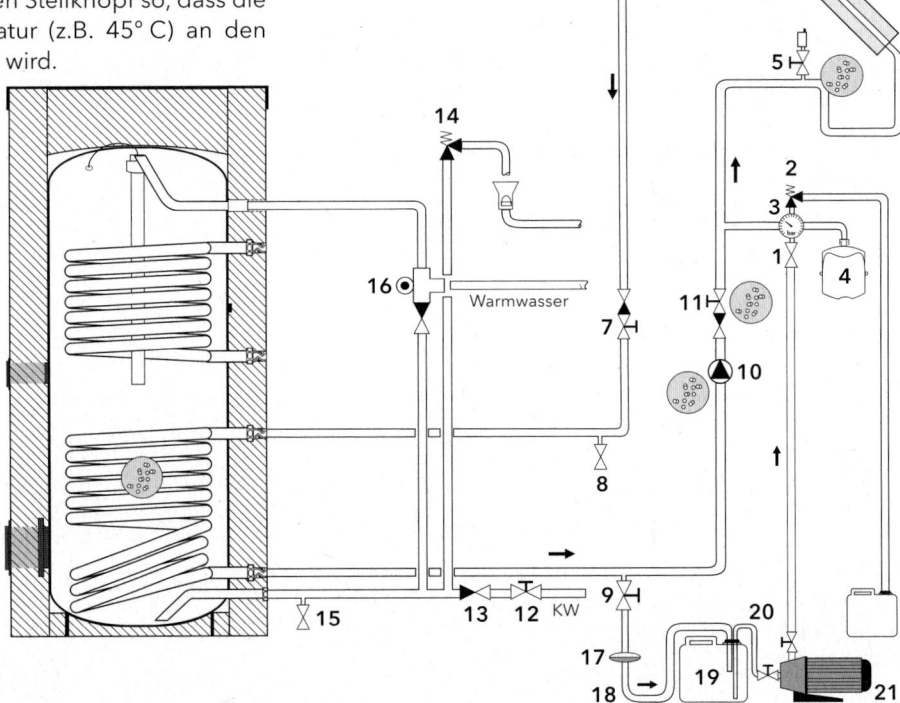

Bild 4.33 Solarkreis und Speicher mit Bauteilen zum Füllen und Entleeren
1 KFE (**K**altwasser-**F**üll-**E**ntleer)-Hahn, 2 Sicherheitsventil mit Abblaseleitung + Auffangbehälter, 3 Manometer, 4 Ausdehnungsgefäß mit Schnellkupplung, 5+6 Automatikentlüfter mit Absperrhahn, 7 Kugelhahn mit Schwerkraftbremse, 8 KFE-Hahn, 9 KFE-Hahn, 10 Umwälzpumpe, 11 Kugelhahn mit Schwerkraftbremse, 12 Absperrhahn, 13 Rückschlagventil, 14 Sicherheitsventil, 15 KFE-Hahn, 16 Brauchwassermischer, 17 Filter, 18 Entleerungsschlauch, 19 Mischbehälter, 20 Saugschlauch, 21 Befüllpumpe

4.5 Störung, Ursache, Behebung

Zur schnellen Behebung von evtl. Störungen sind hier die häufigsten Ursachen aufgelistet. Die Beschreibung zum Regler bezieht sich auf unsere aktuelle Baureihe „SunGo".

Pumpe läuft nicht, obwohl Kollektor wärmer als Speicher ist.
(weder Motorgeräusch zu hören noch Vibration zu fühlen)
1. URSACHE
Keine Leuchte am Regler an: Kein Strom vorhanden.
MASSNAHME
Leitungen und Sicherungen überprüfen.
2. URSACHE
Rotes Blinklicht beim SunGo X/XL (Anlagenfehler): Temperaturdifferenz zu groß eingestellt oder Regler schaltet nicht.
MASSNAHME
Regler überprüfen: Schaltet die Pumpe nicht ein, da Kollektor kälter als Speicher: Pumpe von Hand in Betrieb nehmen (Pumpenschalter am Regler/Handschalter). Temperaturdifferenz verkleinern. Regler zur Reparatur einsenden.
3. URSACHE
Grünes Blinklicht beim SunGo X/XL für Pumpe an:
Pumpe bekommt keinen Strom.
MASSNAHME
Anschlüsse an beiden Enden des Kabels vom Regler zur Pumpe prüfen.
4. URSACHE
Grünes Blinklicht beim SunGo X/XL für Pumpe an:
Pumpenwelle durch Ablagerungen in den Lagern blockiert.
MASSNAHME
Pumpe mit Handschalter für kurze Zeit auf höchste Pumpestufe betreiben oder Schlitzschraube entfernen, Schraubendreher in Einkerbung der Motorwelle stecken und durch Drehen lockern.
5. URSACHE
Pumpe verschmutzt.
MASSNAHME
Pumpe demontieren und reinigen.
6. URSACHE
Speicher hat eingestellte Maximaltemperatur erreicht.
MASSNAHME
Speichertemperatur und Einstellwerte überprüfen.

Pumpe läuft, aber es kommt kein warmes Wasser (mehr) vom Kollektor.
URSACHE
Vor- und Rücklauftemperatur sind gleich oder die Speichertemperatur steigt gar nicht oder nur langsam an, Pumpe wird heiß.
MASSNAHMEN
Im Leitungssystem befindet sich Luft. Anlagendruck kontrollieren. Pumpe mit maximaler Leistung stoßweise betreiben. Entlüfter am Kollektor, an der Pumpe und am Solarspeicher öffnen und entlüften. Rückflussverhinderer entlüften. Falls keine Besserung: Leitungsführung überprüfen, ob irgendwo eine „Berg- und Talbahn" ist (z.B. an Balkenvorsprüngen oder bei der Umgehung von Wasserleitungen). Leitungsführung ändern oder zusätzlichen Entlüfter setzen. War die Anlage bereits in Betrieb und wird erneut befüllt, kontrollieren Sie die automatischen Entlüfter. Durch Übertemperaturen kann der Plastikschwimmer sich verformen. Schrauben Sie die Schutzkappe ab und überprüfen

Sie den Schwimmer mit einer stumpfen Nadel auf Gängigkeit. Klemmt der Schwimmer, Entlüfter austauschen. Wichtig! Nach Inbetriebnahme unterhalb sitzenden Kugelhahn wieder schließen.

Nachts kühlt der Speicher aus.
Nach Abschalten der Pumpe haben Vor- und Rücklauf unterschiedliche Temperaturen, Kollektortemperatur ist nachts höher als Lufttemperatur.
1. URSACHE
Schwerkraftbremse ist außer Funktion – Kugelhahn befindet sich in 45°-Stellung.
MASSNAHME
Schwerkraftbremse in Funktion setzen, indem Sie den Kugelhahn senkrecht stellen.
2. URSACHE
Schwerkraftbremse ist in Funktion gesetzt, aber arbeitet nicht zufrieden stellend.
MASSNAHME
Schwerkraftbremse auf Dichtigkeit prüfen (verklemmter Span, Schmutzpartikel in der Dichtfläche).

Übermäßige Abkühlung des Speichers trotz funktionierender Schwerkraftbremsen im Solarkreis.
1. URSACHE
Schwerkraftzirkulation in vorhandener Warmwasserzirkulationsleitung
MASSNAHME
Einbau eines Rückflussverhinderers in die Zirkulationsleitung.
2. URSACHE
Fühler zu tief am Speicher positioniert.
MASSNAHME
Fühler etwa Mitte des Solarkreiswärmetauschers in die Speicherklemmleiste setzen.

Pumpe springt spät an und hört früh auf zu laufen.
URSACHE
Temperaturdifferenz zwischen Kollektor und Speicher zu groß eingestellt.
MASSNAHME
Temperaturdifferenz verkleinern.

Pumpe läuft an und schaltet sich nach kurzer Zeit wieder aus.
URSACHE
Vor- und Rücklauf wurden vertauscht.
MASSNAHME
Vor- und Rücklauf richtig anschließen.

Pumpe läuft an und schaltet sich kurz danach wieder aus. Dies wiederholt sich einige Male bis die Anlage durchläuft. Abends ist das Gleiche zu beobachten.
1. URSACHE
Die Temperaturdifferenz des Reglers ist zu klein oder die Schaltstufe der Pumpe ist zu hoch eingestellt.
Die Sonneneinstrahlung reicht noch nicht aus, um das gesamte Rohrnetz zu erwärmen.
MASSNAHME
Kontrollieren Sie, ob das Rohrnetz vollständig isoliert ist. Vergrößern Sie die Temperaturdifferenz des Reglers.
2. URSACHE
Vor-/Rücklaufleitung vertauscht.

Pumpe schaltet nicht mehr ab.
URSACHE
Fühler defekt.
MASSNAHME
Prüfen Sie den Kabelanschluss.

Messen Sie die Widerstandswerte des nicht angeschlossenen Fühlers bei bekannten Temperaturen und vergleichen Sie diese mit den Herstellerangaben. Wenn kein Messgerät zur Hand: Vertauschen Sie die Fühler an den Anschlussklemmen des Reglers. Wenn die Temperaturangabe für den Fühler auch auf anderem Anschluss falsch ist, Fühler austauschen.

Manometer zeigt Druckabfall.
URSACHE
In der ersten Zeit nach dem Befüllen der Anlage ist Druckverlust normal, da noch Luft aus der Anlage entweicht. Tritt später nochmals Druckabfall auf, kann dies durch eine Luftblase verursacht sein, die sich erst später gelöst hat. Außerdem schwankt der Druck im Normalbetrieb je nach Anlagentemperatur um 0,2 bis 0,3 bar. Geht der Druck kontinuierlich zurück, ist eine undichte Stelle im Solarkreis.
MASSNAHME
Zuerst alle Verschraubungen, Stopfbuchsen an Absperrschiebern und Gewindeanschlüsse überprüfen, danach die Lötstellen.

Pumpe macht Geräusche.
1. URSACHE
Luft in der Pumpe.
MASSNAHME
Entlüftungsschraube kurzzeitig öffnen.
2. URSACHE
Unzureichender Anlagendruck.
MASSNAHME
Anlagendruck erhöhen.
3. URSACHE
Zu hohe Pumpenstufe

Anlage macht Geräusche.
In den ersten Tagen nach Befüllen der Anlage normal. Bei späterem Auftreten zwei mögliche Ursachen:
1. URSACHE
Anlagendruck ist zu gering. Die Pumpe zieht Luft über den Entlüfter an.
MASSNAHME
Anlagendruck erhöhen.
2. URSACHE
Pumpenleistung zu hoch eingestellt.
MASSNAHME
Auf eine niedrigere Drehzahl schalten.

Temperaturanzeige „spinnt".
1. URSACHE
Viele Regler zeigen bei einem Defekt der Fühler eine Extremtemperatur von 180-200° C an.
1. MASSNAHME
Prüfen Sie den Kabelanschluss.
2. MASSNAHME
Messen Sie die Widerstandswerte des abgeklemmten Fühlers bei bekannten Temperaturen und vergleichen Sie diese mit den Herstellerangaben. Wenn kein Messgerät zur Hand: Vertauschen Sie die Fühler an den Anschlussklemmen des Reglers. Wenn die Temperaturangabe für den Fühler auch auf anderem Anschluss falsch ist, Fühler austauschen.
2. URSACHE
Störungen durch elektromagnetische Felder (Handies)
MASSNAHME
Für die Verlängerung des Fühlerkabels gedrilltes Kabel (twin pair) verwenden.

Grünes Blinklicht signalisiert:
Pumpe wird vom Regler angesteuert, läuft aber nicht.
MASSNAHME
Überprüfen Sie die Sicherung des Reglers. Bei programmierbaren Reglern überprüfen Sie alle eingegebenen Werte. Keine Veränderung: Regler überprüfen lassen.

Nachheizung funktioniert nicht.
Der Kessel läuft kurze Zeit, geht aus und springt wieder an. Dies wiederholt sich so oft, bis der Speicher seine Solltemperatur erreicht hat.
1. URSACHE
Luft im Nachheizwärmetauscher.
MASSNAHME
Nachheizwärmetauscher entlüften.
2. URSACHE
Wärmetauscherfläche zu klein.
MASSNAHME
Angaben des Kesselherstellers und des Speicherherstellers vergleichen. Eventuell lässt sich das Problem durch

eine höhere Einstellung der Vorlauftemperatur am Kessel lösen.

Nach längerer Betriebszeit steigt die Temperaturdifferenz im Solarkreis auf mehr als 18° C an.
URSACHE
Verschmutzung oder Verkalkung des Wärmetauschers
MASSNAHME
Wärmetauscher entkalken; tritt Verkalkung sehr kurzfristig auf, empfehlen wir die Installation einer Enthärtungsanlage.

Es kommt nur kaltes oder lauwarmes Wasser.
URSACHE
Kalt- und Warmwasseranschluss am Speicher wurden vertauscht.
MASSNAHME
Wasser über den Warmwasseranschluss ablassen. Wenn der Anschluss richtig belegt ist, strömen nur einige Liter Wasser aus. Danach liegt der Einlauf des Warmwasser-Entnahmerohres im Luftraum, keine weitere Entleerung möglich. Läuft über den Warmwasseranschluss der ganze Speicher leer, sind Anschlüsse falsch belegt. (Kontrolle: Am Kaltwassereinlauf ist eine Prallplatte angebracht, die sich mit einem Schraubenzieher im entleerten Speicher ertasten lässt). Anschlüsse tauschen!

4.6 Solaranlage warten

Auch wenn eine Solaranlage automatisch arbeitet, sollte sie im Interesse einer langen Lebensdauer von Zeit zu Zeit überprüft werden (Bild 4.34). Am besten hängen Sie sich die Bedienungsanleitung des Herstellers neben den Solarspeicher und führen Buch. Auf folgende Dinge sollten Sie dabei achten:

Frostschutz
Nach dem Befüllen der Anlage und dann im Abstand von 2 Jahren sollte die Frostschutzwirkung gemessen werden. Gleiches gilt, falls später reines Wasser nachgefüllt wurde. Die Frostschutzwirkung, d.h. die Konzentration des Frostschutzmittels, wird mit dem Frostschutzprüfer (Aerometer) kontrolliert. Die Skala zeigt die Temperatur an, bis zu der die Flüssigkeit frostgeschützt ist. Achten Sie bitte darauf, dass die zu prüfende Flüssigkeit 20° C hat, sonst stimmt die Gefrierpunkt-Angabe nicht.
Auto-Frostschutzprüfer sind ungeeignet, da der hier verwendete Frostschutz ein anderes spezifisches Gewicht aufweist.

Korrosionsschutz
Die Schutzwirkung der Solarflüssigkeit gegen Korrosion lässt im Laufe der Zeit nach. In der Regel ist für 8-10 Jahre ein ausreichender Schutz gewährleistet. pH-Wert alle zwei Jahre mit pH-Papier prüfen. Wenn der pH-Wert unter 6,6 abfällt, sollte die Frostschutzmischung gewechselt werden.
Ist die Anlage einmal gefüllt, sollte sie nicht mehr für längere Zeit entleert werden, da Frostschutzmittelreste in Verbindunge mit der Luft Korrosion auslösen können.

Druck im Solarkreis
In regelmäßigen Abständen sollte der Betriebsdruck der Anlage am Manometer kontrolliert werden. Frisch gefüllte Systeme verlieren etwas an Druck. Später darf ein Druckverlust nicht mehr auftreten. Im Normalbetrieb schwankt der Druck je nach Temperatur um max. 0,3 bar.

Schutzanode im Speicher
Die Schutzanode bildet einen wichtigen Korrosionsschutz. Es werden Magnesium- oder Fremdstromanoden eingesetzt.
Die Magnesiumanoden sollten alle zwei Jahre überprüft werden. Hierzu Isolierhaube des Speichers abnehmen, das Kabel von der Anode abschrauben und mit einem Amperemeter Stromfluss messen. Über 0,3 mA ist ein Austausch nicht erforderlich.
Die Fremdstromanode ist wartungsfrei. Solange das Lämpchen grün leuchtet, ist der Korrosionsschutz gewährleistet.

Wartung einer Solaranlage *

Frostschutz

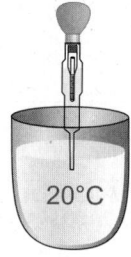

Frostschutzprüfer
Frostschutz bis -19°C,
Empfohlener Wert = 1036 g/m³

Korrosionsschutz für Solarflüssigkeit

Lackmuspapier
(bläuliche Färbung)

Korrosionsschutz für Speicher

Amperemeter
(Schutzstrom der Magnesium-Anode
mind. 0,3 mA)

Anlagendruck

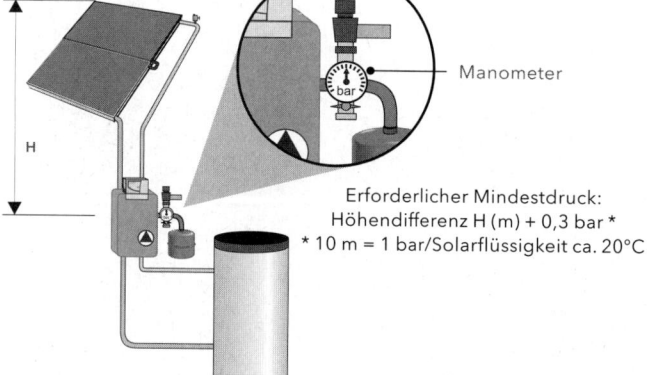

Manometer

Erforderlicher Mindestdruck:
Höhendifferenz H (m) + 0,3 bar *
* 10 m = 1 bar/Solarflüssigkeit ca. 20°C

Funktion der Umwälzpumpe

Durchflussmessung bei voller
Sonneneinstrahlung

Erforderlicher Durchfluss:
Kollektorfläche (m²) x 0,5-0,8 l/m²min

* Arbeiten im Intervall von 2 Jahren

Bild 4.34 *Wartungsarbeiten an Solaranlagen im empfohlenen Intervall von 2 Jahren*

Prüfsteine für Verbraucher

Wenn Sie auf der Suche nach der richtigen Solaranlage sind, spielen Merkmale wie Leistung, Qualität, Zuverlässigkeit, Lebensdauer, Umweltverträglichkeit und Preis-Leistungsverhältnis eine Rolle.
Wir stellen Ihnen hier Prüfsteine vor, die Ihnen sicherlich die Entscheidung beim Kauf erleichtern werden.

DIN & Co

In den letzten Jahren sind die nationalen Normen und Richtlinien für Solaranlagen auf EU-Ebene harmonisiert worden. Höhere Anforderungen an die Zuverlässigkeit von Sonnenkollektoren sind die Folge.

Seit Oktober 2000 gilt nun europaweit die Normenreihe DIN EN 12975 bis 12977. Sie regelt, wie die Leistungsfähigkeit von Sonnenkollektoren und Solaranlagen gemessen und die Zuverlässigkeit geprüft wird. Zur Prüfung der Gebrauchstauglichkeit werden u.a. Hitzetests mit Temperaturschock sowie Schneebelastungs-, Regen- und Hageltests durchgeführt.

Die erfolgreiche Kollektorprüfung kann in Deutschland mit dem DIN-geprüft-Zeichen bescheinigt werden. Auf EU-Ebene gibt es künftig das Keymark-Zeichen, das dann gemeinsam mit dem DIN-geprüft-Zeichen vergeben wird. Mit diesen beiden Zertifikaten wird dem Verbraucher bescheinigt, daß der Kollektor von neutraler Stelle nach EN-Norm ausführlich geprüft wurde und eine gleichbleibend hohe Qualität und Gebrauchstauglichkeit / Zuverlässigkeit gewährleistet ist.

Künftig werden Kollektoren auch das CE-Kennzeichen tragen, wenn der Hersteller bereit ist, sich einem zusätzlichen Check durch den TÜV zu unterziehen. Ähnlich wie schon bei Spielzeugen, Medizinprodukten, sicherheitstechnischer Ausrüstung oder z.B. Gasgeräten bescheinigt das CE-Kennzeichen, dass besondere Anforderungen an die Sicherheit gewährleistet sind.
Eine Prüfnummer neben dem CE-Kennzeichen bedeutet, dass sich der Hersteller freiwillig einer mindestens jährlichen TÜV-Überwachung unterzieht.

Bild 4.35 Das DIN-geprüft-Zeichen für einen Sonnenkollektor aus Deutschland am Beispiel des EURO-Kollektors

QSU – das integrierte Qualitäts-, Sicherheits- und Umwelt-Management-System

Ein Unternehmen, das Produkte für eine nachhaltige Entwicklung anbietet, sollte auch selbst einen Beitrag zu einer nachhaltigen Wirtschaftsweise leisten. So kann es sich und seine Produkte glaubwürdig in der Öffentlichkeit darstellen.
Zertifizierte Managementsysteme für Qualität, Sicherheit und Umweltschutz gewährleisten, daß diese Anforderungen in der gesamten betrieblichen Praxis umgesetzt werden.
Ein integriertes QSU-Management, das alle drei Bereiche in einem rationellen und effektiven Instrument zusammenfasst, ist dafür die weitestgehende und konsequenteste Form der Unternehmensorganisation!

Das Qualitäts-Managementsystem - ISO 9001

Qualität, eine alte unternehmerische Tugend, tritt aus ihrem Schattendasein und wird zu einem wichtigen Marketinginstrument.
Die Norm ISO 9001 setzt hier die Eckpunkte für ein ganzheitliches Qualitätsmanagementsystem innerhalb eines Unternehmens. Die Regeln der ISO 9001 sollen dazu beitragen, das Vertrauen der Kunden in die Qualitätsfähigkeit eines Lieferanten zu gewinnen und zu festigen.

Das QM-System setzt sich aus drei Ebenen zusammen:
– Ebene 1: Das QM-Handbuch beinhaltet all das, was für das Erkennen der Ziele und das bewußte Handeln erforderlich ist.
– Ebene 2: Die QM-Verfahrensanweisungen
– Ebene 3: Die QM-Arbeitsanweisungen
Die Zertifizierung nach ISO 9001 ist das nach außen hin sichtbare Zeichen für die Einhaltung der Standards.

Das Sicherheits-Managementsystem - ASCA

Mit dem ASCA-Instrumentarium wird das zentrale Element der EG-Richtlinie und des Arbeitsschutzgesetzes, eine umfassende Arbeitsschutzorganisation auf allen Ebenen einzurichten, praktisch umgesetzt. Es wird das Ziel verfolgt:
– Gesundheitsfördernde Arbeitsbedingungen durch Verbesserung der Prävention am Arbeitsplatz herzustellen.
– Die Effizienz des Arbeitsschutzes in den Unternehmen zu erhöhen.
– Betriebliche Organisationsstrukturen für den Arbeitsschutz zu schaffen bzw. zu verbessern.
Der ASCA-Check prüft die Unternehmen in den Bereichen Arbeitsschutzorganisation, Anlagensicherheit und Gefahrstoffrecht auf Einhaltung der formulierten Ziele.
ASCA wurde vom Hessischen Ministerium für Frauen, Arbeit und Sozialordnung in enger Verbindung mit der Praxis entwickelt und wird bereits in mehr als 600 Betrieben eingesetzt.
Ein erfolgreicher ASCA-Check dokumentiert das Sicherheits-Engagement des Unternehmens nach außen.

Das Umweltmanagement-System - ISO 14001/1996

Die ISO 14001 ist der weltweit gültige Standard zur Einführung von Umweltmanagement-Systemen, das auf Organisationen jeglicher Art angewendet werden kann. Die Umweltpolitik eines Unternehmen muss sicherstellen, dass diese
– in Bezug auf Art, Umfang und Umweltauswirkungen ihrer Tätigkeiten, Produkte oder Dienstleistungen angemessen ist,
– eine Verpflichtung zur kontinuierlichen Verbesserung und Verhütung von Umweltbelastungen enthält,
– eine Verpflichtung zur Einhaltung der relevanten Umweltgesetze und -vorschriften und anderer Forderungen, denen sich die Organisation verpflichtet, enthält;
– den Rahmen für die Festlegung und Bewertung der umweltbezogenen Zielsetzungen und Einzelziele bildet,
– dokumentiert, implementiert und aufrechterhalten sowie allen Mitarbeitern bekannt gemacht wird,
– der Öffentlichkeit zugänglich ist.
Die jährliche (!) Zertifizierung nach ISO 14001/1996 verdeutlicht der Öffentlichkeit das Einhalten der Regeln.

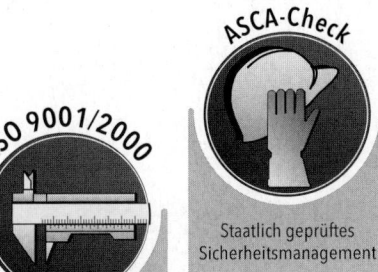

Bild 4.36 Die Zeichen für integriertes Qualitäts-, Sicherheits- und Umweltmanagement

Bild 4.37 Ein Bürogebäude als PassivSolarhaus mit nur 1/10 Heizwärmebedarf im Vergleich zum heutigen Baustandard ist das deutlichste Zeichen der Solarfirma Wagner & Co für ein integriertes Qualitäts-, Sicherheits- und Umwelt-Managementsystem (QSU).

Das Umweltzeichen „Blauer Engel"

In seiner nun zwanzigjährigen Geschichte konnte sich der „Blaue Engel" als glaubwürdiges und marktgerechtes Instrument der Umweltpolitik durchsetzen.

Das Umweltbundesamt erteilt Kollektoren das Umweltzeichen mit dem Vergabegrund „weil hoher Wirkungsgrad", wenn sie folgende Prüfkriterien erfüllen:
– Die verwendeten Kollektormaterialien sollen FCKW-frei hergestellt werden.
– Der Wärmeträger darf weder aus sicherheitstechnischen noch aus ökologischen Gründen als gefährlich eingestuft werden.
– Der Hersteller gewährt eine Rücknahmegarantie und sorgt für eine Wiederverwertung der Bauteile.
– Die Kollektoren müssen in Bezug auf Sicherheit und Haltbarkeit der Normenreihe DIN 4757 und den gesetzlichen Vorschriften genügen.
– Der Kollektorjahresertrag beträgt mindestens 525 kWh/m² bei einem solaren Deckungsanteil von SF = 40 %.

Die „Jury Umweltzeichen" – ein unabhängiges Gremium aus gesellschaftlich relevanten Gruppen – entscheidet über die Vergabe des Umweltzeichens. Alle 4 Jahre wird es überprüft.

Bild 4.38 Der „Blauer Engel" – seit über 20 Jahren ein verlässlicher Wegweiser für den umweltbewussten Einkauf.

Die Tests der Stiftung Warentest

Stiftung Warentest hat sich schon sehr früh um den technischen Fortschritt von Solaranlagen verdient gemacht. Der TÜV-Bayern stellte 1987 erstmals Solaranlagen im Auftrag der Stiftung Warentest auf den Prüfstand und bescheinigte den Systemanbietern einen guten technischen Standard. Schon damals fiel ein System wegen seines sehr günstigen Preis/Leistungsverhältnisses auf – das SB-Bausystem der Firma Wagner & Co.

Nach 1995 wurden 1998 zum dritten Mal Solaranlagen untersucht (Bild 4.41). Diesmal waren sowohl Systeme für Warmwasser (12 Anlagen) als auch Systeme für Warmwasser und Heizungsunterstützung (8 Anlagen) dabei. Energetische Beurteilung, Betriebsverhalten, Verarbeitung, Umwelteigenschaften und Handhabung waren die wesentlichen Prüfkriterien.
Fazit der Tester: „Solaranlagen zum Erwärmen von Brauchwasser haben ein hohes Leistungsniveau erreicht. Das zeigt das Testergebnis. Noch ein Plus: Die Preise sinken (test, 3/98, S. 88)."
Und zur solaren Heizungsunterstützung: „Trotz unterschiedlicher Konzepte entfiel auf alle ein erstaunlich hoher Heizanteil (test, 3/98. S. 82)."

In der neuesten Untersuchung 2002 kamen die Tester zu dem einhelligen Ergebnis: „Solaranlagen für Warmwasser sind technisch ausgereift und sicher im Betrieb." (Test, 4/2002, Seite 56). Dies spiegelt sich auch im relativ einheitlichen Testergebnis wider.

Neben der Solartechnik hat Stiftung Warentest auch die Medien zum Thema unter die Lupe genommen. Auch hier fielen zwei Publikationen wegen Verständlichkeit und hohem Informationsgehalt auf – ein Buch und ein Video aus dem Fachverlag der Firma Wagner & Co (Bild 4.39 + 4.40). Das Buch erscheint inzwischen in der völlig überarbeiteten 17. Auflage 11/2002 unter dem Titel „Solarwärme optimal nutzen."

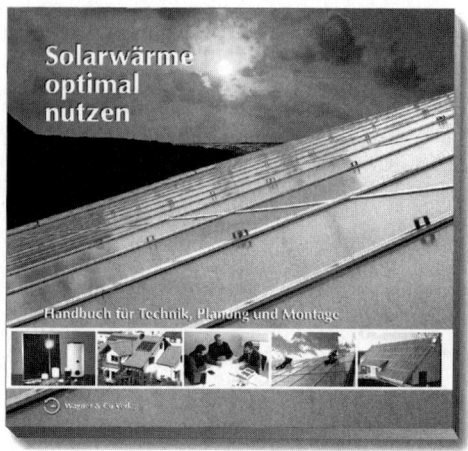

Bild 4.39 **Solarwärme optimal nutzen - das Buch im Test**
„Sehr empfehlenswert als verständlicher Ratgeber mit hohem, teils sehr hohem Informationsgehalt – sowohl für Selbstbauer als auch für Bauherren und Planer. Das Buch vermittelt nicht nur reichhaltiges Hintergrundwissen, sondern enthält vor allem auch detaillierte, praxisorientierte Bauanleitungen." (test spezial, 3/95, S. 84, 11. Auflage 1994)

Bild 4.40 **So baue ich eine Solaranlage - das Video im Test**
„Gelungenen Anschauungsunterricht für den Solaranlagen-Selbstbau erteilt dieses Video von Wagner & Co. Am Beispiel des Wagner Selbstbaukollektor führt es alle wichtigen Arbeitsschritte detailliert und verständlich vor Augen. Die praxisnahe Ergänzung zu den Büchern kostet 29,80 DM/plus Versand." (test spezial 3/95, S. 83)

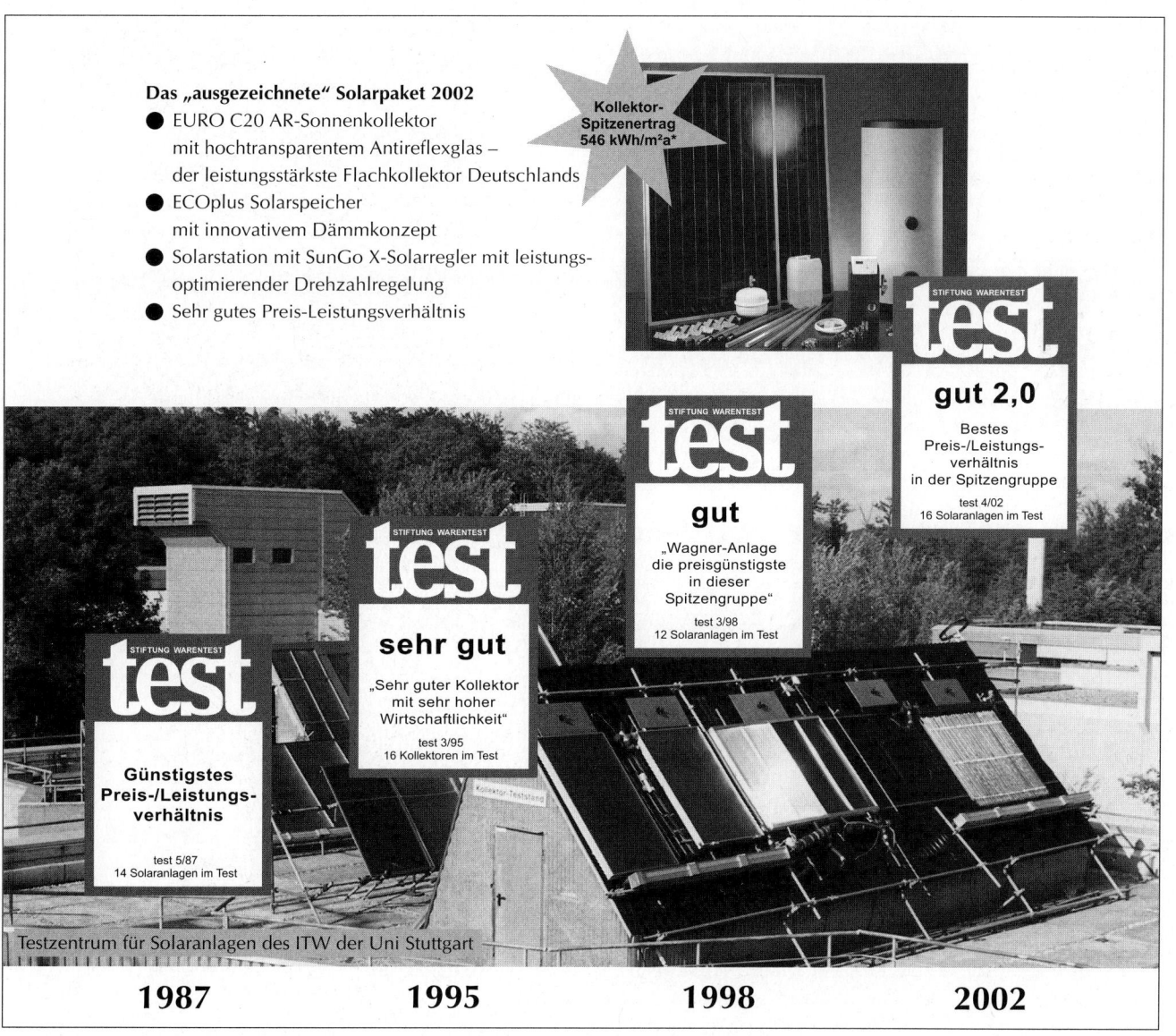

Bild 4.41 Solaranlagen im Urteil von Stiftung Warentest - am Beispiel von Wagner & Co Solartechnik. Im Hintergrund das Testdach des ITW (Institut für Thermodynamik) der Uni Stuttgart. Hier wurden 1995, 98 und 2002 im Auftrag von Stiftung Warentest Sonnenkollektoren untersucht.

Literaturverzeichnis

(1) Atlas über die Sonneneinstrahlung Europas; Band 1: Horizontale Flächen; Wolfgang Palz, Kommission der Europäischen Gemeinschaften (Hrsg.); Verlag TÜV Rheinland; 1984; Köln; 298 Seiten; DIN A4; ISBN 3-88585-193-8

(2) Dachdeckungsarbeiten; Wilke, Berger; VEB Verlag; Berlin

(3) Dächer; W. Meyer-Bohe; A. Koch Verlags GmbH; Stuttgart

(4) Die fachgerechte Kupferrohr-Installation; Herausgeber: Deutsches Kupferinstitut, Knesebeckstr. 96, Berlin; 1991; DIN A5; 130 Lernschritte, farbig, in 3 Kapiteln, durch Fotos und Zeichnungen anschaulich dargestellt, dazu Einführung mit Arbeitsanleitung, Tabellenteil, Lösungsheft; DM 15,80

(5) Energie; Fricke; Borst; Berlin; 1983

(6) Kathodischer Korrosionsschutz emaillierter Behälter; G. Franke; Norsk Hydro Magnesiumgesellschaft; Essen

(7) Kupferrohre in der Heizungstechnik; Deutsches Kupferinstitut (Hrsg.); Berlin; 1969

(8) Kupferrohrnetzberechnung; Deutsches Kupferinstitut (Hrsg.); Berlin; 1974

(10) Leistungsdaten thermischer Sonnenkollektoren; Technikum Rapperswil; Solarenergie Prüfungs- und Forschungsstelle; Bundesamt für Energiewirtschaft; 1991; Teil 1-4

(10) „Low Flow" – Möglichkeiten und Grenzen einer System-Entwicklung; in: 2. Nationales Symposium Thermische Solarenergie, Tagunsband; Staffelstein; 1992

(11) 24 Monate Vergleich zwischen LowFlow und Standard-Kollektoranlagen; Mack, Fünfgeld; 9. Internationales Sonnenforum; Stuttgart; 1994

(12) Projektbegleitendes Messprogramm zum Zukunftsinvestitionsprogramm; 3. Bericht, Teil 2: Überlegungen zur Dimensionierung der Komponenten von Sonnenkollektoranlagen; Jülich; 1985

(13) Rationelle Energieverwendung in kommunalen Freibädern; N. Fisch, R. Kübler; Landesgewerbeamt Baden-Württemberg (Hrsg.); Stuttgart

(14) Schichtungsverhalten und Wärmeverluste von Warmwasserspeichern; in: Planungsgrundlagen für Warmwassererwärmer; Zürich; 1984

(15) Solaranlagen; Planung, Bau & Selbstbau von Solarsystemen zur Warmwasserbereitung und Raumheizung; Heinz Ladener; Ökobuch Verlags GmbH, Postfach 1126, Staufen; 1993; 21x21 cm; 224 Seiten; 44 DM; ISBN 3-922964-54-0

(17) Solaranlagen zur Warmwasserbereitung und Raumheizung; Stiftung Warentest; Berlin; test-Heft 3; 97; Seite 82

(18) Solarkollektoren in Europa; European Solar Industry Federation (Esif); Dezember 1997

(19) Solare Niedertemperaturwärme; in: Sonnenenergie & Wärmepumpe; 6,1992

(20) Solare Netze; Henrik Paulitz; Institut für Regional-Ökonomie (Hg.); Verlag die Werkstatt; Göttingen; 1997

(21) Solare Warmwassererwärmungsanlagen; Herausgeber: Bundesamt für Konjunkturfragen, CH-3003 Bern; 1988; Redaktion: Claude-Alain Roulet, EPFL-GRES, 1015 Lausanne; DIN A4; 180 Seiten; die Publikation kann gegen Verrechnung der Druckkkosten bezogen werden bei der Eidgenössischen Drucksachen- und Materialzentrale, CH-3000 Bern, Best.Nr. 724.622d

(22) Sonnenenergie zur Warmwasserbereitung; TÜV-Test 1986; BINE-Informationspaket

(23) Sonnenenergie zur Warmwasserbereitung und Raumheizung; Informationspaket; Fachinformationszentrum Energie, Physik; Karlsruhe; 1982

(24) Stromsparen beim Waschen; Siegfried Scheer; Ökobuch Verlags GmbH; 1983; DIN A5; 68 Seiten; 14,80 DM; ISBN 3-922964-13-3

(25) Transparent Insulation; Special Issue; in: Solar Energy; 5,1992

(26) Wärmeverluste von 6 Wassererwärmern unterschiedlicher Form und Größe; Hedingen; 1984

(26) Warmwasserspeicher, Wärmezufuhr und Gütekriterien; R. Kübler; Stuttgart 1988

Stichwortverzeichnis

A

Abblaseleitung 42, 228
Absorber 26, 123, 176
   Bauweisen 26
   Streifen 195
   Materialien . . . . 26 f
   Beschichtung . . . . 29 f
   Löten . . . . 195, 197 ff
   Anordnung . . . . 89, 201 ff
Absorption 37
Absorptionsgrad 29
Absperrventil 42, 235
Anlagenaufbau 22
Anlagenauslegung . . . . 104 ff
Anlagenfülldruck 132, 235
Antireflex-Glas . . . . 31 f
Anwendungsbereiche . . . . 17 ff
Aperturfläche . . . . 37 ff
Arbeitssicherheit 190ff, 244f
Aufdachmontage 92, 94, 97, 213ff
Aufdampfen 30
Auffangbehälter 41, 228
Automatikentlüfter 55
Ausdehnungsgefäß . . . . . 41, 45, 46, 131 ff, 228
Ausdehnungsgefäßkoeffizient 132
Auslegung
   Raumheizung . . . . 142 ff
   Schwimmbad 181-188
   Warmwasserbereitung . . . . 104 ff

Ausrichtung 107, 109, 151, 180
Azimut 116

B

Befüllpumpe 235
Bereitschaftsteil 82, 84, 120
Bereitschaftstemperatur 81, 83, 87
Beschattungswinkel . . . . 111 f
Betriebsdruck 46
Betriebsstundenzähler 49
Bohrmaschinenpumpe 235
Brauchwassermischer 75, 238
Bypass-Regelung . . . . 134 f

C

Computer-Berechnung . . . . 152 ff
Chloridgehalt 63, 68

D

Dach 193
   Deckung 194
   Fanggerüst 192
   Konstruktion . . . . 193 f
   Schutzwand 192f
   Stuhl 193
   Ziegel 194

Dämmung . . . . 194 f
Dachheizzentrale 24
Dämmmaterial 51f, 55, 224f
Dampfbildung . . . . 45 f
Dehnungsbogen 221
Diffuse Sonnenstrahlung 16, 110
Dimensionierung siehe Auslegung
DIN EN 12975 - 12977 243
Direkte Sonnenstrahlung. 16, 110
Doppelabdeckung . . . . 30 f
Doppelmantelwärmetauscher. 67
Doppelstegplatte 33
Dreiwegeventil
    Elektromotorisch. 57
    Thermostatisch 57
Drehzahlregelung 48, 120, 122, 129
Druckminderventil. 73
Druckverlust 118ff, 182f
Durchflussmesser 42f
Durchlauferhitzer 79
Durchlaufwärmetauscher 72, 81ff

E

Edelstahlwellschlauch 51, 223f
Ein-Speicher-Anlage 22
Einfachabdeckung 30ff
Einstrahlungsstärke 16
Einstrahlungs-Schwellwert-Steuerung 178
Elektrische Speichernachheizung 65, 68, 80
Elektroinstallation. 225
Emission 29, 37
Emissionsgrad . . . . 29 f
Enddruck. 132
Energiebedarf 142f, 157, 176

Energieeinsparverordnung 160ff
Energieertrag 180, 182
Energieverluste. 25f
Energieumwandlung. 26
ENEV. 160ff
Entlüfter 55f, 179, 235
Erdung 227
EURO-Kollektor . . . . 96ff, 212ff (Montage)

F

Fassadenkollektor 167f
Fehlerdiagnose 48
Feststoffkessel 80
Flachkollektor 30, 34f, 37, 38, 40
Flüssigkeitsvorlage 132
Flussmittel 222
Freiaufstellung 36, 92, 94, 97, 111, 218
Freibad 177ff
Fremdstrom-Anode 64f, 241f
Frostschutz 58f, 65, 234, 241f
Fülldruck. 132

G

Galvanische Beschichtung 29
Gegenstrom-Wärmetauscher 67, 117
Gewächshausglas 31
Glattrohr-Wärmetauscher 66, 117ff
Gleichstrompumpe 43, 138
Glasscheibe 31f, 33f, 89
Globalstrahlung 16, 86, 110f, 142
Großanlagen 71, 101f, 115, 164-175, 178, 180

H

Hagelschlag 33f
Hallenbad 184-187
Handentlüfter 55
Hartlöten 53, 223
Heat-Pipe-Kollektor 36
Heizungspufferspeicher 80ff
Heizungsunterstützung 142-163
Hochtemperatursektor 37
Hostaflonfolie 31
HighFlow 119ff
Hinterlüftung 194f

I

Inbetriebnahme 45, 234-236
Indachmontage 92, 94, 97, 217
ISO 9001 . . . . 244f
ISO 14001 . . . . 244f

J

Jahresprimärenergiebedarf 160

K

Kalk 68f
Kaltwasseranschluss 60f, 68, 73, 232
KFE-Hahn 57, 227
Kiesblech 34
Kollektor siehe Sonnenkollektor
    Fläche 104ff, 108ff, 116
    Rahmen 26, 34
    Wirkungsgrad 30, 37-40, 184f
    Kennlinie 25, 37-40, 178
Kombispeicher 81-85, 146-150

Konvektion 25, 26
Konvektionsbremse 61f
Korrosionsschutz 28, 62ff, 241f
Kunststoffabsorber 27f, 184
Kunststoffrohr 51, 180
Kupferrohr 51-54
    verbinden 221-223

L

Legionellen 69-73
Lötfittings 53f
LowFlow 26, 84, 119ff, 123
Lüftungsziegel 194
Luftabscheider 56
LB-Kollektor . . . . 92ff, 208ff (Montage)

M

Magnesium-Anode 64f, 71, 241f
MatchedFlow 119ff
Membranausdehnungsgefäß siehe Ausdehnungsgefäß
Mischinstallation 73

N

Nachheizung 70-80
Nahwärmesystem 164, 171
Naturumlauf siehe Schwerkraftanlage
Neigungswinkel 107, 111, 151, 180
Nullenergiehaus 158f

O

Optische Verluste 25, 37
Optischer Wirkungsgrad 37

Orientierung siehe Ausrichtung
Opferanode siehe Magnesiumanode

P

Parallelschaltung 122ff
Passivenergiehaus 158ff
Plattenwärmetauscher 67, 71, 83, 124, 186-188
Polycarbonat-Platten 31f
Potenzialausgleich 227
Pressfittings 53f
Propylenglykol 58f
Prüfsteine 243-247
Pufferspeicher 71f, 80f, 143ff
Pumpe siehe Umwälzpumpe

R

Reflektor
 konzentrierend 36-40
 diffus 36
Reflexion 25, 26, 37
Regler siehe Solarregler
Regelstation siehe Solarkreisstation
Reihenschaltung 122ff
Rippenrohrwärmetauscher 66, 117ff
Rohrbündelwärmetauscher 66, 186-188
Rohrdämmung 51f, 55, 224f
Rohrinstallation 219-221
Rohrregisterabsorber 26f
Rohrwendelwärmetauscher 66, 82
Rückflussverhinderer 43
Rücklauftemperaturanhebung 148, 171
Rückschlagklappe . . . . 43f, 130, 179 f
Rückschlagventil 74

S

Saisonspeicher 156, 1158, 160f
SB-Kollektor 90ff, 199-211
Schichtenlader 84f, 124f, 170
Schneelast . . . . 33 f
Schraubfittings 54
Schwarzchrombeschichtung 30
Schwarznickelbeschichtung 29
Schwerkraftanlage 23f, 26, 43, 55, 133f
Schwerkraftbremse 41, 43, 236f
Schwerkraftumtrieb 23f, 26, 66, 76
Schwimmbadabsorber 27f
Schwimmbaderwärmung 176-188
Selbstbaukollektor siehe SB-Kollektor
Selektive Beschichtung 29
Serpentinenabsorber 26f, 133
Sicherheitsarmaturen 44f
Sicherheitsventil 41, 45f, 74, 135ff
Solarenergiepreis . . . . 118 f, 171
Solarer Deckungsanteil . 106, 114 ff, 145, 153, 156f, 189
Solarkreis 41, 47, 109f, 221, 235
Solarkreisstation 41-45, 227-231f
Solarkonstante 16
Solarlack 29
Solarregler 48f
Solar-Roof FDK 101ff
Solarsicherheitsglas 31
Solarspeicher 60-65, 115ff, 232-235
Sonneneinstrahlung 14, 16, 37f, 104ff, 151
Sonnenstand 14f
Sonnenkollektor . . . 22f, 25-40, 89-102, 104, 190-218
Spezifische Systemkosten 164
Sputtering 30
Statischer Druck 45, 132, 237
Stiftung Warentest 248f
Stillstandstemperatur 46, 56, 132
Störung 239-242

T

Tank in Tank-Speicher … 81f
Temperaturdifferenz-Regelung … 48, 177
Temperaturfühler … 49ff
Temperaturschichtung … 60f, 81, 84
Thermosiphonanlage siehe Schwerkraftanlage
Thermoskannen-Vakuumkollektor … 36
Transmission … 30ff, 37
Transparente Abdeckung … 25, 30f, 37
Transparente Wärmedämmung … 31, 33
Treibhauseffekt … 25
Trinkwasserspeicher … 60-79
Turbulente Strömung … 119, 123
Twin Tube … 121

U

Überdruck … 46
Überhitzungsschutz … 45-48
Überspannungsschutz … 50
Umwälzpumpe … 42, 107, 118ff, 127ff, 179, 182
Umweltzeichen „Blauer Engel" … 247
Unfallverhütung … 190-193

V

Vakuumbeschichtung … 28
Vakuumröhrenkollektor … 32-37, 42, 47, 50 f, 91 f, 96, 141
Volumenstrom … 99, 109 f, 111 ff, 169
Vordruck … 132
Vorschaltgefäß … 46
Vorwärmanlage … 107, 151, 154

W

Wärmeausdehnung … 33, 130, 221
Wärmedämmung … 25, 35, 38, 47
Wärmeleitung … 25, 26, 31
Wärmemengenzähler … 49f
Wärmeschichtung … 60f, 62
Wärmespeicher siehe Solarspeicher
Wärmestrahlung … 25, 26, 29
Wärmetauscher … 62, 65ff, 117ff, 188
Wärmeträger … 25, 44ff, 58f, 65, 118, 124, 130, 234
Wärmetransport … 23, 25, 129
Wärmeübertragung … 37, 65, 117f
Wärmeverluste … 25, 37f, 61
Warmwasseranschluss … 60, 68, 73, 232
Warmwasserbedarf … 84, 104, 107, 108ff
Wartung … 241f
Waschmaschinenvorschaltgerät … 75
Weichlöten … 221ff
Weichlot … 221f
Windlast … 33f, 92
Wirkungsgradkennlinie
siehe Kollektorwirkungsgradkennlinie

Z

Zwei-Kollektorflächen-Reglung … 139
Zinkblechprofil … 92
Zirkulationsleitung … 76ff, 110, 232f
Zirkulationspumpe … 48, 76f, 88
Zwei-Speicher-Anlage … 136, 137, 145

Produktinformation

Wagner & Co – Solarspezialisten und ein starkes Team für die Umwelt!

Am Anfang stand die Idee, mit preiswerten Solaranlagen umweltbewußten Bürgern den Start ins Solarzeitalter zu erleichtern.

Nach über 25 Jahren sehr erfolgreicher Arbeit von inzwischen rund 250 MitarbeiterInnen, ist aus der Idee ein Name geworden, der für Erfahrung, Qualität und Innovation steht.

Als Unternehmen, das Produkte für eine zukunftsfähige Entwicklung anbietet, leisten wir selbst auch unseren Beitrag.
Wir wirtschaften im Rahmen eines integrierten Qualitäts-, Sicherheits- und Umwelt-Manangementsystems und lassen uns nach ISO 9001, ISO 14001 und ASCA-Check zertifizieren.

Produktinformation

Informationen

... für engagierte Bürger

Prospekte über
- Solare Warmwasserbereitung und Heizung
- Solare Stromversorgung
- Holzpelletheizung

... für interessierte Planer

Planungsunterlagen   Planungs-untertützung   Fachseminare

Wagner & Co
SOLARTECHNIK

Wagner & Co Solartechnik GmbH Zimmermannstraße 12 D-35091 Cölbe Tel. 06421/8007-0
Fax 8007-22 E-mail: info@wagner-solar.com www.wagner-solar.com